◆ 高职高专土建系列规划教材 ◆

工程造价与管理

GONGCHENG ZAOJIA YU GUANLI

主 编 / 郝 攀 刘 芳
副主编 / 廖礼平 张 立
李慧英 涂昳颖

电子科技大学出版社

图书在版编目（CIP）数据

工程造价与管理 / 郝攀，刘芳主编. —成都：电子科技大学出版社, 2016. 1（2017. 1 重印）

（高职高专土建系列规划教材丛书）

ISBN 978-7-5647-3423- 7

Ⅰ. ①工… Ⅱ. ①郝，刘… Ⅲ. ①建筑造价管理－高等职业教育－教材 Ⅳ. ①TU723.3

中国版本图书馆 CIP 数据核字（2016）第 001532 号

内 容 简 介

本书共分为七章，主要内容包括：工程造价管理及其基本制度；建设工程造价构成；建设工程计价方法及计价依据；建设项目决策和设计阶段工程造价的预测；建设项目发承包阶段合同价款的约定；建设项目施工阶段合同价款的调整和结算；建设项目竣工决算的编制和质量保证金的处理。并通过工程实例介绍工程量清单计价规范应用的方法、程序和注意事项，以及招标方如何依据清单计价规范编制工程量清单及招标文件，投标方如何依据清单计价规范编制投标报价文件等。

本书是高等职业教育工程造价专业系列教材之一，可作为高等职业教育工程造价专业及建筑专业技术人员的参考用书。

高职高专土建系列规划教材

工程造价与管理

主　编　郝　攀　刘　芳

副主编　廖礼平　张　立

李慧英　涂昳颖

出　　版：电子科技大学出版社（成都市一环路东一段 159 号电子信息产业大厦　邮编：610051）
策划编辑：郭蜀燕　万晓桐
责任编辑：万晓桐
主　　页：www.uestcp.com.cn
电子邮箱：uestcp@uestcp.com.cn
发　　行：新华书店经销
印　　刷：成都市火炬印务有限公司
成品尺寸：185mm×260mm　印张　19.25　字数　556 千字
版　　次：2016 年 1 月第一版
印　　次：2017 年 1 月第二次印刷
书　　号：ISBN 978-7-5647-3423-7
定　　价：46.00 元

前　言

工程造价的合理确定与控制是完善社会主义市场经济体制，规范工程价格行为，促进工程价格改革深化的前提。发挥价格合理配置资源的作用，稳定市场价格总水平，以及最终建立宏观经济调控下的由市场形成价格的机制，是社会主义市场经济健康发展的保障。

国家标准《建设工程工程量清单计价规范》GB50500—2013于2012年12月25日经中华人民共和国住房和城乡建设部第1567号公告批准颁布，于2013年7月1日实施。这是我国工程造价计价方式适应社会主义市场经济发展的一次重大改革，由此也带来了工程造价管理的巨大变革。但时至今日，众多院校仍然沿用旧版教材，或新教材翻版旧内容。从业人员也不甚了解新的工程造价计价方式与管理，尚未使用规范的工程量清单计价。针对这种情况，我们组织编写了这本书，希望能对工程造价管理与国际同步有所帮助。

本书由教学经验丰富、理论功底深厚的一线教师及在造价协会或建筑行业从事国内工作多年、实践经验丰富的专业人士共同编写。力求内容最新、资料最规范、理论联系我国目前实际情况，并考虑到几年后与国际接轨的现实问题，使本书具有优于其他同类书籍的理论性、实用性、超前性和国际化。

全书共分为七章，主要内容包括工程造价管理及其基本制度；建设工程造价构成；建设工程计价方法及计价依据；建设项目决策和设计阶段工程造价的预测；建设项目发承包阶段合同价款的约定；建设项目施工阶段合同价款的调整和结算；建设项目竣工决算的编制和质量保证金的处理。并通过工程实例介绍工程量清单计价规范应用的方法、程序和注意事项，以及招标方如何依据清单计价规范编制工程量清单及招标文件，投标方如何依据清单计价规范编制投标报价文件等等。

第一章和第三章由江西交通职业技术学院郝攀编写，第二章由江西经济管理干部学院廖礼平编写，第四章由江西交通职业技术学院刘芳编写，第五章由江西交通职业技术学院李慧英编写，第六章由江西交通职业技术学院涂昳颖编写，第七章由淮南职业技术学院张立编写。

本书可以作为高等职业院校相关专业的教材使用，也可以作为工程造价管理机构及工程造价专业技术人员的培训教材和参考书。本书在编写过程中，由于作者水平有限，书中纰漏在所难免，望同行及读者批评指正。

目　　录

第一章　工程造价管理及其基本制度

实施工程造价管理，首先需要明确工程造价的基本内容、工程造价管理的组织系统和主要内容；其次，应理解我国工程造价管理的基本制度，包括工程造价专业人员管理制度及工程造价咨询企业资质管理制度。此外，还应了解国内外工程造价管理的发展情况。

第一节　工程造价的基本内容

一、工程造价及其计价特征

（一）工程造价的含义

工程造价通常是指工程建设预计或实际支出的费用。由于所处的角度不同，工程造价有不同的含义。

含义一：从投资者（业主）的角度分析，工程造价是指建设一项工程预期开支或实际开支的全部固定资产投资费用。投资者为了获得投资项目的预期效益，需要对项目进行策划决策及建设实施，直至竣工验收等一系列投资管理活动。在上述活动中所花费的全部费用，就构成了工程造价。从这个意义上讲，建设工程造价就是建设工程项目固定资产总投资。

含义二：从市场交易的角度分析，工程造价是指为建成一项工程，预计或实际在工程发承包交易活动中所形成的建筑安装工程费用或建设工程总费用。显然，工程造价的这种含义是指以建设工程这种特定的商品形式作为交易对象，通过招标投标或其他交易方式，在进行多次预估的基础上，最终由市场形成的价格。这里的工程既可以是涵盖范围很大的一个建设工程项目，也可以是其中的一个单项工程或单位工程，甚至可以是整个建设工程中的某个阶段，如建筑安装工程、装饰装修工程，或者其中的某个组成部分。随着经济发展、技术进步、分工细化和市场的不断完善，工程建设中的中间产品也会越来越多，商品交换会更加频繁，工程价格的种类和形式也会更为丰富。尤其值得注意的是，投资主体的多元格局、资金来源的多种渠道，使相当一部分建设工程的最终产品作为商品进入了流通领域。如技术开发区的工业厂房、仓库、写字楼、公寓、商业设施和住宅开发区的大批住宅、配套公共设施等，都是投资者为实现投资利润最大化而生产的建筑产品，它们的价格是商品交易中现实存在的，是一种有加价的工程价格。

工程承发包价格是工程造价中一种重要的、也是较为典型的价格交易形式，是在建筑市场通过招标投标，由需求主体（投资者）和供给主体（承包商）共同认可的价格。

工程造价的两种含义实质上就是从不同角度把握同一事物的本质。对市场经济条件下的投资者来说，工程造价就是项目投资，是“购买”工程项目要付出的价格；同时，工程造价也是投资者作为市场供给主体“出售”工程项目时确定价格和衡量投资经济效益的尺度。

（二）工程计价特征

由工程项目的特点决定，工程计价具有以下特征。

1．计价的单件性

建筑产品的单件性特点决定了每项工程都必须单独计算造价。

2．计价的多次性

工程项目需要按一定的建设程序进行决策和实施，工程计价也需要在不同阶段多次进行，以保证工程造价计算的准确性和控制的有效性。多次计价是个逐步深化、逐步细化和逐步接近实际造价的过程。工程多次计价过程如图 1.1.1 所示。

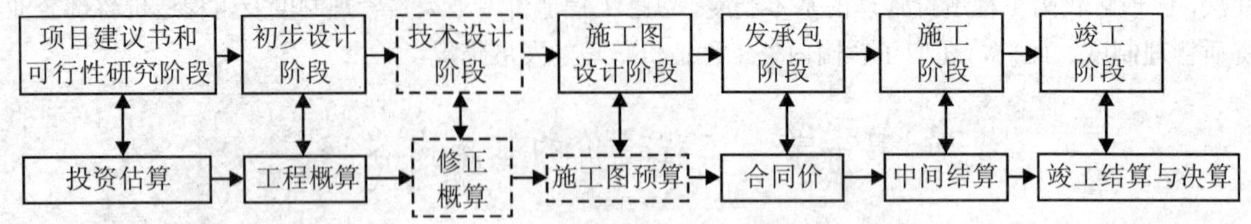

图 1.1.1　工程多次计价示意图

注：竖向箭头表示对应关系，横向箭头表示多次计价流程及逐步深化过程。

（1）投资估算：是指在项目建议书和可行性研究阶段通过编制估、算文件预先测算和确定的工程造价。投资估算是建设项目进行决策、筹集资金和合理控制价的主要依据。

（2）工程概算：是指在初步设计阶段，根据设计意图，通过编制工程概算文件预先测算和确定的工程造价。与投资估算造价相比，概算造价的准确性有所提高，但受估算造价的控制。概算造价一般又可分为：建设项目概算总造价、各个单项工程概算综合造价、各个单位工程概算造价。

（3）修正概算：是指在技术设计阶段，根据技术设计的要求，通过编制修正概算文件，预先测算和确定的工程造价。修正概算是对初步设计阶段的概算造价的修正和调整，比概算造价准确，但受概算造价控制。

（4）施工图预算：是指在施工图设计阶段，根据施工图纸，通过编制预算文件、预先测算和确定的工程造价。预算造价比概算造价或修正概算造价更为详尽和准确，但同样要受前一阶段工程造价的控制。目前，按现行工程量清单计价规范，有些工程项目需要确定招标控制价以限制最高投标报价。

（5）合同价：是指在工程发承包阶段通过签订总承包合同、建筑安装工程承包合同、设备材料采购合同以及技术和咨询服务合同所确定的价格。合同价属于市场价格，它是由发承包双方根据市场行情通过招投标等方式达成一致、共同认可的成交价格。但应注意：合同价并不等同于最终结算的实际工程造价。根据计价方法不同，建设工程合同有许多类型，不同类型合同的合同价内涵也会有所不同。

（6）中间结算：是指在工程施工过程和竣工验收阶段，按合同调价范围和调价方法，对实际发生的工程量增减、设备和材料差等进行调整后计算和确定的价格，反映的是工程项目实际造价。竣工结算文件一般由承包单位编制，由发包单位审查，也可以委托具有相应资质的工程造价咨询机构进行审查。

（7）竣工决算：是指工程竣工决算阶段，以实物数量和货币指标为计量单位，综合反映竣工项目从筹建开始到项目竣工交付使用为止的全部建设费用。工程决算文件一般由建设单位编制，上报相关主管部门审查。

3．计价的组合性

工程造价的计算是分步组合而成的，这一特征与建设项目的组合性有关。一个建设项目是一个工程综合体，它可以按单项工程、单位工程、分部工程、分项工程等不同层次分解为许多有内在联系的工程。建设项目的组合性决定了确定工程造价的逐步组合过程。工程造价的组合过程是：分部分项工程造价—单位工程造价—单项工程造价—建设项目总造价。

4．计价方法的多样性

工程项目的多次计价有其各不相同的计价依据，每次计价的精确度要求也各不相同，由此决定了计价方法的多样性。例如，投资估算方法有设系数法、生产能力指数估算法等；概预算方法有单价法和实物法等。不同方法有不同的适用条件，计价时应根据具体情况加以选择。

5．计价依据的复杂性

由于影响工程造价的因素较多，决定了计价依据的复杂性。计价依据主要可分为以下七类。

（1）设备和工程量计算依据。包括项目建议书、可行性研究报告、设计文件等。

（2）人工、材料、机械等实物消耗量计算依据。包括投资估算指标、概算定额、预算定额等。

（3）工程单价计算依据。包括人工单价、材料价格、材料运杂费、机械台班费等。

（4）设备单价计算依据。包括设备原价、设备运杂费、进口设备关税等。

（5）措施费、间接费和工程建设其他费用计算依据。主要是相关的费用定额和指标。

（6）政府规定的税、费。

（7）物价指数和工程造价指数。

二、工程造价相关概念

（一）静态投资与动态投资

静态投资是以某一基准年、月的建设要素的价格为依据所计算出的建设项目投资的瞬时值。静态投资包括建筑安装工程费、设备和工器具购置费、工程建设其他费用、基本预备费，以及因工程量误差而引起的工程造价的增减等。

动态投资是指为完成一个工程项目的建设，预计投资需要量的总和。动态投资除包括静态投资外，还包括建设期贷款利息、有关税费、涨价预备费等。动态投资概念较为符合市场价格运行机制，使投资的估算、计划、控制更加符合实际。

静态投资和动态投资密切相关。动态投资包含静态投资，静态投资是动态投资最主要的组成部分，也是动态投资的计算基础。

（二）建设项目总投资与固定资产投资

建设项目总投资是指投资主体为获取预期收益，在选定的建设项目上所需投入的全部资金。建设项目按用途可分为生产性建设项目和非生产性建设项目。生产性建设项目总投资包括固定资产投资和流动资产投资两部分；非生产性建设项目总投资只包括固定资产投资，不含流动资产投资。建设项目总造价是指项目总投资中的固定资产投资总额。

固定资产投资是投资主为达到预期收益的资金垫付行为。我国的固定资产投资包括基本建设投资、更新改造投资、房地产开发投资和其他固定资产投资四种。其中，基本建设投资是指利用国家预算内拨款、自筹资金、国内外基本建设贷款以及其他专项资金进行的，以扩大生产能力（或新增工程效益）为主要目的的新建、扩建工程及有关的工作量。更新改造投资是通过以先进科学技术改造原有技术、以实现内涵扩大再生产为主的资金投入行为。房地产开发投资是房地产企业开发厂房、宾馆、写字楼、仓库和住宅等房屋设施和开发土地的资金投入行为。其他固定资产投资是指按规定不纳入投资计划和利用专项资金进行基本建设和更新改造的资金投入行为。

建设项目的固定资产投资也就是建设项目的工程造价，二者在量上是等同的。其中，建筑安装工程投资也就是建筑安装工程造价，二者在量上也是等同的。从这里也可以看出工程造价两种含义的同一性。

（三）建筑安装工程造价

建筑安装工程造价亦称建筑安装产品价格。从投资的角度看，它是建设项目投资中的建筑安装工程部分的投资，也是工程造价的组成部分。从市场交易角度看，建筑安装工程实际造价是投资者和承包商双方共同认可的、由市场形成的价格。

第二节　工程造价管理的组织和内容

一、工程造价管理的基本内涵

（一）工程造价管理

工程造价管理是指综合运用管理学、经济学和工程技术等方面的知识与技能，对工程造价进行预测、计划、控制、核算等的过程。工程造价管理既涵盖了宏观层次的工程建设投资管理，也涵盖了微观层次的工程项目费用管理。

1．工程造价的宏观管理

工程造价的宏观管理是指政府部门根据社会经济发展的实际需要，利用法律、经济和行政等手段，规范市场主体的价格行为，监控工程造价的系统活动。

2．工程造价的微观管理

工程造价的微观管理是指工程参建主体根据工程有关计价依据和市场价格信息等预测、计划、控制、核算工程造价的系统活动。

（二）建设工程全面造价管理

按照国际工程造价管理促进会给出的定义，全面造价管理（Total Cost Management，TCM）是指有效地利用专业知识与技术，对资源、成本、盈利和风险进行筹划和控制。建设工程全面造价管理包括全寿命期造价管理、全过程造价管理、全要素造价管理和全方位造价管理。

1．全寿命期造价管理

建设工程全寿命期造价是指建设工程初始建造成本和建成后的日常使用成本之和，它包括建设前期、建设期、使用期及拆除期各个阶段的成本。由于在实际监理过程中，在工程建设及使用的不同阶段，工程造价存在诸多不确定性，因此，全寿命期造价管理主要是作为一种实现建设工程全寿命期造价最小化的指导思想，指导建设工程的投资决策及设计方案的选择。

2．全过程造价管理

全过程造价管理是指覆盖建设工程策划决策及建设实施各个阶段的造价管理。包括：前期决策阶段的项目策划、投资估算、项目经济评价、项目融资方案分析；设计阶段的限额设计、方案比选、概预算编制；招投标阶段的标段划分、发承包模式及合同形式的选择、招标控制价或标底编制；施工阶段的工程计量与结算、工程变更控制、索赔管理；竣工验收阶段的结算与决算等。

3．全要素造价管理

影响建设工程造价的因素有很多。为此，控制建设工程造价不仅仅是控制建设工程本身的建造成本，还应同时考虑工期成本、质量成本、安全与环境成本的控制，从而实现工程成本、工期、质量、安全、环境的集成管理。全要素造价管理的核心是按照优先性的原则，协调和平衡工期、质量、安全、环保与成本之间的对立统一关系。

4．全方位造价管理

建设工程造价管理不仅仅是业主或承包单位的任务，而应该是政府建设主管部门、行业协会、建设单位、设计单位、施工单位以及有关咨询机构的共同任务。尽管各方的地位、利益、角度等有所不同，但必须建立完善的协同工作机制，才能实现建设工程造价的有效控制。

二、工程造价管理的组织系统

工程造价管理的组织系统，是指为了实现工程造价管理目标而进行的有效组织活动，以及与造价管理功能相关的有机群体。它是工程造价动态的组织活动过程和相对静态的造价管理部门的统一。

为了实现工程造价管理目标而开展有效的组织活动，我国设置了多部门、多层次的工程造价管理机构，并规定了各自的管理权限和职责范围。

（一）政府行政管理系统

政府在工程造价管理中既是宏观管理主体，也是政府投资项目的微观管理主体。从宏观管理的角度，政府对工程造价管理有一个严密的组织系统，设置了多层管理机构，规定了管理权限和职责范畴。

（1）国务院建设主管部门造价管理机构。主要职责是：

1）组织制定工程造价管理有关法规、制度并组织贯彻实施；

2）组织制定全国统一经济定额和制定、修订本部门经济定额；

3）监督指导全国统一经济定额和本部门经济定额的实施；

4）制定和负责全国工程造价咨询企业的资质标准及其资质管理工作；

5）制定全国工程造价管理专业人员执业资格准入标准，并监督执行。

（2）国务院其他部门的工程造价管理机构。包括：水利、水电、电力、石油、石化、机械、冶金、铁路、煤炭、建材、林业、有色、核工业、公路等行业和军队的造价管理机构。主要是修订、编制和解释相应的工程建设标准定额，有的还担负本行业大型或重点建设项目的概算审批、概算调整等职责。

（3）省、自治区、直辖市工程造价管理部门。主要职责是修编、解释当地定额、收费标准和计价制度等。此外，还有审核国家投资工程的标底、结算，处理合同纠纷等职责。

（二）企事业单位管理系统

企事业单位对工程造价的管理，属微观管理的范畴。设计单位、工程造价咨询企业等按照业主或委托方的意图，在可行性研究和规划设计阶段合理确定和有效控制建设工程造价，通过限额设计等手段实现设定的造价管理目标；在招标投标工作中编制招标文件、标底，参加评标、合同谈判等工作；在项目实施阶段，通过工程计量与支付、工程变更与索赔管理等控制工程造价。设计单位、工程造价咨询机构通过在全过程造价管理中的业绩，赢得自己的信誉，提高市场竞争力。

工程承包企业的造价管理是企业自身管理的重要内容。工程承包企业设有自己专门的职能机构参与企业的投标决策，并通过对市场的调查研究，利用过去积累的经验，研究报价策略，提出报价；在施工过程中，进行工程造价的动态管理，注意各种调价因素的发生和工程价款的结算，避免收益的流失，以促进企业盈利目标的实现。

（三）行业协会管理系统

中国建设工程造价管理协会是经建设部和民政部批准成立的，代表我国建设工程造价管理的全国性行业协会，是亚太区测量师协会（PAQS）和国际工程造价联合会（ICEC）等相关国际组织的正式成员。在各国造价管理协会和相关学会团体的不断共同努力下，目前，联合国已将造价管理行业列入了国际组织认可行业，这对于造价咨询行业的可持续发展和进一步提高造价专业人员的社会地位将起到积极的促进作用。

为了增强对各地工程造价咨询工作和造价工程师的行业管理，近些年来，先后成立了各省、自治区、直辖市所属的地方工程造价管理协会。全国性造价管理协会与地方造价管理协会是平等、协商、相互支持的关系，地方协会接受全国性协会的业务指导，共同促进全国工程造价行业管理水平的整体提升。

三、工程造价管理的主要内容及原则

（一）工程造价管理的主要内容

在工程建设全过程各个不同阶段，工程造价管理有着不同的工作内容，其目的是在优化建设方案、设计方案、施工方案的基础上，有效地控制建设工程项目的实际费用支出。

（1）工程项目策划阶段：按照有关规定编制和审核投资估算，经有关部门批准，即可作为拟建工程项目策划决策的控制造价；基于不同的投资方案进行经济评价，作为工程项目决策的重要依据。

（2）工程设计阶段：在限额设计、优化设计方案的基础上编制和审核工程概算、施工图预算。对于政府投资工程而言，经有关部门批准的工程概算，将作为拟建工程项目造价的最高限额。

（3）工程发承包阶段：进行招标策划，编制和审核工程量清单、招标控制价或标底，确定投标报价及其策略，直至确定承包合同价。

（4）工程施工阶段：进行工程计量及工程款支付管理，实施工程费用动态监控，处理工程变更和索赔，编制和审核工程结算、竣工决算，处理工程保修费用等。

（二）工程造价管理的基本原则

实施有效的工程造价管理，应遵循以下三项原则。

（1）以设计阶段为重点的全过程造价管理。工程造价管理贯穿于工程建设全过程的同时，应注重工程设计阶段的造价管理。工程造价管理的关键在于前期决策和设计阶段，而在项目投资决策后，控制工程造价的关键就在于设计。建设工程全寿命期费用包括工程造价和工程交付使用后的日常开支费用（含经营费用、日常维护修理费用、使用期内大修理和局部更新费用）以及该工程使用期满后的报废拆除费用等。

长期以来，我国往往将控制工程造价的主要精力放在施工阶段——审核施工图预算、结算建筑安装工程价款，对工程项目策划决策阶段的造价控制重视不够。要有效地控制工程造价，就应将工程造价管理的重点转到工程项目策划决策和设计阶段。

（2）主动控制与被动控制相结合。长期以来，人们一直把控制理解为目标值与实际值的比较，以及当实际值偏离目标值时，分析其产生偏差的原因，并确定下一步的对策。在工程建设全过程中进行这样的工程造价控制当然是有意义的。但问题在于，这种立足于调查一分析一决策基础之上的偏离一纠偏一再偏离一再纠偏的控制是一种被动控制，因为这样做只能发现偏离，不能预防可能发生的偏离。为尽可能地减少以至避免目标值与实际值的偏离，还必须立足于事先主动地采取控制措施，实施主动控制。也就是说，工程造价控制不仅要反映投资决策，反映设计、发包和施工，被动地控制工程造价，更要能动地影响投资决策，影响工设计、发包和施工，主动地控制工程造价。

（3）技术与经济相结合。要有效地控制工程造价，应从组织、技术、经济等多方面采取措施。从组织上采取的措施，包括明确项目组织结构，明确造价控制者及其任务，明确管理职能分工；从技术上采取措施，包括重视设计多方案选择，严格审查监督初步设计、技术设计、施工图设计、施工组织设计，深入技术领域研究节约投资的可能性；从经济上采取措施，包括动态地比较造价的计划值和实际值，严格审核各项费用支出，采取对节约投资的有力奖励措施等。

应该看到，技术与经济相结合是控制工程造价最有效的手段。应通过技术比较、经济分析和效果评价，正确处理技术先进与经济合理两者之间的对立统一关系，力求在技术先进条件下的经济合理，在经济合理基础上的技术先进，将控制工程造价观念渗透到各项设计和施工技术措施之中。

第三节　工程造价专业人员管理制度

一、造价工程师管理制度

（一）造价工程师的素质要求和职业道德

根据《注册造价工程师管理办法》（建设部第150号部令），造价工程师是指通过全国造价工程师执业资格统一考试，或者通过资格认定或资格互认，取得中华人民共和国造价工程师执业资格，按有关规定进行注册并取得中华人民共和国造价工程师注册证书和执业印章，从事工程造价活动的专业入员。

我国实行造价工程师注册执业管理制度。取得造价工程师执业资格的人员，必须经过注册方能以注册造价工程师的名义进行执业。

1．造价工程师的素质要求

造价工程师的职责关系到国家和社会公众利益，对其专业和身体素质的要求应包括以下几个方面。

（1）造价工程师是复合型的专业管理人才。作为工程造价管理者，造价工程师应是具备工程、经济和管理知识与实践经验的高素质复合型专业人才。

（2）造价工程师应具备技术技能。技术技能是指能使用由经验、教育及培训的知识、方法、技能及设备，来达到特定任务的能力。

（3）造价工程师应具备人文技能。人文技能是指与人共事的能力和判断力。造价工程师应具有高度的责任心与协作精神，善于与业务有关的各方面人员沟通、协作，共同完成对项目目标的控制或管理。

（4）造价工程师应具备观念技能。观念技能是指了解整个组织及自己在组织中地位的能力，使自己不仅能按本身所属的群体目标行事，而且能按整个组织的目标行事。同时，造价工程师应有一定的组织管理能力，具有面对机遇与挑战积极进取，勇于开拓的精神。

（5）造价工程师应有健康的体魄。健康的心理和较好的身体素质是造价工程师适应紧张、繁忙工作的基础。

2．造价工程师的职业道德

造价工程师的职业道德又称职业操守，通常是指在职业活动中所遵守的行为规范的总称，是专业人士必须遵从的道德标准和行业规范。

为提高造价工程师整体素质和职业道德水准，维护和提高造价咨询行业的良好信誉，促进行业的健康持续发展，中国建设工程造价管理协会制订和颁布了《造价工程师职业道德行为准则》，其具体要求如下。

（1）遵守国家法律、法规和政策，执行行业自律性规定，珍惜职业声誉，自觉维护国家和社会公共利益。

（2）遵守“诚信、公正、精业、进取”的原则，以高质量的服务和优秀的业绩，赢得社会和客户对造价工程师职业的尊重。

（3）勤奋工作，独立、客观、公正、正确地出具工程造价成果文件，使客户满意。

（4）诚实守信，尽职尽责，不得有欺诈、伪造、作假等行为。

（5）尊重同行，公平竞争，搞好同行之间的关系，不得采取不正当的手段损害、侵犯同行的权益。

（6）廉洁自律，不得索取、收受委托合同约定以外的礼金和其他财物，不得利用职务之便谋取其他不正当的利益。

（7）造价工程师与委托方有利害关系的，应当主动回避；同时，委托方也有权要求其回避。

（8）对客户的技术和商务秘密负有保密义务。

（9）接受国家和行业自律组织对其职业道德行为的监督检查。

（二）造价工程师执业资格考试、注册和执业

为了加强建设工程造价技术管理专业人员的执业准入管理，确保建设工程造价管理的工作质量，维护国家和社会公共利益，原国家人事部、建设部在1996年联合发布了《造价工程师执业资格制度暂行规定》，确立了国家在工程造价领域实施造价工程师执业资格制度。凡从事工程建设活动的建设、设计、施工、工程造价咨询、工程造价管理等单位和部门，必须在计价、评估、审查（核）、控制及管理等岗位配备有造价工程师执业资格的专业技术管理人员。

《注册造价工程师管理办法》（建设部令第150号）及《造价工程师继续教育实施办法》《造价工程师职业道德行为准则》等文件的陆续颁布与实施，确立了我国造价工程师执业资格制度体系框架。我国造价工程师执业资格制度如图1.3.1所示。

1．执业资格考试

造价工程师执业资格考试实行全国统一大纲、统一命题、统一组织。从1997年的试点考试至今，每年均举行一次全国造价工程师执业资格考试（除1999年停考外）。截至2011年年底，全国注册造价工程师已超过12万人。

（1）报考条件。凡中华人民共和国公民，工程造价或相关专业大专及其以上学历，从事工程造价业务工作一定年限后，均可申请参加造价工程师执业资格考试。

（2）考试科目。造价工程师执业资格考试分为四个科目：“建设工程造价管理”、“建设工程计价”、“建设工程技术与计量”（土建或安装专业）和“工程造价案例分析”。参加全部科目考试的人员，须在连续两个考试年度通过。

（3）证书取得。造价工程师执业资格考试合格者，由省、自治区、直辖市人事（职改）部门颁发统一印制、由国家人力资源主管部门和住房城乡建设主管部门统一印发的造价工程师执业资格证书，该证书全国范围内有效，并作为造价工程师注册的凭证。

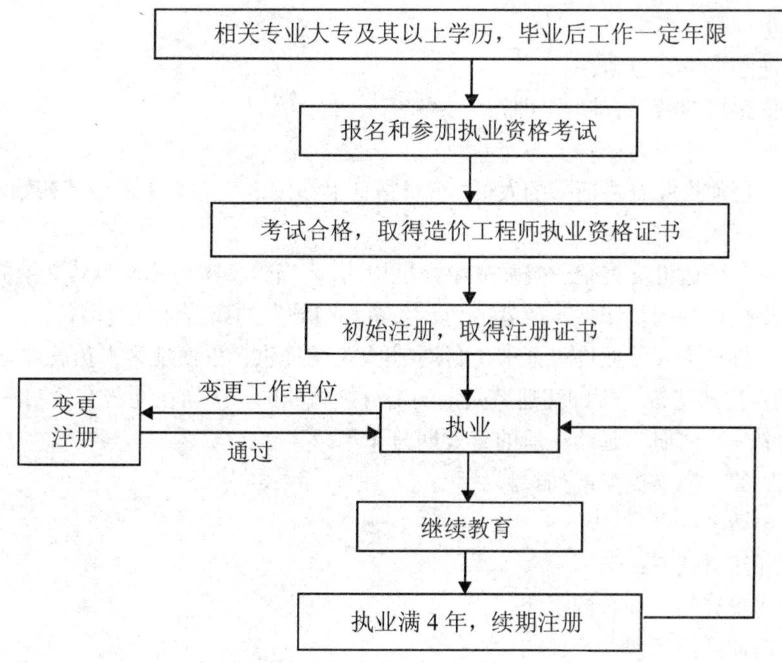

图1.3.1　造价工程师执业资格制度简图

2．注册

（1）注册管理部门。国务院建设主管部门作为造价工程师注册机关，负责全国注册造价工程师的注册和执业活动，实施统一的监督管理工作。

各省、自治区、直辖市人民政府建设主管部门对本行政区域内作为造价工程师的省级注册、执业活动初审机关，对其行政区域内造价工程师的注册、执业活动实施监督管理。

国务院铁道、交通、水利、信息产业等相关专业部门作为造价工程师的注册初审机关，负责对其管辖范围内造价工程师的注册、执业活动实施监督管理。

（2）注册条件与注册程序。

1）注册条件：

①取得造价工程师执业资格；

②受聘于一个工程造价咨询企业或者工程建设领域的建设、勘察设计、施工、招标代理、工程监理、工程造价管理等单位；

③没有不予注册的情形。

2）注册程序：取得造价工程师执业资格证书的人员申请注册的，应当向聘用单位工商注册所在地的省级注册初审机关或者部门注册初审机关提出注册申请。

对申请初始注册的，注册初审机关应当自受理申请之日起20日内审查完毕，并将申请材料和初审意见报注册机关。注册机关应当自受理之日起20日内做出决定。

对申请变更注册、延续注册的，注册初审机关应当自受理申请之日起5日内审查完毕，并将申请材料和初审意见报注册机关。注册机关应当自受理之日起10日内做出决定。

3）初始注册：取得造价工程师执业资格证书的人员，可自资格证书签发之日起1年内申请初始注册。逾期未申请者，须符合继续教育的要求后方可申请初始注册。初始注册的有效期为4年。

申请初始注册的，应当提交下列材料：

①初始注册申请表；

②执业资格证和身份证复印件；

③与聘用单位签订的劳动合同复印件；

④工程造价岗位工作证明；

⑤取得造价工程师执业资格证书的人员，自资格证书签发之日起 1 年后申请初始注册的，应当提供继续教育合格证明；

⑥受聘于具有工程造价咨询企业资质的中介机构的，应当提供聘用单位为其交纳的社会基本养老保险凭证、人事代理合同复印件，或者劳动、人事部门颁发的离退休证复印件；

⑦外国人应提供外国人就业许可证书，台港/澳人员应提供台港澳地区人员就业证书复印件。

4）延续注册：注册造价工程师注册有效期满需继续执业的，应当在注册有效期满 30 日前，按照规定的程序申请延续注册。延续注册的有效期为 4 年。

申请延续注册的，应当提交下列材料：

①延续注册申请表；

②造价工程师注册证书；

③与聘用单位签订的劳动合同复印件；

④前一个注册期内的工作业绩证明；

⑤继续教育合格证明。

5）变更注册：在注册有效期内，注册造价工程师变更执业单位的，应当与原聘用单位解除劳动合同，并按照规定的程序办理变更注册手续。变更注册后延续原注册有效期。

申请变更注册的，应当提交下列材料：

①变更注册申请表；

②造价工程师注册证书；

③与新聘用单位签订的劳动合同复印件；

④与原聘用单位解除劳动合同的证明文件；

⑤受聘于具有工程造价咨询企业资质的中介机构的，应当提供聘用单位为其交纳的社会基本养老保险凭证、人事代理合同复印件，或者劳动、人事部门颁发的离退休证复印件；

⑥外国人应当提供外国人就业许可证书、台港澳人员提供台港澳地区就业证书复印件。

6）注册证书和执业印章：注册证书和执业印章是注册造价工程师的执业凭证，应当由注册造价工程师本人保管、使用。造价工程师注册证书和执业印章由注册机关核发。注册造价工程师遗失注册证书、执业印章，应当在公众媒体上声明作废后，按照规定的程序申请补发。

7）不予注册的情形：有下列情形之一的，不予注册：

①不具有完全民事行为能力的；

②申请在两个或者两个以上单位注册的；

③未达到造价工程师继续教育合格标准的；

④前一个注册期内造价工作业绩达不到规定标准或未办理暂停执业手续而脱离工程造价业务岗位的；

⑤受刑事处罚，刑事处罚尚未执行完毕的；

⑥因工程造价业务活动受刑事处罚，自刑事处罚执行完毕之日起至申请注册之日止不满 5 年的；

⑦因工程造价业务活动以外的原因受刑事处罚，自处罚决定之日起至申请注册之曰止不满 3 年的；

⑧被吊销注册证书，自被处罚决定之日起至申请之日止不满 3 年的；

⑨以欺骗、贿赂等不正当手段获准注册被撤销，自被撤销注册之日起至申请注册之日止不满 3 年的；

⑩法律、法规规定不予注册的其他情形。

8）注册证书失效、撤销注册及注销注册：

①注册证书失效。注册造价工程师有下列情形之一的，其注册证书失效：

a. 已与聘用单位解除劳动合同且未被其他单位聘用的；

b. 注册有效期满且未延续注册的；

c. 死亡或者不具有完全民事行为能力的；

d. 其他导致注册失效的情形。

②撤销注册：有下列情形之一的，注册机关或其上级行政机关依据职权或者根据利害关系人的请求，可以撤销注册造价工程师的注册。

a. 行政机关工作人员滥用职权、玩忽职守做出准予注册许可的；

b. 超越法定职权做出准予注册许可的；

c. 违反法定程序做出准予注册许可的；

d. 对不具备注册条件的申请人做出准予注册许可的；

e. 依法可以撤销注册的其他情形。

同时，申请人以欺骗、贿赂等不正当手段获准注册的，应当予以撤销。

③注销注册：有下列情形之一的，由注册机关办理注销注册手续，收回注册证书和执业印章或者公告其注册证书和执业印章作废。

a. 有注册证书失效情形发生的；

b. 依法被撤销注册的；

c. 依法被吊销注册证书的；

d. 受到刑事处罚的；

e. 法律、法规规定应当注销注册的其他情形。

注册造价工程师有上述情形之一的，注册造价工程师本人和聘用单位应当及时向注册机关提出注销注册的申请；有关单位和个人有权向注册机关举报；县级以上地方人民政府建设主管部门或者其他有关部门应当及时告知注册机关。

9）重新注册：被注销注册或者不予注册者，在具备注册条件后重新申请注册的，按照规定的程序办理。

10）暂停执业：在注册有效期内，注册造价工程师因特殊原因需要暂停执业的，应当到注册初审机构办理暂停执业手续，并交回注册证书和执业印章。

11）信用制度：注册造价工程师及其聘用单位应当按照规定，向注册机关提供真实、准确、完整的注册造价工程师信用档案信息。注册造价工程师信用档案应当包括造价工程师的基本情况、业绩、良好行为、不良行为等内容。违法违规行为、被投诉举报处理、行政处罚等情况应当作为造价工程师的不良行为记入其信用档案。注册造价工程师信用档案信息按规定向社会公示。

3．执业

（1）注册造价工程师的执业范围：

1）建设项目建议书、可行性研究投资估算的编制和审核，项目经济评价，工程概算、预算、结算，竣工结（决）算的编制和审核；

2）工程量清单、标底（或者控制价）、投标报价的编制和审核，工程合同价款的签订及变更、调整，工程款支付与工程索赔费用的计算；

3）建设项目管理过程中设计方案的优化、限额设计等工程造价分析与控制，工程保险理赔的核查；

4）工程经济纠纷的鉴定。

（2）注册造价工程师的权利：

1）使用注册造价工程师名称；

2）依法独立执行工程造价业务；

3）在本人执业活动中形成的工程造价成果文件上签字并加盖执业印章；

4）发起设立工程造价咨询企业；

5）保管和使用本人的注册证书和执业印章；

6）参加继续教育。

（3）注册造价工程师的义务：

1）遵守法律、法规和有关管理规定，恪守职业道德；

2）保证执业活动成果的质量；

3）接受继续教育，提高执业水平；

4）执行工程造价计价标准和计价方法；

5）与当事人有利害关系的，应当主动回避；

6）保守在执业中知悉的国家秘密和他人的商业、技术秘密。

注册造价工程师应当在本人承担的工程造价成果文件上签字并盖章。修改经注册造价工程师签字盖章的工程造价成果文件，应当由签字盖章的注册造价工程师本人进行。注册造价工程师本人因特殊情况不能进行修改的，应当由其他注册造价工程师修改，并签字盖章；修改工程造价成果文件的注册造价工程师对修改部分承担相应的法律责任。

4．继续教育

继续教育应贯穿于造价工程师的整个执业过程，是注册造价工程师持续执业资格的必备条件之一。注册造价工程师有义务接受并按要求完成继续教育。

注册造价工程师在每一注册有效期内应接受必修课和选修课各为60学时的继续教育。继续教育达到合格标准的，颁发继续教育合格证明。注册造价工程师继续教育由中国建设工程造价管理协会负责组织、管理、监督和检查。

（1）继续教育的内容。根据中国建设工程造价管理协会2007年颁布的《注册造价工程师继续教育实施暂行办法》，注册造价工程师继续教育学习内容主要包括：与工程造价有关的方针政策、法律法规和标准规范，工程造价管理的新理论、新方法、新技术等。

（2）继续教育的形式：

1）参加中国建设工程造价管理协会或各省级和部门管理机构组织的注册造价工程师网络继续教育学习和集中面授培训；

2）参加中国建设工程造价管理协会或各省级和部门管理机构举办的各种类型的注册造价工程师培训班、研讨会；

3）中国建设工程造价管理协会认可的其他形式。

（3）继续教育学时的计算方法：

1）参加中国建设工程造价管理协会或各省级和部门管理机构组织的注册造价工程师网络继续

教育学习，按在线学习课件记录的时间计算学时；

2）参加中国建设工程造价管理协会或各省级和部门管理机构组织的注册造价工程师集中面授培训及各种类型的培训班、研讨会等，每半天可认定4个学时；

3）其他由中国建设工程造价管理协会认定的学时。

5．法律责任

（1）对擅自从事工程造价业务的处罚。未经注册，以注册造价工程师的名义从事工程造价业务活动的，所签署的工程造价成果文件无效，由县级以上地方人民政府建设行政主管部门或者其他有关专业部门给予警告，责令停止违法活动，并可处以1万元以上3万元以下的罚款。

（2）对注册违规的处罚。

1）隐瞒有关情况或者提供虚假材料申请造价工程师注册的，不予受理或者不予注册，并给予警告，申请人在1年内不得再次申请造价工程师注册。

2）聘用单位为申请人提供虚假注册材料的，由县级以上地方人民政府建设行政主管部门或者其他有关专业部门给予警告，并可处以1万元以上3万元以下的罚款。

3）以欺骗、贿赂等不正当手段取得造价工程师注册的，由注册机关撤销其注册，3年内不得再次申请注册，并由县级以上地方人民政府建设主管部门处以罚款。其中，没有违法所得的，处以1万元以下罚款；有违法所得的，处以违法所得3倍以下且不超过3万元的罚款。

4）未按照规定办理变更注册仍继续执业的，由县级以上地方人民政府建设主管部门或者有关专业部门责令限期改正；逾期不改的，可处以5000元以下的罚款。

（3）对执业活动违规的处罚。注册造价工程师有下列行为之一的，由县级以上地方人民政府建设主管部门或者有关专业部门给予警告，责令改正。没有违法所得的，处以1万元以下罚款；有违法所得的，处以违法所得3倍以下且不超过3万元的罚款：

1）不履行注册造价工程师义务；

2）在执业过程中索贿、受贿或者谋取合同约定费用外的其他利益；

3）在执业过程中实施商业贿赂；

4）签署有虚假记载、误导性陈述的工程造价成果文件；

5）以个人名义承接工程造价业务；

6）允许他人以自己名义从事工程造价业务；

7）同时在两个或者两个以上单位执业；

8）涂改、倒卖、出租、出借或以其他形式非法转让注册证书或执业印章；

9）法律、法规、规章禁止的其他行为。

（4）对未提供信用档案信息的处罚。注册造价工程师或者其聘用单位未按照要求提供造价工程师信用档案信息的，由县级以上地方人民政府建设主管部门或者其他有关专业部门责令限期改正；逾期不改的，可处以1000元以上1万元以下的罚款。

二、造价员管理制度

受住房和城乡建设部委托，中国建设工程造价管理协会2011年修订的《全国建设工程造价员管理办法》指出，全国建设工程造价员（以下简称造价员）是指通过造价员资格考试，取得《全国建设工程造价员资格证书》（以下简称资格证书），并经登记注册取得从业印章，从事工程造价活动的专业人员。

资格证书和从业印章是造价员从事工程造价活动的资格证明和工作经历证明。造价员资格证书在全国范围内有效。

（一）造价员资格考试

造价员资格考试原则上每年一次，实行全国统一考试大纲、统一通用专业和考试科目。

1．报考条件

凡中华人民共和国公民，遵纪守法，具备下列条件之一者，均可申请参加造价员资格考试：

（1）普通高等学校工程造价专业、工程或工程经济类专业在校生；

（2）工程造价专业、工程或工程经济类专业中专及以上学历；

（3）其他专业，中专及以上学历，且从事工程造价活动满 1 年。

2．考试科目

造价员资格考试科目分为《建设工程造价管理基础知识》和《专业工程计量与计价》两个科目。其中，《专业工程计量与计价》一般分为建筑工程、安装工程、市政工程三个专业。两个科目需在一次考试期间全部通过，考试合格者由管理机构颁发资格证书。

符合下列条件之一者，可向相关管理机构申请免试《建设工程造价管理基础知识》科目的考试：

（1）普通高等学校工程造价专业的应届毕业生；

（2）工程造价专业大专及其以上学历的考生，自毕业之日起两年内；

（3）已取得资格证书，申请其他专业考试（即增项专业）的考生。

（二）造价员登记、从业及资格管理

1．造价员登记从业管理制度

造价员实行登记从业管理制度。各管理机构负责造价员的登记工作。符合登记条件的，核发从业印章。取得资格证书的人员，经过登记取得从业印章后，方可以造价员的名义从业。

造价员登记的条件包括以下几点。

（1）取得资格证书；

（2）受聘于一个建设、设计、施工、工程造价咨询、招标代理、工程监理、工程咨询或工程造价管理等单位；

（3）无以下不予登记的情形：

1）不具有完全民事行为能力；

2）申请在两个或两个以上单位从业的；

3）逾期登记且未达到继续教育要求的；

4）已取得注册造价工程师证书，且在有效期内的；

5）受刑事处罚未执行完毕的；

6）在工程造价从业活动中，受行政处罚，且行政处罚决定之日至申请登记之日不满 2 年的；

7）以欺骗、贿赂等不正当手段获准登记被注销的，自被注销登记之日起至申请登记之日不满 2 年的；

8）法律、法规规定不了登记的其他情形。

2．从业

造价员应在本人完成的工程造价成果文件上签字、加盖从业印章，并承担相应的责任。

3．资格管理和继续教育

中国建设工程造价管理协会统一印制资格证书，统一规定资格证书编号规则和从业印章样式。

造价员的资格证书和从业印章应由本人保管、使用。资格证书原则上每4年验证一次，验证结论分为合格、不合格和注销三种。

造价员应接受继续教育，每两年参加继续教育的时间累计不得少于20学时。

第四节 工程造价咨询管理制度

一、工程造价咨询企业资质管理

工程造价咨询企业是指接受委托，对建设工程造价的确定与控制提供专业咨询服务的企业。工程造价咨询企业可以为政府部门、建设单位、施工单位、设计单位提供相关专业技术服务，这种以造价咨询业务为核心的服务有时是单项或分阶段的，有时覆盖工程建设全过程。

工程造价咨询企业从事工程造价咨询活动，应当遵循独立、客观、公正、诚实信用的原则，不得损害社会公共利益和他人的合法权益。同时，任何单位和个人不得非法干预依法进行的工程造价咨询活动。

（一）资质等级标准

工程造价咨询企业资质等级分为甲级、乙级两类。截至2012年，我国共有工程造价咨询企业6500多家，其中甲级资质企业2000多家，占总数的31%；乙级资质企业4500多家，占总数的69%。

1. 甲级工程造价咨询企业资质标准

（1）已取得乙级工程造价咨询企业资质证书满3年；

（2）企业出资人中注册造价工程师人数不低于出资人总人数的60%，且其出资额不低于企业注册资本总额的60%；

（3）技术负责人是注册造价工程师，并具有工程或工程经济类高级专业技术职称，且从事工程造价专业工作15年以上；

（4）专职从事工程造价专业工作的人员（以下简称专职专业人员）不少于20人。其中，具有工程或者工程经济类中级以上专业技术职称的人员不少于16人，注册造价工程师不少于10人，其他人员均需要具有从事工程造价专业工作的经历；

（5）企业与专职专业人员签订劳动合同，且专职专业人员符合国家规定的职业年龄（出资人除外）；

（6）专职专业人员人事档案关系由国家认可的人事代理机构代为管理；

（7）企业注册资本不少于人民币100万元；

（8）企业近3年工程造价咨询营业收入累计不低于人民币500万元；

（9）具有固定的办公场所，人均办公建筑面积不少于$10m^2$；

（10）技术档案管理制度、质量控制制度、财务管理制度齐全；

（11）企业为本单位专职专业人员办理的社会基本养老保险手续齐全；

（12）在申请核定资质等级之日前3年内无违规行为。

2. 乙级工程造价咨询企业资质标准

（1）企业出资人中注册造价工程师人数不低于出资人总人数的60%，且其出资额不低于注册资本总额的60%；

（2）技术负责人是注册造价工程师，并具有工程或工程经济类高级专业技术职称，且从事工程造价专业工作10年以上；

（3）专职专业人员不少于12人，其中，具有工程或者工程经济类中级以上专业技术职称的人员不少于8人，注册造价工程师不少于6人，其他人员均需要具有从事工程造价专业工作的经历；

（4）企业与专职专业人员签订劳动合同，且专职专业人员符合国家规定的职业年龄（出资人除外）；

（5）专职专业人员人事档案关系由国家认可的代理机构代为管理；

（6）企业注册资本不少于人民币50万元；

（7）具有固定的办公场所，人均办公建筑面积不少于10m^2；

（8）技术档案管理制度、质量控制制度、财务管理制度齐全；

（9）企业为本单位专职专业人员办理的社会基本养老保险手续齐全；

（10）暂定期内工程造价咨询营业收入累计不低于人民币50万元；

（11）在申请核定资质等级之日前无违规行为。

（二）资质申请与审批

1．相关管理部门

国务院建设主管部门负责对全国工程造价咨询企业的资质与审批统一进行监督管理工作；省、自治区、直辖市人民政府建设主管部门负责本行政区域内工程造价咨询企业的资质与审批行使监督管理职能；国务院有关专业部门对本专业工程造价咨询企业的资质与审批实施监督管理。

2．资质许可的程序

（1）甲级许可程序：申请甲级工程造价咨询企业资质的，首先应当向申请人工商注册所在地省、自治区、直辖市人民政府建设主管部门或者有关专业部门提出申请。

省、自治区、直辖市人民政府建设主管部门、国务院有关专业部门应当自受理申请材料之日起20日内审查完毕，然后将初审意见和全部申请材料报国务院建设主管部门；最终由国务院建设主管部门自受理之日起20日内做出是否给予审批的决定。

（2）乙级许可程序：申请乙级工程造价咨询企业资质的，直接由省、自治区、直辖市人民政府建设行政主管部门审查决定。其中，申请有关专业乙级工程造价咨询企业资质的，由省、自治区、直辖市人民政府建设主管部门与同级的有关专业部门共同审查决定。

乙级工程造价咨询企业资质许可的具体实施程序由省、自治区、直辖市人民政府建设主管部门依法确定。省、自治区、直辖市人民政府建设主管部门应当自做出决定之日起30日内，将准予资质许可的决定报国务院建设主管部门备案。

3．申报材料的要求

申请工程造价咨询企业资质，应当提交下列材料并同时在网上申报：

（1）《工程造价咨询企业资质等级申请书》；

（2）专职专业人员（含技术负责人）的造价工程师注册证书、造价员资格证书、专业技术职称证书和身份证；

（3）专职专业人员（含技术负责人）的人事代理合同和企业为其交纳的本年度社会基本养老保险费用的凭证；

（4）企业章程、股东出资协议并附工商管理部门出具的股东出资情况证明；

（5）企业缴纳营业收入的营业税发票或税务部门出具的缴纳工程造价咨询营业收入的营业税完税证明；企业营业收入含其他业务收入的，还需出具工程造价咨询营业收入的财务审计报告；

（6）工程造价咨询企业资质证书；

（7）企业营业执照；

（8）固定办公场所的租赁合同或产权证明；

（9）有关企业技术档案管理、质量控制、财务管理等制度的文件；

（10）法律、法规规定的其他材料。

新申请工程造价咨询企业资质的，不需要提交第（5）、（6）项所列材料，其资质等级按照乙级资质标准中的相关条款进行审核，合格者应核定为乙级，设暂定期一年。当暂定期届满需要继续从事工程造价咨询活动的，应当在暂定期届满 30 日前，向资质许可机关申请换发资质证书。符合乙级资质条件的，由资质许可机关换发资质证书。

（三）资质证书

1．资质证书的领取和补办

准予资质许可的造价咨询企业，资质许可机关应当向申请人颁发工程造价咨询企业资质证书。该资质证书由国务院建设主管部门统一印制，分正本和副本。正本和副本具有同等法律效力。如果工程造价咨询企业遗失了资质证书，应首先在公众媒体上声明作废后，向资质许可机关申请补办。

2．资质证书的续期申请

工程造价咨询企业资质有效期为 3 年。资质有效期届满，需要继续从事工程造价咨询活动的，应当在资质有效期届满 30 日前向资质许可机关提出资质延续申请。资质许可机关应当根据申请做出是否准予延续的决定。准予延续的，资质有效期延续 3 年。

3．资质证书的变更

工程造价咨询企业的名称、住所、组织形式、法定代表人、技术负责人、注册资本等事项发生变更的，应当自变更确立之日起 30 日内，到资质许可机关办理资质证书变更手续。

工程造价咨询企业合并的，合并后存续或者新设立的工程造价咨询企业可以承继合并前各方中较高的资质等级，但应当符合相应的资质等级条件。

工程造价咨询企业分立的，只能由分立后的一方承继原工程造价咨询企业资质，但应当符合原工程造价咨询企业资质等级条件。

（四）资质的撤销和注销

1．撤销资质

有下列情形之一的，资质许可机关或者其上级机关，根据利害关系人的请求或者依据职权，可以撤销工程造价咨询企业资质：

（1）资质许可机关工作人员滥用职权、玩忽职守做出准予工程造价咨询企业资质许可的；

（2）超越法定职权做出准予工程造价咨询企业资质许可的；

（3）违反法定程序做出准予工程造价咨询企业资质许可的；

（4）对不具备行政许可条件的申请人做出准予工程造价咨询企业资质许可的；

（5）依法可以撤销工程造价咨询企业资质的其他情形。

同时，工程造价咨询企业以欺骗、贿赂等不正当手段取得工程造价咨询企业资质的，应当予以撤销。

此外，工程造价咨询企业取得工程造价咨询企业资质后，如不再符合相应资质条件的，资质许可机关根据利害关系人的请求或者依据职权，可以责令其限期改正；逾期不改的，可以撤回其资质。

2．注销资质

有下列情形之一的，资质许可机关应当依法注销工程造价咨询企业资质：

（1）工程造价咨询企业资质有效期满，未申请延续的；

（2）工程造价咨询企业资质被撤销、撤回的；

（3）工程造价咨询企业依法终止的；

（4）法律、法规规定的应当注销工程造价咨询企业资质的其他情形。

二、工程造价咨询管理

（一）业务承接

工程造价咨询企业应当依法取得工程造价咨询企业资质，并在其资质等级许可的范围内从事工程造价咨询活动。工程造价咨询企业依法从事工程造价咨询活动，不受行政区域限制。其中，甲级工程造价咨询企业可以从事各类建设项目的工程造价咨询业务；乙级工程造价咨询企业可以从事工程造价 5000 万元人民币以下的各类建设项目的工程造价咨询业务。

1．业务范围

工程造价咨询业务范围包括：

（1）建设项目建议书及可行性研究投资估算、项目经济评价报告的编制和审核；

（2）建设项目概预算的编制与审核，并配合设计方案比选、优化设计、限额设计等工作进行工程造价分析与控制；

（3）建设项目合同价款的确定（包括招标工程工程量清单和标底、投标报价的编制和审核）；合同价款的签订与调整（包括工程变更、工程洽商和索赔费用的计算）与工程款支付，工程结算、竣工结算和决算报告的编制与审核等；

（4）工程造价经济纠纷的鉴定和仲裁的咨询；

（5）提供工程造价信息服务等。

同时，工程造价咨询企业可以对建设项目的组织实施进行全过程或者若干阶段的管理和服务。

2．咨询合同及其履行

工程造价咨询企业在承接各类建设项目的工程造价咨询业务时，可以参照《建设工程造价咨询合同》（示范文本）与委托人签订书面的工程造价咨询合同。

建设工程造价咨询合同一般包括下列主要内容：

（1）委托人与咨询人的详细信息；

（2）咨询项目的名称、委托内容、要求、标准以及履行期限；

（3）委托人与咨询人的权利、义务与责任；

（4）咨询业务的酬金、支付方式和时间；

（5）合同的生效、变更与终止；

（6）违约责任、合同争议与纠纷的解决方式；

（7）当事人约定的其他专用条款的内容。

工程造价咨询企业从事工程造价咨询业务，应按照相关合同或约定出具工程造价成果文件。工程造价成果文件应当由工程造价咨询企业加盖有企业名称、资质等级及证书编号的执业印章，并由执行咨询业务的注册造价工程师签字、加盖个人执业印章。

3．企业分支机构

工程造价咨询企业设立分支机构的，应当自领取分支机构营业执照之日起30日内，持下列材料到分支机构工商注册所在地省、自治区、直辖市人民政府建设主管部门备案：

（1）分支机构营业执照复印件；

（2）工程造价咨询企业资质证书复印件；

（3）拟在分支机构执业的不少于3名注册造价工程师的注册证书复印件；

（4）分支机构固定办公场所的租赁合同或产权证明。

省、自治区、直辖市人民政府建设主管部门应当在接受备案之日起20日内，报国务院建设主管部门备案。

分支机构从事工程造价咨询业务，应当由设立该分支机构的工程造价咨询企业负责承接工程造价咨询业务、订立工程造价咨询合同、出具工程造价成果文件。分支机构不得以自己的名义承接工程造价咨询业务、订立工程造价咨询合同、出具工程造价成果文件。

4．跨省区承接业务

工程造价咨询企业跨省、自治区、直辖市承接工程造价咨询业务的，应当自承接业务之日起300日内到建设工程所在地省、自治区、直辖市人民政府建设主管部门备案。

（二）行为准则

为了保障国家与公共利益，维护公平竞争的良好秩序以及各方的合法权益，具有造价咨询资质的企业在执业活动中均应遵循行业行为准则：

（1）执行国家的宏观经济政策和产业政策，遵守国家和地方的法律、法规及有关规定，维护国家和人民的利益。

（2）接受工程造价咨询行业自律组织业务指导，自觉遵守本行业的规定和各项制度，积极参加本行业组织的业务活动。

（3）按照工程造价咨询企业资质证书规定的资质等级和服务范围开展业务。

（4）具有独立执业能力和工作条件，以精湛的专业技能和良好的职业操守，竭诚为客户服务。

（5）按照公平、公正和诚信的原则开展业务，认真履行合同，依法独立自主开展经营活动，努力提高经济效益。

（6）靠质量、靠信誉参加市场竞争，杜绝无序和恶性竞争；不得利用与行政机关、社会团体以及其他经济组织的特殊关系搞业务垄断。

（7）以人为本，鼓励员工更新知识，掌握先进的技术手段和业务知识，采取有效措施组织、督促员工接受继续教育。

（8）不得在解决经济纠纷的鉴证咨询业务中分别接受双方当事人的委托。

（9）不得阻挠委托人委托其他工程造价咨询单位参与咨询服务；共同提供服务的工程造价咨询单位之间应分工明确，密切协作，不得损害其他单位的利益和名誉。

（10）有义务保守客户的技术和商务秘密，客户事先允许和国家另有规定的除外。

（三）信用制度

工程造价咨询企业应当按照有关规定，向资质许可机关提供真实、准确、完整的工程造价咨询企业信用档案信息。工程造价咨询企业信用档案应当包括：工程造价咨询企业的基本情况、业绩、良好行为、不良行为等内容。违法行为、被投诉举报处理、行政处罚等情况应当作为工程造价咨询企业的不良记录记入其信用档案。任何单位和个人均有权查阅信用档案。

（四）法律责任

1．资质申请或取得的违规责任

申请人隐瞒有关情况或者提供虚假材料申请工程造价咨询企业资质的，不予受理或者不予资质许可，并给予警告，申请人在1年内不得再次申请工程造价咨询企业资质。

以欺骗、贿赂等不正当手段取得工程造价咨询企业资质的，由县级以上地方人民政府建设主管部门或者有关专业部门给予警告，并处1万元以上3万元以下的罚款，申请人3年内不得再次申请工程造价咨询企业资质。

2．经营违规的责任

未取得工程造价咨询企业资质从事工程造价咨询活动或者超越资质等级承接工程造价咨询业务的，出具的工程造价成果文件无效，由县级以上地方人民政府建设主管部门或者有关专业部门给予警告，责令限期改正，并处以1万元以上3万元以下的罚款。

工程造价咨询企业不及时办理资质证书变更手续的，由资质许可机关责令限期办理；逾期不办理的，可处以1万元以下的罚款。

有下列行为之一的，由县级以上地方人民政府建设主管部门或者有关专业部门给予警告，责令限期改正；逾期未改正的，可处以5000元以上2万元以下的罚款：

（1）新设立的分支机构不备案的；

（2）跨省、自治区、直辖市承接业务不备案的。

3．其他违规责任

工程造价咨询企业有下列行为之一的，由县级以上地方人民政府建设主管部门或者有关专业部门给予警告，责令限期改正，并处以1万元以上3万元以下的罚款：

（1）涂改、倒卖、出租、出借资质证书，或者以其他形式非法转让资质证书；

（2）超越资质等级业务范围承接工程造价咨询业务；

（3）同时接受招标人和投标人或两个以上投标人对同一工程项目的工程造价咨询业务；

（4）以给予回扣、恶意压低收费等方式进行不正当竞争；

（5）转包承接的工程造价咨询业务；

（6）法律、法规禁止的其他行为。

4．对资质许可机关及其工作人员违规的处罚

资质许可机关有下列情形之一的，由其上级行政主管部门或者监察机关责令改正，对直接负责的主管人员和其他直接责任人员依法给予处分；构成犯罪的，依法追究刑事责任：

（1）对不符合法定条件的申请人做出准予工程造价咨询企业资质许可，或者超越职权做出准予工程造价咨询企业资质许可决定的；

（2）对符合法定条件的申请人做出不予工程造价咨询企业资质许可，或者不在法定期限内做出准予工程造价咨询企业资质许可决定的；

（3）利用职务上的便利，收受他人财物或者其他利益的；

（4）不履行监督管理职责，或者发现违规行为不予查处的。

第五节　工程造价管理的发展

一、发达国家和地区的工程造价管理

（一）代表性国家和地区的工程造价管理

当今，国际工程造价管理有着几种主要模式，主要包括：英国、美国、日本，以及继承了英国模式，又结合自身特点而形成独特工程造价管理模式的国家和地区，如新加坡、马来西亚以及我国香港地区。

1．英国工程造价管理

英国是世界上最早出现工程造价咨询行业并成立相关行业协会的国家。英国的工程造价管理至今已有近400年的历史。在世界近代工程造价管理的发展史上，作为早期世界强国的英国，由于其工程造价管理发展较早，且其联邦成员国和地区分布较广，时至今日，其工程造价管理模式在世界范围内仍具有较强的影响力。

英国工程造价咨询公司在英国被称为工料测量师行，成立的条件必须符合政府或相关行业协会的有关规定。目前，英国的行业协会负责管理工程造价专业人士、编制工程造价计量标准，发布相关造价信息及造价指标。

在英国，政府投资工程和私人投资工程分别采用不同的工程造价管理方法，但这些工程项目通常都需要聘请专业造价咨询公司进行业务合作。其中，政府投资工程是由政府有关部门负责管理，包括计划、采购、建设咨询、实施和维护，对从工程项目立项到竣工各个环节的工程造价控制都较为严格，遵循政府统一发布的价格指数，通过市场竞争，形成工程造价。目前，英国政府投资工程约占整个国家公共投资的 50%，在工程造价业务方面要求必须委托给相应的工程造价咨询机构进行管理。英国建设主管部门的工作重点则是制定有关政策和法律，以全面规范工程造价咨询行为。

对于私人投资工程，政府通过相关的法律法规对此类工程项目的经营活动进行一定的规范和引导，只要在国家法律允许的范围内，政府一般不予干预。此外，社会上还有许多政府所属代理机构及社会团体组织，如英国皇家特许测量师学会（RICS）等协助政府部门进行行业管理，主要对咨询单位进行业务指导和管理从业人员。英国工程造价咨询行业的制度、规定和规范体系都较为完善。

英国工料测量师所经营的内容较为广泛，涉及建设工程全寿命期造价的各个领域，主要包括：项目策划咨询、可行性研究、成本计划和控制、市场行情的趋势预测；招投标活动及施工合同管理；建筑采购、招标文件的编制；投标书的分析与评价，标后谈判，合同文件准备；工程实施阶段的成本控制，财务报表，洽商变更；竣工工程的估价、决算，合同索赔的保护；成本重新估计；对承包商破产或被并购后的应对措施；应急合同的财务管理，后期物业管理等。

2．美国工程造价管理

美国拥有世界最为发达的市场经济体系。美国的建筑业也十分发达，具有投资多元化和高度现代化、智能化的建筑技术与管理的广泛应用相结合的行业特点。美国的工程造价管理是建立在高度发达的自由竞争市场经济基础之上的。

美国的建设工程也主要分为政府投资和私人投资两大类，其中，私人投资工程占到整个建筑业投资总额的 60%～70%。美国联邦政府没有主管建筑业的政府部门，因而也没有主管工程造价咨询业的专门政府部门，工程造价咨询业完全由行业协会管理。工程造价咨询业涉及多个行业协会，如美国土木工程师协会、总承包商协会、建筑标准协会、工程咨询业协会、国际工程造价促进会等。

美国工程造价管理具有以下特点。

(1)完全市场化的工程造价管理模式。在没有全国统一的工程量计算规则和计价依据的情况下，一方面由各级政府部门制定各自管辖的政府投资工程相应的计价标准，另一方面，承包商需根据自身积累的经验进行报价。同时，工程造价咨询公司依据自身积累的造价数据和市场信息，协助业主和承包商对工程项目提供全过程、全方位的管理与服务。

(2)具有较完备的法律及信誉保障体系。美国工程造价管理是建立在相关的法律制度基础上的。例如：在建筑行业中对合同的管理十分严格，合同对当事人各方都具有严格的法律制约，即业主、承包商、分包商、提供咨询服务的第三方之间，都必须采用合同的方式开展业务，严格履行相应的权利和义务。

同时，美国的工程造价咨询企业自身具有较为完备的合同管理体系和完善的企业信誉管理平台。各个企业视自身的业绩和荣誉为企业长期发展的重要条件。

(3)具有较成熟的社会化管理体系。美国的工程造价咨询业主要依靠政府和行业协会的共同管理与监督，实行“小政府、大社会”的行业管理模式。美国的相关政府管理机构对整个行业的发展进行宏观调控，更多的具体管理工作主要依靠行业协会，由行业协会更多地承担对专业人员和法人团体的监督和管理职能。

(4)拥有现代化管理手段。当今的工程造价管理均需采用先进的计算机技术和现代化的网络信息技术。在美国，信息技术的广泛应用，不但大大提高了工程项目参与各方之间的沟通、文件传递等的工作效率，也可及时、准确地提供市场信息，同时也使工程造价咨询公司收集、整理和分析各种复杂、繁多的工程项目数据成为可能。

3. 日本工程造价管理

在日本，工程积算制度是日本工程造价管理所采用的主要模式。工程造价咨询行业由日本政府建设主管部门和日本建筑积算协会统一进行业务管理和行业指导。其中，政府建设主管部门负责制定发布工程造价政策、相关法律法规、管理办法，对工程造价咨询业的发展进行宏观调控。

日本建筑积算协会作为全国工程咨询的主要行业协会，其主要的服务范围是：推进工程造价管理的研究；工程量计算标准的编制、建筑成本等相关信息的收集、整理与发布；专业人员的业务培训及个人执业资格准入制度的制定与具体执行等。

工程造价咨询公司在日本被称为工程积算所，主要由建筑积算师组成。日本的工程积算所一般对委托方提供以工程造价管理为核心的全方位、全过程的工程咨询服务，其主要业务范围包括：工程项目的可行性研究、投资估算、工程量计算、单价调查、工程造价细算、标底价编制与审核、招标代理、合同谈判、变更成本积算，工程造价后期控制与评估等。

4. 我国香港地区工程造价管理

香港地区工程造价管理模式是沿袭英国的做法，但在管理主体、具体计量规则的制定，工料测量事务所和专业人士的执业范围和深度等方面，都根据自身特点进行了适当调整，使之更适合香港地区工程造价管理的实际需要。

在香港地区，专业保险在工程造价管理中得到了较好应用。一般情况下，由于工料测量师事务所受雇于业主，在收取一定比例咨询服务费的同时，要对工程造价控制负有较大责任。因此，工料测量师事务所在接受委托，特别是控制工期较长、难度较大的项目造价时，都需购买专业保险，以防工作失误时因对业主进行赔偿后而破产。可以说，工程保险的引入，一方面加强了工料测量师事务所防范风险和抵抗风险的能力，也为香港地区工程造价业务向国际市场开拓提供了有力保障。

从20世纪60年代开始，香港地区的工料测量事务所已发展为可对工程建设全过程进行成本控制，并影响建筑设计事务所和承包商的专业服务类公司，在工程建设过程中扮演着越来越重要的角色。政府对测量事务所合伙人有严格要求，要求公司的合伙人必须具有较高的专业知识和技能，并获得相关专业学会颁发的注册测量师执业资格，否则，领不到公司营业执照，无法开业经营。香港地区的工料测量师以自己的实力、专业知识、服务质量在社会上赢得声誉，以公正、中立的身份从事各种服务。

香港地区的专业学会是在众多测量师事务所、专业人士之间相互联系和沟通的纽带。这种学会在保护行业利益和推行政府决策方面起着重要作用，同时，学会与政府之间也保持着密切联系。学会内部互相监督、互相协调、互通情报，强调职业道德和经营作风。学会对工程造价起着指导和间接管理的作用，甚至也充当工程造价纠纷仲裁机构，如：当承发包双方不能相互协调或对工料测量师事务所的计价有异议时，可以向学会提出仲裁申请。

（二）发达国家和地区工程造价管理的特点

分析发达国家和地区的工程造价管理，其特点主要体现在以下几个方面。

1．政府的间接调控

发达国家一般按投资来源不同，将项目划分为政府投资项目和私人投资项目。政府对不同类别的项目实行不同力度和深度的管理，重点是控制政府投资工程。

如英国，对政府投资工程采取集中管理的办法，按政府的有关面积标准、造价指标，在核定的投资范围内进行方案设计、施工设计，实施目标控制，不得突破。如遇非正常因素，宁可在保证使用功能的前提下降低标准，也要将造价控制在额度范围内。美国对政府投资上程则采用两种方式：一是由政府设专门机构对工程进行直接管理。美国各地方政府都设有相应的管理机构，如纽约市政府的综合开发部（DGS）、华盛顿政府的综合开发局（GSA）等都是代表各级政府专门负责管理建设工程的机构。二是通过公开招标委托承包商进行管理。美国法律规定，所有的政府投资工程都要进行公开招标，特定情况下（涉及国防、军事机密等）可邀请招标和议标。但对项目的审批权限、技术标准（规范）、价格、指数都需明确规定，确保项目资金不突破审批的金额。

发达国家对私人投资工程只进行政策引导和信息指导，而不干预其具体实施过程，体现政府对造价的宏观管理和间接调控。如美国政府有一套完整的项目或产品目录，明确规定私人投资者的投资领域，并采取经济杠杆，通过价格、税收、利率、信息指导、城市规划等来引导和约束私人投资方向和区域分布。政府通过定期发布信息资料，使私人投资者了解市场状况，尽可能使投资项目符合经济发展的需要。

2．有章可循的计价依据

费用标准、工程量计算规则、经验数据等是发达国家和地区计算和控制工程造价的主要依据。如美国，联邦政府和地方政府没有统一的工程造价计价依据和标准，一般根据积累的工程造价资料，并参考各工程咨询公司有关造价的资料，对各自管辖的政府工程制定相应的计价标准，作为工程费用估算的依据。通过定期发布工程造价指南进行宏观调控与干预。有关工程造价的工程量计算规则、指标、费用标准等，一般是由各专业协会、大型工程咨询公司制定。各地的土程咨询机构，根据本地区的具体特点，制定单位建筑面积的消耗量和基价，作为所管辖项目造价估算的标准。

英国也没有类似我国的定额体系，工程量的测算方法和标准都由专业学会或协会进行负责。因此，由英国皇家测量师学会（RICS）组织制定的《建筑工程工程量计算规则》（SMM）作为工程量计算规则，是参与工程建设各方共同遵守的计量、计价的基本规则，在英国及英联邦国家被广泛应用与借鉴。此外，英国土木工程学会（ICE）还编制有适用于大型或复杂工程项目的《土木工程工程量计算规则》（CESMM）。英国政府投资工程从确定投资和控制工程项目规模及计价的需要出发，各部门均需制订并经财政部门认可的各种建设标准和造价指标，这些标准和指标均作为各部门向国家申报投资、控制规划设计、确定工程项目规模和投资的基础，也是审批立项、确定规模和造价限额的依据。英国十分重视已完工程数据资料的积累和数据库的建设。每个皇家测量师学会会员都有责任和义务将自己经办的已完工程的数据资料，按照规定的格式认真填报，收入学会数据库，同时也即取得利用数据库资料的权利。计算机实行全国联网，所有会员资料共享，这不仅为测算各类工程的造价指数提供了基础，同时也为分析暂时没有设计图纸及资料的工程造价数据提供了参考。在英国，对工程造价的调整及价格指数的测定、发布等有一整套比较科学、严密的办法，政府部门要发布《工程调整规定》和《价格指数说明》等文件。

3．多渠道的工程造价信息

发达国家和地区都十分重视对各方面造价信息的及时收集、筛选、整理以及加工工作。这是因为造价信息是建筑产品估价和结算的重要依据，是建筑市场价格变化的指示灯。从某种角度讲，及时、准确地捕捉建筑市场价格信息是业主和承包商能否保持竞争优势和取得盈利的关键因素之一。如在美国，建筑造价指数一般由一些咨询机构和新闻媒介来编制，在多种造价信息来源中，工程新闻记录（Engineering News Rec.rd，ENR）造价指标是比较重要的一种。编制 ENR 造价指数的目的是为了准确地预测建筑价格，确定工程造价。它是一个加权总指数：由构件钢材、波特兰水泥、木材和普通劳动力 4 种个体指数组成。ENR 共编制两种造价指数：一是建筑造价指数，一是房屋造价指数。这两个指数在计算方法上基本相同，区别仅现在计算总指数中的劳动力要素不同。ENR 指数资料来源于 20 个美国城市和 2 个加拿大城市，ENR 在这些城市中派有信息员，专门负责收集价格资料和信息。ENR 总部则将这些信息员收集到的价格信息和数据汇总，并在每个星期四计算并发布最近的造价指数。

4．造价工程师的动态估价

在英国，业主对工程的估价一般要委托工料测量师行来完成。测量师行的估价大体上是按比较法和系数法进行的，经过长期的估价实践，他们都拥有极为丰富的工程造价实例资料，甚至建立了工程造价数据库，对于标书中所列出的每一项目价格的确定都有自己的标准。在估价时，工料测量师行将不同设计阶段提供的拟建工程项目资料与以往同类工程项目对比，结合当前建筑市场行情，确定项目单价。对于未能计算的项目（或没有对比对象的项目），则以其他建筑物的造价分析得来的资料补充。承包商在投标时的估价一般要凭自己的经验来完成，往往把投标工程划分为各分部工程，根据本企业定额计算出所需人工、材料、机械等的耗用量，而人工单价主要根据各劳务分包商的报价，材料单价主要根据各材料供应商的报价加以比较确定，承包商根据建筑市场供求情况随行就市，自行确定管理费率，最后做出体现当时当地实际价格的工程报价。总之，工程任何一方的估价，都是以市场状况为重要依据，是完全意义的动态估价。

在美国，工程造价的估算主要由设计部门或专业估价公司来承担，造价工程师（Cost Engineer）在具体编制工程造价估算时，除了考虑工程项目本身的特征因素（如项日拟采用的独特工艺和新技术、项目管理方式、现有场地条件以及资源获得的难易程度等）外，一般还对项目进行较为详细的风险分析，以确定适度的预备费。但确定工程预备费的比例并不固定，随项目风险程度的大小而确定不同的比例。造价工程师通过掌握不同的预备费率来调节造价估算的总体水平。

美国工程造价估算中的人工费由基本工资和附加工资两部分组成。其中，附加工资项目包括管理费、保险金、劳动保护金、退休金、税金等。材料费和机械使用费均以现行的市场行情或市场租赁价作为造价估算的基础，并在人工费、材料费和机械使用费总额的基础上按照一定的比例（一般为10%左右）再计提管理费和利润。

5．通用的合同文本

合同在工程造价管理中有着重要的地位，发达国家和地区都将严格按合同规定办事作为一项通用的准则来执行，并且有的国家还执行通用的合同文本。在英国，其建设工程合同制度已有几百年的历史，有着丰富的内容和庞大的体系。澳大利亚、新加坡和香港地区的建设工程合同制度都始于英国，著名的FIDIC（国际咨询工程师联合会）合同文件，也以英国的合同文件作为母本。英国有着一套完整的建设工程标准合同体系，包括JCT（JCT公司）合同体系、ACA（咨询顾问建筑师协会）合同体系、ICE（土木工程师学会）合同体系、皇家政府合同体系。JCT是英国的主要合同体系之一，主要通用于房屋建筑工程。JCT合同体系本身又是一个系统的合同文件体系，它针对房屋建筑中不同的工程规模、性质、建造条件，提供各种不同的文本，供业主在发包、采购时选择。

美国建筑师学会（AIA）的合同条件体系更为庞大，分为A、B、C、D、F、G系列。其中，A系列是关于发包人与承包人之间的合同文件；B系列是关于发包人与提供专业服务的建筑师之间的合同文件；C系列是关于建筑师与提供专业服务的顾问之间的合同文件；D系列是建筑师行业所用的文件；F系列是财务管理表格；G系列是合同和办公管理表格。AIA系列合同条件的核心是“通用条件”。采用不同的计价方式时，只需选用不同的“协议书格式”与“通用条件”结合。AIA合同条件主要有总价、成本补偿及最高限定价格等计价方式。

6．重视实施过程中的造价控制

国外对工程造价的管理是以市场为中心的动态控制。造价工程师能对造价计划执行中所出现的问题及时分析研究，及时采取纠正措施，这种强调项目实施过程中的造价管理的做法，体现了造价控制的动态性，并且重视造价管理所具有的随环境、工作的进行以及价格等变化而调整造价控制标准和控制方法的动态特征。

以美国为例，造价工程师十分重视工程项目具体实施过程中的控制和管理，对工程预算执行情况的检查和分析工作做得非常细致，对于建设工程的各分部分项工程都有详细的成本计划，美国的建筑承包商是以各分部分项工程的成本详细计划为依据来检查工程造价计划的执行情况。对于工程实施阶段实际成本与计划目标出现偏差的工程项目，首先按照一定标准筛选成本差异，然后进行重要成本差异分析，并填写成本差异分析报告表，由此反映出造成此项差异的原因、此项成本差异对项目其他成本项目的影响、拟采取的纠正措施以及实施这些措施的时间、负责人所需条件等。对于采取措施的成本项目，每月还应跟踪检查采取措施后费用的变化情况。若采取的措施不能消除成本差异，则需重新进行此项成本差异的分析，再提出新的纠正措施，如果仍不奏效，造价控制项目经理则有必要重新审定项目的竣工结算。

美国一些大型工程公司十分重视工程变更的管理工作，建立了较为完善的工程变更管理制度，可随时根据各种变化情况提出变更，修改估算造价。美国工程造价的动态控制还体现在造价信息的反馈系统。各工程公司十分注意收集在造价管理各个阶段中的造价资料，并把向有关部门提出造价信息资料视为一种应尽的义务，不仅注意收集造价资料，也派出调查员实地调查。这种造价控制反馈系统使动态控制以事实为依据，保证了造价管理的科学性。

二、我国工程造价管理的发展

新中国成立后，我国参照苏联的工程建设管理经验，逐步建立了一套与计划经济体制相适应的定额管理体系，并陆续颁布了多项规章制度和定额，在国民经济的复苏与发展中起到了十分重要的作用。改革开放以来，我国工程造价管理进入黄金发展期，工程计价依据和方法不断改革，工程造价管理体系不断完善，工程造价咨询行业得到快速发展。近年来，我国工程造价管理呈现出国际化、信息化和专业化发展趋势。

（一）工程造价管理的国际化

随着中国经济日益融 A 全球资本市场，在我国的外资和跨国工程项目不断增多，这些工程项目大都需要通过国际招标、咨询等方式运作。同时，我国政和企业在海外投资和经营的工程项目也在不断增加。国内市场国际化，国内外市场的全面融合，使得我国工程造价管理的国际化成为一种趋势。境外工程造价咨询机构在长期的市场竞争中已形成自己独特的核心竞争力，在资本、技术、管理、人才、服务等方面均占有一定优势。面对日益严峻的市场竞争，我国工程造价咨询企业应以市场为导向，转换经营模式，增强应变能力，在竞争中求生存，在拼搏中求发展，在未来激烈的市场竞争中取得主动。

（二）工程造价管理的信息化

我国工程造价领域的信息化是从 20 世纪 80 年代末期伴随着定额管理，推广应用工程造价管理软件开始的。进入 90 年代中期，伴随着计算机和互联网技术的普及，全国性的工程造价管理信息化已成必然趋势。近年来，尽管全国各地及各专业工程造价管理机构逐步建立了工程造价信息平台，工程造价咨询企业也大多拥有专业的计算机系统和工程造价管理软件，但仍停留在工程量计算、汇总及工程造价的初步统计分析阶段。从整个工程造价行业看，还未建立统一规划、统一编码的工程造价信息资源共享平台；从工程造价咨询企业层面看，工程造价管理的数据库、知识库尚未建立和完善。目前，发达国家和地区的工程造价管理已大量运用计算机网络和信息技术，实现工程造价管理的网络化、虚拟化。特别是建筑信息建模（Building Information Modeling，BIM）技术的推广应用，必将推动工程造价管理的信息化发展。

（三）工程造价管理的专业化

经过长期的市场细分和行业分化，未来工程造价咨询企业应向更加适合自身特长的专业方向发展。作为服务型的第三产业，工程造价咨询企业应避免走大而全的规模化，而应朝着集约化和专业化模式发展。企业专业化的优势在于：经验较为丰富、人员精干、服务更加专业、更有利于保证工程项目的咨询质量、防范专业风险能力较强。在企业专业化的同时，对于日益复杂、涉及专业较多的工程项目而言，势必引发和增强企业之间尤其是不同专业的企业之间的强强联手和相互配合。同时，不同企业之间的优势互补、相互合作，也将给目前的大多数实行公司制的工程造价咨询企业在经营模式方面带来转变，即企业将进一步朝着合伙制的经营模式自我完善和发展。鼓励及加速实现我国工程造价咨询企业合伙制经营，是提高企业竞争力的有效手段，也是我国未来工程造价咨询企业的主要组织模式。合伙制企业因对其组织方面具有强有力的风险约束性，能够促使其不断强化风险意识，提高咨询质量，保持较高的职业道德水平，自觉维护自身信誉。正因如此，在完善的工程保险制度下的合伙制也是目前发达国家和地区工程造价咨询企业所采用的典型经营模式。

第二章　建设工程造价构成

第一节　概　　述

一、我国建设项目投资及工程造价的构成

建设项目总投资是为完成工程项目建设并达到使用要求或生产条件，在建设期内预计或实际投入的全部费用总和。生产性建设项目总投资包括建设投资、建设期利息和流动资金三部分；非生产性建设项目总投资包括建设投资和建设期利息两部分。其中建设投资和建设期利息之和对应于固定资产投资，固定资产投资与建设项目的工程造价在量上相等。工程造价基本构成包括用于购买工程项目所需各种设备的费用，用于建筑施工和安全施工所需支出的费用，用于委托工程勘察设计应支付的费用，用于购置土地所需的费用，也包括用于建设单位自身进行项目筹建和项目管理所花费的费用等。总之，工程造价是按照确定的建设内容、建设规模、建设标准、功能要求和使用要求等将工程项目全部建成，在建设期预计或实际支出的建设费用。

工程造价中的主要构成部分是建设投资，建设投资是为完成工程项目建设，在建设期内投入且形成现金流出的全部费用。根据国家发改委和建设部发布的《建设项目经济评价方法与参数（第三版）》（发改投资〔2006〕1325 号）的规定，建设投资包括工程费用、工程建设其他费用和预费三部分。工程费用是指建设期内直接用于工程建造、设备购置及其安装的建设投资，可以分为建筑安装工程费和设备及工器具购置费；工程建设其他费用是指建设期发生的与土地使用权取得、整个工程项目建设以及未来生产经营有关的构成建设投资但不包括在工程费用中的费用。预备费是在建设期内为各种不可预见因素的变化而预留的可能增加的费用，包括基本预备费和价差预备费。建设项目总投资的具体构成内容如图 2.1.1 所示。

国外各个国家的建设工程造价构成虽然有所不同，但具有代表性的是世界银行、国际咨询工程师联合会对建设工程造价构成的规定。这些国际组织对工程项目的总建设成本（相当于我国的工程造价）作了统一规定，工程项目总建设成本包括直接建设成本、间接建设成本、应急费和建设成本上升费等。各部分详细内容如下。

二、国外建设工程造价构成

（一）项目直接建设成本

项目直接建设成本包括以下内容。

（1）土地征购费。

（2）场外设施费用。如道路、码头、桥梁、机场、输电线路等设施费用。

（3）场地费用。指用于场地准备、厂区道路、铁路、围栏、场内设施等的建设费用。

（4）工艺设备费。指主要设备、辅助设备及零配件的购置费用，包括海运包装费用、交货港离岸价，但不包括税金。

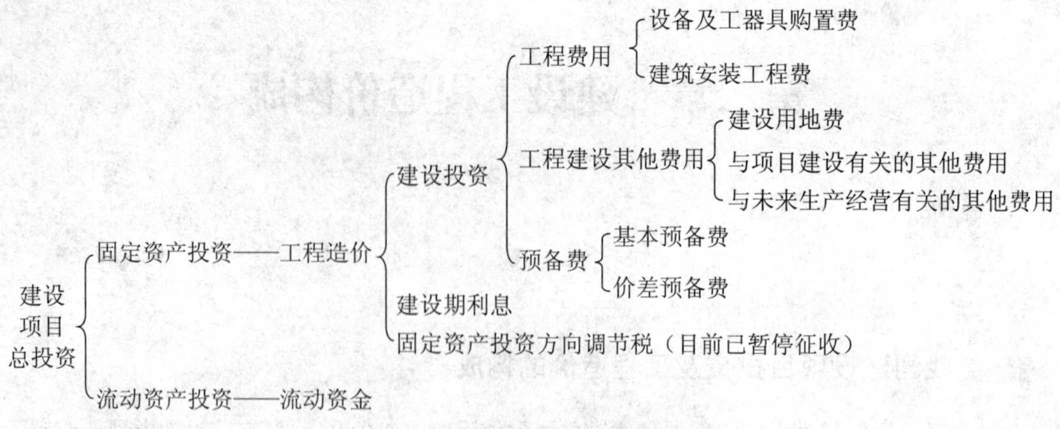

图 2.1.1　我国现行建设项目总投资构成①

（5）设备安装费。指设备供应商的监理费用，本国劳务及工资费用，辅助材料、施工设备，消耗品和工具等费用以及安装承包商的管理费和利润等。

（6）管道系统费用。指与系统的材料及劳务相关的全部费用。

（7）电气设备费。其内容与第（4）项类似。

（8）电气安装费。指设备供应商的监理费用，本国劳务与工资费用，辅助材料、电缆管道和工具费用以及营造承包商的管理费和利润。

（9）仪器仪表费。指所有自动仪表、控制板、配线和辅助材料的费用以及供应商的监理费用、外国或本国劳务及工资费用、承包商的管理费和利润。

（10）机械的绝缘和油漆费。指与机械及管道的绝缘和油漆相关的全部费用。

（11）工艺建筑费。指原材料、劳务费以及与基础、建筑结构、屋顶、内外装修、公共设施有关的全部费用。

（12）服务性建筑费用。其内容与第（11）项相似。

（13）工厂普通公共设施费。包括材料和劳务费以及与供水、燃料供应、通风、蒸汽发生及分配、下水道、污物处理等公共设施有关的费用。

（14）车辆费。指工艺操作必需的机动设备零件费用，包括海运包装费用以及交货港的离岸价，但不包括税金。

（15）其他当地费用。指那些不能归类于以上任何一个项目，不能计入项目间接成本，但在建设期间又是必不可少的当地费用。如临时设备、临时公共设施及场地的维持费，营地设施及其管理，建筑保险和债券，杂项开支等费用。

（二）项目间接建设成本

项目间接建设成本包括以下内容：

（1）项目管理费。

1）总部人员的薪金和福利费，以及用于初步和详细工程设计、采购、时间和成本控制、行政和其他一般管理的费用。

---

① 图 2.1.1 中列示的项目总投资主要是指在项目可行性研究阶段用于财务分析时的总投资构成，在“项目报批总投资”或“项目概算总投资”中只包括铺底流动资金，其金额通常为流动资金总额的 30%。

2）施工管理现场人员的薪金、福利费和用于施工现场监督、质量保证、现场采购、时间及成本控制、行政及其他施工管理机构的费用。

3）零星杂项费用，如返工、旅行、生活津贴、业务支出等。

4）各种酬金。

（2）开工试车费。指工厂投料试车必需的劳务和材料费用。

（3）业主的行政性费用。指业主的项目管理人员费用及支出。

（4）生产前费用。指前期研究、勘测、建矿、采矿等费用。

（5）运费和保险费。指海运、国内运输、许可证及佣金、海洋保险、综合保险等费用。

（6）地方税。指地方关税、地方税及对特殊项目征收的税金。

（三）应急费

应急费包括以下内容：

（1）未明确项目的准备金。此项准备金用于在估算时不可能明确的潜在项目，包括那些在做成本估算时因为缺乏完整、准确和详细的资料而不能完全预见和不能注明的项目，并且这些项目是必须完成的，或它们的费用是必定要发生的。在每一个组成部分中均单独以一定的百分比确定，并作为估算的一个项目单独列出。此项准备金不是为了支付工作范围以外可能增加的项目，不是用以应付天灾、非正常经济情况及罢工等情况，也不是用来补偿估算的任何误差，而是用来支付那些几乎可以肯定要发生的费用。因此，它是估算不可缺少的一个组成部分。

（2）不可预见准备金。此项准备金（在未明确项目准备金之外）用于在估算达到了一定的完整性并符合技术标准的基础上，由于物质、社会和经济的变化，导致估算增加的情况。此种情况可能发生，也可能不发生。因此，不可预见准备金只是一种储备，可能不动用。

（四）建设成本上升费用

通常，估算中使用的构成工资率、材料和设备价格基础的截止日期就是“估算日期”。必须对该日期或已知成本基础进行调整，以补偿直至工程结束时的未知价格增长。

工程的各个主要组成部分（国内劳务和相关成本、本国材料、外国材料、本国设备、外国设备、项目管理机构）的细目划分决定以后，便可确定每一个主要组成部分的增长率。这个增长率是一项判断因素。它以已发表的国内和国际成本指数、公司记录等为依据，并与实际供应商进行核对，然后根据确定的增长率和从工程进度表中获得的各主要组成部分的中点值，计算出每项主要组成部分的成本上升值。

第二节　设备及工器具购置费用的构成和计算

设备及工器具购置费用是由设备购置费和工具、器具及生产家具购置费组成的，它是固定资产投资中的积极部分。在生产性工程建设中，设备及工器具购置费用占工程造价比重的增大，意味着生产技术的进步和资本有机构成的提高。

一、设备购置费的构成和计算

设备购置费是指购置或自制的达到固定资产标准的设备、工器具及生产家具等所需的费用。它由设备原价和设备运杂费构成。

设备购置费=设备原价+设备运杂费 (2.2.1)

式中，设备原价指国产设备或进口设备的原价；设备运杂费指除设备原价之外的关于设备采购、运输、途中包装及仓库保管等方面支出费用的总和。

（一）国产设备原价的构成及计算

国产设备原价一般指的是设备制造厂的交货价，或订货合同价。它一般根据生产厂或供应商的询价、报价、合同价确定，或采用一定的方法计算确定。国产设备原价分为国产标准设备原价和国产非标准设备原价。

1．国产标准设备原价

国产标准设备是指按照主管部门颁布的标准图纸和技术要求，由我国设备生产厂批量生产的，符合国家质量检测标准的设备。国产标准设备原价有两种，即带有备件的原价和不带有备件的原价。在计算时，一般采用带有备件的原价。国产标准设备一般有完善的设备交易市场，因此可通过查询相关交易市场价格或向设备生产厂家询价得到国产标准设备原价。

2．国产非标准设备原价

国产非标准设备是指国家尚无定型标准，各设备生产厂不可能在工艺过程中采用批量生产，只能按订货要求并根据具体的设计图纸制造的设备。非标准设备由于单件生产、无定型标准，所以无法获取市场交易价格，只能按其成本构成或相关技术参数估算其价格。非标准设备原价有多种不同的计算方法，如成本计算估价法、系列设备插入估价法、分部组合估价法、定额估价法等。但无论采用哪种方法都应该使非标准设备计价接近实际出厂价，并且计算方法要简便。成本计算估价法是一种比较常用的估算非标准设备原价的方法。按成本计算估价法，非标准设备的原价由以下各项组成。

（1）材料费。其计算公式如下：

材料费=材料净重×(1+加工损耗系数)×每吨材料综合价 (2.2.2)

（2）加工费。包括生产工人工资和工资附加费、燃料动力费、设备折旧费、车间经费等。其计算公式如下：

加工费=设备总重量(吨)×设备每吨加工费 (2.2.3)

（3）辅助材料费（简称辅材费）。包括焊条、焊丝、氧气、氩气、氮气、油漆、电石等费用。其计算公式如下：

辅助材料费=设备总重量×辅助材料费指标 (2.2.4)

（4）专用工具费。按（1）～（3）项之和乘以一定百分比计算。

（5）废品损失费。按（1）～（4）项之和乘以一定百分比计算。

（6）外购配套件费。按设备设计图纸所列的外购配套件的名称、型号、规格、数量、重量，根据相应的价格加运杂费计算。

（7）包装费。按以上（1）～（6）项之和乘以一定百分比计算。

（8）利润。可按（1）～（5）项加第（7）项之和乘以一定利润率计算。

（9）税金，主要指增值税①。计算公式如下：

增值税=当期销项税额–进项税额 (2.2.5)

---

① 虽然根据2008年11月5日国务院第34次常务会议修订通过的《中华人民共和国增值税暂行条例》，删除了有关不得抵扣购进固定资产的进项税额的规定，允许纳税人抵扣购进固定资产的进项税额，但由于增值税仍然是项目投资过程中所必须支付的费用之一，因此在估算设备原价时，依然包括增值税项。

当期销项税额=销售额×适用增值税率　(2.2.6)

销售额=（1）～（8）项之和

（10）非标准设备设计费：按国家规定的设计费收费标准计算。

综上所述，单台非标准设备原价可用下面的公式表达：

单台非标准设备原价={[(材料费+加工费+辅助材料费)×(1+专用工具费率)
×(1+废品损失费率)+外购配套件费] ×(1+包装费率)–外购配套件费}
×(1+利润率)+销项税额+非标准设备设计费+外购配套件费　(2.2.7)

【例 2.2.1】某工厂采购一台国产非标准设备，制造厂生产该台设备所用材料费 20 万元，加工费 2 万元，辅助材料费 4000 元，制造厂为制造该设备，在材料采购过程中发生进项增值税额 3. 5 万元。专用工具费率 1.5%，废品损失费率 10%，外购配套件费 5 万元，包装费率 1%，利润率为 7%，增值税率为 17%，非标准设备设计费 2 万元，求该国产非标准设备的原价。

解：专用工具费=(20+2+0.4)×1.5%=0.336（万元）

废品损失费=(20+2+0.4+0.336)×10% = 2. 274（万元）

包装费=(22. 4+0. 336+2. 274+5)×1% = 0. 300（万元）

利润=(22. 4+0. 336+2. 274+0. 3)×7% = 1. 772（万元）

销项税额=(22. 4+0. 336+2. 274+5+0. 3+1. 772)×17% = 5.454（万元）

该国产非标准设备的原价=22. 4+0. 336+2. 274+0. 3+1. 772+5. 454+2+5= 39.536（万元）

（二）进口设备原价的构成及计算

进口设备的原价是指进口设备的抵岸价，即设备抵达买方边境、港口或车站，交纳完各种手续费、税费后形成的价格。抵岸价通常由进口设备到岸价（CIF）和进口从属费构成。进口设备的到岸价，即抵达买方边境港口或边境车站的价格。在国际贸易中，交易双方所使用的交货类别不同，则交易价格的构成内容也有所差异。进口从属费用包括银行财务费、外贸手续费、进口关税、消费税、进口环节增值税等，进口车辆的还需缴纳车辆购置税。

1. 进口设备的交易价格

在国际贸易中，较为广泛使用的交易价格术语有 FOB、CFR 和 CIF。

（1）FOB（free on board），意为装运港船上交货，亦称为离岸价格。FOB 术语是指当货物在指定的装运港越过船舷，卖方即完成交货义务。风险转移，以在指定的装运港货物越过船舷时为分界点。费用划分与风险转移的分界点相一致。

在 FOB 交货方式下，卖方的基本义务有：办理出口清关手续，自负风险和费用，领取出口许可证及其他官方文件；在约定的日期或期限内，在合同规定的装运港，按港口惯常的方式，把货物装上买方指定的船只，并及时通知买方；承担货物在装运港越过船舷之前的一切费用和风险；向买方提供商业发票和证明货物已交至船上的装运单据或具有同等效力的电子单证。买方的基本义务有：负责租船订舱，按时派船到合同约定的装运港接运货物，支付运费，并将船期、船名及装船地点及时通知卖方；负担货物在装运港越过船舷后的各种费用以及货物灭失或损坏的一切风险；负责获取进口许可证或其他官方文件，以及办理货物入境手续；受领卖方提供的各种单证，按合同规定支付货款。

（2）CFR（cost and freight），意为成本加运费，或称之为运费在内价。CFR 是指在装运港货物越过船舷卖方即完成交货，卖方必须支付将货物运至指定的目的港所需的运费和费用，但交货后货物灭失或损坏的风险，以及由于各种事件造成的任何额外费用，即由卖方转移到买方。与 FOB 价格相比，CFR 的费用划分与风险转移的分界点是不一致的。

在 CFR 交货方式下，卖方的基本义务有：提供合同规定的货物，负责订立运输合同，并租船订舱，在合同规定的装运港和规定的期限内，将货物装上船并及时通知买方，支付运至目的港的运费；负责办理出口清关手续，提供出口许可证或其他官方批准的文件；承担货物在装运港越过船舷之前的一切费用和风险；按合同规定提供正式有效的运输单据、发票或具有同等效力的电子单证。买方的基本义务有：承担货物在装运港越过船舷以后的一切风险及运输途中因遭遇风险所引起的额外费用；在合同规定的目的港受领货物，办理进口清关手续，交纳进口税；受领卖方提供的各种约定的单证，并按合同规定支付货款。

（3）CIF（cost insurance and freight），意为成本加保险费、运费，习惯称到岸价格。在 CIF 术语中，卖方除负有与 CFR 相同的义务外，还应办理货物在运输途中最低险别的海运保险，并应支付保险费。如买方需要更高的保险险别，则需要与卖方明确地达成协议，或者自行作出额外的保险安排。除保险这项义务之外，买方的义务与 CFR 相同。

2．进口设备到岸价的构成及计算

进口设备到岸价的计算公式如下：

$$\begin{aligned}\text{进口设备到岸价(CIF)}&=\text{离岸价格(FOB)}+\text{国际运费}+\text{运输保险费}\\&=\text{运费在内价(CFR)}+\text{运输保险费}\end{aligned}\tag{2.2.8}$$

（1）货价。一般指装运港船上交货价（FOB）。设备货价分为原币货价和人民币货价，原币货价一律折算为美元表示，人民币货价按原币货价乘以外汇市场美元兑换人民币汇率中间价确定。进口设备货价按有关生产厂商询价、报价、订货合同价计算。

（2）国际运费。即从装运港（站）到达我国目的港（站）的运费。我国进口设备大部分采用海洋运输，小部分采用铁路运输，个别采用航空运输。进口设备国际运费计算公式为

$$\text{国际运费(海、陆、空)}=\text{原币货价(FOB)}\times\text{运费率}\tag{2.2.9}$$

$$\text{国际运费(海、陆、空)}=\text{单位运价}\times\text{运量}\tag{2.2.10}$$

其中，运费率或单位运价参照有关部门或进出口公司的规定执行。

（3）运输保险费。对外贸易货物运输保险是由保险人（保险公司）与被保险人（出口人或进口人）订立保险契约，在被保险人交付议定的保险费后，保险人根据保险契约的规定对货物在运输过程中发生的承保责任范围内的损失给予经济上的补偿。这是一种财产保险。计算公式为

$$\text{运输保费}=\frac{\text{原币货价(FOB)}+\text{国外运费}}{1-\text{保险费率}}\times\text{保险费率}\tag{2.2.11}$$

其中，保险费率按保险公司规定的进口货物保险费率计算。

3．进口从属费的构成及计算

进口从属费的计算公式如下：

$$\text{进口从属费}=\text{银行财务费}+\text{外贸手续费}+\text{关税}+\text{消费税}+\text{进口环节增值税}+\text{车辆购置税}\tag{2.2.12}$$

（1）银行财务费。一般是指在国际贸易结算中，中国银行为进出口商提供金融结算服务所收取的费用，可按下式简化计算：

$$\text{银行财务费}=\text{离岸价格(FOB)}\times\text{人民币外汇汇率}\times\text{银行财务费率}\tag{2.2.13}$$

（2）外贸手续费。指按规定的外贸手续费率计取的费用，外贸手续费率一般取 1.5%。计算公式为

$$\text{外贸手续费}=\text{到岸价格(CIF)}\times\text{人民币外汇汇率}\times\text{外贸手续费率}\tag{2.2.14}$$

（3）关税。由海关对进出国境或关境的货物和物品征收的一种税。计算公式为

$$关税=到岸价格(CIF)×人民币外汇汇率×进口关税税率 \tag{2.2.15}$$

到岸价格作为关税的计征基数时，通常又可称为关税完税价格。进口关税税率分为优惠和普通两种。优惠税率适用于与我国签订关税互惠条款的贸易条约或协定的国家的进口设备；普通税率适用于与我国未签订关税互惠条款的贸易条约或协定的国家的进口设备。进口关税税率按我国海关总署发布的进口关税税率计算。

（4）消费税。仅对部分进口设备（如轿车、摩托车等）征收，一般计算公式为

$$应纳消费税税额=\frac{到岸价格(CIF)×消费税税率+关税}{1-消费税税率}×消费税税率 \tag{2.2.16}$$

其中，消费税税率根据规定的税率计算。

（5）进口环节增值税。是对从事进口贸易的单位和个人，在进口商品报关进口后征收的税种。我国增值税条例规定，进口应税产品均按组成计税价格和增值税税率直接计算应纳税额。即

$$进口环节增值税额=组成计税价格×增值税税率 \tag{2.2.17}$$

$$组成计税价格=关税完税价格+关税+消费税 \tag{2.2.18}$$

增值税税率根据规定的税率计算。

（6）车辆购置税。进口车辆需缴进口宇辆购置税，其公式如下：

$$进口车辆购置税=（关税完税价格+关税+消费税）×车辆购置税率 \tag{2.2.19}$$

【例 2.2.2】从某国进口设备，重量 1000 吨，装运港船上交货价为 400 万美元，工程建设项目位于国内某省会城市。如果国际运费标准为 300 美元/吨，海上运输保险费率为 3%，银行财务费率为 5%，外贸手续费率为 1.5%，关税税率为 22%，增值税的税率为 17%，消费税税率为 10%，银行外汇牌价为 1 美元=6. 3 元人民币，对该设备的原价进行估算。

解：进口设备 FOB=400×6.3 =2520（万元）

国际运费= 300×1000×6. 3 = 189（万元）

$$海运保费=\frac{2520+189}{1-0.3\%}×0.3\%=8.15万元$$

CIF=2520+189+8.15 = 2717.15（万元）

银行财务费= 2520×5%=12.6（万元）

外贸手续费=2717. 15×1. 5%=40. 76（万元）

关税=2717.15×22% = 597.77（万元）

$$消费税=\frac{2717.15+597.77}{1-10\%}×10\%=368.32（万元）$$

增值税=(2717.15+597. 77+368. 32)×17% = 626. 15（万元）

进口从属费= 12. 6+40. 76+597. 77+368. 32+626. 15 = 1645. 6（万元）

进口设备原价=2717. 15+1645. 6 = 4362. 75（万元）

（三）设备运杂费的构成及计算

1．设备运杂费的构成

设备运杂费是指国内采购设备自来源地、国外采购设备自到岸港运至工地仓库或指定堆放地点发生的采购、运输、运输保险、保管、装卸等费用。通常由下列各项构成：

（1）运费和装卸费。国产设备由设备制造厂交货地点起至工地仓库（或施工组织设计指定的需要安装设备的堆放地点）止所发生的运费和装卸费；进口设备则由我国到岸港口或边境车站起至工地仓库（或施工组织设计指定的需安装设备的堆放地点）止所发生的运费和装卸费。

（2）包装费。在设备原价中没有包含的，为运输而进行的包装支出的各种费用。

（3）设备供销部门的手续费。按有关部门规定的统一费率计算。

（4）采购与仓库保管费。指采购、验收、保管和收发设备所发生的各种费用，包括设备采购人员、保管人员和管理人员的工资、工资附加费、办公费、差旅交通费，设备供应部门办公和仓库所占固定资产使用费、工具用具使用费、劳动保护费、检验试验费等。这些费用可按主管部门规定的采购与保管费费率计算。

2．设备运杂费的计算设备运杂费按下式计算：

设备运杂费=设备原价×设备运杂费率　　（2.2.20）

式中，设备运杂费率按各部门及省、市有关规定计取。

二、工器具及生产家具购置费的构成和计算

工器具及生产家具购置费，是指新建或扩建项目初步设计规定的，保证初期正常生产必须购置的没有达到固定资产标准的设备、仪器、工卡模具、器具、生产家具和备品备件等的购置费用。一般以设备购置费为计算基数，按照部门或行业规定的工具、器具及生产家具费率计算。计算公式为

工器具及生产家具购置费=设备购置费×定额费率　　（2.2.21）

第三节　建筑安装工程费用构成和计算

一、建筑安装工程费用的构成

（一）建筑安装工程费用内容

建筑安装工程费是指为完成工程项目建造、生产性设备及配套工程安装所需的费用。

1．建筑工程费用内容

（1）各类房屋建筑工程和列入房屋建筑工程预算的供水、供暖、卫生、通风、煤气等设备费用及其装设、油饰工程的费用，列入建筑工程预算的各种管道、电力、电信和电缆导线敷设工程的费用。

（2）设备基础、支柱、工作台、烟囱、水塔、水池、灰塔等建筑工程以及各种炉窑的砌筑工程和金属结构工程的费用。

（3）为施工而进行的场地平整，工程和水文地质勘察，原有建筑物和障碍物的拆除以及施工临时用水、电、气、路和完工后的场地清理，环境绿化、美化等工作的费用。

（4）矿井开凿、井巷延伸、露天矿剥离，石油、天然气钻井，修建铁路、公路、桥梁、水库、堤坝、灌渠及防洪等工程的费用。

2．安装工程费用内容

（1）生产、动力、起重、运输、传动和医疗、实验等各种需要安装的机械设备的装配费用，与设备相连的工相台、梯子、栏杆等设施的工程费用，附属于被安装设备的管线敷设工程费用以及被安装设备的绝缘、防腐、保温、油漆等工作的材料费和安装费。

（2）为测定安装工程质量，对单台设备进行单机试运转、对系统设备进行系统联动无负荷试运转工作的调试费。

（二）我国现行建筑安装工程费用项目组成

根据住房城乡建设部、财政部颁布的“关于印发《建筑安装工程费用项目组成》的通知”（建标〔2013〕44号），我国现行建筑安装工程费用项目按两种不同的方式划分，即按费用构成要素划分和按造价形成划分，其具体构成如图2.3.1所示。

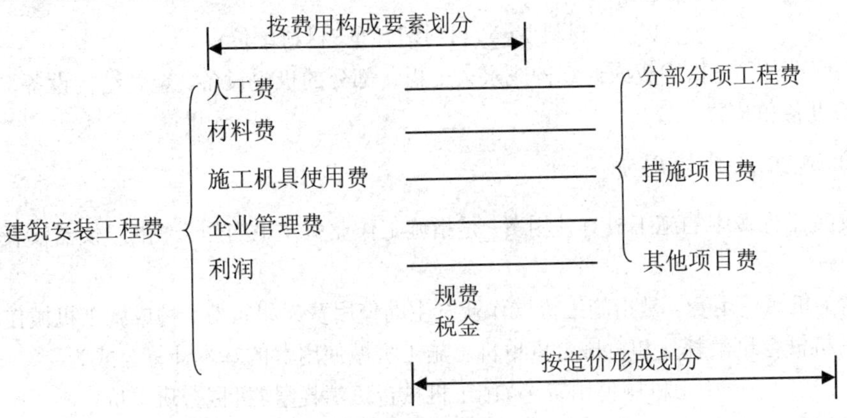

图2.3.1　建筑安装工程费用项目构成

二、按费用构成要素划分建筑安装工程费用项目构成和计算

按照费用构成要素划分，建筑安装工程费包括：人工费、材料费（包含工程设备[①]，下同）施工机具使用费、企业管理费、利润、规费和税金。

（一）人工费

建筑安装工程费中的人工费，是指按照工资总额构成规定，支付给直接从事建筑安装工程施工作业的生产工人和附属生产单位工人的各项费用。计算人工费的基本要素有两个，即人工工日消耗量和人工日工资单价。

（1）人工工日消耗量。是指在正常施工生产条件下，生产建筑安装产品（分部分项工程或结构构件）必须消耗的某种技术等级的人工工日数量。它由分项工程所综合的各个工序劳动定额包括的基本用工、其他用工两部分组成。

（2）人工日工资单价。是指施工企业平均技术熟练程度的生产工人在每工作日（国家法定工作时间内）按规定从事施工作业应得的日工资总额。

人工费的基本计算公式为

$$人工费=\sum(工日消耗量\times日工资单价) \tag{2.3.1}$$

（二）材料费

建筑安装工程费中的材料费，是指工程施工过程中耗费的各种原材料、辅助材料、构配件、零件、半成品或成品、工程设备的费用。计算材料费的基本要素是材料消耗量和材料单价。

（1）材料消耗量。材料消耗量是指在合理使用材料的条件下，生产建筑安装产品（分部分项工

① 根据《建设工程计价设备材料划分标准》GB/T 50531—2009的规定，工业、交通等项目中的建筑设备购置有关费用应列入建筑工程费，单一的房屋建筑工程项目的建筑设备购置有关费用宜列入建筑工程费。

程或结构构件）必须消耗的一定品种、规格的原材料、辅助材料、构配件、零件、半成品或成品等的数量。它包括材料净用量和材料不可避免的损耗量。

（2）材料单价。材料单价是指建筑材料从其来源地运到施工工地仓库直至出库形成的综合平均单价，其内容包括材料原价（或供应价格）、材料运杂费、运输损耗费、采购及保管费等。

材料费的基本计算公式为

$$材料费=\sum(材料消耗量\times材料单价) \tag{2.3.2}$$

（3）工程设备。是指构成或计划构成永久工程一部分的机电设备、金属结构设备、仪器装置及其他类似的设备和装置。

（三）施工机具使用费

建筑安装工程费中的施工机具使用费，是指施工作业所发生的施工机械、仪器仪表使用费或其租赁费。

（1）施工机械使用费。是指施工机械作业发生的使用费或租赁费。构成施工机械使用费的基本要素是施工机械台班消耗量和机械台班单价。施工机械使用费的基本计算公式为

$$施工机械使用费=\sum(施工机械台班消耗量\times机械台班单价) \tag{2.3.3}$$

施工机械台班单价通常由折旧费、大修理费、经常修理费、安拆费及场外运输费、人工费、燃料动力费和税费组成。

（2）仪器仪表使用费。是指工程施工所需使用的仪器仪表的摊销及维修费用。仪器仪表使用费的基本计算公式为

$$仪器仪表使用费=工程使用的仪器仪表摊销费+维修费 \tag{2.3.4}$$

（四）企业管理费

1．企业管理费的内容

企业管理费是指建筑安装企业组织施工生产和经营管理所需的费用。内容包括：

（1）管理人员工资。是指按规定支付给管理人员的计时工资、奖金、津贴补贴、加班加点工资及特殊情况下支付的工资等。

（2）办公费。是指企业管理办公用的文具、纸张、账表、印刷、邮电、书报、办公软件、现场监控、会议、水电、烧水和集体取暖降温（包括现场临时宿舍取暖降温）等费用。

（3）差旅交通费。是指职工因公出差、调动工作的差旅费、住勤补助费，市内交通费和误餐补助费，职工探亲路费，劳动力招募费，职工退休、退职一次性路费，工伤人员就医路费，工地转移费以及管理部门使用的交通工具的油料、燃料等费用。

（4）固定资产使用费。是指管理和试验部门及附属生产单位使用的属于固定资产的房屋、设备、仪器等的折旧、大修、维修或租赁费。

（5）工具用具使用费。是指企业施工生产和管理使用的不属于固定资产的工具、器具、家具、交通工具和检验、试验、测绘、消防用具等的购置、维修和摊销费。

（6）劳动保险和职工福利费。是指由企业支付的职工退职金、按规定支付给离休干部的经费，集体福利费、夏季防暑降温、冬季取暖补贴、上下班交通补贴等。

（7）劳动保护费。是企业按规定发放的劳动保护用品的支出，如工作服、手套、防暑降温饮料以及在有碍身体健康的环境中施工的保健费用等。

（8）检验试验费。是指施工企业按照有关标准规定，对建筑以及材料、构件和建筑安装物进行

一般鉴定、检查所发生的费用，包括自设试验室进行试验所耗用的材料等费用。不包括新结构、新材料的试验费，对构件做破坏性试验及其他特殊要求检验试验的费用和建设单位委托检测机构进行检测的费用，对此类检测发生的费用，由建设单位在工程建设其他费用中列支。但对施工企业提供的具有合格证明的材料进行检测不合格的，该检测费用由施工企业支付。

（9）工会经费。是指企业按《工会法》规定的全部职工工资总额比例计提的工会经费。

（10）职工教育经费。是指按职工工资总额的规定比例计提，企业为职工进行专业技术和职业技能培训，专业技术人员继续教育、职工职业技能鉴定、职业资格认定以及根据需要对职工进行各类文化教育所发生的费用。

（11）财产保险费。是指施工管理用于财产、车辆等的保险费用。

（12）财务费。是指企业为施工生产筹集资金或提供预付款担保、履约担保、职工工资支付担保等所发生的各种费用。

（13）税金。是指企业按规定缴纳的房产税、车船使用税、土地使用税、印花税等。

（14）其他。包括技术转让费、技术开发费、投标费、业务招待费、绿化费、广告费、公证费、法律顾问费、审计费、咨询费、保险费等。

2．企业管理费的计算方法

企业管理费一般采用取费基数乘以费率的方法计算，取费基数有三种，分别是：以分部分项工程费为计算基础、以人工费和机械费合计为计算基础及以人工费为计算基础。企业管理费费率计算方法如下：

（1）以分部分项工程费为计算基础。

$$\text{企业管理费率}(\%)=\frac{\text{生产工人年平均管理费}}{\text{年有效施工天数}\times\text{人工单价}}\times\text{人工费占分部分项工程费比例}(\%) \quad (2.3.5)$$

（2）以人工费和机械费合计为计算基础。

$$\text{企业管理费费率}(\%)=\frac{\text{生产工人年平均管理费}}{\text{年有效施工天数}\times(\text{人工单价}+\text{每一工日机械使用费})}\times 100\% \quad (2.3.6)$$

（3）以人工费为计算基础。

$$\text{企业管理费解}(\%)=\frac{\text{生产工人年平均管理费}}{\text{年有效施工天数}\times\text{人工单价}}\times 100\% \quad (2.3.7)$$

工程造价管理机构在确定计价定额中的企业管理费时，应以定额人工费或定额人工费与机械费之和作为计算基数，其费率根据历年积累的工程造价资料，辅以调查数据确定，计入分部分项工程和措施项目费中。

（五）利润

利润是指施工企业完成所承包工程获得的盈利，由施工企业根据企业自身需求并结合建筑市场实际自主确定。工程造价管理机构在确定计价定额中利润时，应以定额人工费或定额人工费与机械费之和作为计算基数，其费率根据历年积累的工程造价资料，并结合建筑市场实际确定，以单位（单项）工程测算，利润在税前建筑安装工程费的比重可按不低于 5%且不高于 7%的费率计算。利润应列入分部分项工程和措施项目费中。

（六）规费

1．规费的内容

规费是指按国家法律、法规规定，由省级政府和省级有关权力部门规定必须缴纳或计取的费用。

主要包括社会保险费、住房公积金和工程排污费。

（1）社会保险费。包括：

1）养老保险费：企业按规定标准为职工缴纳的基本养老保险费。

2）失业保险费：企业按照国家规定标准为职工缴纳的失业保险费。

3）医疗保险费：企业按照规定标准为职工缴纳的基本医疗保险费。

4）生育保险费：企业按照国家规定为职工缴纳的生育保险费。

5）工伤保险费：企业按照国务院制定的行业费率为职工缴纳的工伤保险费。

（2）住房公积金：企业按规定标准为职工缴纳的住房公积金。

（3）工程排污费：企业按规定缴纳的施工现场工程排污费。

2．规费的计算

（1）社会保险费和住房公积金。社会保险费和住房公积金应以定额人工费为计算基础，根据工程所在地省、自治区、直辖市或行业建设主管部门规定费率计算。

社会保险费和住房公积金=∑（工程定额人工费×社会保险费和住房公积金费率）　（2.3.8）

社会保险费和住房公积金费率可以每万元发承包价的生产工人人工费和管理人员工资含量与工程所在地规定的缴纳标准综合分析取定。

（2）工程排污费。工程排污费应按工程所在地环境保护等部门规定的标准缴纳，按实际发生计取列入。其他应列而未列入的规费，按实际发生计取列入。

（七）税金

建筑安装工程税金是指国家税法规定的应计入建筑安装工程费用的营业税，城市维护建设税、教育费附加及地方教育费附加。

1．营业税

营业税是按计税营业额乘以营业税税率确定的。其中建筑安装企业营业税税率为3%。计算公式为

应纳营业税=计税营业额×3%　（2.3.9）

计税营业额是含税营业额，指从事建筑、安装、修缮、装饰及其他工程作业收取的全部收入，包括建筑、修缮、装饰工程所用原材料及其他物资和动力的价款。当安装的设备的价值作为安装工程产值时，亦包括所安装设备的价款。但建筑安装工程总承包人将工程分包或转包给他人的，其营业额中不包括付给分包或转包方的价款。营业税的纳税地点为应税劳务的发生地。

2．城市维护建设税

城市维护建设税是为筹集城市维护和建设资金，稳定和扩大城市、乡镇维护建设的资金来源，而对有经营收入的单位和个人征收的一种税。

城市维护建设税是按应纳营业税额乘以适用税率确定，计算公式为

应纳税额=应纳营业税额×适用税率　（2.3.10）

城市维护建设税的纳税地点在市区的，其适用税率为营业税的7%；所在地为县镇的，其适用税率为营业税的5%；所在地为农村的，其适用税率为营业税的1%。城建税的纳税地点与营业税纳税地点相同。

3．教育费附加

教育费附加是按应纳营业税额乘以3%确定的，计算式为

应纳税额=应纳营业税额×3%　（2.3.11）

建筑安装企业的教育费附加要与其营业税同时缴纳。即使办有职工子弟学校的建筑安装企业，也应当先缴纳教育费附加，教育部门可根据企业的办学情况，酌情返还给办学单位，作为对办学经费的补助。

4．地方教育附加

地方教育附加通常是按应纳营业税额乘以2%确定，各地方有不同规定的，应遵循其规定，计算公式为

$$\text{应纳税额}=\text{应纳营业税额}\times 2\% \tag{2.3.12}$$

地方教育附加应专项用于发展教育事业，不得从地方教育附加中提取或列支征收或代征手续费。

5．税金的综合计算

在工程造价的计算过程中，上述税金通常一并计算。由于营业税的计税依据是含税营业额，城市维护建设税、教育费附加和地方教育费附加的计税依据是应纳营业税额，而在计算税金时，往往已知条件是税前造价，即人工费、材料费、施工机具使用费、企业管理费、利润、规费之和。因此税金的计算往往需要将税前造价先转化为含税营业额，再按相应的公式计算缴纳税金。营业额的计算公式为

$$\text{营业额}=\frac{\text{人工费}+\text{材料费}+\text{施工机具使用费}+\text{企业管理费}+\text{利润}+\text{规费}}{1-\text{营业费率}-\text{营业费率}\times\text{城市维护建设费率}-\text{营业费率}\times\text{教育费附加率}-\text{营业费率}\times\text{地方教育附加率}} \tag{2.3.13}$$

为了简化计算，可以直接将三种税合并为一个综合税率，按下式计算应纳税额

$$\text{应纳税额}=\text{税前造价}\times\text{综合税率}(\%) \tag{2.3.14}$$

综合税率的计算因纳税地点所在地的不同而不同。

（1）纳税地点在市区的企业综合税率的计算：

$$\text{税率}(\%)=\frac{1}{1-3\%-(3\%\times 7\%)-(3\%\times 3\%)-(3\%\times 2\%)}-1 \tag{2.3.15}$$

（2）纳税地点在县城、镇的企业综合税率的计算：

$$\text{税率}(\%)=\frac{1}{1-3\%-(3\%\times 5\%)-(3\%\times 3\%)-(3\%\times 2\%)}-1 \tag{2.3.16}$$

（3）纳税地点不在市区、县城、镇的企业综合税率的计算：

$$\text{税率}(\%)=\frac{1}{1-3\%-(3\%\times 1\%)-(3\%\times 3\%)-(3\%\times 2\%)}-1 \tag{2.3. 17}$$

（4）实行营业税改增值税的，按纳税地点现行税率计算。

【例2.3.1】某市建筑公司承建某县政府办公楼，工程税前造价为1000万元，求该施工企业应缴纳的营业税、城市维护建设税、教育费附加和地方教育附加分别是多少。

解：

$$\text{含税营业额}=\frac{1000}{1-3\%-(3\%\times 5\%)-(3\%\times 3\%)-(3\%\times 2\%)}=1034.126(\text{万元})$$

应缴纳的营业税=1034.126×3% = 31.024（万元）

应缴纳的城市维护建设税=31.024×5% = 1.551（万元）

应缴纳教育费附加= 31.024×3% = 0.931（万元）

应缴纳地方教育附加= 31.024×2% = 0.620（万元）

三、按造价形成划分建筑安装工程费用项目构成和计算

建筑安装工程费按照工程造价形成由分部分项工程费、措施项目费、其他项目费、规费和税金组成。

（一）分部分项工程费

分部分项工程费是指各专业工程的分部分项工程应予列支的各项费用。各类专业工程的分部分项工程划分应遵循现行国家或行业计量规范的规定。分部分项工程费通常用分部分项工程量乘以综合单价进行计算。

$$\text{分部分项工程费}=\sum(\text{分部分项工程量}\times\text{综合单价}) \quad (2.3.18)$$

综合单价包括人工费、材料费、施工机具使用费、企业管理费和利润，以及一定范围的风险费用。

（二）措施项目费

1．措施项目费的构成

措施项目费是指为完成建设工程施工，发生于该工程施工前和施工过程中的技术、生活、安全、环境保护等方面的费用。措施项目及其包含的内容应遵循各类专业工程的现行国家或行业计量规范。以《房屋建筑与装饰工程工程量计算规范》GB 50854—2013中的规定为例，措施项目费可以归纳为以下几项。

（1）安全文明施工费。是指工程施工期间按照国家现行的环境保护、建筑施工安全、施工现场环境与卫生标准和有关规定，购置和更新施工安全防护用具及设施、改善安全生产条件和作业环境所需要的费用。通常由环境保护费、文明施工费、安全施工费、临时设施费组成。

1）环境保护费。是指施工现场为达到环保部门要求所需要的各项费用。

2）文明施工费。是指施工现场文明施工所需要的各项费用。

3）安全施工费。是指施工现场安全施工所需要的各项费用。

4）临时设施费。是指施工企业为进行建设工程施工所必须搭设的生活和生产用的临时建筑物、构筑物和其他临时设施费用。包括临时设施的搭设、维修、拆除、清理费或摊销费等。

各项安全文明施工费的具体内容如表2.3.1所示。

表 2.3.1　安全文明施工措施费的主要内容

项目名称	工作内容及包含范围
环境保护	现场施工机械设备降低噪音、发放扰民措施费用
	水泥和其他易飞扬细颗粒建筑材料封闭存放或采取覆盖措施等费用
	工程防扬尘洒水费用
	土石方、建渣外运车辆防护措施费用
	现场污染源的控制、生活垃圾清理外运、场地排水排污措施费用
	其他环境保护措施费用
文明施工	“五牌一图”费用
	现场围挡的墙面美化（包括内外粉刷、刷白、标语等）、压顶装饰费用
	现场厕所便槽刷白、贴面砖，水泥砂浆地面或地砖费用，建筑物内零时便溺设施费用
	其他施工现场零时设施的装饰装修、美化设施费用

（续表）

项目名称	工作内容及包含范围
文明施工	现场生活卫生设施费用
	符合卫生要求的饮水设备、淋浴、消毒等设施费用
	生活用洁净燃料费用
	防煤气中毒、防蚊虫叮咬等措施费用
	施工现场操作场地的硬化费用
	现场绿化费用、治安综合治理费用
	现场配备医药保健器材、物品费用和急救人员培训费用
	现场工人的防暑降温、电风扇、空调等设备及用电费用
	其他文明设施施工费用
项目名称	工作内容及包含范围
安全施工	安全资料、特殊作业专项方案的编制，安全施工标志的购置及安全宣传费用
	“三宝”（安全帽、安全带、安全网）、“四口”（楼梯口、电梯井口、通道口、预留洞口）、“五临边”（阳台围边、楼板围边、屋面围边、槽坑围边、卸料平台两侧），水平防护架、垂直防护架、外架封闭等防护费用
	施工安全用电的费用，包括配电箱三级配电、两级保护装置要求、外电防护措施费用
	起重机、塔吊等起重设备（含井架、门架）及外用电梯的安全防护措施（含警示标志）及卸料平台的临边防护、层间安全门、防护棚等设施费用
	建筑工地起重机械的检验检测费用
	施工机具防护棚及其围栏的安全保护设施费用
	施工安全防护通道费用
	工人的安全防护用品、用具购置费用
	消防设施与消防器材的配置费用
	电气保护、安全照明设施费
	其他安全防护措施费用
临时设施	施工现场采用彩色、定型钢板，砖、混凝土砌块等围挡的安砌、维修、拆除费用
	施工现场临时建筑物、构筑物的搭设、维修、拆除，如临时宿舍、办公室、食堂、厨房、厕所、诊疗所、临时文化福利用房、临时仓库、加工场、搅拌台、临时简易水塔、水池等费用
	施工现场临时设施的搭设、维修、拆除，如临时供水管道、临时供电管线、小型临时设施等费用
	施工现场规定范围内临时简易道路铺设，临时排水沟、排水设施安砌、维修、拆除费用
	其他临时设施费搭设、维修、拆除费用

（2）夜间施工增加费。是指因夜间施工所发生的夜班补助费、夜间施工降效、夜间施工照明设备摊销及照明用电等费用。内容由以下各项组成。

1）夜间固定照明灯具和临时可移动照明灯具的设置、拆除费用。

2）夜间施工时，施工现场交通标志、安全标牌、警示灯的设置、移动、拆除费用。

3）夜间照明设备摊销及照明用电、施工人员夜班补助、夜间施工劳动效率降低等费用。

（3）非夜间施工照明费。是指为保证工程施工正常进行，在地下室等特殊施工部位施工时所采用的照明设备的安拆、维护及照明用电等费用。

（4）二次搬运费。是指由于施工场地条件限制而发生的材料、成品、半成品等一次运输不能达到堆放地点，必须进行二次或多次搬运的费用。

（5）冬雨季施工增加费。是指在冬季或雨季施工需增加的临时设施、防滑、排除雨雪，人工及施工机械效率降低等费用。内容由以下各项组成。

1）冬雨（风）季施工时增加的临时设施（防寒保温、防雨、防风设施）的搭设、拆除费用。

2）冬雨（风）季施工时，对砌体、混凝土等采用的特殊加温、保温和养护措施费用。

3）冬雨（风）季施工时，施工现场的防滑处理、对影响施工的雨雪的清除费用。

4）冬雨（风）季施工时增加的临时设施、施工人员的劳动保护用品、冬雨（风）季施工劳动效率降低等费用。

（6）地上、地下设施、建筑物的临时保护设施费。是指在工程施工过程中，对已建成的地上、地下设施和建筑物进行的遮盖、封闭、隔离等必要保护措施所发生的费用。

（7）已完工程及设备保护费。是指竣工验收前，对已完工程及设备采取的覆盖、包裹、封闭、隔离等必要保护措施所发生的费用。’

（8）脚手架费。是指施工需要的各种脚手架搭、拆、运输费用以及脚手架购置费的摊销（或租赁）费用。通常包括以下内容：

1）施工时可能发生的场内、场外材料搬运费用。

2）搭、拆脚手架、斜道、上料平台费用。

3）安全网的铺设费用。

4）拆除脚手架后材料的堆放费用。

（9）混凝土模板及支架（撑）费。是指混凝土施工过程中需要的各种钢模板、木模板、支架等的支拆、运输费用及模板、支架的摊销（或租赁）费用。内容由以下各项组成：

1）混凝土施工过程中需要的各种模板制作费用。

2）模板安装、拆除、整理堆放及场内外运输费用。

3）清理模板黏结物及模内杂物、刷隔离剂等费用。

（10）垂直运输费。是指现场所用材料、机具从地面运至相应高度以及职工人员上下工作面等所发生的运输费用。内容由以下各项组成：

1）垂直运输机械的固定装置、基础制作、安装费。

2）行走式垂直运输机械轨道的铺设、拆除、摊销费。

（11）超高施工增加费。当单层建筑物檐口高度超过20m，多层建筑物超过6层时，可计算超高施工增加费，内容由以下各项组成：

1）建筑物超高引起的人工工效降低以及由于人工工效降低引起的机械降效费。

2）高层施工用水加压水泵的安装、拆除及工作台班费。

3）通信联络设备的使用及摊销费。

（12）大型机械设备进出场及安拆费。是指机械整体或分体自停放场地运至施工现场或由一个施工地点运至另一个施工地点，所发生的机械进出场运输及转移费用及机械在施工现场进行安装、拆卸所需的人工费、材料费、机械费、试运转费和安装所需的辅助设施的费用。内容由安拆费和进出场费组成：

1）安拆费包括施工机械、设备在现场进行安装拆卸所需人工、材料、机械和试运转费用以及机械辅助设施的折旧、搭设、拆除等费用。

2）进出场费包括施工机械、设备整体或分体自停放地点运至施工现场或由一施工地点运至另一施工地点所发生的运输、装卸、辅助材料等费用。

（13）施工排水、降水费。是指将施工期间有碍施工作业和影响工程质量的水排到施工场地以外，以及防止在地下水位较高的地区开挖深基坑出现基坑浸水，地基承载力下降，在动水压力作用下还可能引起流砂、管涌和边坡失稳等现象而必须采取有效的降水和排水措施费用。该项费用由成井和排水、降水两个独立的费用项目组成。

1）成井。成井的费用主要包括：①准备钻孔机械、埋设护筒、钻机就位，泥浆制作、固壁，成孔、出渣、清孔等费用；②对接上、下井管（滤管），焊接，安防，下滤料，洗井，连接试抽等费用。

2）排水、降水。排水、降水的费用主要包括：①管道安装、拆除，场内搬运等费用；②抽水、值班、降水设备维修等费用。

（14）其他。根据项目的专业特点或所在地区不同，可能会出现其他的措施项目。如工程定位复测费和特殊地区施工增加费等。

2．措施项目费的计算

按照有关专业计量规范规定，措施项目分为应予计量的措施项目和不宜计量的措施项目两类。

（1）应予计量的措施项目。基本与分部分项工程费的计算方法相同，公式为

$$措施项目费=\sum(措施项目工程量\times综合单价) \tag{2.3.19}$$

不同的措施项目其工程量的计算单位是不同的，分列如下：

1）脚手架费通常按建筑面积或垂直投影面积按m^2计算。

2）混凝土模板及支架（撑）费通常是按照模板与现浇混凝土构件的接触面积以m^2计算。

3）垂直运输费可根据需要用两种方法进行计算：①按照建筑面积以m^2为单位计算；②按照施工工期日历天数以天为单位计算。

4）超高施工增加费通常按照建筑物超高部分的建筑面积以m^2为单位计算。

5）大型机械设备进出场及安拆费通常按照机械设备的使用数量以台次为单位计算。

6）施工排水、降水费分两个不同的独立部分计算：①成井费用通常按照设计图示尺寸以钻孔深度按m计算；②排水、降水费用通常按照排、降水日历天数按昼夜计算。

（2）不宜计量的措施项目。对于不宜计量的措施项目，通常用计算基数乘以费率的方法予以计算。

1）安全文明施工费。计算公式为

$$安全文明施工费=计算基数\times安全文明施工费费率(\%) \tag{2.3.20}$$

计算基数应为定额基价（定额分部分项工程费+定额中可以计量的措施项目费）、定额人工费或定额人工费与机械费之和，其费率由工程造价管理机构根据各专业工程的特点综合确定。

2）其余不宜计量的措施项目。包括夜间施工增加费，非夜间施工照明费，二次搬运费，冬雨季施工增加费，地上、地下设施、建筑物的临时保护设施费，已完工程及设备保护费等。计算公式为

$$措施项目费=计算基数\times措施项目费费率(\%) \tag{2.3.21}$$

公式（2.3.21）中的计算基数应为定额人工费或定额人工费与定额机械费之和，其费率由工程造价管理机构根据各专业工程特点和调查资料综合分析后确定。

（三）其他项目费

1．暂列金额

暂列金额是指建设单位在工程量清单中暂定并包括在工程合同价款中的一笔款项。用于施工合

同签订时尚未确定或者不可预见的所需材料、工程设备、服务的采购，施工中可能发生的工程变更、合同约定调整因素出现时的工程价款调整以及发生的索赔、现场签证确认等的费用。

暂列金额由建设单位根据工程特点，按有关计价规定估算，施工过程中由建设单位掌握使用、扣除合同价款调整后如有余额，归建设单位。

2．计日工

计日工是指在施工过程中，施工企业完成建设单位提出的施工图纸以外的零星项目或工作所需的费用。

计日工由建设单位和施工企业在接施工过程中的签证计价。

3．总承包服务费

总承包服务费是指总承包人为配合、协调建设单位进行的专业工程发包，对建设单位自行采购的材料、工程设备等进行保管以及施工现场管理、竣工资料汇总整理等服务所需的费用。

总承包服务费由建设单位在招标控制价中根据总包服务范围和有关计价规定编制，施工企业投标时自主报价，施工过程中按签约合同价执行。

（四）规费和税金

规费和税金的构成和计算与按费用构成要素划分建筑安装工程费用项目组成部分是相同的。

四、国外建筑安装工程费用的构成

（一）费用构成

国外的建筑安装工程费用一般是在建筑市场上通过招投标方式确定的。工程费的高低受建筑产品供求关系影响较大。国外建筑安装工程费用的构成可用图2.3.2表示。

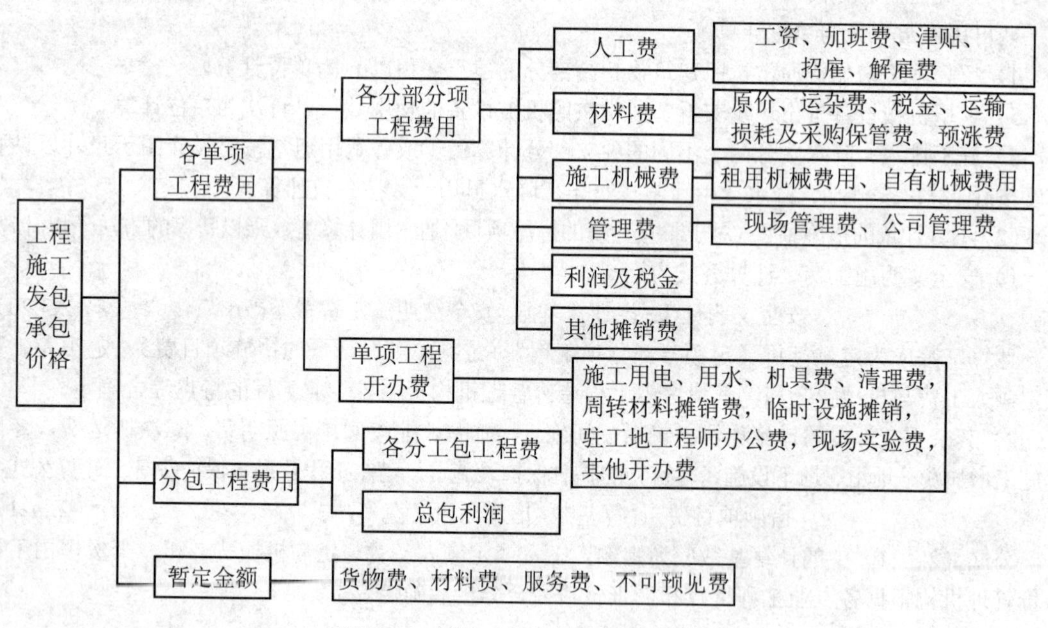

图 2.3.2　国外建筑安装工程费用构成

1．直接工程费的构成

（1）人工费。国外一般工程施工的工人按技术要求划分为高级技工、熟练工、半熟练工和壮工。

当工程价格采用平均工资计算时，要按各类工人总数的比例进行加权计算。人工费应该包括工资、加班费、津贴、招雇解雇费用等。

（2）材料费。主要包括以下内容。

1）材料原价。在当地材料市场中采购的材料则为采购价，包括材料出厂价和采购供销手续费等。进口材料一般是指到达当地海港的交货价。

2）运杂费。在当地采购的材料是指从采购地点至工程施工现场的短途运输费、装卸费。进口材料则为从当地海港运至工程施工现场的运输费、装卸费。

3）税金。在当地采购的材料，采购价格中已经包括税金；进口材料则为工程所在国的进口关税和手续费等。

4）运输损耗及采购保管费。

5）预涨费。根据当地材料价格年平均上涨率和施工年数，按材料原价、运杂费、税金之和的一定比例计算。

（3）施工机械费。大型自有机械台时单价，一般由每台时应摊折旧费、应摊维修费、台时消耗的能源和动力费、台时应摊的驾驶工人工资以及工程机械设备险投保费、第三者责任险投保费等组成。如使用租赁施工机械时，其费用则包括租赁费、租赁机械的进出场费等。

2．管理费

管理费包括工程现场管理费（占整个管理费的20%～30%）和公司管理费（占整个管理费的70%～80%）。管理费除了包括与我国施工管理费构成相似的工作人员工资、工作人员辅助工资、办公费、差旅交通费、固定资产使用费、生活设施使用费、工具用具使用费、劳动保护费、检验试验费以外，还含有业务经费。业务经费包括以下几点。

（1）广告宣传费。

（2）交际费。如日常接待饮料、宴请及礼品费等。

（3）业务资料费。如购买投标文件、文件及资料复印费等。

（4）业务所需手续费。施工企业参加投标时，必须由银行开具投标保函；在中标后必须由银行开具履约保函；在收到业主的工程预付款以前，必须由银行开具预付款保函；在工程竣工后，必须由银行开具质量或维修保函。在开具以上保函时，银行要收取一定的担保费。

（5）代理人费用和佣金。施工企业为争取中标或为加强收取工程款，在工程所在地（所在国）寻找代理人或签订代理合同，因而付出的佣金和费用。

（6）保险费。包括建筑安装工程一切险投保费、第三者责任险投保费等。

（7）税金。包括印花税、转手税、公司所得税、个人所得税、营业税、社会安定税等。

（8）向银行贷款利息。

在许多国家，施工企业的业务经费往往是管理费中所占比例最大的一项，占整个管理费的30%～38%。

3．利润

国际市场上，施工企业的利润一般为成本的10%～15%，也有的管理费与利润合取，为直接费的30%左右。具体工程的利润率要根据具体情况，如工程难易、现场条件、工期长短、竞争对手的情况等随行就市确定。

4．开办费

在许多国家，开办费一般是在各分部分项工程造价的前面按单项工程分别单独列出。单项工程建筑安装工程量越大，开办费在工程价格中的比例就越小；反之开办费就越大。一般开办费约占工程价格的10%～20%。开办费包括的内容因国家和工程的不同而不同，大致包括以下内容。

（1）施工用水、用电费。施工用水费，按实际打井、抽水、送水发生的费用估算，也可以按占直接费的比率估计。施工用电费，按实际需要的电费或自行发电费估算，也可按照占直接费的比率估算。

（2）工地清理费及完工后清理费，建筑物烘干费，临时围墙、安全信号、防护用品的费用以及恶劣气候条件下的工程防护费、污染费、噪声费，其他法定的防护费用。

（3）周转材料费。如脚手架、模板的摊销费等。

（4）临时设施费。包括生活用房、生产用房、临时通信、室外工程（包括道路、停车场、围墙、给排水管道、输电线路等）的费用，可按实际需要计算。

（5）驻工地工程师的现场办公室及所需设备的费用，现场材料试验及所需设备的费用。一般在招标文件的技术规范中有明确的面积、质量标准及设备清单等要求。如要求配备一定的服务人员或实验助理人员，则其工资费用也需计入。

（6）其他。包括工人现场福利费及安全费、职工交通费、日常气候报表费、现场道路及进出场道路修筑及维护费、恶劣天气下的工程保护措施费、现场保卫设施费等。

5．暂定金额

这是指包括在合同中，供工程任何部分的施工或提供货物、材料、设备或服务、不可预料事件所使用的一项金额，这项金额只有工程师批准后才能动用。

6．分包工程费用

（1）分包工程费。包括分包工程的直接工程费、管理费和利润。

（2）总包利润和管理费。指分包单位向总包单位交纳的总包管理费、其他服务费和利润。

（二）费用的组成形式和分摊比例

1．组成形式

上述组成造价的各项费用体现在承包商投标报价中有三种形式：组成分部分项工程单价、单独列项、分摊进单价。

（1）组成分部分项工程单价。人工费、机械费和材料费直接消耗在分部分项工程上，在费用和分部分项工程之间存在着直观的对应关系，所以人工费、材料费和机械费组成分部分项工程单价，单价与工程量相乘得出分部分项工程价格。

（2）单独列项。开办费中的项目有临时设施、为业主提供的办公和生活设施、脚手架等费用，经常在工程量清单的开办费部分单独分项报价。这种方式适用于不直接消耗在某个分部分项工程上，无法与分部分项工程直接对应，但是对完成工程建设必不可少的费用。

（3）分摊进单价。承包商总部管理费、利润和税金，以及开办费中的项目经常以一定的比例分摊进单价。

需要注意的是，开办费项目在单独列项和分摊进单价这两种方式中采用哪一种，要根据招标文件和计算规则的要求而定。有的计算规则包括的开办费项目比较齐全，有的计算规则包括的开办费项目比较少。例如，英国的SMM7计算规则的开办费项目就比较齐全，而同样比较有影响的《建筑工程量计算原则（国际通用）》就没有专门的开办费用部分，要求把开办费都分摊进分部分项工程单价。

2．分摊比例

（1）固定比例。税金和政府收取的各项管理费的比例是工程所在地政府规定的费率，承包商不能随意变动。

（2）浮动比例。总部管理费和利润的比例由承包商自行确定。承包商根据自身经营状况、工程具体情况等投标策略确定。一般来讲，这个比例在一定范围内是浮动变化的，不同的工程项目、不同的时间和地点，承包商对总部管理费和利润的预期值都不会相同。

（3）测算比例。开办费的比例需要详细测算，首先计算出需要分摊的项目金额，然后计算分摊金额与分部分项工程价格的比例。

（4）公式法。可参考下列公式分摊：

$$A = a(1+k_1)(1+k_2)(1+k_3) \tag{2.3.22}$$

式中，A——分摊后的分部分项工程单价；

a——分摊前的分部分项工程单价；

K_1——开办费项目的分摊比例；

K_2——总部管理费和利润的分摊比例；

K_3——税率。

第四节　工程建设其他费用的构成和计算

工程建设其他费用，是指从工程筹建起到工程竣工验收交付使用止的整个建设期间，除建筑安装工程费用和设备及工器具购置费用以外的，为保证工程建设顺利完成和交付使用后能够正常发挥效用而发生的各项费用。

一、建设用地费

任何一个建设项目都固定于一定地点与地面相连接，必须占用一定量的土地，也就必然要发生为获得建设用地而支付的费用，这就是建设用地费。它是指为获得工程项目建设土地的使用权而在建设期内发生的各项费用，包括通过划拨方式取得土地使用权而支付的土地征用及迁移补偿费，或者通过土地使用权出让方式取得土地使用权而支付的土地使用权出让金。

（一）建设用地取得的基本方式

建设用地的取得，实质是依法获取国有土地的使用权。根据我国《房地产管理法》规定，获取国有土地使用权的基本方式有两种：一是出让方式，二是划拨方式。建设土地取得的其他方式还包括租赁和转让方式。

1. 通过出让方式获取国有土地使用权

国有土地使用权出让，是指国家将国有土地使用权在一定年限内出让给土地使用者，由土地使用者向国家支付土地使用权出让金的行为。土地使用权出让最高年限按下列用途确定：

1）居住用地70年。

2）工业用地50年。

3）教育、科技、文化、卫生、体育用地50年。

4）商业、旅游、娱乐用地40年。

5）综合或者其他用地50年。

通过出让方式获取国有土地使用权又可以分成两种具体方式：一是通过招标、拍卖、挂牌等竞争出让方式获取国有土地使用权，二是通过协议出让方式获取国有土地使用权。

（1）通过竞争出让方式获取国有土地使用权

具体的竞争方式又包括三种：投标、竞拍和挂牌。按照国家相关规定，工业（包括仓储用地，但不包括采矿用地）、商业、旅游、娱乐和商品住宅等各类经营性用地，必须以招标、拍卖或者挂牌方式出让；上述规定以外用途的土地的供地计划公布后，同一宗地有两个以上意向用地者的，也应当采用招标、拍卖或者挂牌方式出让。

（2）通过协议出让方式获取国有土地使用权

按照国家相关规定，出让国有土地使用权，除依照法律、法规和规章的规定应当采用招标、拍卖或者挂牌方式外，方可采取协议方式。以协议方式出让国有土地使用权的出让金不得低于按国家规定所确定的最低价。协议出让底价不得低于拟出让地块所在区域的协议出让最低价。

2. 通过划拨方式获取国有土地使用权

国有土地使用权划拨，是指县级以上人民政府依法批准，在土地使用者缴纳补偿、安置等费用后将该幅土地交付其使用，或者将土地使用权无偿交付给土地使用者使用的行为。国家对划拨用地有着严格的规定，下列建设用地，经县级以上人民政府依法批准，可以以划拨方式取得。

1）国家机关用地和军事用地。

2）城市基础设施用地和公益事业用地。

3）国家重点扶持的能源、交通、水利等基础设施用地。

4）法律、行政法规规定的其他用地。

依法以划拨方式取得土地使用权的，除法律、行政法规另有规定外，没有使用期限的限制。因企业改制、土地使用权转让或者改变土地用途等不再符合本目录的，应当实行有偿使用。

（二）建设用地取得的费用

建设用地如通过行政划拨方式取得，则须承担征地补偿费用或对原用地单位或个人的拆迁补偿费用；若通过市场机制取得，则不但承担以上费用，还须向土地所有者支付有偿使用费，即土地出让金。

1. 征地补偿费用

建设征用土地费用由以下几个部分构成。

（1）土地补偿费

土地补偿费是对农村集体经济组织因土地被征用而造成的经济损失的一种补偿。征用耕地的补偿费，为该耕地被征前三年平均年产值的6～10倍。征用其他土地的补偿费标准，由省、自治区、直辖市参照征用耕地的补偿费标准规定。土地补偿费归农村集体经济组织所有。

（2）青苗补偿费和地上附着物补偿费

青苗补偿费是因征地时对其正在生长的农作物受到损害而做出的一种赔偿。在农村实行承包责任制后，农民自行承包土地的青苗补偿费应付给本人，属于集体种植的青苗补偿费可纳入当年集体收益。凡在协商征地方案后抢种的农作物、树木等，一律不予补偿。地上附着物是指房屋、水井、树木、涵洞、桥梁、公路、水利设施、林木等地面建筑物、构筑物、附着物等。视协商征地方案前地上附着物价值与折旧情况确定，应根据“拆什么，补什么；拆多少，补多少，不低于原来水平”的原则确定。如附着物产权属个人，则该项补助费付给个人。地上附着物的补偿标准，由省、自治区、直辖市规定。

（3）安置补助费

安置补助费应支付给被征地单位和安置劳动力的单位，作为劳动力安置与培训的支出，以及作为不能就业人员的生活补助。征收耕地的安置补助费，按照需要安置的农业人口数计算。需要安置的农业人口数，按照被征收的耕地数量除以征地前被征收单位平均每人占有耕地的数量计算。每一个需要安置的农业人口的安置补助费标准，为该耕地被征收前三年平均年产值的4～6倍。但是，每公顷被征收耕地的安置补助费，最高不得超过被征收前三年平均年产值的15倍。土地补偿费和安置补助费，尚不能使需要安置的农民保持原有生活水平的，经省、自治区、直辖市人民政府批准，可以增加安置补助费。但是，土地补偿费和安置补助费的总和不得超过土地被征收前三年平均年产值的30倍。

（4）新菜地开发建设基金

新菜地开发建设基金指征用城市郊区商品菜地时支付的费用。这项费用交给地方财政，作为开发建设新菜地的投资。菜地是指城市郊区为供应城市居民蔬菜，连续3年以上常年种菜或者养殖鱼、虾等的商品菜地和精养鱼塘。一年只种一茬或因调整茬口安排种植蔬菜的，均不作为需要收取开发基金的菜地。征用尚未开发的规划菜地，不缴纳新菜地开发建设基金。在蔬菜产销放开后，能够满足供应，不再需要开发新菜地的城市，不收取新菜地开发基金。

（5）耕地占用税

耕地占用税是对占用耕地建房或者从事其他非农业建设的单位和个人征收的一种税收，目的是合理利用土地资源、节约用地，保护农用耕地。耕地占用税征收范围，不仅包括占用耕地，还包括占用鱼塘、园地、菜地及其农业用地建房或者从事其他非农业建设，均按实际占用的面积和规定的税额一次性征收。其中，耕地是指用于种植农作物的土地。占用前三年曾用于种植农作物的土地也视为耕地。

（6）土地管理费

土地管理费主要作为征地工作中所发生的办公、会议、培训、宣传、差旅、借用人员工资等必要的费用。土地管理费的收取标准，一般是在土地补偿费、青苗费、地面附着物补偿费、安置补助费四项费用之和的基础上提取2%～4%。如果是征地包干，还应在四项费用之和后再加上粮食价差、副食补贴、不可预见费等费用，在此基础上提取2%～4%作为土地管理费。

2．拆迁补偿费用

在城市规划区内国有土地上实施房屋拆迁，拆迁人应当对被拆迁人给予补偿、安置。

（1）拆迁补偿。

拆迁补偿的方式可以实行货币补偿，也可以实行房屋产权调换。

货币补偿的金额，根据被拆迁房屋的区位、用途、建筑面积等因素，以房地产市场评估价格确定。具体办法由省、自治区、直辖市人民政府制定。

实行房屋产权调换的，拆迁人与被拆迁人按照计算得到的被拆迁房屋的补偿金额和所调换房屋的价格，结清产权调换的差价。

（2）搬迁、安置补助费

拆迁人应当对被拆迁人或者房屋承租人支付搬迁补助费，对于在规定的搬迁期限届满前搬迁的，拆迁人可以付给提前搬家奖励费；在过渡期限内，被拆迁人或者房屋承租人自行安排住处的，拆迁人应当支付临时安置补助费；被拆迁人或者房屋承租人使用拆迁人提供的周转房的，拆迁人不支付临时安置补助费。

搬迁补助费和临时安置补助费的标准，由省、自治区、直辖市人民政府规定。有些地区规定，拆除非住宅房屋，造成停产、停业引起经济损失的，拆迁人可以根据被拆除房屋的区位和使用性质，按照一定标准给予一次性停产停业综合补助费。

3．出让金、土地转让金

土地使用权出让金为用地单位向国家支付的土地所有权收益，出让金标准一般参考城市基准地价并结合其他因素制定。基准地价由市土地管理局会同市物价局、市国有资产管理局、市房地产管理局等部门综合平衡后报市级人民政府审定通过，它以城市土地综合定级为基础，用某一地价或地价幅度表示某一类别用地在某一土地级别范围的地价，以此作为土地使用权出让价格的基础。

在有偿出让和转让土地时，政府对地价不作统一规定，但坚持以下原则：即地价对目前的投资环境不产生大的影响；地价与当地的社会经济承受能力相适应；地价要考虑已投入的土地开发费用、土地市场供求关系、土地用途、所在区类、容积率和使用年限等。有偿出让和转让使用权，要向土地受让者征收契税；转让土地如有增值，要向转让者征收土地增值税；土地使用者每年应按规定的标准缴纳土地使用费。土地使用权出让或转让，应先由地价评估机构进行价格评估后，再签订土地使用权出让和转让合同。

二、与项目建设有关的其他费用

（一）建设管理费

建设管理费是指建设单位为组织完成工程项目建设，在建设期内发生的各类管理性费用。

1．建设管理费的内容

（1）建设单位管理费：是指建设单位发生的管理性质的开支。包括工作人员工资、工资性补贴、施工现场津贴、职工福利费、住房基金、基本养老保险费、基本医疗保险费、失业保险费、工伤保险费，办公费、差旅交通费、劳动保护费、工具用具使用费、固定资产使用费、必要的办公及生活用品购置费、必要的通信设备及交通工具购置费、零星固定资产购置费、招募生产工人费、技术图书资料费、业务招待费、设计审查费、工程招标费、合同契约公证费、法律顾问费、咨询费、完工清理费、竣工验收费、印花税和其他管理性质的开支。

（2）工程监理费：是指建设单位委托工程监理单位实施工程监理的费用。此项费用应按国家发改委与建设部联合发布的《建设工程监理与相关服务收费管理规定》（发改价格〔2007〕670号）计算。依法必须实行监理的建设工程施工阶段的监理收费实行政府指导价；其他建设工程施工阶段的监理收费和其他阶段的监理与相关服务收费实行市场调节价。

2．建设单位管理费的计算

建设单位管理费按照工程费用之和（包括设备工器具购置费和建筑安装工程费用）乘以建设单位管理费费率计算。

$$建设单位管理费=工程费用\times建设单位管理费费率 \tag{2.4.1}$$

建设单位管理费费率按照建设项目的不同性质、不同规模确定。有的建设项目按照建设工期和规定的金额计算建设单位管理费。如采用监理，建设单位部分管理工作量转移至监理单位。监理费应根据委托的监理工作范围和监理深度在监理合同中商定或按当地或所属行业部门有关规定计算；如建设单位采用工程总承包方式，其总包管理费由建设单位与总包单位根据总包工作范围在合同中商定，从建设管理费中支出。

（二）可行性研究费

可行性研究费是指在工程项目投资决策阶段，依据调研报告对有关建设方案、技术方案或生产经营方案进行的技术经济论证；以及编制、评审可行性研究报告所需的费用。此项费用应依据前期研究委托合同计算，或参照《国家计委关于印发〈建设项目前期工作咨询收费暂行规定厂的通知》（计投资〔1999〕1283号）规定计算。

（三）研究试验费

研究试验费是指为建设项目提供或验证设计数据、资料等进行必要的研究试验及按照相关规定在建设过程中必须进行试验、验证所需的费用。包括自行或委托其他部门研究试验所需人工费、材料费、试验设备及仪器使用费等。这项费用按照设计单位根据本工程项目的需要提出的研究试验内容和要求计算。在计算时要注意不应包括以下项目：

（1）应由科技三项费用（即新产品试制费、中间试验费和重要科学研究补助费）开支的项目。

（2）应在建筑安装费用中列支的施工企业对建筑材料、构件和建筑物进行一般鉴定、检查所发生的费用及技术革新的研究试验费。

（3）应由勘察设计费或工程费用中开支的项目。

（四）勘察设计费

勘察设计费是指对工程项目进行工程水文地质勘察、工程设计所发生的费用。包括：工程勘察费、初步设计费（基础设计费）、施工图设计费（详细设计费）、设计模型制作费。此项费用应按《关于发布〈工程勘察设计收费管理规定〉的通知》（计价格〔2002〕10号）的规定计算。

（五）环境影响评价费

环境影响评价费是指按照《中华人民共和国环境保护法》《中华人民共和国环境影响评价法》等规定，在工程项目投资决策过程中，对其进行环境污染或影响评价所需的费用。包括编制环境影响报告书（含大纲）、环境影响报告表以及对环境影响报告书（含大纲）、环境影响报告表进行评估等所需的费用。此项费用可参照《关于规范环境影响咨询收费有关问题的通知》（计价格〔2002〕125号）规定计算。

（六）劳动安全卫生评价费

劳动安全卫生评价费是指按照劳动部《建设项目（工程）劳动安全卫生监察规定》和《建设项目（工程）劳动安全卫生预评价管理办法》的规定，在工程项目投资决策过程中，为编制劳动安全卫生评价报告所需的费用。包括编制建设项目劳动安全卫生预评价大纲和劳动安全卫生预评价报告书以及为编制上述文件所进行的工程分析和环境现状调查等所需费用。必须进行劳动安全卫生预评价的项目包括：

（1）属于《国家计划委员会、国家基本建设委员会、财政部关于基本建设项目和大中型划分标准的规定》中规定的大中型建设项目。

（2）属于《建筑设计防火规范》GB 50016中规定的火灾危险性生产类别为甲类的建设项目。

（3）属于劳动部颁布的《爆炸危险场所安全规定》中规定的爆炸危险场所等级为特别危险场所和高度危险场所的建设项目。

（4）大量生产或使用《职业性接触毒物危害程度分级》GBZ 230规定的I级、II级危害程度的职业性接触毒物的建设项目。

（5）大量生产或使用石棉粉料或含有10%以上的游离二氧化硅粉料的建设项目。

（6）其他由劳动行政部门确认的危险、危害因素大的建设项目。

（七）场地准备及临时设施费

1．场地准备及临时设施费的内容

（1）建设项目场地准备费是指为使工程项目的建设场地达到开工条件，由建设单位组织进行的场地平整等准备工作而发生的费用。

（2）建设单位临时设施费是指建设单位为满足工程项目建设、生活、办公的需要，用于临时设施建设、维修、租赁、使用所发生或摊销的费用。

2．场地准备及临时设施费的计算

（1）场地准备及临时设施应尽量与永久性工程统一考虑。建设场地的大型土石方工程应进入工程费用中的总图运输费用中。

（2）新建项目的场地准备和临时设施费应根据实际工程量估算，或按工程费用的比例计算。改扩建项目一般只计拆除清理费。

$$场地准备和临时设施费=工程费用\times费率+拆除清理费 \tag{2.4.2}$$

（3）发生拆除清理费时可按新建同类工程造价或主材费、设备费的比例计算。凡可回收材料的拆除工程采用以料抵工方式冲抵拆除清理费。

（4）此项费用不包括已列入建筑安装工程费用中的施工单位临时设施费用。

（八）引进技术和引进设备其他费

引进技术和引进设备其他费是指引进技术和设备发生的但未计入设备购置费中的费。

（1）引进项目图纸资料翻译复制费、备品备件测绘费。可根据引进项目的具体情况计列或按引进货价（FOB）的比例估列；引进项目发生备品备件测绘费时按具体情况估列。

（2）出国人员费用。包括买方人员出国设计联络、出国考察、联合设计、监造、培训等所发生的差旅费、生活费等。依据合同或协议规定的出国人次、期限以及相应的费用标准计算。生活费按照财政部、外交部规定的现行标准计算，差旅费按中国民航公布的票价计算。

（3）来华人员费用。包括卖方来华工程技术人员的现场办公费用、往返现场交通费用、接待费用等。依据引进合同或协议有关条款及来华技术人员派遣计划进行计算。来华人员接待费用可按每人次费用指标计算。引进合同价款中已包括的费用内容不得重复计算。

（4）银行担保及承诺费。指引进项目由国内外金融机构出面承担风险和责任担保所发生的费用，以及支付贷款机构的承诺费用。应按担保或承诺协议计取，投资估算和概算编制时可以担保金额或承诺金额为基数乘以费率计算。

（九）工程保险费

工程保险费是指为转移工程项目建设的意外风险，在建设期内对建筑工程、安装工程、机械设备和人身安全进行投保而发生的费用。包括建筑安装工程一切险、引进设备财产保险和人身意外伤害险等。

根据不同的工程类别，分别以其建筑、安装工程费乘以建筑、安装工程保险费率计算。民用建筑（住宅楼、综合性大楼、商场、旅馆、医院、学校）占建筑工程费的2%～4%其他建筑（工业厂房、仓库、道路、码头、水坝、隧道、桥梁、管道等）占建筑工程费的3%～6%；安装工程（农业、工业、机械、电子、电器、纺织、矿山、石油、化学及钢铁工业、钢结构桥梁）占建筑工程费的3%～6%。

（十）特殊设备安全监督检验费

特殊设备安全监督检验费是指安全监察部门对在施工现场组装的锅炉及压力容器、压力管道、消防设备、燃气设备、电梯等特殊设备和设施实施安全检验收取的费用。此项费用按照建设项目所在省（市、自治区）安全监察部门的规定标准计算。无具体规定的，在编制投资估算和概算时可按受检设备现场安装费的比例估算。

（十一）市政公用设施费

市政公用设施费是指使用市政公用设施的施工项目，按照项目所在地省级人民政府有关规定建设或缴纳的市政公用设施建设配套费用，以及绿化工程补偿费用。此项费用按工程所在地人民政府规定标准计列。

三、与未来生产经营有关的其他费用

（一）联合试运转费

联合试运转费是指新建或新增加生产能力的工程项目，在交付生产前按照设计文件规定的工程质量标准和技术要求，对整个生产线或装置进行负荷联合试运转所发生的费用净支出（试运转支出大于收入的差额部分费用）。试运转支出包括试运转所需原材料、燃料及动力消耗、低值易耗品、其他物料消耗、工具用具使用费、机械使用费、保险金、施工单位参加试运转人员工资以及专家指导费等；试运转收入包括试运转期间的产品销售收入和其他收入。联合试运转费不包括应由设备安装工程费用开支的调试及试车费用，以及在试运转中暴露出来的因施工原因或设备缺陷等发生的处理费用。

（二）专利及专有技术使用费

1．专利及专有技术使用费的主要内容

（1）国外设计及技术资料费、引进有效专利、专有技术使用费和技术保密费。

（2）国内有效专利、专有技术使用费。

（3）商标权、商誉和特许经营权费等。

2．专利及专有技术使用费的计算

在专利及专有技术使用费计算时应注意以下问题：

（1）按专利使用许可协议和专有技术使用合同的规定计列。

（2）专有技术的界定应以省、部级鉴定批准为依据。

（3）项目投资中只计算需在建设期支付的专利及专有技术使用费。协议或合同规定在生产期支付的使用费应在生产成本中核算。

（4）一次性支付的商标权、商誉及特许经营权费按协议或合同规定计列。协议或合同规定在生产期支付的商标权或特许经营权费应在生产成本中核算。

（5）为项目配套的专用设施投资，包括专用铁路线、专用公路、专用通信设施、送变电站、地下管道、专用码头等，如由项目建设单位负责投资但产权不归属本单位的，应作无形资产处理。

（三）生产准备及开办费

1．生产准备及开办费的内容

在建设期内，建设单位为保项目正常生产而发生的人员培训费、提前进厂费以及投产使用必备的办公、生活家具用具及工器具等的购置费用。包括：

（1）人员培训费及提前进厂费。包括自行组织培训或委托其他单位培训的人员工资、工资性补贴、职工福利费、差旅交通费、劳动保护费、学习资料费等。

（2）为保证初期正常生产（或营业、使用）所必需的生产办公、生活家具用具购置费。

（3）为保证初期正常生产（或营业、使用）必需的第一套不够固定资产标准的生产工具、器具、用具购置费。不包括备品备件费。

2．生产准备及开办费的计算

（1）新建项目按设计定员为基数计算，改扩建项目按新增设计定员为基数计算：

生产准备费=设计定员×生产准备费指标(元/人)　　(2.4.3)

（2）可采用综合的生产准备费指标进行计算，也可以按费用内容的分类指标计算。

第五节　预备费和建设期利息的计算

一、预备费

按我国现行规定，预备费包括基本预备费和价差预备费。

（一）基本预备费

1．基本预备费的内容

基本预备费是指针对项目实施过程中可能发生难以预料的支出而事先预留的费用，又称工程建设不可预见费，主要指设计变更及施工过程中可能增加工程量的费用，基本预备费一般由以下四部分构成：

（1）在批准的初步设计范围内，技术设计、施工图设计及施工过程中所增加的工程费用；设计变更、工程变更、材料代用、局部地基处理等增加的费用。

（2）一般自然灾害造成的损失和预防自然灾害所采取的措施费用。实行工程保险的工程项目，该费用应适当降低。

（3）竣工验收时为鉴定工程质量对隐蔽工程进行必要的挖掘和修复费用。

（4）超规超限设备运输增加的费用。

2．基本预备费的计算

基本预备费是按工程费用和工程建设其他费用二者之和为计取基础，乘以基本预备费费率进行计算。

基本预备费=(工程费用+工程建设其他费用)×基本预备费费率　　(2.5.1)

基本预备费费率的取值应执行国家及部门的有关规定。

（二）价差预备费

1．价差预备费的内容

价差预备费是指为在建设期内利率、汇率或价格等因素的变化而预留的可能增加的费用，亦称为价格变动不可预见费。价差预备费的内容包括：人工、设备、材料、施工机械的价差费，建筑安装工程费及工程建设其他费用调整，利率、汇率调整等增加的费用。

2．价差预备费的测算方法

价差预备费一般根据国家规定的投资综合价格指数，按估算年份价格水平的投资额为基数，采用复利方法计算。计算公式为

$$PF=\sum_{t=1}^{n}I_t[(1+f)^m(1+f)^{0.5}(1+f)^{t-1}-1] \tag{2.5.2}$$

式中，PF——价差预备费；

n——建设期年份数；

I_t——建设期中第t年的投资计划额，包括工程费用、工程建设其他费用及基本预备费，即第t年的静态投资计划额；

F——年涨价率；

m——建设前期年限（从编制估算到开工建设，单位：年）。

年涨价率，政府部门有规定的按规定执行，没有规定的由可行性研究人员预测。

【例2.1.1】某建设项目建安工程费5000万元，设备购置费3000万元，工程建设其他费用2000万元，已知基本预备费率5%，项目建设前期年限为1年，建设期为3年，各年投资计划额为：第一年完成投资20%，第二年60%，第三年20%。年均投资价格上涨率为6%，求建设项目建设期间价差预备费。

解：基本预备费 =（5000+3000+2000）×5% = 500（万元）

静态投资 = 5000+3000+2000+500 = 10500（万元）

建设期第一年完成投资 = 10500×20% = 2100（万元）

第一年涨价预备费为$PF_1 = I_1\ [(1+f)(1+f)0.5-1] = 191.8$（万元）

第二年完成投资 = 10500×60% = 6300（万元）

第二年涨价预备费为$PF_2 = I_2[(1+f)(1+f)^{0.5}(1+f)-1] = 987.9$（万元）

第三年完成投资 = 10500×20% = 2100（万元）

第三年涨价预备费为$PF_3 = I_3[(1+f)(1+f)^{0.5}(1+f)^2-1] = 475.1$（万元）

所以，建设期的涨价预备费为

$$PF = 191.8+987.9+475.1 = 1654.\ 8\text{（万元）}$$

二、建设期利息

建设期利息主要是指在建设期内发生的为工程项目筹措资金的融资费用及债务资金利息。

当总贷款是分年均衡发放时，建设期利息的计算可按当年借款在年中支用考虑，即当年贷款按半年计息，上年贷款按全年计息。计算公式为

$$P_j=\left(P_{j-1}+\frac{1}{2}A_j\right)i \tag{2.5.3}$$

式中，P_j——建设期第j年应计利息；

P_{j-1}——建设期第（j–1）年末累计贷款本金与利息之和；

A_j——建设期第j年贷款金额

i——年利率。

国外贷款利息的计算中，还应包括国外贷款银行根据贷款协议向贷款方以年利率的方式收取的手续费、管理费、承诺费，以及国内代理机构经国家主管部门批准的以年利率的方式向贷款单位收取的转贷费、担保费、管理费等。

【例2.5.2】某新建项目，建设期为3年，分年均衡进行贷款，第一年贷款300万元，第二年贷款600万元，第三年贷款400万元，年利率为12%，建设期内利息只计息不支付，计算建设期利息。

解：在建设期，各年利息计算如下：

$$q_1 = \frac{1}{2}A_1 i = \frac{1}{2}\times 300\times 12\% = 18 \text{（万元）}$$

$$q_2 = \left(p_1 + \frac{1}{2}A_2\right)I = \left(300 + 18 + \frac{1}{2}\times 600\right)\times 12\% = 74.16 \text{（万元）}$$

$$q_3 = \left(p_2 + \frac{1}{2}A_3\right)I = \left(318 + 600 + 74.16 + \frac{1}{2}\times 400\right)\times 12\% = 143.06 \text{（万元）}$$

所以，建设期利息 $= q_1 + q_2 + q_3 = 18 + 74.16 + 143.06 = 235.22$（万元）

第三章　建设工程计价方法及计价依据

第一节　工程计价方法

工程计价是指按照规定的程序、方法和依据，对工程造价及其构成内容进行估计或确定的行为。工程计价依据是指在工程计价活动中，所要依据的与计价内容、计价方法和价格标准相关的工程计量计价标准，工程计价定额及工程造价信息等。

一、工程计价基本原理

建设项目是兼具单件性与多样性的集合体。每一个建设项目的建设都需要按业主的特定需要进行单独设计、单独施工，不能批量生产和按整个项目确定价格，只能采用特殊的计价程序和计价方法，即将整个项目进行分解，划分为可以按有关技术经济参数测算价格的基本构造单元（如定额项目、清单项目），这样就可以计算出基本构造单元的费用。一般来说，分解结构层次越多，基本子项也越细，计算也更精确。

任何一个建设项目都可以分解为一个或几个单项工程，任何一个单项工程都由一个或几个单位工程所组成。作为单位工程的各类建筑工程和安装工程仍然是一个比较复杂的综合实体，还需要进一步分解。单位工程可以按照结构部位、路段长度及施工特点或施工任务分解为分部工程。分解成分部工程后，从工程计价的角度，还需要把分部工程按照不同的施工方法、材料、工序及路段长度等，加以更为细致的分解，划分为更为简单细小的部分，即分项工程。分解到分项工程后还可以根据需要进一步划分或组合为定额项目或清单项目，这样就可以得到基本构造单元了。

工程造价计价的主要思路就是将建设项目细分至最基本的构造单元，找到了适当的计量单位及当时当地的单价，就可以采取一定的计价方法，进行分部组合汇总，计算出相应工程造价。工程计价的基本原理就在于项目的分解与组合。

工程计价的基本原理可以用公式的形式表达如下：

$$分部分项工程费=\sum [基本构造单元工程量(定额项目或清单项目)\times 相应单价] \tag{3.1.1}$$

工程造价的计价可分为工程计量和工程计价两个环节。

1．工程计量

工程计量工作包括工程项目的划分和工程量的计算。

（1）单位工程基本构造单元的确定，即划分工程项目。编制工程概算预算时，主要是按工程定额进行项目的划分；编制工程量清单时主要是按照工程量清单计量规范规定的清单项目进行划分。

（2）工程量的计算就是按照工程项目的划分和工程量计算规则，就施工图设计文件和施工组织设计对分项工程实物量进行计算。工程实物量是计价的基础，不同的计价依据有不同的计算规则规定。目前，工程量计算规则包括两大类。

1）各类工程定额规定的计算规则；

2）各专业工程计量规范附录中规定的计算规则。

2．工程计价

工程计价包括工程单价的确定和总价的计算。

（1）工程单价是指完成单位工程基本构造单元的工程量所需要的基本费用。工程单价包括工料单价和综合单价。

1）工料单价也称直接工程费单价，包括人工、材料、机械台班费用，是各种人工消耗量、各种材料消耗量、各类机械台班消耗量与其相应单价的乘积。用下式表示：

$$工料单价=\sum(人材机消耗量\times人材机单价) \tag{3.1.2}$$

2）综合单价包括人工费、材料费、机械台班费，还包括企业管理费、利润和风险因素。综合单价根据国家、地区、行业定额或企业定额消耗量和相应生产要素的市场价格来确定。

（2）工程总价是指经过规定的程序或办法逐级汇总形成的相应工程造价。

根据采用单价的不同，总价的计算程序有所不同。

1）采用工料单价时，在工料单价确定后，乘以相应定额项目工程量并汇总，得出相应工程直接工程费，再按照相应的取费程序计算其他各项费用，汇总后形成相应工程造价。

2）采用综合单价时，在综合单价确定后，乘以相应项目工程量，经汇总即可得出分部分项工程费，再按相应的办法计取措施项目、其他项目、规费项目、税金项目费，各项目费汇总后得出相应工程造价。

二、工程计价标准和依据

工程计价标准和依据主要包括计价活动的相关规章规程、工程量清单计价和计量规范、工程定额和相关造价信息。

从目前我国现状来看，工程定额主要用于在项目建设前期各阶段对于建设投资的预测和估计，在工程建设交易阶段，工程定额通常只能作为建设产品价格形成的辅助依据。工程量清单计价依据主要适用于合同价格形成以及后续的合同价格管理阶段。计价活动的相关规章规程则根据其具体内容可能适用于不同阶段的计价活动。造价信息是计价活动所必需的依据。

1．计价活动的相关规章规程

现行计价活动相关的规章规程主要包括建筑工程发包与承包计价管理办法、建设项目投资估算编审规程、建设项目设计概算编审规程、建设项目施工图预算编审规程、建设工程招标控制价编审规程、建设项目工程结算编审规程、建设项目全过程造价咨询规程、建设工程造价咨询成果文件质量标准、建设工程造价鉴定规程等。

2．工程量清单计价和计量规范

工程量清单计价和计量规范由《建设工程工程量清单计价规范》GB 50500、《房屋建筑与装饰工程量计算规范》GB 50854、《仿古建筑工程量计算规范》GB 50855、《通用安装工程量计算规范》GB 50856、《市政工程量计算规范》GB 50857、《园林绿化工程量计算规范》GB 50858、《矿山工程量计算规范》GB 50859、《构筑物工程量计算规范》GB 50860、《城市轨道交通工程量计算规范》GB 50861、《爆破工程量计算规范》GB 50862等组成。

3．工程定额

工程定额主要指国家、省、有关专业部门制定的各种定额，包括工程消耗量定额和工程计价定额等。

4．工程造价信息

工程造价信息主要包括价格信息、工程造价指数和已完工程信息等。

三、工程计价基本程序

（一）工程概预算编制的基本程序

工程概预算的编制是国家通过颁布统一的计价定额或指标，对建筑产品价格进行计价的活动。国家以假定的建筑安装产品为对象，制定统一的预算和概算定额。然后按概预算定额规定的分部分项子目，逐项计算工程量，套用概预算定额单价（或单位估价表）确定直接工程费，然后按规定的取费标准确定措施费、间接费、利润和税金，经汇总后即为工程概、预算价值。工程概预算编制的基本程序如图3.1.1所示。

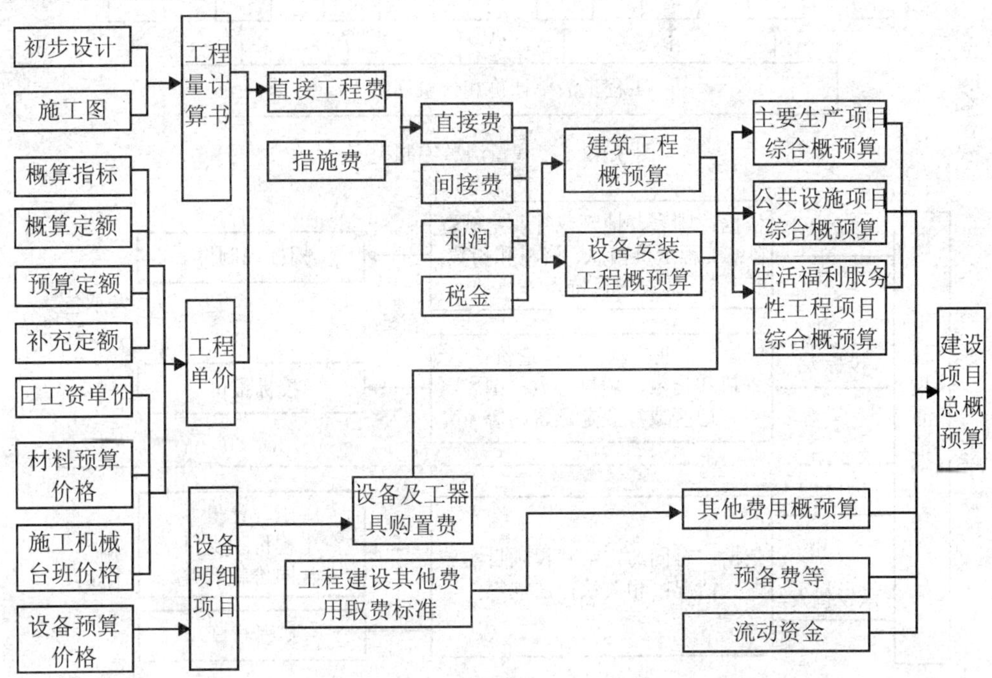

图 3.1.1　工程概预算编制程序示意图

工程概预算单位价格的形成过程，就是依据概预算定额所确定的消耗量乘以定额单价或市场价，经过不同层次的计算形成相应造价的过程。可以用公式进一步明确工程概预算编制的基本方法和程序：

（1）每一计量单位建筑产品的基本构造要素（假定建筑产品）的直接工程费单价

$$=人工费+材料费+施工机械使用费 \tag{3.1.3}$$

其中

$$人工费=\sum(人工工日数量\times人工单价) \tag{3.1.4}$$

$$材料费=2(材料用量\times材料单价)+检验试验费 \tag{3.1.5}$$

$$机械使用费=\sum(机械台班用量\times机械台班单价) \tag{3.1.6}$$

（2）
$$单位工程直接费=\sum(假定建筑产品工程量\times直接工程费单价)+措施费 \tag{3.1.7}$$

（3）
$$单位工程概预算造价=单位工程直接费+间接费+利润+税金 \tag{3.1.8}$$

（4）
$$单项工程概预算造价=\sum单位工程概预算造价+设备、工器具购置费 \tag{3.1.9}$$

（5）
$$建设项目全部工程概预算造价=\sum单项工程的概预算造价+预备费+有关的其他费用 \tag{3.1.10}$$

（二）工程置清单计价的基本程序

工程量清单计价的过程可以分为两个阶段，即工程量清单的编制和工程量清单应用两个阶段，工程量清单的编制程序如图3.1.2所示，工程量清单应用过程如图3.1.3所示。

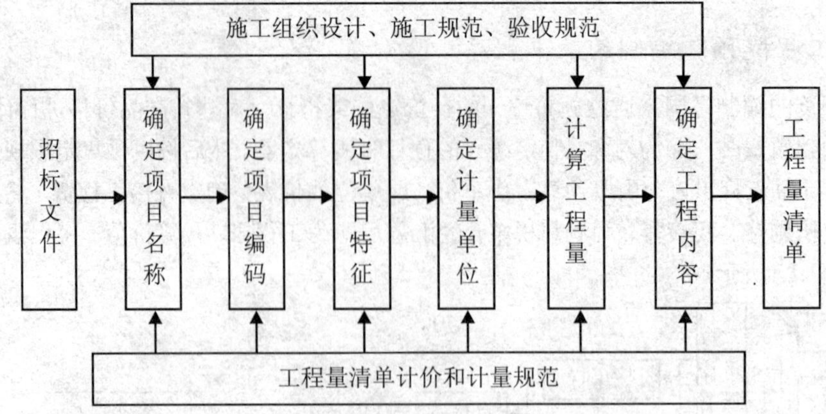

图 3.1.2　工程量清单编制程序

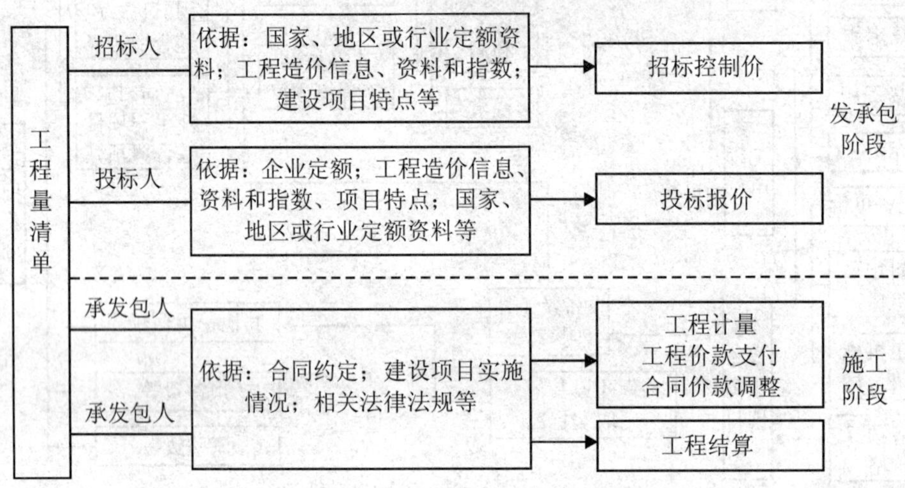

图 3.1.3　工程量清单应用程序

工程量清单计价的基本原理可以描述为：按照工程量清单计价规范规定，在各相应专业工程计量规范规定的工程量清单项目设置和工程量计算规则基础上，针对具体工程的施工图纸和施工组织设计计算出各个清单项目的工程量，根据规定的方法计算出综合单价，并汇总各清单合价得出工程总价。

（1）　分部分项工程费=∑(分部分项工程量×相应分部分项综合单价)　（3.1.11）

（2）　措施项目费=∑各措施项目费　（3.1.12）

（3）　其他项目费=暂列金额+暂估价+计日工+总承包服务费　（3.1.13）

（4）　单位工程报价=分部分项工程费+措施项目费+其他项目费+规费+税金　（3.1.14）

（5）　单项工程报价=∑单位工程报价　（3.1.15）

（6）　建设项目总报价=∑单项工程报价　（3.1.16）

公式中，综合单价是指完成一个规定清单项目所需的人工费、材料和工程设备费、施工机具使用费和企业管理费、利润，以及一定范围内的风险费用。风险费用是隐含于已标价工程量清单综合单价中，用于化解发承包双方在工程合同中约定内容和范围内的市场价格波动风险的费用。

工程量清单计价活动涵盖施工招标、合同管理，以及竣工交付全过程，主要包括：编制招标工程量清单、招标控制价、投标报价、确定合同价、进行工程计量与价款支付、合同价款的调整、工程结算和工程计价纠纷处理等活动。

四、工程定额体系

工程定额是完成规定计量单位的合格建筑安装产品所消耗资源的数量标准。工程定额是一个综合概念，是建设工程造价计价和管理中各类定额的总称，包括许多种类的定额，可以按照不同的原则和方法对它进行分类。

1．按定额反映的生产要素消耗内容分类

可以把工程定额划分为劳动消耗定额、机械消耗定额和材料消耗定额三种。

（1）劳动消耗定额。简称劳动定额（也称为人工定额），是在正常的施工技术和组织条件下，完成规定计量单位合格的建筑安装产品所消耗的人工工日的数量标准。劳动定额的主要表现形式是时间定额，但同时也表现为产量定额。时间定额与产量定额互为倒数。

（2）材料消耗定额。简称材料定额，是指在正常的施工技术和组织条件下，完成规定计量单位合格的建筑安装产品所消耗的原材料、成品、半成品、构配件、燃料，以及水、电等动力资源的数量标准。

（3）机械消耗定额。机械消耗定额是以一台机械一个工作班为计量单位，所以又称为机械台班定额。机械消耗定额是指在正常的施工技术和组织条件下，完成规定计量单位合格的建筑安装产品所消耗的施工机械台班的数量标准。机械消耗定额的主要表现形式是机械时间定额，同时也以产量定额表现。

2．按定额的编制程序和用途分类

可以把工程定额分为施工定额、预算定额、概算定额、概算指标、投资估算指标五种。

（1）施工定额。施工定额是完成一定计量单位的某一施工过程或基本工序所需消耗的人工、材料和机械台班数量标准。施工定额是施工企业（建筑安装企业）组织生产和加强管理在企业内部使用的一种定额，属于企业定额的性质。施工定额是以某一施工过程或基本工序作为研究对象，表示生产产品数量与生产要素消耗综合关系编制的定额。为了适应组织生产和管理的需要，施工定额的项目划分很细，是工程定额中分项最细、定额子目最多的一种定额，也是工程定额中的基础性定额。

（2）预算定额。预算定额在正常的施工条件下，完成一定计量单位合格分项工程和结构构件所需消耗的人工、材料、施工机械台班数量及其费用标准。预算定额是一种计价性定额。从编制程序上看，预算定额是以施工定额为基础综合扩大编制的，同时它也是编制概算定额的基础。

（3）概算定额。概算定额是完成单位合格扩大分项工程或扩大结构构件所需消耗的人工、材料和施工机械台班的数量及其费用标准，是一种计价性定额。概算定额是编制扩大初步设计概算、确定建设项目投资额的依据。概算定额的项目划分粗细，与扩大初步设计的深度相适应，一般是在预算定额的基础上综合扩大而成的，每一综合分项概算定额都包含了数项预算定额。

（4）概算指标。概算指标是以单位工程为对象，反映完成一个规定计量单位建筑安装产品的经济消耗指标。概算指标是概算定额的扩大与合并，以更为扩大的计量单位来编制的。概算指标的内容包括人工、机械台班、材料定额三个基本部分，同时还列出了各结构分部的工程量及单位建筑工程（以体积计或面积计）的造价，是一种计价定额。

（5）投资估算指标。投资估算指标是以建设项目、单项工程、单位工程为对象，反映建设总投资及其各项费用构成的经济指标。它是在项目建议书和可行性研究阶段编制投资估算、计算投资需要量时使用的一种定额。它的概算定额与可行性研究阶段相适应。投资估算指标往往根据历史的预、决算资料和价格变动等资料编制，但其编制基础仍然离不开预算定额、概算定额。上述各种定额的相互联系可参见表3.1.1。

3．按照专业划分

由于工程建设涉及众多的专业，不同的专业所含的内容也不同，因此就确定人工、材料和机械台班消耗数量标准的工程定额来说，也需按不同的专业分别进行编制和执行。

（1）建筑工程定额按专业对象分为建筑及装饰工程定额、房屋修缮工程定额、市政工程定额、铁路工程定额、公路工程定额、矿山井巷工程定额。

表 3.1.1　定额按用途划分

	施工定额	预算定额	概算定额	概算指标	投资估算指标
对象	施工过程或基本工序	分项工程和结构构件	扩大的分项工程或扩大的结构构件	单位工程	建设项目、单项工程、单位工程
用途	编制施工预算	编制施工图预算	编制扩大初步设计概算	编制初步设计概算	编制投资估算
项目划分	最细	细	较粗	粗	很粗
定额水平	平均先进	平均			
定额性质	生产性定额	计价性定额			

（2）安装工程定额按专业对象分为电气设备安装工程定额、机械设备安装工程定额、热力设备安装工程定额、通信设备安装工程定额、化学工业设备安装工程定额、工业管道安装工程定额、工艺金属结构安装工程定额等。

4．按主编单位和管理权限分类

工程定额可以分为全国统一定额、行业统一定额、地区统一定额、企业定额、补充定额5种。

(1)全国统一定额是由国家建设行政主管部门综合全国工程建设中技术和施工组织管理的情况编制，并在全国范围内适用的定额。

（2）行业统一定额是考虑到各行业部门专业工程技术特点，以及施工生产和管理水平编制的。一般只在本行业和相同专业性质的范围内使用。

（3）地区统一定额包括省、自治区、直辖市定额。地区统一定额主要是考虑地区性特点和全国统一定额水平作适当调整和补充编制的。

（4）企业定额是施工单位根据本企业的施工技术、机械装备和管理水平编制的人工、施工机械台班和材料等的消耗标准。企业定额在企业内部使用，是企业综合素质的一个标志。企业定额水平一般应高于国家现行定额，才能满足生产技术发展、企业管理和市场竞争的需要。在工程量清单计价方式下，企业定额作为施工企业进行建设工程投标报价的计价依据，正发挥着越来越大的作用。

（5）补充定额是指随着设计、施工技术的发展，现行定额不能满足需要的情况下，为了补充缺陷所编制的定额。补充定额只能在指定的范围内使用，可以作为以后修订定额的基础。

上述各种定额虽然适用于不同的情况和用途，但是它们是一个互相联系的、有机的整体，在实际工作中配合使用。

第二节　工程量清单计价与计量规范

工程量清单是载明建设工程分部分项工程项目、措施项目和其他项目的名称和相应数量以及规费和税金项目等内容的明细清单。其中由招标人根据国家标准、招标文件、设计文件，以及施工现场实际情况编制的称为招标工程量清单，而作为投标文件组成部分的已标明价格并经承包人确认的称为已标价工程量清单。招标工程量清单应由具有编制能力的招标人或受其委托，具有相应资质的工程造价咨询人或招标代理人编制。采用工程量清单方式招标，招标工程量清单必须作为招标文件的组成部分，其准确性和完整性由招标人负责。招标工程量清单应以单位（项）工程为单位编制，由分部分项工程量清单，措施项目清单，其他项目清单，规费项目、税金项目清单组成。

一、工程量清单计价与计量规范概述

工程量清单计价与计量规范由《建设工程工程量清单计价规范》GB 50500、《房屋建筑与装饰工程量计算规范》GB 50854、《仿古建筑工程量计算规范》GB 50855、《通用安装工程量计算规范》GB 50856、《市政工程量计算规范》 GB 50857、《园林绿化工程量计算规范》GB 50858、《矿山工程量计算规范》GB 50859、《构筑物工程量计算规范》GB 50860、《城市轨道交通工程量计算规范》GB 50861、《爆破工程量计算规范》GB 50862组成。

《建设工程工程量清单计价规范》GB 50500（以下简称《计价规范》）包括总则、术语、一般规定、工程量清单编制、招标控制价、投标报价、合同价款约定. 工程计量、合同价款调整、合同价款期中支付、竣工结算与支付、合同解除的价款结算与支付、合同价款争议的解决、工程造价鉴定、工程计价资料与档案、工程计价表格及11个附录。

各专业工程量计量规范包括总则、术语、工程计量、工程量清单编制、附录。

（一）工程量清单计价的适用范围

计价规范适用于建设工程发承包及其实施阶段的计价活动。使用国有资金投资的建设工程发承包，必须采用工程量清单计价；非国有资金投资的建设工程，宜采用工程量清单计价；不采用工程量清单计价的建设工程，应执行计价规范中除工程量清单等专门性规定外的其他规定。

国有资金投资的项目包括全部使用国有资金（含国家融资资金）投资或国有资金投资为主的工程建设项目。

（1）国有资金投资的工程建设项目包括：

1）使用各级财政预算资金的项目。

2）使用纳入财政管理的各种政府性专项建设资金的项目。

3）使用国有企事业单位自有资金，并且国有资产投资者实际拥有控制权的项目。

（2）国家融资资金投资的工程建设项目包括：

1）使用国家发行债券所筹资金的项目。

2）使用国家对外借款或者担保所筹资金的项目。

3）使用国家政策性贷款的项目。

4）国家授权投资主体融资的项目。

5）国家特许的融资项目。

（3）国有资金（含国家融资资金）为主的工程建设项目是指国有资金占投资总额 50%以上，

或虽不足50%但国有投资者实质上拥有控股权的工程建设项目。

（二）工程量清单计价的作用

1．提供一个平等的竞争条件

采用施工图预算来投标报价，由于设图纸的缺陷，不同施工企业的人员理解不一，计算出的工程量也不同，报价就更相去甚远，也容易产生纠纷。而工程量清单报价就为投标者提供了一个平等竞争的平台，由企业根据自身的实力来填不同的单价。投标人的这种自主报价，使得企业的优势体现到投标报价中，可在一定程度上规范建筑市场秩序，确保工程质量。

2．满足市场经济条件下竞争的需要

招投标过程就是竞争的过程，招标人提供工程量清单，投标人根据自身情况确定综合单价，利用单价与工程量逐项计算每个项目的合价，再分别填入工程量清单表内，计算出投标总价。单价成了决定性的因素，定高了不能中标，定低了又要承担过大的风险，单价的高低直接取决于企业管理水平和技术水平的高低，这种局面促成了企业整体实力的竞争，有利于我国建设市场的快速发展。

3．有利于提高工程计价效率，能真正实现快速报价

采用工程量清单计价方式，避免了传统计价方式下招标人与投标人在工程量计算上的重复工作，各投标人以招标人提供的工程量清单为统一平台，结合自身的管理水平和施工方案进行报价，促进了各投标人企业定额的完善和工程造价信息的积累和整理，体现了现代工程建设中快速报价的要求。

4．有利于工程款的拔付和工程造价的最终结算

中标后，业主要与中标单位签订施工合同，中标价就是确定合同价的基础，投标清单上的单价就成了拨付工程款的依据。业主根据施工企业完成的工程量，可以很容易地确定进度款的拨付额。工程竣工后，根据设计变更、工程量增减等，业主也很容易确定工程的最终造价，可在某种程度上减少业主与施工单位之间的纠纷。

5．有利于业主对投资的控制

采用现在的施工图预算形式，业主对因设计变更、工程量的增减所引起的工程造价变化不敏感，往往等到竣工结算时才知道这些变更对项目投资的影响有多大，但此时常常是为时已晚。而采用工程量清单报价的方式则可对投资变化一目了然，在要进行设计变更时，能马上知道它对工程造价的影响，业主就能根据投资情况来决定是否变更或进行方案比较，以决定最恰当的处理方法。

二、分部分项工程项目清单

分部分项工程是“分部工程”和“分项工程”的总称。“分部工程”是单位工程的组成部分，系按结构部位、路段长度及施工特点或施工任务将单位工程划分为若干分部的工程。例如，砌筑工程分为砖砌体、砌块砌体、石砌体、垫层分部工程。“分项工程”是分部工程的组成部分，系按不同施工方法、材料、工序及路段长度等分部工程划分为若干个分项或项目的工程。例如，砖砌体分为砖基细、砖砌挖孔桩护壁、实心砖墙、多孔砖墙、空心砖墙、空斗墙、空花墙、填充墙、实心砖柱、多孔砖柱、砖检查井、零星砌砖、砖散水地坪、砖地沟明沟等分项工程。

分部分项工程项目清单必须载明项目编码、项目名称、项目特征、计量单位和工程量。分部分项工程项目清单必须根据各专业工程计量规范规定的项目编码、项目名称、项目特征、计量单位和工程量计算规则进行编制。其格式如表3.2.1所示，在分部分项工程量清单的编制过程中，由招标人负责前六项内容填列，金额部分在编制招标控制价或投标报价时填列。

表 3.2.1　分部分项工程和单价措施项目清单与计价表

工程名称:　　　　　　　　　　　　　　　　标段:　　　　　　　　　　　　　第　页　共　页

序号	项目编码	项目名称	项目特征描述	计量单位	工程量	金额		
						综合单价	合价	其中：暂估价

（一）项目编码

项目编码是分部分项工程和措施项目清单名称的阿拉伯数字标识。分部分项工程量清单项目编码以五级编码设置，用十二位阿拉伯数字表示。一、二、三、四级编码为全国统一，即一至九位应按计价规范附录的规定设置；第五级即十至十二位为清单项目编码，应根据拟建工程的工程量清单项目名称设置，不得有重号，这三位清单项目编码由招标人针对招标工程项目具体编制，并应自001起顺序编制。

各级编码代表的含义如下：

（1）第一级表示专业工程代码（分二位）。

（2）第二级表示附录分类顺序码（分二位）。

（3）第三级表示分部工程顺序码（分二位）。

（4）第四级表示分项工程项目名称顺序码（分三位）。

（5）第五级表示工程量清单项目名称顺序码（分三位）。

项目编码结构如图3.2.1所示（以房屋建筑与装饰工程为例）：

当同一标段（或合同段）的一份工程量清单中含有多个单位工程且工程量清单是以单位工程为编制对象时，在编制工程量清单时应特别注意对项目编码十至十二位的设置不得有重码的规定。例如一个标段（或合同段）的工程量清单中含有三个单位工程，每一单位工程中都有项目特征相同的实心砖墙砌体，在工程量清单中又需反映三个不同单位工程的实心砖墙砌体工程量时，则第一个单位工程的实心砖墙的项目编码应为010401003001，第二个单位工程的实心砖墙的项目编码应为010401003002，第三个单位工程的实心砖墙的项目编码应为010401003003，并分别列出各单位工程实心砖墙的工程量。

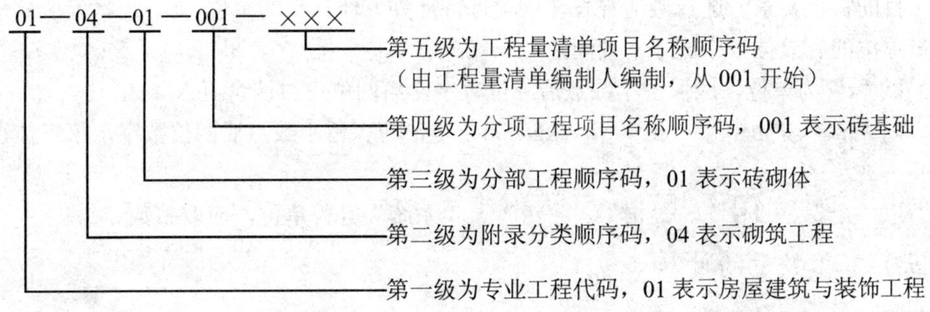

图 3. 2.1　工程量清单项目编码结构图

（二）项目名称

分部分项工程量清单的项目名称应按各专业工程计量规范附录的项目名称结合拟建工程的实际确定。附录差中的“项目名称”为分项工程项目名称，是形成分部分项工程量清单项目名称的基础。即在编制分部分项工程量清单时，以附录中的分项工程项目名称为基础，考虑该项目的规格、型号、材质等特征要求，结合拟建工程的实际情况，使其工程量清单项目名称具体化、细化，以反映影响工程造价的主要因素。例如“门窗工程”中“特殊门”应区分“冷藏门”、“冷冻闸门”、“保温门”、“变电室门”、“隔音门”、“人防门”、“金库门”等。清单项目名称应表达详细、准确，各专业工程计量规范中的分项工程项目名称如有缺陷，招标人可作补充，并报当地工程造价管理机构（省级）备案。

（三）项目特征

项目特征是构成分部分项工程项目、措施项目自身价值的本质特征。项目特征是对项目的准确描述，是确定一个清单项目综合单价不可缺少的重要依据，是区分清单项目的依据，是履行合同义务的基础。分部分项工程量清单的项目特征应按各专业工程计量规范附录中规定的项目特征，结合技术规范、标准图集、施工图纸，按照工程结构、使用材质及规格或安装位置等，予以详细而准确的表述和说明。凡项目特征中未描述到的其他独有特征，由清单编制人视项目具体情况确定，以准确描述清单项目为准。

在各专业工程计量规范附录中还有关于各清单项目“工作内容”的描述。工作内容是指完成清单项目可能发生的具体工作和操作程序，但应注意的是，在编制分部分项工程量清单时，工作内容通常无需描述，因为在计价规范中，工程量清单项目与工程量计算规则、工作内容有一一对应关系，当采用计价规范这一标准时，工作内容均有规定。

（四）计量单位

计量单位应采用基本单位，除各专业另有特殊规定外均按以下单位计量：

（1）以重量计算的项目——吨或千克（t或kg）。

（2）以体积计算的项目——立方米（m^3）。

（3）以面积计算的项目——平方米（m^2）。

（4）以长度计算的项目——米（m）。

（5）以自然计量单位计算的项目——个、套、块、樘、组、台……

（6）没有具体数量的项目——宗、项……

各专业有特殊计量单位的，另外加以说明，当计量单位有两个或两个以上时，应根据所编工程量清单项目的特征要求，选择最适宜表现该项目特征并方便计量的单位。

计量单位的有效位数应遵守下列规定：

（1）以“t”为单位，应保留小数点后三位数字，第四位小数四舍五入。

（2）以“m”、“m^2”、“m^3”、“kg”为单位，应保留小数点后两位数字，第三位小数四舍五入。

（3）以“个”、“件”、“根”、“组”、“系统”等为单位，应取整数。

（五）工程数量的计算

工程数量主要通过工程量计算规则计算得到。工程量计算规则是指对清单项目工程量的计算规定。除另有说明外，所有清单项目的工程量应以实体工程量为准，并以完成后的净值计算；投标人投标报价时，应在单价中考虑施工中的各种损耗和需要增加的工程量。

根据工程量清单计价与计量规范的规定，工程量计算规则可以分为房屋建筑与装饰工程、仿古建筑工程、通用安装工程、市政工程、园林绿化工程、矿山工程、构筑物工程、城市轨道交通工程、爆破工程九大类。

以房屋建筑与装饰工程为例，其计量规范中规定的实体项目包括土石方工程，地基处理与边坡支护工程，桩基工程，砌筑工程，混凝土及钢筋混凝土工程，金属结构工程，木结构工程，门窗工程，屋面及防水工程，保温、隔热、防腐工程，楼地面装饰工程，墙、柱面装饰与隔断、幕墙工程，天棚工程，油漆、涂料、裱糊工程，其他装饰工程，拆除工程等，分别制定了它们的项目的设置和工程量计算规则。

随着工程建设中新材料、新技术、新工艺等的不断涌现，计量规范附录所列的工程量清单项目不可能包含所有项目。在编制工程量清单时，当出现计量规范附录中未包括的清单补充项目的编码应按计量规范的规定确定。具体做法如下：补充项目的编码由计量规范的代码与B和三位阿拉伯数字组成，并应从001起顺序编制，例如房屋建筑与装饰工程如需补充项目，则其编码应从01B001开始起顺序编制，同一招标工程的项目不得重码。

（2）在工程量清单中应附补充项目的项目名称、项目特征、计量单位、工程量计算规则和工作内容。

（3）将编制的补充项目报省级或行业工程造价管理机构备案。

三、措施项目清单

（一）措施项目列项

措施项目是指为完成工程项目施工，发生于该工程施工准备和施工过程中的技术、生活、安全、环境保护等方面的项目。

措施项目清单应根据相关工程现行国家计量规范的规定编制，并应根据拟建工程的实际情况列项。例如，《房屋建筑与装饰工程量计算规范》GB 50854中规定的措施项目，包括脚手架工程，混凝土模板及支架（撑），垂直运输，超高施工增加，大型机械设备进出场及安拆，施工排水、降水，安全文明施工及其他措施项目。

（二）措施项目清单的标准格式

1．措施项目清单的类别

措施项目费用的发生与使用时间、施工方法或者两个以上的工序相关，比如安全文明施工，夜间施工，非夜间施工照明，二次搬运，冬雨季施工，地上、地下设施，建筑物的临时保护设施，已完工程及设备保护等。但是有些措施项目则是可以计算工程量的项目，如脚手架工程，混凝土模板及支架（撑），垂直运输，超高施工增加，大型机械设备进出场及安拆，施工排水、降水等，这类措施项目按照分部分项工程量清单的方式采用综合单价计价，更有利于措施费的确定和调整。措施项目中可以计算工程量的项目清单宜采用分部分项工程量清单的方式编制，列出项目编码、项目名称、项目特征、计量单位和工程量计算规则（见表3.2.1）；不能计算工程量的项目清单，以“项”为计量单位进行编制（见表3.2.2）。

表 3.2.2　总价措施项目清单与计价表

工程名称：　　　　　　　　　　　　标段：　　　　　　　　　　第　页　共　页

序号	项目编码	项目名称	计算基础	费率（%）	金额（元）	调整费率（%）	调整后金额（元）	备注
		安全文明施工费						
		夜间施工增加费						

（续表）

序号	项目编码	项目名称	计算基础	费率（%）	金额（元）	调整费率（%）	调整后金额（元）	备注
		二次搬运费						
		冬雨季施工增加费						
		已完工程及设备保护费						
		……						
合计								

编制人（造价人员）： 复核人（造价工程师）：

注：1．“计算基础”中安全文明施工费可为“定额基价”、“定额人工费”或“定额人工费+定额机械费”，其他项目可为“定额人工费”或“定额人工费+定额机械费”。

2．按施工方案计算的措施费，若无“计算基础”和“费率”的数值，也可只填“金额”数值，但应在备注栏说明施工方案出处或计算方法。

2．措施项目清单的编制

措施项目清单的编制需考虑多种因素，除工程本身的因素外.，还涉及水文、气象、环境、安全等因素。措施项目清单应根据拟建工程的实际情况列项。若出现清单计价规范中未列的项目，可根据工程实际情况补充。

措施项目清单的编制依据主要有：

（1）施工现场情况、地勘水文资料、工程特点。

（2）常规施工方案。

（3）与建设工程有关的标准、规范、技术资料。

（4）拟定的招标文件。

（5）建设工程设计文件及相关资料。

四、其他项目清单

其他项目清单是指分部分项工程量清单、措施项目清单所包含的内容以外，因招标人的特殊要求而发生的与拟建工程有关的其他费用项目和相应数量的清单。工程建设标准的高低、工程的复杂程度、工程的工期长短、工程的组成内容、发包人对工程管理要求等都直接影响其他项目清单的具体内容。其他项目清单包括暂列金额；暂估价（包括材料暂估单价、工程设备暂估单价、专业工程暂估价）；计日工；总承包服务费。其他项目清单宜按照表3.2.3的格式编制，出现未包含在表格中内容的项目，可根据工程实际情况补充。

表 3.2.3 其他项目清单与计价汇总表

序号	项目名称	金额（元）	结算金额（元）	备注
1	暂列金额			明细详见表2.2.4
2	暂估价			
2.1	材料（工程设备）暂估价/结算价	—		明细详见表2.2.5

（续表）

序号	项目名称	金额（元）	结算金额（元）	备注
2.2	专业工程暂估价/结算价			明细详见表2.2.6
3	计日工			明细详见表2.2.7
4	总承包服务费			明细详见表2.2.8
5	索赔与现场签证			
	合　计			—

注：材料（工程设备）暂估单价进入清单项目综合单价，此处不汇总。

（一）暂列金额

暂列金额是指招标人在工程量清单中暂定并包括在合同价款中的一笔款项。用于工程合同签订时尚未确定或者不可预见的所需材料、工程设备、服务的采购，施工中可能发生的工程变更、合同约定调整因素出现时的合同价款调整，以及发生的索赔、现场签证确认等的费用。不管采用何种合同形式，其理想的标准是，一份合同的价格就是其最终的竣工结算价格，或者至少两者应尽可能接近。我国规定对政府投资工程实行概算管理，经项目审批部门批复的设计概算是工程投资控制的刚性指标，即使商业性开发项目也有成本的预先控制问题，否则，无法相对准确预测投资的收益和科学合理地进行投资控制。但工程建设自身的特性决定了工程的设计需要根据工程进展不断地进行优化和调整，业主需求可能会随工程建设进展出现变化，工程建设过程还会存在一些不能预见、不能确定的因素。消化这些因素必然会影响合同价格的调整，暂列金额正是因这类不可避免的价格调整而设立的，以便达到合理确定和有效控制工程造价的目标。设立暂列金额并不能保证合同结算价格就不会再出现超过合同价格的情况，是否超出合同价格完全取决于工程量清单编制人对暂列金额预测的准确性，以及工程建设过程是否出现了其他事先未预测到的事件。

暂列金额应根据工程特点，按有关计价规定估算。暂列金额可按照表3.2.4的格式列示。

表 3.2.4　暂列金额明细表

工程名称：　　　　　　　　　　　　　　　　标段：　　　　　　　　　　　第　页　共　页

序号	项目名称	计量单位	暂定金额（元）	备注
1				
2				
3				
	合计			

注：此表由招标人填写，如不能详列，也可只列暂定金额总额，投标人应将上述暂列金额计入投标总价中。

（二）暂估价

暂估价是指招标人在工程量清单中提供的用于支付必然发生但暂时不能确定价格的材料、工程设备的单价以及专业工程的金额，包括材料暂估单价、工程设备暂估单价和专业工程暂估价；暂估价类似于FIDIC合同条款中的Prime Cost Items，在招标阶段预见肯定要发生，只是因为标准不明确或者需要由专业承包人完成，暂时无法确定价格。暂估价数量和拟用项目应当结合工程量清单中的“暂估价表”予以补充说明。为方便合同管理，需要纳入分部分项清单项目综合单价中的暂估价应只是材料、工程设备暂估单价，以方便投标人组价。

专业工程的暂估价一般应是综合暂估价，同样包括人工费、材料费、施工机具使用费、企业管理费和利润，不包括规费和税金。总承包招标时，专业工程设计深度往往是不够的，一般需要交由专业设计人设计。在国际社会，出于对提高可建造性的考虑，一般由专业承包人负责设计，以发挥其专业技能和专业施工经验的优势。这类专业工程交由专业分包人完成是国际工程的良好实践，目前在我国工程建设领域也已经比较普遍。公开透明地合理确定这类暂估价的实际开支金额的最佳途径就是通过施工总承包人与工程建设项目招标人共同组织的招标。

暂估价中的材料、工程设备暂估单价应根据工程造价信息或参照市场价格估算，列出明细表；专业工程暂估价应分不同专业，按有关计价灰定估算，列出明细表。暂估价可按照表3.2.5、表3.2.6的格式列示。

表 3.2.5　材料（工程设备）暂估单价及调整表

工程名称：　　　　　　　　　　标段：　　　　　　　　　　第　页　共　页

序号	材料（工程设备）名称、规格、型号	计量单位	数量		暂估（元）		确认（元）		差额±（元）		备注
			暂估	确认	单价	合价	单价	合价	单价	合价	
合计											

注：此表由招标人填写“暂估单价”，并在备注栏说明暂估价的材料、工程设备拟用在哪些清单项目上，投标人应将上述材料、工程设备暂估价计入工程量清单综合单价报价中。

表 3.2.6　专业工程暂估价及结算价表

工程名称：　　　　　　　　　　标段：　　　　　　　　　　第　页　共　页

序号	工程名称	工程内容	暂估金额（元）	结算金额（元）	差额±（元）	备注
合计						

注：此表“暂估金额”由招标人填写，投标人应将“暂估金额”计入投标总价中。结算时按合同约定结算金额填写。

（三）计日工

在施工过程中，承包人完成发包人提出的工程合同范围以外的零星项目或工作，按合同中约定的单价计价的一种方式。计日工是为了解决现场发生的零星工作的计价而设立的。国际上常见的标准合同条款中，大多数都设立了计日工（Daywork）计价机制。计日工对完成零星工作所消耗的人工工时、材料数量、施工机械台班进行计量，并按照计日工表中填报的适用项目的单价进行计价支付。计日工适用的所谓零星项目或工作一般是指合同约定之外的或者因变更而产生的、工程量清单中没有相应项目的额外工作，尤其是那些难以事先商定价格的额外工作。

计日工应列出项目名称、计量单位和暂估数量。计日工可按照表3.2.7的格式列示。

表 3.2.7 计日工表

工程名称： 标段： 第 页 共 页

编号	项目名称	单位	暂定数量	实际数量	综合单价（元）	合价（元）	
						暂定	实际
一	人工						
1							
2							
…							
人工小计							
二	材料						
1							
2							
…							
材料小计							
三	施工机构						
1							
2							
…							
施工机械小计							
四、企业管理费和利润							
总　计							

注：此表项目名称、暂定数量由招标人填写，编制招标控制价时，单价由招标人按有关计价规定确定；投标时，单价由投标人自主报价，按暂定数量计算合价计入投标总价中。结算时，按发承包双方确认的实际数量计算合价。

（四）总承包服务费

总承包服务费是指总承包人为配合协调发包人进行的专业工程发包，对发包人自行采购的材料、工程设备等进行保管以及施工现场管理、竣工资料汇总整理等服务所需的费用。招标人应预计该项费用并按投标人的投标报价向投标人支付该项费用。

总承包服务费应列出服务项目及其内容等。总承包服务费按照表3.2.8的格式列示。

表 3.2.8 总承包服务费计价表

工程名称： 标段： 第 页 共 页

序号	项目名称	项目价值（元）	服务内容	计算基础	费率（%）	金额（元）
1	发包人发包专业工程					
2	发包人提供材料					
…						
	合计	—	—		—	

注：此表项目名称、服务内容由招标人填写，编制招标控制价时，费率及金额由招标人按有关计价规定确定；投标时，费率及金额由投标人自主报价，计入投标总价中。

五、规费、税金项目清单

规费项目清单应按照下列内容列项：社会保险费，包括养老保险费、失业保险费、医疗保险费、工伤保险费、生育保险费；住房公积金；工程排污费；出现计价规范中未列的项目，应根据省级政府或省级有关权力部门的规定列项。

税金项目清单应包括下列内容：营业税；城市维护建设税；教育费附加；地方教育附加。出现计价规范未列的项目，应根据税务部门的规定列项。规费、税金项目计价表如3.2.9所示。

表 3.2.9　规费、税金项目计价表

工程名称：　　　　　　　　　　　标段：　　　　　　　　　　　第　页　共　页

序号	项目名称	计算基础	计算基数	计算费率（%）	金额（元）
1	规费	定额人工费			
1.1	社会保险费	定额人工费			
（1）	养老保险费	定额人工费			
（2）	失业保险费	定额人工费			
（3）	医疗保险费	定额人工费			
（4）	工伤保险费	定额人工费			
（5）	生育保险费	定额人工费			
1.2	住房公积金	定额人工费			
1.3	工程排污费	按工程所在地环境保护部门收取标准，按实计入			
2	税金	分部分项工程费+措施项目费+其他项目费+规费−按规定不计税的工程设备金额			
合　计					

编制（造价人员）：　　　　　　　　　　　　复核人（造价工程师）：

第三节　建筑安装工程人工、材料及机械台班定额消耗量

一、施工过程分解及工时研究

（一）施工过程及其分类

1．施工过程的含义

施工过程就是在建设工地范围内所进行的生产过程。其最终目的是要建造、恢复、改建、移动或拆除工业、民用建筑物和构筑物的全部或一部分。

建筑安装施工过程与其他物质生产过程一样，也包括生产力三要素，即劳动者、劳动对象、劳动工具，也就是说，施工过程是由不同工种、不同技术等级的建筑安装工人完成的，并且必须有一定的劳动对象——建筑材料、半成品、构件、配件等，使用一定的劳动工具——手动工具、小型机具和机械等。

每个施工过程的结束，获得了一定的产品，这种产品或者是改变了劳动对象的外表形态、内部结构或性质（由于制作和加工的结果），或者是改变了劳动对象在空间的位置（由于运输和安装的结果）。

2．施工过程分类

对施工过程的细致分析，使我们能够更深入地确定施工过程各个工序组成的必要性及其顺序的合理性，从而正确制定各个工序所需要的工时消耗。

（1）根据施工过程组织上的复杂程度，可以分解为工序、工作过程和综合工作过程。

1）工序是在组织上不可分割的，在操作过程中技术上属于同类的施工过程。工序的特征是：工作者不变，劳动对象、劳动工具和工作地点也不变。在工作中如有一项改变，那就说明已经由一项工序转入另一项工序了。如钢筋制作，它由平直钢筋、钢筋除锈、切断钢筋、弯曲钢筋等工序组成。

从施工的技术操作和组织观点看，工序是工艺方面最简单的施工过程。但是如果从劳动过程的观点看，工序又可以分解为更小的组成部分——操作和动作。例如，弯曲钢筋的工序可分为下列操作：把钢筋放在工作台上，将旋钮旋紧，弯曲钢筋，放松旋钮，将弯好的钢筋搁在一边。操作本身又包括了最小的组成部分——动作。如把“钢筋放在工作台上”这个操作，可以分解为以下“动作”：走向钢筋堆放处，拿起钢筋，返回工作台，将钢筋移到支座前面。而动作又是由许多动素组成的。动素是人体动作的分解。每一个操作和动作都是完成施工工序的一部分。施工过程、工序、操作、动作的关系如图3.3.1所示。

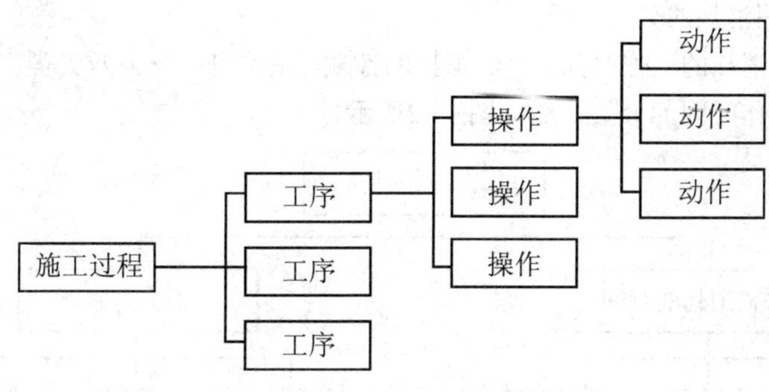

图 3.3.1　施工过程的组成

在编制施工定额时，工序是基本的施工过程，是主要的研究对象。测定定额时只需分解和标定到工序为止。如果进行某项先进技术或新技术的工时研究，就要分解到操作甚至动作为止，从中研究可加以改进操作或节约工时。

工序可以由一个人来完成，也可以由小组或施工队内的几名工人协同完成；可以手动完成，也可以由机械操作完成。在机械化的施工工序中，还可以包括由工人自己完成的各项操作和由机器完成的工作两部分。

2）工作过程是由同一工人或同一小组所完成的在技术操作上相互有机联系的工序的总合体。其点是人员编制不变，工作地点不变，而材料和工具则可以变换。例如，砌墙和勾缝，抹灰和粉刷。

3）综合工作过程是同时进行的，在组织上有机地联系在一起的，并且最终能获得一种产品的施工过程的总和。例如，砌砖墙这一综合工作过程，由调制砂浆、运砂浆、运砖、砌墙等工作过程构成，它们在不同的空间同时进行，在组织上有直接联系，并最终形成的共同产品是一定数量的砖墙。

（2）按照工艺特点，施工过程可以分为循环施工过程和非循环施工过程两类。凡各个组成部分按一定顺序一次循环进行，并且每经一次重复都可以生产出同一种产品的施工过程，称为循环施工过程，反之，若施工过程的工序或其组成部分不是以同样的次序重复，或者生产出来的产品各不相同，这种施工过程则称为非循环的施工过程。

3. 施工过程的影响因素

对施工过程的影响因素进行研究，其目的是为了正确确定单位施工产品所需要的作业时间消耗。施工过程的影响因素包括技术因素、组织因素和自然因素。

（1）技术因素。包括产品的种类和质量要求，所用材料、半成品、构配件的类别、规格和性能，所用工具和机械设备的类别、型号、性能及完好情况等。

（2）组织因素。包括施工组织与施工方法、劳动组织、工人技术水平、操作方法和劳动态度、工资分配方式、劳动竞赛等。

（3）自然因素。包括酷暑、大风、雨、雪、冰冻等。

（二）工作时间分类

研究施工中的工作时间最主要的目的是确定施工的时间定额和产量定额，其前提是对工作时间按其消耗性质进行分类，以便研究工时消耗的数量及其特点。

工作时间，指的是工作班延续时间。例如8小时工作制的工作时间就是8小时，午休时间不包括在内。对工作时间消耗的研究，可以分为两个系统进行，即工人工作时间的消耗和工人所使用的机器工作时间消耗。

1. 工人工作时间消耗的分类

工人在工作班内消耗的工作时间，按其消耗的性质，基本可以分为两大类：必需消耗的时间和损失的时间。工人工作时间的分类一般如图3.3.2所示。

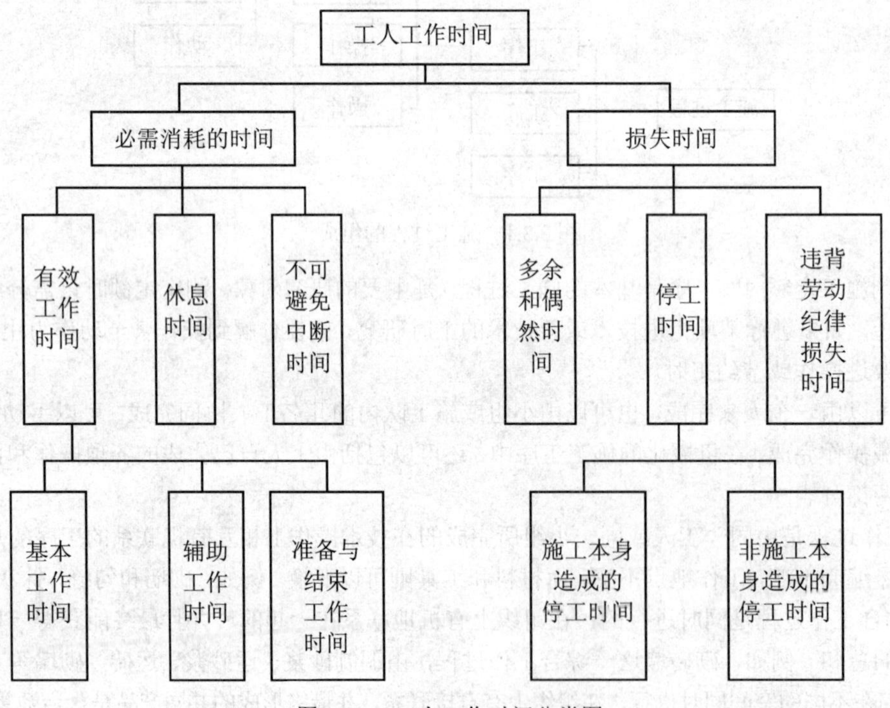

图 3.3.2　工人工作时间分类图

（1）必需消耗的工作时间是工人在正常施工条件下，为完成一定合格产品（工作任务）所消耗掉的时间，是制定定额的主要依据，包括有效工作时间、休息时间和不可避免中断时间的消耗。

1）有效工作时间是从生产效果来看与产品生产直接有关的时间消耗。其中，包括基本工作时间、辅助工作时间、准备与结束工作时间的消耗。

①基本工作时间是工人完成能生产一定产品的施工工艺过程所消耗的时间。通过这些工艺过程可以使材料改变外形，如钢筋弯曲等；可以改变材料的结构与性质，如混凝土制品的养护干燥等；可以使预制构配件安装组合成型；也可以改变产品外部及表面的性质，如粉刷、油漆等。基本工作时间所包括的内容依工作性质各不相同。基本工作时间的长短和工作量大小成正比。

②辅助工作时间是为保证基本工作能顺利完成所消耗的时间。在辅助工作时间里，不能使产品的形状大小、性质或位置发生变化。辅助工作时间的结束，往往就是基本工作时间的开始。辅助工作一般是手工操作。但如果在机手并动的情况下，辅助工作是在机械运转过程中进行的，为避免重复则不应再计辅助工作时间的消耗。辅助工作时间长短与工作量大小有关。

③准备与结束工作时间是执行任务前或任务完成后所消耗的工作时间。如工作地点、劳动工具和劳动对象的准备工作时间；工作结束后的整理工作时间等。准备和结束工作时间的长短与所担负的工作量大小无关，但往往和工作内容有关。这项时间消耗可以分为班内的准备与结束工作时间和任务的准备与结束工作时间。其中，任务的准备和结束时间是在一批任务的开始与结束时产生的，如熟悉图纸、准备相应的工具、事后清理场地等，通常不反映在每一个工作班里。

2）休息时间是工人在工作过程中为恢复体力所必需的短暂休息和生理需要的时间消耗。这种时间是为了保证工人精力充沛地进行工作，所以在定额时间中必须进行计算。休息时间的长短和劳动条件、劳动强度有关，劳动越繁重紧张、劳动条件越差（如高温），则休息时间需越长。

3）不可避免的中断所消耗的时间是由于施工工艺特点引起的工作中断所必需的时间。与施工过程工艺特点有关的工作中断时间，应包括在定额时间内，但应尽量缩短此项时间消耗。

（2）损失时间是与产品生产无关，而与施工组织和技术上的缺点有关，与工人在施工过程中的个人过失或某些偶然因素有关的时间消耗，损失时间中包括有多余和偶然工作、停工、违背劳动纪律所引起的工时损失。

1）多余工作，就是工人进行了任务以外而又不能增加产品数量的工作。如重砌质量不合格的墙体。多余工作的工时损失，一般都是由于工程技术人员和工人的差错而引起的，因此，不应计入定额时间中。偶然工作也是工人在任务外进行的工作，但能够获得一定产品。如抹灰工不得不补上偶然遗留的墙洞等。由于偶然工作能获得一定产品，拟定定额时要适当考虑它的影响。

2）停工时间，是工作班内停止工作造成的工时损失。停工时间按其性质可分为施工本身造成的停工时间和非施工本身造成的停工时间两种。施工本身造成的停工时间，是由于施工组织不善、材料供应不及时、工作面准备工作做得不好、工作地点组织不良等情况引起的停工时间。非施工本身造成的停工时间，是由于水源、电源中断引起的停工时间。前一种情况在拟定定额时不应该计算，后一种情况在定额中则应给予合理的考虑。

3）违背劳动纪律造成的工作时间损失，是指工人在工作班开始和午休后的迟到、午饭前和工作班结束前的早退、擅自离开工作岗位、工作时间内聊天或办私事等造成的工时损失。由于个别工人违背劳动纪律而影响其他工人无法工作的时间损失，也包括在内。

2．机器工作时间消耗的分类

在机械化施工过程中，对工作时间消耗的分析和研究，除了要对工人工作时间的消耗进行分类研究之外，还需要分类研究机器工作时间的消耗。

机器工作时间的消耗，按其性质也分为必需消耗的时间和损失时间两大类。如图3.3.3所示。

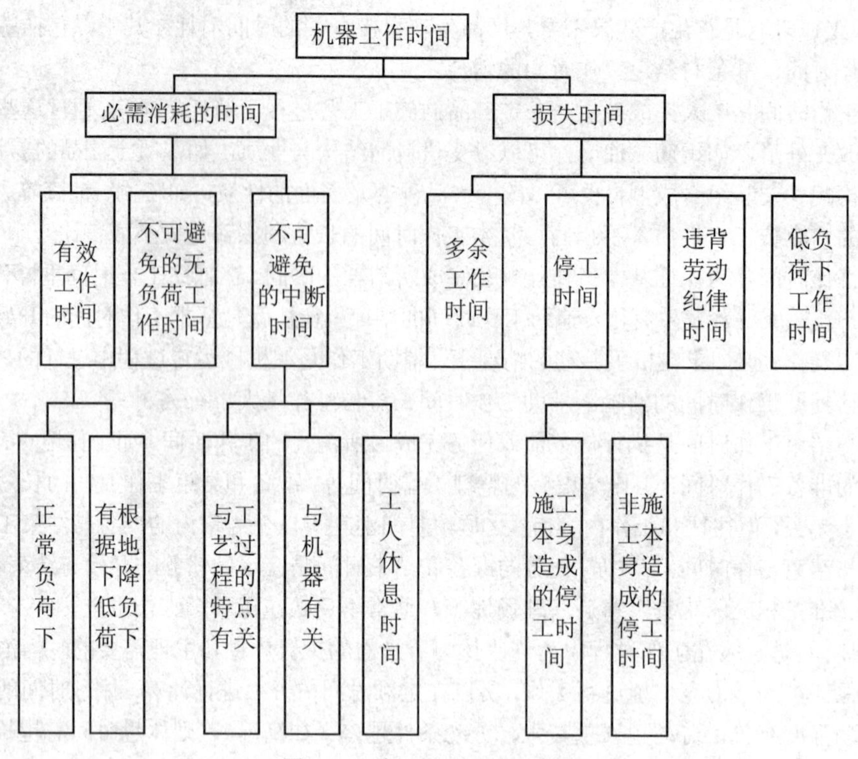

图 3.3.3 机器工作时间分类图

（1）在必须消耗的工作时间里，包括有效工作、不可避免的无负荷工作和不可避免的中断三项时间消耗。而在有效工作的时间消耗中又包括正常负荷下、有根据地降低负荷下的工时消耗。

1）正常负荷下的工作时间，是机器在与机器说明书规定的额定负荷相符的情况下进行工作的时间。

2）有根据地降低负荷下的工作时间，是在个别情况下由于技术上的原因，机器在低于其计算负荷下工作的时间。例如，汽车运输重量轻而体积大的货物时，不能充分利用汽车的载重吨位因而不得不降低其计算负荷。

3）不可避免的无负荷工作时间，是由施工过程的特点和机械结构的特点造成的机械无负荷工作时间。例如，筑路机在工作区末端调头等，就属于此项工作时间的消耗。

4）不可避免的中断工作时间是与工艺过程的特点、机器的使用和保养、工人休息有关的中断时间。

①与工艺过程的特点有关的不可避免中断工作时间，有循环的和定期的两种。循环的不可避免中断，是在机器工作的每一个循环中重复一次。如汽车装货和卸货时的停车。定期的不可避免中断，是经过一定时期重复一次。比如把灰浆泵由一个工作地点转移到另一工作地点时的工作中断。

②与机器有关的不可避免中断工作时间，是由于工人进行准备与结束工作或辅助工作，机器停止工作而引起的中断工作时间。它是与机器的使用与保养有关的不可避免中断时间。

③工人休息时间，前面已经作了说明：这里要注意的是，应尽量利用与工艺过程有关的和与机器有关的不可避免的中断时间进行休息，以充分利用工作时间。

（2）损失的工作时间包括多余工作、停工、违背劳动纪律所消耗的工作时间和低负荷下的工作时间。

1）机器的多余工作时间，一是机器进行任务内和工艺过程内未包括的工作而延续的时间。如工人没有及时供料而使机器空运转的时间；二是机械在负荷下所做的多余工作，如混凝土搅拌机搅拌混凝土时超过规定搅拌时间，即属于多余工作时间。

2）机器的停工时间，按其性质也可分为施工本身造成和非施工本身造成的停工。前者是由于施工组织得不好而引起的停工现象，如由于未及时供给机器燃料而引起的停工。后者是由于气候条件所引起的停工现象，如暴雨时压路机的停工。上述停工中延续的时间，均为机器的停工时间。

3）违反劳动纪律引起的机器的时间损失，是指由于工人迟到早退或擅离岗位等原因引起的机器停工时间。

4）低负荷下的工作时间，是由于工人或技术人员的过错所造成的施工机械在降低负荷的情况下工作的时间。例如，工人装车的砂石数量不足引起的汽车在降低负荷的情况工作所延续的时间。此项工作时间不能作为计算时间定额的基础。

（三）计时观察法

定额测定是制定定额的一个主要步骤。测定定额是用科学的方法观察、记录、整理、分析施工过程，为制定建筑工程定额提供可靠依据。测定定额通常使用计时观察法，计时观察法是测定时间消耗的基本方法。

1．计时观察法概述

计时观察法，是研究工作时间消耗的一种技术测定方法。它以研究工时消耗为对象，以观察测时为手段，通过密集抽样和粗放抽样等技术进行直接的时间研究。计时观察法用于建筑施工中时以现场观察为主要技术手段，所以也称之为现场观察法。

计时观察法的具体用途如下。

（1）取得编制施工的劳动定额和机械定额所需要的基础资料和技术根据。

（2）研究先进工作法和先进技术操作对提高劳动生产率的具体影响，并应用和推广先进工作法和先进技术操作。

（3）研究减少工时消耗的潜力。

（4）研究定额执行情况，包括研究大面积、大幅度超额和达不到定额的原因，积累资料、反馈信息。

计时观察法能够把现场工时消耗情况和施工组织技术条件联系起来加以考察，它不仅能为制定定额提供基础数据，而且也能为改善施工组织管理、改善工艺过程和操作方法、消除不合理的工时损失和进一步挖掘生产潜力提供技术根据。计时观察法的局限性，是考虑人的因素不够。

2．计时观察前的准备工作

（1）确定需要进行计时观察的施工过程。计时观察之前的第一个准备工作，是研究并确定有哪些施工过程需要进行计时观察。对于需要进行计时观察的施工过程要编出详细的目录，拟订工作进度计划，制定组织技术措施，并组织编制定额的专业技术队伍，按计划认真开展工作。在选择观察对象时，必须注意所选择的施工过程要完全符合正常施工条件。所谓施工的正常条件，是指绝大多数企业和施工队、组，在合理组织施工的条件下所处的施工条件。与此同时，还需调查影响施工过程的技术因素、组织因素和自然因素。

（2）对施工过程进行预研究。对于已确定的施工过程的性质应进行充分的研究，目的是为了正确地安排计时观察和搜集可靠的原始资料。研究的方法，是全面地对各个施工过程及其所处的技术组织条件进行实际调查和分析，以便设计正常的（标准的）施工条件和分析研究测时数据。

1）熟悉与该施工过程有关的现行技术规范和技术标准等文件和资料。

2）了解新采用的工作方法的先进程度，了解已经得到推广的先进施工技术和操作，还应了解施工过程存在的技术组织方面的缺点和由于某些原因造成的混乱现象。

3）注意系统地搜集完成定额的统计资料和经验资料，以便与计时观察所得的资料进行对比分析。

4）把施工过程划分为若干个组成部分（一般划分到工序）。施工过程划分的目的是便于计时观察。如果计时观察法的目的是为了研究先进工作法，或是分析影响劳动生产率提高或降低的因素，则必须将施工过程划分到操作以至动作。

5）确定定时点和施工过程产品的计量单位。所谓定时点，即是上下两个相衔接的组成部分之间的分界点。确定定时点，对于保证计时观察的精确性是不容忽略的因素。确定产品计量单位，要能具体地反映产品的数量，并具有最大限度的稳定性。

（3）选择观察对象。所谓观察对象，就是对其进行计时观察完成该施工过程的工人。所选择的建筑安装工人，应具有与技术等级相符的工作技能和熟练程度，所承担的工作与其技术等级相符，同时应该能够完成或超额完成现行的施工劳动定额。

（4）其他准备工作。此外，还必须准备好必要的用具和表格。如测时用的秒表或电子计时器，测量产品数量的工器具，记录和整理测时资料用的各种表格等。如果有条件且有必要，还可配备电影摄像和电子记录设备。

3．计时观察方法的分类

对施工过程进行观察、测时，计算实物和劳务产量，记录施工过程所处的施工条件和确定影响工时消耗的因素，是计时观察法的三项主要内容和要求。计时观察法种类很多，最主要的有三种，见图3.3.4。

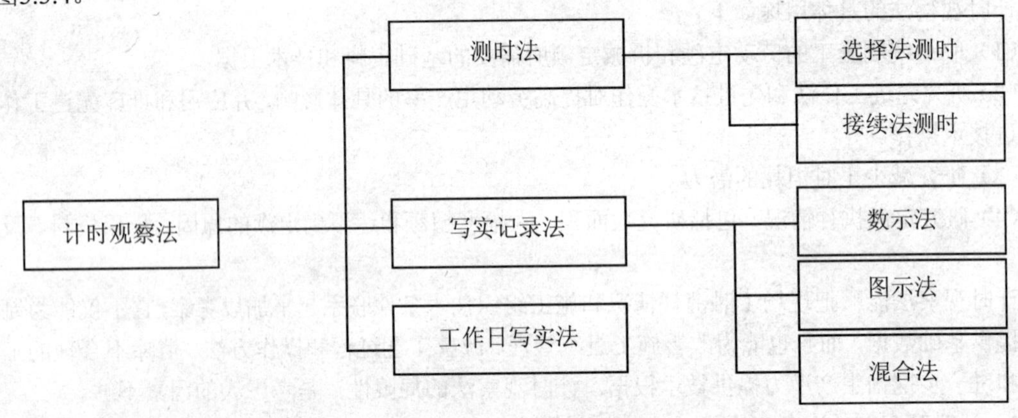

图 3.3.4　计时观察法的种类

（1）测时法。测时法主要适用于测定定时重复的循环工作的工时消耗，是精确度比较高的一种计时观察法，一般可达到0.2～15s。测时法只用来测定施工过程中循环组成部分工作时间消耗，不研究工人休息、准备与结束，即其他非循环的工作时间。

1）测时法的分类。根据具体测时手段不同，可将测时法分为选择法和接续法两种。

①选择法测时。它是间隔选择施工过程中非紧连接的组成部分（工序或操作）测定工时，精确度达0.5s。

选择法测时也称为间隔法测时。采用选择法测时，当被观察的某一循环工作的组成部分开始，观察者立即开动秒表，当该组成部分终止，则立即停止秒表。然后把秒表上指示的延续时间记录到选择法测时记录（循环整理）表上，并把秒针拨回到零点。下一组成部分开始，再开动秒表，如此依次观察，并依次记录下延续时间。

采用选择法测时，应特别注意掌握定时点。记录时间时仍在进行的工作组成部分，应不予观察。当所测定的各工序或操作的延续时间较短时，连续测定比较困难，用选择法测时比较方便且简单。

②接续法测时。它是连续测定一个施工过程各工序或操作的延续时间。接续法测时每次要记录各工序或操作的终止时间，并计算出本工序的延续时间。

接续法测时也称作连续法测时。它比选择法测时准确、完善，但观察技术也较之复杂。它的特点是在工作进行中和非循环组成部分出现之前一直不停止秒表，秒针走动过程中，观察者根据各组成部分之间的定时点，记录它的终止时间，再用定时点终止时间之间的差表示各组成部分的延续时间。

2）测时法的观察次数。由于测时法是属于抽样调查的方法，因此为了保证选取样本的数据可靠，需要对于同一施工过程进行重复测时。一般来说，观测的次数越多，资料的准确性越高，但要花费较多的时间和人力，这样既不经济，也不现实。确定观测次数较为科学的方法，应该是依据误差理论和经验数据相结合的方法来判断。表3.3.1给出了测时法下观察次数的确定方法。很显然，需要的观察次数与要求的算术平均值精确度及数列的稳定系数有关。

表 3.3.1　测时法所必需的观察次数表

稳定系数 $K_p=\frac{t_{max}}{t_{min}}$	要求的算术平均值精确度 $E=\pm\frac{1}{\overline{X}}\sqrt{\frac{\sum\Delta^2}{n(n-1)}}$				
	5%以内	7%以内	10%以内	15%以内	25%以内
	观察次数				
1.5	9	6	5	5	5
2	16	11	7	5	5
2.5	23	15	10	6	5
3	30	18	12	8	6
4	39	25	15	10	7
5	47	31	19	11	8

注：表中符号的意义：t_{max} 为最大观测值；t_{min} 为最小观测值；$\overline{X}$ 为算术平均值；n 为观察次数；Δ为每次观察值与算术平均值之差。

（2）写实记录法。写实记录法是一种研究各种性质的工作时间消耗的方法，包括基本工作时间、辅助工作时间、不可避免中断时间、准备与结束时间以及各种损失时间。采用这种方法，可以获得分析工作时间消耗和制定定额所必需的全部资料。这种测定方法比较简便、易于掌握，并能保证必需的精确度。因此，写实记录法在实际中得到了广泛应用。

写实记录法的观察对象，可以是一个工人，也可以是一个工人小组。当观察由一个人单独操作或产品数量可单独计算时，采用个人写实记录。如果观察工人小组的集体操作，而产品数量又无法单独计算时，可采用集体写实记录。

1）写实记录法的种类。写实记录法按记录时间的方法不同分为数示法、图示法和混合法三种，计时一般采用有秒针的普通计时表即可。

①数示法写实记录。数示法的特征是用数字记录工时消耗，是三种写实记录法中精确度较高的

一种，精确度达5s，可以同时对两个工人进行观察，适用于组成部分较少而且比较稳定的施工过程。数示法用来对整个工作班或半个工作班进行长时间观察，因此能反映工人或机器工作日的全部情况。

②图示法写实记录。图示法是在规定格式的图表上用时间进度线条表示工时消耗量的一种记录方式，精确度可达30s，可同时对3个以内的工人进行观察。这种方法的主要优点是记录简单，时间一目了然，原始记录整理方便。

③混合法写实记录。混合法吸取数字和图示两种方法的优点，以图示法中的时间进度线条表示工序的延续时间，在进度线的上部加写数字表示各时间区段的工人数。混合法适用于3个以上工人工作时间的集体写实记录。

2）写实记录法的延续时间。与确定测时法的观察次数相同，为保证写实记录法的数据可靠性，需要确定写实记录法的延续时间。延续时间的确定，是指在采用写实记录法中任何一种方法进行测定时，对每个被测施工过程或同时测定两个以上施工过程所需的总延续时间的确定。

延续时间的确定，应立足于既不能消耗过多的观察时间，又能得到比较可靠和准确的结果。同时还必须注意：所测施工过程的广泛性和经济价值；已经达到的功效水平的稳定程度；同时测定不同类型施工过程的数目；被测定的工人人数以及测定完成产品的可能次数等。写实记录法所需的延续时间如表3.3.2所示，必须同时满足表中三项要求，如其中任一项达不到最低要求，应酌情增加延续时间。

表 3.3.2　写实记录法确定延续时间表

序号	项目	同时测定施工过程的类型数	测定对象		
			单人的	集体的	
				2～3人	4人以上
1	被测定的个人或小组的最低数	任一数	3人	3个小组	2个小组
2	测量总延续时间的最小值（h）	1	16	12	8
		2	23	18	12
		3	28	24	21
3	测量完成产品的最低次数	1	4	4	4
		2	6	6	6
		3	7	7	7

（3）工作日写实法。工作日写实法是一种研究整个工作班内的各种工时消耗的方法。

运用工作日写实法主要有两个目的：一是取得编制定额的基础资料；二是检查定额的执行情况，找出缺点，改进工作。当用于第一个目的时，工作日写实的结果要获得观察对象在工作班内工时消耗的全部情况，以及产品数量和影响工时消耗的影响因素。其中，工时消耗应该按工时消耗的性质分类记录。在这种情况下，通常需要测定3～4次。当用于第二个目的时，通过工作日写实应该做到：查明工时损失量和引起工时损失的原因，制订消除工时损失，改善劳动组织和工作地点组织的措施，查明熟练工人是否能发挥自己的专长，确定合理的小组编制和合理的小组分工；确定机器在时间利用和生产率方面的情况，找出使用不当的原因，订出改善机器使用情况的技术组织措施，计算工人或机器完成定额的实际百分比和可能百分比。在这种情况下，通常需要测定1～3次。工作日写实法与测时法、写实记录法相比较，具有技术简便、费力不多、应用面广和资料全面的优点，在我国是一种采用较广的编细定额的方法。工作日写实法的缺点：由于有观察人员在场，即使在观察前做了充分准备，仍不免在工时利用上有一定的虚假性；工作日写实法的观察工作量较大，费时较多，费用亦高。

工作日写实法，利用写实记录表记录观察资料。记录时间时不需要将有效工作时间分为各个组成部分，只需划分适合于技术水平和不适合于技术水平两类。但是工时消耗还需按性质分类记录。工作日写实法示例如表3.3.3所示。

表 3.3.3　工作日写实法结果表

<table>
<tr><td colspan="2">施工单位名称</td><td>测定日期</td><td>延续时间</td><td>调查次号</td><td>页次</td></tr>
<tr><td colspan="2">三公司</td><td>××年××月××日</td><td>8h30min</td><td></td><td></td></tr>
<tr><td colspan="2">施工过程名称</td><td colspan="4">钢筋混凝土直形墙模板安装</td></tr>
<tr><td colspan="6">工时消耗表</td></tr>
<tr><td>序号</td><td>工时消耗分类</td><td>时间消费（min）</td><td>百分比（%）</td><td colspan="2">施工过程中的问题及建议</td></tr>
<tr><td colspan="4">一、定额时间</td><td colspan="2" rowspan="20">本资料造成非定额时间的原因主要是：
1. 劳动组织不合理，开始由三人操作，中途又增加一人，在实际工作中经常出现一人等工的现象
2. 等材料，上班后领材料时未找到材料员，而造成等工
3. 产品不符合质量要求而返工，由于技术交底马虎，工人对产品规格要求也未真正弄清楚，结果造成返工
4. 违反劳动纪律。主要是上班迟到和工作时间闲谈
建议：
切实加强施工管理工作，班前要认真做好技术交底，职能人员要坚守岗位，保证材料及时供应，并预先办好领料手续，提前领料，科学地按定额规定每工应完成的产量结合工人实际工效安排劳动力，加强劳动纪律教育，按时上班，集中思想工作。经认真改善后，劳动效率可提高25%左右</td></tr>
<tr><td>1</td><td>基本工作时间，适于技术水平的</td><td>1.198</td><td>74.5</td></tr>
<tr><td>2</td><td>不适于技术水平的</td><td></td><td></td></tr>
<tr><td>3</td><td>辅助工作时间</td><td>53</td><td>3.3</td></tr>
<tr><td>4</td><td>准备与结束时间</td><td>14</td><td>0.87</td></tr>
<tr><td>5</td><td>休息时间</td><td>12</td><td>0.75</td></tr>
<tr><td>6</td><td>不可避免中断时间</td><td>9</td><td>0.58</td></tr>
<tr><td>7</td><td>合　　计</td><td>1286</td><td>80</td></tr>
<tr><td colspan="4">二、非定额时间</td></tr>
<tr><td>8</td><td>由于劳动组织的缺点而停工</td><td>19</td><td>1.18</td></tr>
<tr><td>9</td><td>由于缺乏材料而停工</td><td>102</td><td>6.34</td></tr>
<tr><td>10</td><td>由于工作地点未准备好而停工</td><td></td><td></td></tr>
<tr><td>11</td><td>由于机具设备不正常而停工</td><td></td><td></td></tr>
<tr><td>12</td><td>与产品质量不符返工</td><td>132</td><td>8.21</td></tr>
<tr><td>13</td><td>偶然停工（停水、停电、暴风雨）</td><td></td><td></td></tr>
<tr><td>14</td><td>违反劳动定额</td><td>69</td><td>4.27</td></tr>
<tr><td>15</td><td>其他损失时间</td><td></td><td></td></tr>
<tr><td>16</td><td>合计</td><td>322</td><td>20</td></tr>
<tr><td>17</td><td>消耗时间总计</td><td>1608</td><td>100</td></tr>
<tr><td colspan="2">完成产品数量</td><td colspan="2">52.15m²</td></tr>
<tr><td colspan="4">生产率：实际1608/(60×8×52.15)=0.064工日/m²
可能1286/(60×8×52.15)=0.051工日/m²</td><td colspan="2">可以提高：(0.064/0.051−1)×100%=25%</td></tr>
</table>

二、确定人工定额消耗量的基本方法

时间定额和产量定额是人工定额的两种表现形式。拟定出时间定额，也就可以计算出产量定额。

在全面分析了各种影响因素的基础上，通过计时观察资料，我们可以获得定额的各种必须消耗时间。将这些时间进行归纳，有的是经过换算，有的是根据不同的工时规范附加，最后把各种定额时间加以综合和类比就是整个工作过程的人工消耗的时间定额。

（一）确定工序作业时间

根据计时观察资料的分析和选择，我们可以获得各种产品的基本工作时间和辅助工作时间，将这两种时间合并称之为工序作业时间。它是产品主要的必须消耗的工作时间，是各种因素的集中反映，决定着整个产品的定额时间。

1．拟定基本工作时间

基本工作时间在必须消耗的工作时间中占的比重最大。在确定基本工作时间时，必须细致、精确。基本工作时间消耗一般应根据计时观察资料来确定。其做法是，首先确定工作过程每一组成部分的工时消耗，然后再综合出工作过程的工时消耗。如果组成部分的产品计量单位和工作过程的产品计量单位不符，就需先求出不同计量单位的换算系数，进行产品计量单位的换算，然后再相加，求得工作过程的工时消耗。

（1）各组成部分与最终产品单位一致时的基本工作时间计算。此时，单位产品基本工作时间就是施工过程各个组成部分作业时间的总和，计算公式为

$$T=\sum_{i=1}^{n} t_i \tag{3.3.1}$$

式中，T_1——单位产品基本工作时间；

T_i——各组成部分的基本工作时间；

n——各组成部分的个数。

（2）各组成部分单位与最终产品单位不一致时的基本工作时间计算。此时，各组成部分基本工作时间应分别乘以相应的换算系数。计算公式为

$$T=\sum_{i=1}^{n} k_i \times t_i \tag{3.3.2}$$

式中，k_i——对应于L的换算系数。

【例3.3.1】砌砖墙勾缝的计量单位是平方米，但若将勾缝作为砌砖墙施工过程的一个组成部分对待，即将勾缝时间按砌墙厚度的砌体体积计算，设每平方米墙面所需的勾缝时间为10min，试求各种不同墙厚每立方米砌体所需的勾缝时间。

解：（1）1砖厚的砖墙，其每立方米砌体墙面面积的换算系数为 $\frac{1}{0.24}=4.17$（m^2）

则每立方米砌体所需的勾缝时间是4.17×10 = 41.7（min）

（2）标准砖规格为240mm×115mm×53mm，灰缝宽10mm，

故一砖半墙的厚度=0. 24+0.115+0.01 = 0.365（m）

一砖半厚的砖墙，其每立方米砌体墙面面积的换算系数为 $\frac{1}{0.365}=2.74$（m^2）

则每立方米砌体所需的勾缝时间是2.74×10 = 27.4（min）

2．拟定辅助工作时间

辅助工作时间的确定方法与基本工作时间相同。如果在计时观察时不能取得足够的资料，也可采用工时规范或经验数据来确定。如具有现行的工时规范，可以直接利用工时规范中规定的辅助工作时间的百分比来计算。举例见表3.3.4。

表 3.3.4　木作工程各类辅助工作时间的百分率参考表

工作项目	占工序作业时间（%）	工作项目	占工序作业时间（%）
磨刨刀	12.3	磨线刨	8.3
磨槽刨	5.9	锉锯	8.2
磨凿子	3.4		

（二）确定规范时间

规范时间内容包括工序作业时间以外的准备与结束时间、不可避免中断时间以及休息时间。

1．确定准备与结束时间

准备与结束工作时间分为工作日和任务两种。任务的准备与结束时间通常不能集中在某一个工作日中，而要采取分摊计算的方法，分摊在单位产品的时间定额里。

如果在计时观察资料中不能取得足够的准备与结束时间的资料，也可根据工时规范或经验数据来确定。

2．确定不可避免的中断时间

在确定不可避免中断时间的定额时，必须注意由工艺特点所引起的不可避免中断才可列入工作过程的时间定额。

不可避免中断时间也需要根据测时资料通过整理分析获得，也可以根据经验数据或工时规范，以占工作日的百分比表示此项工时消耗的时间定额。

3．拟定休息时间

休息时间应根据工作班作息制度、经验资料、计时观察资料，以及对工作的疲劳程度作全面分析来确定。同时，应考虑尽可能利用不可避免中断时间作为休息时间。

规范时间均可利用工时规范或经验数据确定，常用的参考数据可如表3.3.5所示。

表 3.3.5　准备与结束、休息、不可避免中断时间占工作班时间的百分率参考表

序号	时间分类 工种	准备与结束时间占工作时间（%）	休息时间占工作时间（%）	不可避免中断时间占工作时间（%）
1	材料运输及材料加工	2	13～16	2
2	人力土方工程	3	13～16	2
3	架子工程	4	12～15	2
4	砖石工程	6	10～13	4
5	抹灰工程	6	10～13	3
6	手工木作工程	4	7～10	3
7	机械木作工程	3	4～7	3
8	模板工程	5	7～10	3
9	钢筋工程	4	7～10	4

（续表）

序号	时间分类 工种	准备与结束时间占工作时间（%）	休息时间占工作时间（%）	不可避免中断时间占工作时间（%）
10	现浇混凝土工程	6	10～13	3
11	预制混凝土工程	4	10～13	2
12	防水工程	5	25	3
13	油漆玻璃工程	3	4～7	2
14	钢制品制作及安装工程	4	4～7	2
15	机械土方工程	2	4～7	2
16	石方工程	4	13～16	2
17	机械打桩工程	6	10～13	3
18	构件运输及吊装工程	6	10～13	3
19	水暖电气工程	5	7～10	3

（三）拟定定额时间

确定的基本工作时间、辅助工作时间、准备与结束工作时间、不可避免中断时间与休息时间之和，就是劳动定额的时间定额。根据时间定额可计算出产量定额，时间定额和产量定额互成倒数。

利用工时规范，可以计算劳动定额的时间定额。计算公式如下：

$$\text{工序作业时间}=\text{基本工作时间}+\text{辅助工作时间} \tag{3.3.3}$$

$$\text{规范时间}=\text{准备与结束工作时间}+\text{不可避免的中断时间}+\text{休息时间} \tag{3.3.4}$$

$$\begin{aligned}\text{工序作业时间}&=\text{基本工作时间}+\text{辅助工作时间}\\&=\text{基本工作时间}/(1-\text{辅助时间}\%)\end{aligned} \tag{3.3.5}$$

$$\text{工序作业时间}=\frac{\text{工序作业时间}}{1-\text{规范时间}\%} \tag{3.3.6}$$

【例3.3.2】通过计时观察资料得知：人工挖二类土 $1m^3$的基本工作时间为6h，辅助工作时间占工序作业时间的2%。准备与结束工作时间、不可避免的中断时间、休息时间分别占工作日的3%、2%、18%。则该人工挖二类土的时间定额是多少？

解：基本工作时间= 6h=0.75（工日/m^3）

工序作业时间=0.75/(1–2%)=0.765（工日/m^3）

时间定额= 0.765/(1–3%–2%–18%)=0.994（工日/m^3）

三、确定材料定额消耗量的基本方法

（一）材料的分类

合理确定材料消耗定额，必须研究和区分材料在施工过程中的类别。

1．根据材料消耗的性质划分

施工中材料的消耗可分为必需消耗的材料和损失的材料两类性质。

必需消耗的材料，是指在合理用料的条件下，生产合格产品所需消耗的材料。它包括：直接用于建筑和去装工程的材料；不可避免的施工废料；不可避免的材料损耗。

必需消耗的材料属于施工正常消耗，是确定材料消耗定额的基本数据。其中：直接用于建筑和安装工程的材料，编制材料净用量定额；不可避免的施工废料和材料损耗，编制材料损耗定额。

2．根据材料消耗与工程实体的关系划分

施工中的材料可分为实体材料和非实体材料两类。

（1）实体材料，是指直接构成工程实体的材料。它包括工程直接性材料和辅助材料。工程直接性材料主要是指一次性消耗、直接用于工程上构成建筑物或结构本体的材料，如钢筋混凝土柱中的钢筋、水泥、砂、碎石等；辅助性材料主要是指虽也是施工过程中所必需，却并不构成建筑物或结构本体的材料。如土石方爆破工程中所需的炸药、引信、雷管等。主要材料用量大，辅助材料用量少。

（2）非实体材料，是指在施工中必须使用但又不能构成工程实体的施工措施性材料。非实体材料主要是指周转性材料，如模板、脚手架等。

有关非实体材料消耗的计算在第一章中已有所论述，此处主要阐述实体材料消耗的计算。

（二）确定材料消耗置的基本方法

确定实体材料的净用量定额和材料损耗定额的计算数据，是通过现场技术测定、实验室试验、现场统计和理论计算等方法获得的。

（1）现场技术测定法，又称为观测法，是根据对材料消耗过程的测定与观察，通过完成产品数量和材料消耗量的计算，而确定各种材料消耗定额的一种方法。现场技术测定法主要适用于确定材料损耗量，因为该部分数值用统计法或其他方法较难得到。通过现场观察，还可以区别出哪些是可以避免的损耗，哪些是属于难于避免的损耗，明确定额中不应列入可以避免的损耗。

（2）实验室试验法，土要用丁编制材料净用量定额。通过试验，能够对材料的结构、化学成分和物理性能以及按强度等级控制的混凝土、砂浆、沥青、油漆等配比做出科学的结论，给编制材料消耗定额提供出有技术根据的、比较精确的计算数据。但其缺点在于无法估计到施工现场某些因素对材料消耗量的影响。

（3）现场统计法，是以施工现场积累的分部分项工程使用材料数量、完成产品数量、完成工作原材料的剩余数量等统计资料为基础，经过整理分析，获得材料消耗的数据。这种方法由于不能分清材料消耗的性质，因而不能作为确定材料净用量定额和材料损耗定额的依据，只能作为编制定额的辅助性方法使用。

上述三种方法的选择必须符合国家有关标准规范，即材料的产品标准，计量要使用标准容器和称量设备，质量符合施工验收规范要求，以保证获得可靠的定额编制依据。

（4）理论计算法，是运用一定的数学公式计算材料消耗定额。

1）标准砖用量的计算。

如每立方米砖墙的用砖数和砌筑砂浆的用量，可用下列理论计算公式计算各自的净用量：

用砖数：

$$A=\frac{1}{\text{墙厚}\times(\text{砖长}+\text{灰缝})\times(\text{砖厚}+\text{灰缝})}\times k \tag{3.3.7}$$

砂浆用量：

$$B=1-\text{砖数}\times\text{砖块体积} \tag{3.3.8}$$

【例3.3.3】计算lm^{3}标准砖一砖外墙砌体砖数和砂浆的净用量。

解：

$$\text{砖净用量}=\frac{1}{0.24\times(0.24+0.01)\times(0.053+0.01)}\times1\times2=529(\text{块})$$

砂浆净用量= 1–529×(0.24×0.115×0.053)=0.226(m^3)

材料的损耗一般以损耗率表示。材料损耗率可以通过观察法或统计法确定。材料损耗率及材料损耗量的计算通常采用以下公式：

$$损耗率=\frac{损耗量}{净用量}\times 100\% \quad (3.3.9)$$

$$总损耗量=净用量+损耗量=净用量\times(1+损耗率) \quad (3.3.10)$$

2）块料面层的材料用量计算。

每100m^2面层块料数量、灰缝及结合层材料用量公式如下：

$$100m^2块料净用量=\frac{100}{(块料长+灰缝宽)\times(块料宽+灰缝宽)}(块) \quad (3.3.11)$$

$$100m^2灰缝材料净用量=[100-(块料长\times块料宽\times100m^2块料用量)]\times灰缝深 \quad (3.3.12)$$

$$结合层材料用量=100m^2\times结合层厚度 \quad (3.3.13)$$

【例3.3.4】用1∶1水泥砂浆贴150mm×150mm×5mm瓷砖墙面，结合层厚度为10mm，试计算每100m^2瓷砖墙面中瓷砖和砂浆的消耗量（灰缝宽为2mm）。假设瓷砖损耗率为1.5%，砂浆损耗率为1%。

解：$每100m^2瓷砖墙面中瓷砖的净用量=\frac{100}{(0.15+0.002)\times(0.15+0.002)}=4328.25$（块）

每100m^2瓷砖墙面中瓷砖的总消耗量=4328.25×(1+1.5%)=4393.17（块）

每100m^2瓷砖墙面中结合层砂浆净用量=100×0.01=1（m^3）

每100m^2瓷砖墙面中灰缝砂浆净用量=[100–(4328.25×0.15×0.15)]×0.005=0.013（m^3）

每100m^2瓷砖墙面中水泥砂浆总消耗量=(1+0.013)×(1 + 1%)=1.02（m^3）

四、确定机械台班定额消耗量的基本方法

（一）确定机械 lh 纯工作正常生产率

机械纯工作时间，就是指机械的必需消耗时间。机械lh纯工作正常生产率，就是在正常施工组织条件下，具有必需的知识和技能的技术工人操纵机械lh的生产率。

根据机械工作特点的不同，机械lh纯工作正常生产率的确定方法，也有所不同。

（1）对于循环动作机械，确定机械纯工作 1h 正常生产率的计算公式如下：

$$机械一次循环的正常延续时间=\sum(循环各组成部分正常延续时间)-交叠时间$$

$$机械纯工作1h循环次数=\frac{60\times60(s)}{一次循环的正常延续时间}$$

$$机械纯工作1h正常生产率=机械纯正工作1h正常循环次数\times一次循环生产的产品数量$$

（2）对于连续动作机械，确定机械纯工作 lh 正常生产率要根据机械的类型和结构特征，以及工作过程的特点来进行。计算公式如下：

$$边疆动作机械纯正工作1h正常生产率=\frac{工作时间内生产的产品数量}{工作时间(h)} \quad (3.3.17)$$

工作时间内的产品数量和工作时间的消耗，要通过多次现场观察和机械说明书来取得数据。

（二）确定施工机械的正常利用系数

确定施工机械的正常利用系数，是指机械在工作班内对工作时间的利用率。机械的利用系数和

机械在工作班内的工作状况有着密切的关系。所以，要确定机械的正常利用系数。首先要拟定机械工作班的正常工作状况，保证合理利用工时。机械正常利用系数的计算公式如下：

$$机械正常利用系数=\frac{机械在一个工作班内纯工作时间}{一个工作班延续时间(8h)} \tag{3.3.18}$$

（三）计算施工机械台班定额

计算施工机械定额是编制机械定额工作的最后一步。在确定了机械工作正常条件、机械 lh纯工作正常生产率和机械正常利用系数之后，采用下列公式计算施工机械的产量定额：

$$施工机械台班产量定额=机械1h纯工作正常生产率\times工作班纯工作时间 \tag{3.3.19}$$

或

$$施工机械台班产量定额=机械1h纯工作正常生产率\times工作班纯工作时间\times机械正常利用系数 \tag{3.3.20}$$

$$施工机械时间定额=\frac{1}{机械台班产量定额指标} \tag{3.3.21}$$

【例3.3.5】某工程现场采用出料容量500L的混凝土搅拌机，每一次循环中，装料、搅拌、卸料、中断需要的时间分别为lmin、3min、lmin、lmin，机械正常利用系数为0.9，求该机械的台班产量定额。

解：该搅拌机一次循环的正常延续时间=1+3+1+1=6（min）=0.1（h）

该搅拌机纯工作lh循环次数=10（次）

该搅拌机纯工作lh正常生产率=10×500=5000（L）=5（m^3）

该搅拌机台班产量定额=5×8×0.9=36（m^3/台班）

第四节　建筑安装工程人工、材料及机械台班单价

一、人工日工资单价的组成和确定方法

人工日工资单价是指施工企业平均技术熟练程度的生产工人在每工作日（国家法定工作时间内）按规定从事施工作业应得的日工资总额。合理确定人工工日单价是正确计算人工费和工程造价的前提和基础。

（一）人工日工资单价组成内容

人工日工资单价由计时工资或计件工资、奖金、津贴补贴以及特殊情况下支付的工资组成。

(1) 计时工资或计件工资。是指按计时工资标准和工作时间或对已做工作按计件单价支付给个人的劳动报酬。

(2) 奖金。是指对超额劳动和增收节支支付给个人的劳动报酬。如节约奖、劳动竞赛奖等。

(3) 津贴补贴。是指为了补偿职工特殊或额外的劳动消耗和因其他原因支付给个人的津贴，以及为了保证职工工资水平不受物价影响支付给个人的物价补贴。如流动施工津贴、特殊地区施工津贴、高温（寒）作业临时津贴、高空津贴等。

(4) 特殊情况下支付的工资。是指根据国家法律、法规和政策规定，因病、工伤、产假、计划生育假、婚丧假、事假、探亲假、定期休假、停工学习、执行国家或社会义务等原因按计时工资标准或计时工资标准的一定比例支付的工资。

（二）人工日工资单价确定方法

（1）年平均每月法定工作日。由于人工日工资单价是每一个法定工作日的工资总额，因此需要对年平均每月法定工作日进行计算。计算公式如下：

$$\text{年平均每月法定工作日}=\frac{\text{全年日历日}-\text{法定假日}}{12} \quad (3.4.1)$$

公式（3.4.1）中，法定假日指双休日和法定节日。

（2）日工资单价的计算。确定了年平均每月法定工作日后，将上述工资总额进行分摊，即形成了人工日工资单价。计算公式如下：

$$\text{日工资单价}=\frac{\text{生产工人平均月工资}+\text{平均月(奖金}+\text{津贴补贴}+\text{特殊情况下支付的工资)}}{\text{年平均每月法定工作日}} \quad (3.4.2)$$

（3）日工资单价的管理。虽然施工企业投标报价时可以自主确定人工费，但由于人工日工资单价在我国具有一定的政策性，因此工程造价管理机构也需要确定人工日工资单价。工程造价管理机构确定日工资单价应通过市场调查、根据工程项目的技术要求，参考实物工程量人工单价综合分析确定，发布的最低日工资单价不得低于工程所在地人力资源和社会保障部门所发布的最低工资标准的：普工1.3倍、一般技工2倍、高级技工3倍。

（三）影响人工日工资单价的因素

影响人工日工资单价的因素很多，归纳起来有以下方面：

（1）社会平均工资水平。建筑安装工人人工日工资单价必然和社会平均工资水平趋同。社会平均工资水平取决于经济发展水平。由于经济的增长，社会平均工资也会增长，从而影响人工日工资单价的提高。

（2）生活消费指数。生活消费指数的提高会影响人工日工资单价的提高，以减少生活水平的下降，或维持原来的生活水平。生活消费指数的变动决定于物价的变动，尤其决定于生活消费品物价的变动。

（3）人工日工资单价的组成内容。“关于印发《建筑安装工程费用项目组成》的通知”（建标〔2013〕44号）将职工福利费和劳动保护费从人工日工资单价中删除，这也必然影响人工日工资单价的变化。

（4）劳动力市场供需变化。劳动力市场如果需求大于供给，人工日工资单价就会提高；供给大于需求，市场竞争激烈，人工日工资单价就会下降。

（5）政府推行的社会保障和福利政策也会影响人工日工资单价的变动。

二、材料单价的组成和确定方法

在建筑工程中，材料费占总造价的60%～70%，在金属结构工程中其所占比重还要大，是直接工程费的主要组成部分。因此，合理确定材料价格构成，正确计算材料单价，有利于合理确定和有效控制工程造价。

（一）材料单价的构成和分类

1．材料单价的构成

材料单价是指材料（包括构件、成品及半成品等）从其来源地（或交货地点、供应者仓库提货地点）到达施工工地仓库（施工地点内存放材料的地点）后出库的综合平均价格。材料单价一般由材料原价（或供应价格）、材料运杂费、运输损耗费、采购及保管费组成。此外在计价时，材料费中还应包括单独列项计算的检验试验费。

$$材料费=\sum(材料消耗量\times材料单价)+检验试验费 \quad (3.4.3)$$

2．材料单价分类

材料单价按适用范围划分，有地区材料单价和某项工程使用的材料单价。地区材料价格是按地区（城市或建设区域）编制的，供该地区所有工程使用；某项工程（一般指大中型重点工程）使用的材料单价，是以一个工程为编制对象，专供该工程项目使用的。

地区材料单价与某项工程使用的材料单价的编制原理和方法是一致的，只是在材料来源地、运输数量权数等具体数据上有所不同。

（二）材料单价的编制依据和确定方法

材料单价是由材料原价（或供应价格）、材料运杂费、运输损耗费以及采购保管费合计而成的。

1．材料原价（或供应价格）

材料原价是指国内采购材料的出厂价格，国外采购材料抵达买方边境、港口或车站并交纳完各种手续费、税费后形成的价格。在确定原价时，凡同一种材料因来源地、交货地、供货单位、生产厂家不同，而有几种价格（原价）时，根据不同来源地供货数量比例，采取加权平均的方法确定其综合原价。计算公式如下：

$$加权平均原价=\frac{K_1C_1+K_2C_2+\cdots+K_nC_n}{K_1+K_2+\cdots+K_n} \quad (3.4.4)$$

式中，K_1，K_2，…，K_n——各不同供应地点的供应量或各不同使用地点的需要量；

C_1，C_2，…，C_n——各不同供应地点的原价。

2．材料运杂费

材料运杂费是指国内采购材料自来源地、国外采购材料自到岸港运至工地仓库或指定堆放地点发生的费用。含外埠中转运输过程中所发生的一切费用和过境过桥费用，包括调车和驳船费、装卸费、运输费及附加工作费等。

同一品种的材料有若干个来源地，应采用加权平均的方法计算材料运杂费。计算公式如下：

$$加权平均运杂费=\frac{K_1T_1+K_2T_2+\cdots+K_nT_n}{K_1+K_2+\cdots+K_n} \quad (3.4.5)$$

式中，K_1，K_2，…，K_n——各不同供应点的供应量或各不同使用地点的需求量；

T_1，T_2，…，T_n——各不同运距的运费。

3．运输损耗

在材料的运输中应考虑一定的场外运输损耗费用。这是指材料在运输装卸过程中不可避免的损耗。运输损耗的计算公式如下：

$$运输损耗=(材料原价+运杂费)\times相应材料损耗率 \quad (3.4.6)$$

4．采购及保管费

采购及保管费是指组织材料采购、检验、供应和保管过程中发生的费用，包含：采购费、仓储费、工地管理费和仓储损耗。

采购及保管费一般按照材料到库价格以费率取定。材料采购及保管费计算公式如下：

$$采购及保管费=材料运到工地仓库价格\times采购及保管费率(\%) \quad (3.4.7)$$

$$或采购及保管费=(材料原价+运杂费+运输损耗费)\times采购及保管费率(\%) \quad (3.4.8)$$

综上所述，材料单价的一般计算公式为

$$材料单价=[(供应价格+运杂费)\times(1+运输损耗率(\%)] \times [1+采购及保管费率(\%)] \quad (3.4.9)$$

由于我国幅员广阔，建筑材料产地与使用地点的距离各地差异很大，建筑材料采购、保管、运输方式也不尽相同，因此材料单价原则上按地区范围编制。

【例3. 4.1】某工地水泥从两个地方采购，其采购量及有关费用如下表所示，求该工地水泥的基价。

采购处	采购量（t）	原价（元/t）	运杂费（元/t）	运输损耗率（%）	采购及保管费费率（%）
来源一	300	240	20	0.5	3
来源二	200	250	15	0.4	

解：加权平均原价= $\dfrac{300\times240+200\times250}{300+200}$ =244（元/t）

加权平均运杂费= $\dfrac{300\times20+200\times15}{300+200}$ =18（元/t）

来源一的运输损耗费=(240+20)×0.5% = 1.3（元/t）

来源二的运输损耗费=(250+15)×0.4% = 1.06（元/t）

加权平均运输损耗费= $\dfrac{300\times1.3+200\times1.06}{300+200}$ = 0.204（元/t）

水泥基价=(244+18+1.204)×(1+3%)= 271.1（元/t）

（三）影响材料单价变动的因素

（1）市场供需变化。材料原价是材料单价中最基本的组成。市场供大于求价格就会下降；反之，价格就会上升。从而也就会影响材料单价的涨落。

（2）材料生产成本的变动直接影响材料单价的波动。

（3）流通环节的多少和材料供应体制也会影响材料单价。

（4）运输距离和运输方法的改变会影响材料运输费用的增减，从而也会影响材料单价。

（5）国际市场行情会对进口材料单价产生影响。

三、施工机械台班单价的组成和确定方法

施工机械使用费是根据施工中耗用的机械台班数量和机械台班单价确定的。施工机械台班耗用量按有关定额规定计算；施工机械台班单价是指一台施工机械，在正常运转条件下一个工作班中所发生的全部费用，每台班按8小时工作制计算。正确制定施工机械台班单价是合理确定和控制工程造价的重要方面。

根据《2001年全国统一施工机械台班费用编制规则》的规定，施工机械台班单价由七项费用组成，包括折旧费、大修理费、经常修理费、安拆费及场外运费、人工费、燃料动力费、其他费用等。

（一）折旧费的组成及确定

折旧费是指施工机械在规定使用期限内，陆续收回其原值及购置资金的时间价值。计算公式如下

$$台班折旧费=\frac{机械预算价格\times(1-残值率)\times时间价值系数}{耐用总台班} \quad (3.4.10)$$

1．机械预算价格

（1）国产机械的预算价格。国产机械预算价格按照机械原值、供销部门手续费和一次运杂费以及车辆购置税之和计算。

1）机械原值。国产机械原值应按下列途径询价、采集：①编制期施工企业已购进施工机械的成交价格；②编制期国内施工机械展销会发布的参考价格；③编制期施工机械生产厂、经销商的销售价格。

2）供销部门手续费和一次运杂费可按机械原值的5%计算。

3）车辆购置税的计算。车辆购置税应按下列公式计算：

$$车辆购置税=计税价格\times车辆购置税率(\%) \tag{3. 4.11}$$

其中，计税价格=机械原值+供销部分手续费和一次运杂费−增值税

车辆购置税应执行编制期间国家有关规定。

（2）进口机械的预算价格。进口机械的预算价格按照机械原值、关税、增值税、消费税、外贸手续费和国内运杂费、财务费、车辆购置税之和计算。

1）进口机械的机械原值按其到岸价格取定。

2）关税、增值税、消费税及财务费应执行编制期国家有关规定，并参照实际发生的费用计算。

3）外贸部门手续费和国内一次运杂费应按到岸价格的6.5%计算。

4）车辆购置税的计税价格是到岸价格、关税和消费税之和。

2．残值率

残值率是指机械报废时回收的残值占机械原值的百分比。残值率按目前有关规定执行：运输机械2%，掘进机械5%，特大型机械3%，中小型机械4%。

3．时间价值系数

时间价值系数指购置施工机械的资金在施工生产过程中随着时间的推移而产生的单位增值。其计算公式如下：

$$时间价值系数=1+\frac{(折旧年限+1)}{2}\times年折旧率(\%) \tag{3.4.12}$$

其中，年折现率应按编制期银行年贷款利率确定。

4．耐用总台班

耐用总台班指施工机械从开始投入使用至报废前使用的总台班数，应按施工机械的技术指标及寿命期等相关参数确定。

机械耐用总台班的计算公式为

$$耐用总台班=折旧年限\times年工作台班=大修理间隔台班\times大修理周期 \tag{3.4.13}$$

大修理次数的计算公式为

$$大修理次数=耐用总台班\div大修理间隔台班-1\ =大修理周期-1 \tag{3.4.14}$$

年工作台班是根据有关部门对各类主要机械最近3年的统计资料分析确定。

大修理间隔台班是指机械自投入使用起至第一次大修理止或自上一次大修理后投入使用起至下一次大修理止，应达到的使用台班数。

大修理周期是指机械正常的施工作业条件下，将其寿命期（即耐用总台班）按规定的大修理次数划分为若干个周期。其计算公式为

$$大修理周期=寿命期大修理次数+1 \tag{3.4.15}$$

（二）大修理费的组成及确定

大修理费是指机械设备按规定的修理间隔台班进行必要的大修理，以恢复机械正常功能所需的费用。台班大修理费是机械使用期限内全部大修理费之和在台班费用中的分摊额，取决于一次大修理费用、大修理次数和耐用总台班的数量。其计算公式为

$$台班大修理费=\frac{一次大修理费\times 寿命期内大修理次数}{耐用总台班} \tag{3.4.16}$$

（1）一次大修理费指施工机械一次大修理发生的工时费、配件费、辅料费、油燃料费及送修运杂费。

一次大修理费应以《全国统一施工机械保养修理技术经济定额》为基础，结合编制期市场价格综合确定。

（2）寿命期大修理次数指施工机械在其寿命期（耐用总台班）内规定的大修理次数应参照《全国统一施工机械保养修理技术经济定额》确定。

（三）经常修理费的组成及确定

指施工机械除大修理以外的各级保养和临时故障排除所需的费用。包括为保障机械正常运转所需替换与随机配备工具附具的摊销和维护费用，机械运转及日常保养所需润滑与擦拭的材料费用及机械停滞期间的维护和保养费用等。各项费用分摊到台班中，即为台班经常修理费。计算公式为

$$台班经常修理费=\frac{\Sigma(各级保养一次费用\times 寿命期各级保养总次数)+临时故障排除费}{耐用总台班}$$

$$+替换设备和工具附具台班摊销费+例保辅料费 \tag{3.4.17}$$

当台班经常修理费计算公式中各项数值难以确定时，也可按下式计算：

$$台班经常修理费=台班大修理费\times K \tag{3.4.18}$$

式中，K——台班经常修理费系数。

（1）各级保养一次费用。分别指机械在各个使用周期内为保证机械处于完好状况，必须按规定的各级保养间隔周期，保养范围和内容进行的一、二、三级保养或定期保养所消耗的工时、配件、辅料、油燃料等费用。应以《全国统一施工机械保养修理技术经济定额》为基础，结合编制期市场价格综合确定。

（2）寿命期各级保养总次数。分别指一、二、三级保养或定期保养在寿命期内各个使用周期中保养次数之和，应按照《全国统一施工机械保养修理技术经济定额》确定。

（3）临时故障排除费。指机械除规定的大修理及各级保养以外，临时故障所需费用以及机械在工作日以外的保养维护所需润滑擦拭材料费，可按各级保养（不包括例保辅料费）费用之和的3%计算。

（4）替换设备及工具附具台班摊销费。指轮胎、电缆、蓄电池、运输皮带、钢丝绳、胶皮管、履带板等消耗性设备和按规定随机配备的全套工具附具的台班摊销费用。

（5）例保辅料费。即机械日常保养所需润滑擦拭材料的费用。替换设备及工具附具台班摊销费、例保辅料费的计算应以《全国统一施工机械保养修理技术经济定额》为基础，结合编制期市场价格综合确定。

（四）安拆费及场外运费的组成和确定

安拆费指施工机械在现场进行安装与拆卸所需的人工、材料、机械和试运转费用以及机械辅助

设施的折旧、搭设、拆除等费用；场外运费指施工机械整体或分体自停放地点运至施工现场或由一施工地点运至另一施工地点的运输、装卸、辅助材料及架线等费用。

安拆费及场外运费根据施工机械不同分为计入台班单价、单独计算和不计算三种类型。

（1）工地间移动较为频繁的小型机械及部分中型机械，其安拆费及场外运费应计入台班单价。台班安拆费及场外运费应按下列公式计算：

$$台班安拆费及场外运费=\frac{一次安拆费及场外运费\times年平均安拆次数}{年工作台班} \quad (3.4.19)$$

1）一次安拆费应包括施工现场机械安装和拆卸一次所需的人工费、材料费、机械费及试运转费。

2）一次场外运费应包括运输、装卸、辅助材料和架线等备用。

3）年平均安拆次数应以《全国统一施工机械保养修理技术经济定额》为基础，由各地区（部门）结合具体情况确定。

4）运输距离均应按25km计算。

（2）移动有一定难度的特、大型（包括少数中型）机械，其安拆费及场外运费应单独计算。

单独计算的安拆费及场外运费除应计算安拆费、场外运费外，还应计算辅助设施（包括基础、底座、固定锚桩、行走轨道枕木等）的折旧、搭设和拆除等费用。

（3）不需安装、拆卸且自身又能开行的机械和固定在车间不需安装、拆卸及运输的机械，其安拆费及场外运费不计算。

（4）自升式塔式起重机安装、拆卸费用的超高起点及其增加费，各地区（部门）可根据具体情况确定。

（五）人工费的组成及确定

人工费指机上司机（司炉）和其他操作人员的工作日人工费及上述人员在施工机械规定的年工作台班以外的人工费。按下列公式计算：

$$台班人工数=人工消耗量\times(1+\frac{年制度工作日-年工作台班}{年工作台班})\times人工日工资单价 \quad (3.4.20)$$

（1）人工消耗量指机上司机（司炉）和其他操作人员工日消耗量。

（2）年制度工作日应执行编制期国家有关规定。

（3）人工日工资单价应执行编制期工程造价管理部门的有关规定。

【例3.4.2】某载重汽车配司机1人，当年制度工作日为250天，年工作台班为230 台班，人工日工资单价为50元。求该载重汽车的台班人工费为多少？

解：$台班人工费=1\times(1+\frac{250-230}{230})\times50=54.35$（元/台班）

（六）燃料动力费的组成和确定

燃料动力费是指施工机械在运转作业中所耗用的固体燃料（煤、木柴）、液体燃料（汽油、柴油）及水、电等费用。计算公式如下：

$$台班燃料动力费=台班燃料动力消耗量\times相应单价 \quad (3.4.21)$$

（1）燃料动力消耗量应根据施工机械技术指标及实测资料综合确定。可采用下列公式：

$$台班燃料动力消耗量=(实测数\times4+定额平均值+调查平均值)\div6 \quad (3.4.22)$$

（2）燃料动力单价应执行编制期工程造价管理部门的有关规定。

（七）其他费用的组成和确定

其他费用是指按照国家和有关部门规定应交纳的养路费、车船使用税、保险费及年检费用等。其计算公式为

$$台班其他费用=\frac{年养路费+年车船使用费+年保险费+年检费用}{年工作台班} \quad (3.4.23)$$

（1）年养路费、年车船使用税、年检费用应执行编制期有关部门的规定。

（2）年保险费执行编制期有关部门强制性保险的规定，非强制性保险不应计算在内。

第五节　工程计价定额

工程计价定额是指工程定额中直接用于工程计价的定额或指标，包括预算定额、概算定额和估算指标等。工程计价定额主要用来在建设项目的不同阶段作为确定和计算工程造价的依据。

一、预算定额及其基价编制

（一）预算定额的概念与用途

1．预算定额的概念

预算定额，是在正常的施工条件下，完成一定计量单位合格分项工程和结构构件所需，消耗的人工、材料、机械台班数量及相应费用标准。预算定额是工程建设中的一项重要的技术经济文件，是编制施工图预算的主要依据，是确定和控制工程造价的基础。

2．预算定额的用途和作用

（1）预算定额是编制施工图预算、确定建筑安装工程造价的基础。施工图设计一经确定，工程预算造价就取决于预算定额水平和人工、材料及机械台班的价格。预算定额起着控制劳动消耗、材料消耗和机械台班使用的作用，进而起着控制建筑产品价格的作用。

（2）预算定额是编制施工组织设计的依据。施工组织设计的重要任务之一，是确定施工中所需人力、物力的供求量，并做出最佳安排。施工单位在缺乏本企业的施工定额的情况下，根据预算定额，亦能够比较精确地计算出施工中各项资源的需要量，为有计划地组织材料采购和预制件加工、劳动力和施工机械的调配，提供了可靠的计算依据。

（3）预算定额是工程结算的依据。工程结算是建设单位和施工单位按照工程进度对已完成的分部分项工程实现货币支付的行为。按进度支付工程款，需要根据预算定额将已完分项工程的造价算出。单位工程验收后，再按竣工工程量、预算定额和施工合同规定进行结算，以保证建设单位建设资金的合理使用和施工单位的经济收入。

（4）预算定额是施工单位进行经济活动分析的依据。预算定额规定的物化劳动和劳动消耗指标是施工单位在生产经营中允许消耗的最高标准。施工单位必须以预算定额作为评价企业工作的重要标准，作为努力实现的目标。施工单位可根据预算定额对施工中的劳动、材料、机械的消耗情况进行具体的分析，以便找出并克服低功效、高消耗的薄弱环节，提高竞争能力。只有在施工中尽量降低劳动消耗，采用新技术、提高劳动者素质，提高劳动生产率，才能取得较好的经济效益。

（5）预算定额是编制概算定额的基础。概算定额是在预算定额基础上综合扩大编制的。利用预算定额作为编制依据，不但可以节省编制工作的大量人力、物力和时间，收到事半功倍的效果，还

可以使概算定额在水平上与预算定额保持一致，以免造成执行中的不一致。

（6）预算定额是合理编制招标控制价、投标报价的基础。在深化改革中，预算定额的指令性作用将日益削弱，而施工单位按照工程个别成本报价的指导性作用仍然存在，因此预算定额作为编制招标控制价的依据和施工企业报价的基础性作用仍将存在，这也是由预算定额本身的科学性和指导性决定的。

（二）预算定额的编制原则、依据和步骤

1．预算定额的编制原则

为保证预算定额的质量，充分发挥预算定额的作用，实际使用简便，在编制工作中应遵循以下原则：

（1）按社会平均水平确定预算定额的原则。预算定额是确定和控制建筑安装工程造价的主要依据。因此，它必须遵照价值规律的客观要求，即按生产过程中所消耗的社会必要劳动时间确定定额水平。所以预算定额的平均水平，是在正常的施工条件下，合理的施工组织和工艺条件下，平均劳动熟练程度和劳动强度下，完成单位分项工程基本构造要素所需要的劳动时间。

（2）简明适用的原则。简明适用一是指在编制预算定额时，对于那些主要的，常用的、价值量大的项目，分项工程划分宜细；次要的、不常用的、价值量相对较小的项目则可以粗一些。二是指预算定额要项目齐全。要注意补充那些因采用新技术、新结构、新材料而出现的新的定额项目。如果项目不全，缺项多，就会使计价工作缺少充足的可靠的依据。三是要求合理确定预算定额的计算单位，简化工程量的计算，尽可能地避免同一种材料用不同的计量单位和一量多用，尽量减少定额附注和换算系数。

2．预算定额的编制依据

（1）现行劳动定额和施工定额。预算定额是在现行劳动定额和施工定额的基础上编制的。预算定额中人工、材料、机械台班消耗水平，需要根据劳动定额或施工定额取定；预算定的计量单位的选择，也要以施工定额为参考，从而保证两者的协调和可比性，减轻预算定额的编制工作量，缩短编制时间。

（2）现行设计规范、施工及验收规范，质量评定标准和安全操作规程。

（3）具有代表性的典型工程施工图及有关标准图。对这些图纸进行仔细分析研究，并计算出工程数量，作为编制定额时选择施工方法确定定额含量的依据。

（4）新技术、新结构、新材料和先进的施工方法等。这类资料是调整定额水平和增加新的定额项目所必需的依据。

（5）有关科学实验、技术测定和统计、经验资料。这类工程是确定定额水平的重要依据。

（6）现行的预算定额、材料预算价格及有关文件规定等。包括过去定额编制过程中积累的基础资料，也是编制预算定额的依据和参考。

3．预算定额的编制程序及要求

预算定额的编制，大致可以分为准备工作，搜集资料，编制定额，报批和修改定稿五个阶段。各阶段工作相互有交叉，有些工作还有多次反复。其中，预算定额编制阶段的主要工作有如下几点。

（1）确定编制细则。主要包括：统一编制表格及编制方法；统一计算口径、计量单位和小数点位数的要求；有关统一性规定，名称统一，用字统一，专业用语统一，符号代码统一，简化字要规范，文字要简练明确。

预算定额与施工定额计量单位往往不同。施工定额的计量单位一般按照工序或施工过程确定；

而预算定额的计量单位主要是根据分部分项工程和结构构件的形体特征及其变化确定。由于工作内容综合，预算定额的计量单位亦具有综合的性质。工程量计算规则的规定应确切反映定额项目所包含的工作内容。预算定额的计量单位关系到预算工作的繁简和准确性。因此，要正确地确定各分部分项工程的计量单位。一般依据建筑结构构件形状的特点确定。

（2）确定定额的项目划分和工程量计算规则。计算工程数量，是为了通过计算出典型设计图纸所包括的施工过程的工程量，以便在编制预算定额时，有可能利用施工定额的人工、材料和机械台班消耗指标确定预算定额所含工序的消耗量。

（3）定额人工、材料、机械台班耗用量的计算、复核和测算。

（三）预算定额消耗量的编制方法

确定预算定额人工、材料、机械台班消耗指标时，必须先按施工定额的分项逐项计算出消耗指标，然后，再按预算定额的项目加以综合。但是，这种综合不是简单的合并和相加，而需要在综合过程中增加两种定额之间的适当的水平差。预算定额的水平，首先取决于这些消耗量的合理确定。

人工、材料和机械台班消耗量指标，应根据定额编制原则和要求，采用理论与实际相结合、图纸计算与施工现场测算相结合、编制人员与现场工作人员相结合等方法进行计算和确定，使定额既符合政策要求，又与客观情况一致，便于贯彻执行。

1. 预算定额中人工工日消耗量的计算

人工的工日数可以有两种确定方法。一种是以劳动定额为基础确定；另一种是以现场观察测定资料为基础计算，主要用于遇到劳动定额缺项时，采用现场工作日写实等测时方法测定和计算定额的人工耗用量。

预算定额中人工工日消耗量是指在正常施工条件下，生产单位合格产品所必需消耗的人工工日数量，是由分项工程所综合的各个工序劳动定额包括的基本用工、其他用工两部分组成的。

（1）基本用工。基本用工指完成一定计量单位的分项工程或结构构件的各项工作过程的施工任务所必需消耗的技术工种用工。按技术工种相应劳动定额工时定额计算，以不同工种列出定额工日。基本用工包括：

1）完成定额计量单位的主要用工。按综合取定的工程量和相应劳动定额进行计算。计算公式如下：

$$\text{基本用工}=\sum(\text{综合取定的工程量}\times\text{劳动定额}) \tag{3.5.1}$$

例如，工程实际中的砖基础，有1砖厚，1砖半厚，2砖厚等之分，用工各不相同，在预算定额中由于不区分厚度，需要按照统计的比例，加权平均得出综合的人工消耗。

2）按劳动定额规定应增（减）计算的用工量。例如，在砖墙项目中，分项工程的工作内容包括了附墙烟囱孔、垃圾道、壁橱等零星组合部分的内容，其人工消耗量相应增加附加人工消耗。由于预算定额是在施工定额子目的基础上综合扩大的，包括的工作内容较多，施工的工效视具体部位而不一样，所以需要另外增加人工消耗，而这种人工消耗也可以列入基本用工内。

（2）其他用工。其他用工是辅助基本用工消耗的工日，包括超运距用工、辅助用工和人工幅度差用工。

1）超运距用工。超运距是指劳动定额中已包括的材料、半成品场内水平搬运距离与预算定额所考虑的现场材料、半成品堆放地点到操作地点的水平运输距离之差。计算公式如下：

$$\text{超运距}=\text{预算定额取定运距}-\text{劳动定额已包括的运距} \tag{3.5.2}$$

$$\text{超运距用工}=\sum(\text{超运距材料数量}\times\text{时间定额}) \tag{3.5.3}$$

需要指出，实际工程现场运距超过预算定额取定运距时，可另行计算现场二次搬运费。

2）辅助用工。指技术工种劳动定额内不包括而在预算定额内又必须考虑的用工。例如，机械土方工程配合用工、材料加工（筛砂、洗石、淋化石膏），电焊点火用工等。计算公式如下：

辅助用工=∑(材料加工数量×相应的加工劳动定额)　　(3.5.4)

3）人工幅度差。即预算定额与劳动定额的差额，主要是指在劳动定额中未包括而在正常施工情况下不可避免但又很难准确计量的用工和各种工时损失。内容包括：①各工种间的工序搭接及交叉作业相互配合或影响所发生的停歇用工；②施工机械在单位工程之间转移及临时水电线路移动所造成的停工；③质量检查和隐蔽工程验收工作的影响；④班组操作地点转移用工；⑤工序交接时对前一工序不可避免的修整用工；⑥施工中不可避免的其他零星用工。

人工幅度差计算公式如下：

人工幅度差=（基本用工+辅助用工+超运距用工）×人工幅度差系数　　(3.5.5)

人工幅度差系数一般为10%～15%。在预算定额中，人工幅度差的用工量列入其他用工量中。

2．预算定额中材料消耗量的计算

材料消耗量计算方法主要有：

（1）凡有标准规格的材料，按规范要求计算定额计量单位的耗用量，如砖、防水卷材、块料面层等。

（2）凡设计图纸标注尺寸及下料要求的按设计图纸尺寸计算材料净用量，如门窗制作用材料、方、板料等。

（3）换算法。各种胶结、涂料等材料的配合比用料，可以根据要求条件换算，得出材料用量。

（4）测定法。包括实验室试验法和现场观察法。指各种强度等级的混凝土及砌筑砂浆配合比的耗用原材料数量的计算，须按照规范要求试配，经过试压合格以后并经过必要的调整后得出的水泥、砂子、石子、水的用量。对新材料、新结构又不能用其他方法计算定额消耗用量时，须用现场测定方法来确定，根据不同条件可以采用写实记录法和观察法，得出定额的消耗量。

材料损耗量，指在正常条件下不可避免的材料损耗，如现场内材料运输及施工操作过程中的损耗等。其关系式如下：

材料损耗率=损耗量/净用量×100%　　(3.5.6)

材料损耗量=材料净用量×损耗率(%)　　(3.5.7)

材料消耗量=材料净用量+损耗量　　(3.5.8)

或

材料消耗量=材料净用量×［1+损耗率(%)］　　(3.5.9)

3．预算定额中机械台班消耗量的计算

预算定额中的机械台班消耗量是指在正常施工条件下，生产单位合格产品（分部分项工程或结构构件）必须消耗的某种型号施工机械的台班数量。

（1）根据施工定额确定机械台班消耗量的计算。这种方法是指用施工定额中机械台班产量加机械幅度差计算预算定额的机械台班消耗量。

机械台班幅度差是指在施工定额中所规定的范围内没有包括，而在实际施工中又不可避免产生的影响机械或使机械停歇的时间。其内容包括：

1）施工机械转移工作面及配套机械相互影响损失的时间。

2）在正常施工条件下，机械在施工中不可避免的工序间歇。

3）工程开工或收尾时因工作量不饱满所损失的时间。

4）检查工程质量影响机械操作的时间。

5）临时停机、停电影响机械操作的时间。

6）机械维修引起的停歇时间。

大型机械幅度差系数为：土方机械25%，打桩机械33%，吊装机械30%。砂浆、混凝土搅拌机由于按小组配用，以小组产量计算机械台班产量，不另增加机械幅度差。其他分部工程中如钢筋加工、木材、水磨石等各项专用机械的幅度差为10%。

综上所述，预算定额的机械台班消耗量按下式计算：

预算定额机械耗用台班=施工定额机械耗用台班×（1+机械幅度差系数） （3.5.10）

【例3. 5.1】已知某挖土机挖土，一次正常循环工作时间是40s，每次循环平均挖土量0.3m^3，机械正常利用系数为0.8，机械幅度差为25%。求该机械挖土方1000m^{3}的预算定额机械耗用台班量。

解：机械纯工作lh循环次数=3600/40 = 90（次/台时）

机械纯工作lh正常生产率= 90×0.3 = 27（m^3/台班）

施工机械台班产量定额= 27×8×0.8=172.8（m^3/台班）

施工机械台班时间定额= 1/172.8=0. 00579（台班/m^3）

预算定额机械耗用台班=0.00579×（1+25%）=0.00723（台班/m^3）

挖土方1000m^{3}的预算定额机械耗用台班量=1000×0. 00723 = 7.23（台班）

（2）以现场测定资料为基础确定机械台班消耗量。如遇到施工定额缺项者，则需要依据单位时间完成的产量测定。具体方法可参见本章第三节。

（四）预算定额示例

表3.5.1为1995年《全国统一建筑工程基础定额》中砖石结构工程部分砖墙项目的示例。

预算定额的说明包括定额总说明、分部工程说明及各分项工程说明。涉及各分部需说明的共性问题列入总说明，属某一分部需说明的事项列章节说明。说明要求简明扼要，但是必须分门别类注明，尤其是对特殊的变化，力求使用简便，避免争议。

表 3.5.1 砖墙定额示例

定额编号			4-2	4-3	4-5	4-8	4-10	4-11
项目		单位	单面清水砖墙			混水砖墙		
			1/2砖	1砖	1砖半	1/2砖	1砖	1砖半
人工	综合工日	工日	21.79	18.87	17.83	20.14	16.08	15.63
材料	水泥砂浆M5	m^3	—	—	—	1.95	—	—
	水泥砂浆M10	m^3	1.95	—	—	—	—	—
	水泥混合砂浆M2.5	m^3	—	2.25	2.40	—	2.25	2.04
	普通粘土砖	千块	5.641	5.314	5.350	5.641	5.341	5.350
	水	m^3	1.13	1.06	1.07	1.33	1.06	1.07
机械	灰浆搅拌机200L	台班	0.33	0.38	0.40	0.33	0.38	0.40

（五）预算定额基价编制

预算定额基价就是预算定额分项工程或结构构件的单价，包括人工费、材料费和机械台班使用费，也称工料单价或直接工程费单价。

预算定额基价一般通过编制单位估价表、地区单位估价表及设备安装价目表所确定的单价，用于编制施工图预算。在预算定额中列出的“预算价值”或“基价”，应视作该定额编制时的工程单价。

预算定额基价的编制方法，简单地说就是工、料、机的消耗量和工、料、机单价的结合过程。其中，人工费由预算定额中每一分项工程用工数乘以地区人工工日单价计算算出；材料费由预算定额中每一分项工程的各种料消耗量乘以地区相应材料预算价格之和算出；机械费由预算定额中每一分项工程的各种机械台班消耗量乘以地区相应施工机械台班预算价格之和算出。

分项工程预算定额基价的计算公式：

分项工程预算定额基价=人工费+材料费+机械使用费 （3.5.11）

人工费=∑(现行预算定额中人工工日用量×人工日工资单价) （3.5.12）

材料费=∑(现行预算定额中各种材料耗用量×相应材料单价) （3.5.13）

机械使用费=∑(现行预算定额中机械台班用量×机械台班单价) （3.5.14）

预算定额基价是根据现行定额和当地的价格水平编制的，具有相对的稳定性。但是为了适应市场价格的变动，在编制预算时，必须根据工程造价管理部门发布的调价文件对固定的工程预算单价进行修正。修正后的工程单价乘以根据图纸计算出来的工程量，就可以获得符合实际市场情况的工程的直接工程费。

【例3.5.2】某预算定额基价的编制过程如表3.5.2所示。求其中定额子目3—1的定额基价。

解：定额人工费= 25.73×11.790 = 303. 36（元）

定额材料费= 110.82×2.36+12.70×52. 36+2.06×2.50 = 931. 65（元）

定额机械台班费=49.11×0.393 = 19.30（元）

定额基价=303.36 + 931.65 + 19.30 = 1254. 31（元）

表 3.5.2　某预算定额基价表（单位：10m³）

定额编号				3-1		3-2		3-4	
项目		单位	单价（元）	砖基础		混水砖墙			
						1/2砖		1砖	
				数量	合价	数量	合价	数量	合价
基价				1254.31		1438.86		1323.51	
其中	人工费			303.36		518.20		413.74	
	材料费			931.65		904.70		891.35	
	机械费			19.30		15.96		18.42	
综合工日		工日	25.73	11.790	303.36	20.140	518.20	16.080	413.74
材料	水泥砂浆M5	m³	93.92			1.950	183.14	2.250	211.32
	水泥砂浆M10	m³	110.82	2.360	261.53				
	标准块	百块	12.70	52.36	664.97	56.41	716.41	53.14	674.88
	水	m³	2.06	2.500	5.15	2.500	5.15	2.500	5.15
机械	灰浆搅拌机200L	台班	49.11	0.393	19.30	0.325	15.96	0.375	18.42

二、概算定额及其基价编制

（一）概算定额的概念

概算定额，是在预算定额基础上，确定完成合格的单位扩大分项工程或单位扩大结构构件所需消耗的人工、材料和施工机械台班的数量标准及其费用标准。概算定额又称扩大结构定额。

概算定额是预算定额的综合与扩大。它将预算定额中有联系的若干个分项工程项目综合为一个概算定额项目。如砖基础概算定额项目，就是以砖基础为主，综合了平整场地、挖地槽、铺设垫层、砌砖基础、铺设防潮层、回填土及运土等预算定额中分项工程项目。

概算定额与预算定额的相同之处在于，它们都是以建（构）筑物各个结构部分和分部分项工程为单位表示的，内容也包括人工、材料和机械台班使用量定额三个基本部分，并列有基准价。概算定额表达的主要内容、表达的主要方式及基本使用方法都与预算定额相近。

概算定额与预算定额的不同之处，在于项目划分和综合扩大程度上的差异，同时，概算定额主要用于设计概算的编制。由于概算定额综合了若干分项工程的预算定额，因此使概算工程量计算和概算表的编制，都比编制施工图预算简化一些。

（二）概算定额的作用

从1957年我国开始在全国试行统一的《建筑工程扩大结构定额》之后，各省、市、自治区根据本地区的特点，相继编制了本地区的概算定额。为了适应建筑业的改革，原国家计委、建设银行总行在计标〔1985〕352号文件中指出，概算定额和概算指标由省、市、自治区在预算定额基础上组织编写，分别由主管部门审批，报国家计划委员会备案。概算定额主要作用如下。

（1）是初步设计阶段编制概算、扩大初步设计阶段编制修正概算的主要依据。

（2）是对设计项目进行技术经济分析比较的基础资料之一。

（3）是建设工程主要材料计划编制的依据。

（4）是控制施工图预算的依据。

（5）是施工企业在准备施工期间，编制施工组织总设计或总规划时，对生产要素提出需要量计划的依据。

（6）是工程结束后，进行竣工决算和评价的依据。

（7）是编制概算指标的依据。

（三）概算定额的编制原则和编制依据

1．概算定额的编制原则

概算定额应该贯彻社会平均水平和简明适用的原则。由于概算定额和预算定额都是工程计价的依据，所以应符合价值规律和反映现阶段大多数企业的设计、生产及施工管理水平。但在概算、预算定额水平之间应保留必要的幅度差。概算定额的内容和深度是以预算定额为基础的综合和扩大。在合并中不得遗漏或增及项目，以保证其严密和正确性。概算定额务必达到简化、准确和适用。

2．概算定额的编制依据

由于概算定额的使用范围不同，其编制依据也略有不同。其编制依据一般有以下几种。

（1）现行的设计规范、施工验收技术规范和各类工程预算定额。

（2）具有代表性的标准设计图纸和其他设计资料。

（3）现行的人工工资标准、材料价格、机械台班单价及其他的价格资料。

（四）概算定额的编制步骤

概算定额的编制一般分四个阶段进行，即准备阶段、编制初稿阶段、测算阶段和审查定稿阶段。

1．准备阶段

该阶段主要是确定编制机构和人员组成，进行调查研究，了解现行概算定额执行情况和存在问题，明确编制的目的，制定概算定额的编制方案和确定概算定额的项目。

2．编制初稿阶段

该阶段是根据已经确定的编制方案和概算定额项目，搜集和整理各种编制依据，对各种资料进行深入细致的测算和分析，确定人工、材料和机械台班的消耗量指标，最后编制概算定额初稿。概算定额水平与预算定额水平之间应有一定的幅度差，幅度差一般在5%以内。

3．测算阶段

该阶段的主要工作是测算概算定额水平，即测算新编制概算定额与原概算定额及现行预算定额之间的水平。测算的方法既要分项进行测算，又要通过编制单位工程概算以单位工程为对象进行综合测算。

4．审查定稿阶段

概算定额经测算比较定稿后，可报送国家授权机关审批。

（五）概算定额手册的内容

按专业特点和地区特点编制的概算定额手册，内容基本上是由文字说明、定额项目表和附录三个部分组成。

1．概算定额的内容与形式

（1）文字说明部分。文字说明部分有总说明和分部工程说明。在总说明中，主要阐述概算定额的编制依据、使用范围、包括的内容及作用、应遵守的规则及建筑面积计算规则等。分部工程说明主要阐述本分部工程包括的综合工作内容及分部分项工程的工程量计算规则等。

（2）定额项目表。主要包括以下内容：

1）定额项目的划分。概算定额项目一般按以下两种方法划分：一是按工程结构划分：一般是按土石方、基础、墙、梁板柱、门窗、楼地面、屋面、装饰、构筑物等工程结构划分。二是按工程部位（分部）划分：一般是按基础、墙体、梁柱、楼地面、屋盖、其他工程部位等划分，如基础工程中包括了砖、石、混凝土基础等项目。

2）定额项目表。定额项目表是概算定额手册的主要内容，由若干分节定额组成。各节定额有工程内容、定额表及附注说明组成。定额表中列有定额编号、计量单位、概算价格、人工、材料、机械台班消耗量指标，综合了预算定额的若干项目与数量。表3.5.3为某现浇钢筋混凝土矩形柱概算定额。

2．概算定额应用规则

（1）符合概算定额规定的应用范围。

（2）工程内容、计量单位及综合程度应与概算定额一致。

（3）必要的调整和换算应严格按定额的文字说明和附录进行。

（4）避免重复计算和漏项。

（5）参考预算定额的应用规则。

工作内容：模板安拆、钢筋绑扎安放、混凝土浇捣养护。

表 3.5.3　某现浇钢筋混凝土矩形柱概算定额

定额编号			3002	3003	3004	3005	3006
项目			现浇钢混凝土柱				
			矩形				
			周长1.5m以内	周长2.0m以内	周长2.5m以内	周长3.0m以内	周长3.0m以外
			m^3	m^3	m^3	m^3	m^3
工、料、机名称（规格）		单位	数量				
人工	混凝土工	工日	0.8187	0.8187	0.8187	0.8187	0.8187
	钢筋工	工日	1.1037	1.1037	1.1037	1.1037	1.1037
	木工（装饰）	工日	4.7676	4.0832	3.0591	2.1798	1.4921
	其他工	工日	2.0342	1.7900	1.4245	1.1107	0.8653
材料	泵送预拌混凝土	m^3	1.0150	1.0150	1.0150	1.0150	1.0150
	木模板成材	m^3	0.0363	0.0311	0.0233	0.0166	0.0144
	工具式组合钢模板	kg	9.7087	8.3150	6.2294	4.4388	3.0385
	扣件	只	1.1799	1.0105	0.7571	0.5394	0.3693
	零星卡具	kg	3.7354	3.1992	2.3967	1.7078	1.1690
	钢支撑	kg	1.2900	1.1049	0.8277	0.5898	0.4037
	柱箍、梁夹具	kg	1.9579	1.6768	1.2563	0.8952	0.6128
	钢丝18#～22#	kg	0.9024	0.9024	0.9024	0.9024	0.9024
	水	m^3	1.2760	1.2760	1.2760	1.2760	1.2760
	圆钉	kg	0.7475	0.6402	0.4796	0.3418	0.2340
	草袋	m^2	0.0865	0.0865	0.0865	0.0865	0.0865
	成型钢筋	t	0.1939	0.1939	0.1939	0.1939	0.1939
	其他材料费	%	1.0906	0.9579	0.7467	0.5523	0.3916
机械	汽车式起重机5t	台班	0.0281	0.0241	0.0180	0.0129	0.0088
	载重汽车4t	台班	0.0422	0.0361	0.0271	0.0193	0.0132
	混凝土输送泵车75m^3/h	台班	0.0108	0.0108	0.0108	0.0108	0.0108
	木工圆锯机ϕ500mm	台班	0.0105	0.0090	0.0068	0.0048	0.0033
	混凝土振捣器插入式	台班	0.1000	0.1000	0.1000	0.1000	0.1000

（六）概算定额基价的编制

概算定额基价和预算定额基价一样，都只包括人工费、材料费和机械费。是通过编制扩大单位估价表所确定的单价，用于编制设计概算。概算定额基价和预算定额基价的编制方法相同。概算定额基价按下列公式计算：

$$概算定额基价=人工费+材料费+机械费 \tag{3.5.15}$$

$$人工费=现行概算定额中人工工日消耗量\times人工单价 \tag{3.5.16}$$

$$材料费=\sum(现行概算定额中材料消耗量\times相应材料单价) \quad (3.5.17)$$

$$机械费=\sum(现行概算定额中机械台班消耗量\times相应机械台班单价) \quad (3.5.18)$$

表3.5.4为某现浇钢筋混凝土柱概算定额基价表示形式。

表 3.5.4 现浇钢筋混凝土柱概算基价（计量单位：10m³）

工程内容：模板制作、安装、拆除，钢筋制作、安装、混凝土浇捣、抹灰、刷浆。

概算定额编号				4-3		4-4	
项目		单位	单价/元	矩形柱			
				周长1.8m以内		周长1.8m以外	
				数量	合价	数量	合价
基价		元		13 428.76		12 947.26	
其中	人工费	元		2116.40		1728.76	
	材料费	元		10 272.03		10 361.83	
	机械费	元		1040.33		856.67	
合计工		工日	22.00	96.20	2116.40	78.58	1728.76
材料	中（粗）砂（天然）	t	35.81	9.494	339.98	8.817	315.74
	碎石5～20mm	t	36.18	12.207	441.65	12.207	441.65
	石灰膏	m³	98.89	0.221	20.75	0.155	14.55
	普通木成材	m³	1000.00	0.302	302.00	0.187	187.00
	圆钢（钢筋）	t	3000.00	2.188	6564.00	2.407	7221.00
	组合钢模板	kg	4.00	64.416	257.66	39.848	159.39
	钢支撑（钢管）	kg	4.85	34.165	165.70	21.134	102.50
	零星卡具	kg	4.00	33.954	135.82	21.004	84.02
	铁钉	kg	5.96	3.091	18.42	1.912	11.40
	镀锌铁丝22#	kg	8.07	8.368	67.53	9.206	74.29
	电焊条	kg	7.84	15.644	122.65	17.212	134.94
	803涂料	kg	1.45	22.901	33.21	16.038	23.26
	水	m³	0.99	12.700	12.57	12.300	12.21
	水泥452#	kg	0.25	664.459	166.11	517.117	129.28
	水泥525#	kg	0.30	4141.200	1242.36	4141.200	1242.36
	脚手架	元			196.00		90.60
	其他材料费	元			185.62		117.64
机械	垂直运输费	元			628.00		510.00
	其他机械费	元			412.33		346.67

三、概算指标及其编制

（一）概算指标的概念及其作用

建筑安装工程概算指标通常是以单位工程为对象，以建筑面积、体积或成套设备装置的台或组为计量单位而规定的人工、材料、机械台班的消耗量标准和造价指标。

从上述概念中可以看出，建筑安装工程概算定额与概算指标的主要区别如下：

1．确定各种消耗量指标的对象不同

概算定额是以单位扩大分项工程或单位扩大结构构件为对象，而概算指标则是以单位工程为对象。因此概算指标比概算定额更加综合与扩大。

2．确定各种消耗量指标的依据不同

概算定额以现行预算定额为基础，通过计算之后才综合确定出各种消耗量指标，而概算指标中各种消耗量指标的确定，则主要来自各种预算或结算资料。

概算指标和概算定额、预算定额一样，都是与各个设计阶段相适应的多次性计价的产物，它主要用于投资估价、初步设计阶段，其作用主要有：

（1）概算指标可以作为编制投资估算的参考。

（2）概算指标是初步设计阶段编制概算书，确定工程概算造价的依据。

（3）概算指标中的主要材料指标可以作为计算主要材料用量的依据。

（4）概算指标是设计单位进行设计方案比较、设计技术经济分析的依据。

（5）概算指标是编制固定资产投资计划，确定投资额和主要材料计划的主要依据。

（二）概算指标的分类和表现形式

1．概算指标的分类

概算指标可分为两大类，一类是建筑工程概算指标，另一类是设备及安装工程概算指标，如图3.5.1所示。

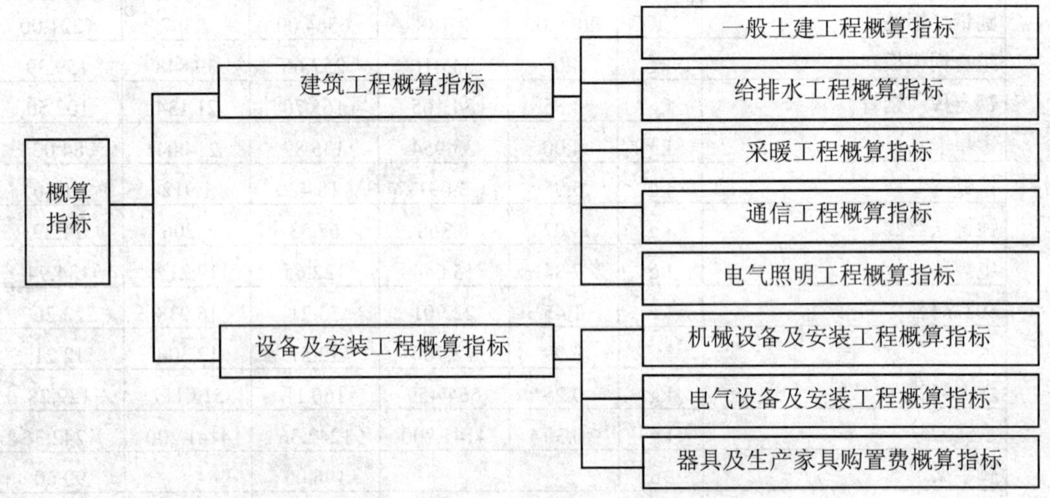

图 3.5.1　概算指标分类图

2．概算指标的组成内容及表现形式

（1）概算指标的组成内容一般分为文字说明和列表形式，以及必要的附录。

1）总说明和分册说明。其内容一般包括：概算指标的编制范围、编制依据、分册情况、指标包括的内容、指标未包括的内容、指标的使用方法、指标允许调整的范围及调整方法等。

2）列表形式包括：

①建筑工程列表形式。房屋建筑、构筑一般是以建筑面积、建筑体积、“座”、“个”等为单位，附以必要的示意图，示意图画出建筑物的轮廓示意或单线平面图，列出综合指标：“元/m^2”或“元/m^3”，自然条件（如地耐力、地震烈度等），建筑物的类型、结构形式及各部位中结构主要

特点，主要工程量。

②设备及安装工程的列表形式。设备以“t”或“台”为计算单位，也可以设备购置费或设备原价的百分比（%）表示；工艺管道一般以“t”为计算单位；通信电话站安装以“站”为计算单位。列出指标编号、项目名称、规格、综合指标（元/计算单位）之后一般还要列出其中的人工费，必要时还要列出主要材料费、辅材费。

总体来讲建筑工程列表形式分为以下几个部分。

①示意图。表明工程的结构、工业项目，还表示出吊车及起重能力等。

②工程特征。对采暖工程特征应列出采暖热媒及采暖形式；对电气照明工程特征可列出建筑层数、结构类型、配线方式、灯具名称等；对房屋建筑工程特征，主要对工程的结构形式、层高、层数和建筑面积进行说明。如表 3.5.5 所示。

表 3.5.5　内浇外砌住宅结构特征

结构类型	层数	层高	檐高	建筑面积
内浇外砌	六层	2.8m	17.7m	4206m^2

③经济指标。说明该项目每 100m^2 的造价指标及其土建、水暖和电气照明等单位工程的相应造价，如表 3.5.6 所示。

表 3.5.6　内浇外砌住宅经济指标　　100m^2 建筑面积

项目		合计	其中			
			直接费	间接费	利润	税金
单方造价		30 422	21 860	5576	1893	1093
其中	土建	26 133	18 778	4790	1626	939
	水暖	2565	1843	470	160	92
	电照	614	1239	316	107	91

④构造内容及工程量指标。说明该工程项目的构造内容和相应计算单位的工程量指标及人工、材料消耗指标。如表 3.5.7、表 3.5.8 所示。

表 3.5.7　内浇外砌住宅构造内容及工程量指标　　100m^2 建筑面积

序号	构造特征		工程量	
			单位	数量
一、土建				
1	基础	灌注桩	m^3	14.64
2	外墙	二砖墙、清水墙勾缝、内墙抹灰刷白	m^3	24.32
3	内墙	混凝土墙、一砖墙、抹灰刷白	m^3	22.70
4	柱	混凝土柱	m^3	0.70
5	地面	碎砖垫层、水泥砂浆面层	m^2	13
6	楼面	120mm预制空心板、水泥砂浆面层	m^2	65
7	门窗	木门窗	m^2	62
8	屋面	预制空心板、水泥珍珠岩保温、三毡四油卷材防水	m^2	21.7
9	脚手架	综合脚手架	m^2	100

（续表）

序号	构造特征		工程量	
			单位	数量
二、水暖				
1	采暖方式	集中采暖		
2	给水性质	生活给水明设		
3	排水性质	生活排水		
4	通风方式	自然通风		
三、电气照明				
1	配电方式	塑料管暗配电线		
2	灯具种类	日光灯		
3	用电量			

表 3.5.8　内浇外砌住宅人工及主要材料消耗指标　　100m² 建筑面积

序号	名称及规格	单位	数量	序号	名称及规格	单位	数量
一、土建				二、水暖			
1	人工	工日	506	1	人工	工日	39
2	钢筋	t	3.25	2	钢管	t	0.18
3	型钢	t	0.13	3	暖气片	m^2	20
4	水泥	t	18.10	4	卫生器具	套	2.35
5	白灰	t	2.10	5	水表	个	1.84
6	沥青	t	0.29	三、电气照明			
7	红砖	千块	15.10	1	人工	工日	20
8	木材	m^3	4.10	2	电线	m	283
9	砂	m^3	41	3	钢管	t	0.04
10	砺	m^3	30.5	4	灯具	套	8.43
11	玻璃	m^2	29.2	5	电表	个	1.84
12	卷材	m^2	80.8	6	配电箱	套	6.1
				四、机械使用费		%	7.5
				五、其他材料费		%	19.57

（2）概算指标的表现形式。概算指标在具体内容的表示方法上，分综合指标和单项指标两种形式。

1）综合概算指标。综合概算指标是按照工业或民用建筑及其结构类型而制定的概算指标。综合概算指标的概括性较大，其准确性、针对性不如单项指标。

2）单项概算指标。单项概算指标是指为某种建筑物或构筑物而编制的概算指标。单项概算指标的针对性较强，故指标中对工程结构形式要作介绍。只要工程项目的结构形式及工程内容与单项指标中的工程概况相吻合，编制出的设计概算就比较准确。

（三）概算指标的编制

1. 概算指标的编制依据

（1）标准设计图纸和各类工程典型设计。

（2）国家颁发的建筑标准、设计规范、施工规范等。

（3）各类工程造价资料。

（4）现行的概算定额和预算定额及补充定额。

（5）人工工资标准、材料预算价格、机械台班预算价格及其他价格。

2. 概算指标的编制步骤

以房屋建筑工程为例，概算指标可按以下步骤进行编制：

（1）首先成立编制小组，拟订工作方案，明确编制原则和方法，确定指标的内容及表现形式，确定基价所依据的人工工资单价、材料预算价格、机械台班单价。

（2）搜集整理编制指标所必需的标准设计、典型设计以及有代表性的工程设计图纸，设计预算等资料，充分利用有使用价值的已经积累的工程造价资料。

（3）编制阶段。主要是选定图纸，并根据图纸资料计算工程量和编制单位工程预算书，以及按着编制方案确定的指标项目对照人工及主要材料消耗指标，填写概算指标的表格。

每平方米建筑面积造价指标编制方法如下：

1）编写资料审查意见及填写设计资料：名称、设计单位、设计日期、建筑面积及构造情况，提出审查和修改意见。

2）在计算工程量的基础上，编制单位工程预算书，据以确定每百平方米建筑面积及构造情况以及人工、材料、机械消耗指标和单位造价的经济指标。

①计算工程量，就是根据审定的图纸和预算定额计算出建筑面积及各分部分项工程量，然后按编制方案规定的项目进行归并，并以每平方米建筑面积为计算单位，换算出所对应的工程量指标。

②根据计算出的工程量和预算定额等资料，编出预算书，求出每百平方米建筑面积的预算造价及人工、材料、施工机械费用和材料消耗量指标。

构筑物是以座为单位编制的概算指标，因此，在计算完工程量，编出预算书后，不必进行换算，预算书确定的价值就是每座构筑物概算指标的经济指标。

（4）最后经过核对审核、平衡分析、水平测算、审查定稿。

四、投资估算指标及其编制

（一）投资估算指标及其作用

工程建设投资估算指标是编制建设项目建议书、可行性研究报告等前期工作阶段投资估算的依据，也可以作为编制固定资产长远规划投资额的参考。与概预算定额相比较，估算指标以独立的建设项目、单项工程或单位工程为对象，综合项目全过程投资和建设中的各类成本和费用，反映出其扩大的技术经济指标，既是定额的一种表现形式，又不同于其他的计价定额。投资估算指标为完成项目建设的投资估算提供依据和手段，它在固定资产的形成过程中起着投资预测、投资控制、投资效益分析的作用，是合理确定项目投资的基础。投资估算指标中的主要材料消耗量也是一种扩大材料消耗量指标，可以作为计算建设项目主要材料消耗量的基础。估算指标的正确制定对于投资估算的准确度、对建设项目的合理评估、正确决策具有重要意义。

（二）投资估算指标编制原则

由于投资估算指标属于项目建设前期进行估算投资的技术经济指标，它不但要反映实际阶段的静态投资，还必须反映项目建设前期和交付使用期内发生的动态投资，以投资估算指标为依据编制的投资估算，包含项目建设的全部投资额。这就要求投资估算指标比其他各种计价定额具有更大的综合性和概括性。因此，投资估算指标的编制工作，除应遵循一般定额的编制原则外，还必须坚持以下原则：

（1）投资估算指标项目的确定，应考虑以后几年编制建设项目建议书和可行性研究报告投资估算的需要。

（2）投资估算指标的分类、项目划分、项目内容、表现形式等要结合各专业的特点，并且要与项目建议书、可行性研究报告的编制深度相适应。

（3）投资估算指标的编制内容，典型工程的选择，必须遵循国家的有关建设方针政策，符合国家技术发展方向，贯彻国家发展方向的原则，使指标的编制既能反映正常建设条件下的造价水平，也能适应今后若干年的科技发展水平。坚持技术上先进、可行和经济上的合理，力争以较少的投入取得最大的投资效益。

（4）投资估算指标的编制要反映不同行业、不同项目和不同工程的特点，投资估算指标要适应项目前期工作深度的需要，而且具有更大的综合性。投资估算指标要密切结合行业特点，项目建设的特定条件，在内容上既要贯彻指导性、准确性和可调性原则，又要有一定的深度和广度。

（5）投资估算指标的编制要贯彻静态和动态相结合的原则。要充分考虑在市场经济条件下，由于建设条件、实施时间、建设期限等因素的不同，考虑到建设期的动态因素，即价格、建设期利息及涉外工程的汇率等因素的变动，导致指标的量差、价差、利息差、费用差等“动态”因素对投资估算的影响，对上述动态因素给予必要的调整办法和调整参数，尽可能减少这些动态因素对投资估算准确度的影响，使指标具有较强的实用性和可操作性。

（三）投资估算指标的内容

投资估算指标是确定和控制建设项目全过程各项投资支出的技术经济指标，其范围涉及建设前期、建设实施期和竣工验收交付使用期等各个阶段的费用支出，内容因行业不同而各异，一般可分为建设项目综合指标、单项工程指标和单位工程指标三个层次。表3.5.9为某住宅项目的投资估算指标示例。

1．建设项目综合指标

指按规定应列入建设项目总投资的从立项筹建开始至竣工验收交付使用的全部投资额，包括单项工程投资、工程建设其他费用和预备费等。

建设项目综合指标一般以项目的综合生产能力单位投资表示，如“元/t”、“元/kW”，或以使用功能表示，如医院床位：“元/床”。

2．单项工程指标

指按规定应列入能独立发挥生产能力或使用效益的单项工程内的全部投资额，包括建筑工程费、安装工程费、设备、工器具及生产家具购置费和可能包含的其他费用。单项工程指标划分原则如下：

（1）主要生产设施。指直接参加生产产品的工程项目，包括生产车间或生产装置。

（2）辅助生产设施。指为主要生产车间服务的工程项目。包括集中控制室、中央实验室、机修、电修、仪器仪表修理及木工（模）等车间，原材料、半成品、成品及危险品等仓库。

（3）公用工程。包括给排水系统（给排水泵房、水塔、水池及全厂给排水管网）、供热系统（锅炉房及水处理设施、全厂热力管网）、供电及通信系统（变配电所、开关所及全厂输电、电信线路）以及热电站、热力站、煤气站、空压站、冷冻站、冷却塔和全厂管网等。

（4）环境保护工程。包括废气、废渣、废水等处理和综合利用设施及全厂性绿化。

（5）总图运输工程。包括厂区防洪、围墙大门、传达及收发室、汽车库、消防车库、厂区道路、桥涵、厂区码头及厂区大型土石方工程。

（6）厂区服务设施。包括厂部办公室、厂区食堂、医务室、浴室、哺乳室、自行车棚等。

（7）生活福利设施。包括职工医院、住宅、生活区食堂、俱乐部、托儿所、幼儿园、子弟学校、商业服务点以及与之配套的设施。

（8）厂外工程。如水源工程，厂外输电、输水、排水、通信、输油等管线以及公路、铁路专用线等。

单项工程指标一般以单项工程生产能力单位投资，如“元/t”或其他单位表示。如：变配电站：“元/（kV·A）”；锅炉房：“元/蒸汽吨”；供水站：“元/m^3”；办公室、仓库、宿舍、住宅等房屋则区别不同结构形式以“元/m^2”表示。

3．单位工程指标

单位工程指标按规定应列入能独立设计、施工的工程项目的费用，即建筑安装工程棚。

单位工程指标一般以如下方式表示：房屋区别不同结构形式以“元/m^2”表示；道路区别不同结构层、面层以“元/m^2”表示；水塔区别不同结构层、容积以“元/座”表示；管道区别不同材质、管径以“元/m”表示。

表 3.5.9　建设项目投资估算指标

<table>
<tr><td colspan="8">一、工程概况（表一）</td></tr>
<tr><td>工程名称</td><td>住宅楼</td><td colspan="2">工程地点</td><td>××市</td><td>建筑面积</td><td colspan="2">4549m²</td></tr>
<tr><td>层数</td><td>七层</td><td>层高</td><td>3.00m</td><td>檐高</td><td>21.60m</td><td>结构类型</td><td>砖混</td></tr>
<tr><td>地耐力</td><td>130kPz</td><td colspan="2">地震烈度</td><td>7度</td><td>地下水位</td><td colspan="2">–0.65m、–0.83m</td></tr>
<tr><td rowspan="15">土建部分</td><td colspan="2">地基处理</td><td colspan="5"></td></tr>
<tr><td colspan="2">基础</td><td colspan="5">C10混凝土垫层，C20钢筋混凝土带形基础，砖基础</td></tr>
<tr><td rowspan="2">墙体</td><td>外</td><td colspan="5">一砖墙</td></tr>
<tr><td>内</td><td colspan="5">一砖、1/2砖墙</td></tr>
<tr><td colspan="2">柱</td><td colspan="5">C20钢筋混凝土构造柱</td></tr>
<tr><td colspan="2">梁</td><td colspan="5">C20钢筋混凝土单梁、圈梁、过梁</td></tr>
<tr><td colspan="2">板</td><td colspan="5">C20钢筋混凝土平板，C30预应力钢筋混凝土空心板</td></tr>
<tr><td rowspan="2">地面</td><td>垫层</td><td colspan="5">混凝土垫层</td></tr>
<tr><td>面层</td><td colspan="5">水泥砂浆面层</td></tr>
<tr><td colspan="2">楼面</td><td colspan="5">水泥砂浆面层</td></tr>
<tr><td colspan="2">屋面</td><td colspan="5">块体刚性屋面，沥青铺加气混凝土块保温层，防水砂浆面层</td></tr>
<tr><td colspan="2">门窗</td><td colspan="5">木胶合板门（带纱），塑钢窗</td></tr>
<tr><td rowspan="3">装饰</td><td>天棚</td><td colspan="5">混合砂浆、106涂料</td></tr>
<tr><td>内粉</td><td colspan="5">混合砂浆、水泥砂浆，106涂料</td></tr>
<tr><td>外粉</td><td colspan="5">水刷石</td></tr>
<tr><td rowspan="2">安装</td><td colspan="2">水卫（消防）</td><td colspan="5">给水镀锌钢管，排水塑料管，坐式大便器</td></tr>
<tr><td colspan="2">电气照明</td><td colspan="5">照明配电箱，PVC塑料管暗敷，穿铜芯绝缘导线，避雷网敷设</td></tr>
</table>

（续表）

二、每平方米综合造价指标（表二）单位：元/m²

项目	综合指标	直接工程费				取费（综合费）
		合价	其中			
			人工费	材料费	机械费	三类工程
工程造价	530.39	407.99	74.69	308.13	25.17	122.40
土建	503.00	386.92	70.95	291.80	24.17	116.08
水卫（消防）	19.22	14.73	2.38	11.94	0.41	4.49
电气照明	8.67	6.35	1.36	4.39	0.60	2.32

三、土建工程各分部占直接工程费的比例及每平方米直接费（表三）

分部工程名称	占直接工程费（%）	元/m²	分部工程名称	占直接工程费（%）	元/m²
±0.00以下工程	13.01	50.40	楼地面工程	2.62	10.13
脚手架及垂直运输	4.02	15.56	屋面及防水工程	1.43	5.52
砌筑工程	16.90	65.37	防腐、保温、隔热工程	0.65	2.52
混凝土及钢筋混凝土工程	31.78	122.95	装饰工程	9.56	36.98
构件运输及安装工程	1.91	7.40	金属结构制作工程		
门窗及木结构工程	18.12	70.09	零星项目		

四、人工、材料消耗指标（表四）

项目	单位	每100m²消耗量	材料名称	单位	每100m²消耗量
一、定额用工	工日	382.06	二、材料消耗（土建工程）		
土建工程	工日	363.83	钢材	吨	2.11
			水泥	吨	16.76
水卫（消防）	工日	11.60	木材	m³	1.80
			标准砖	千块	21.82
电气照明	工日	6.63	中粗砂	m³	34.39
			碎（砾）石	m³	26.20

（四）投资估算指标的编制方法

投资估算指标的编制工作，涉及建设项目的产品规模、产品方案、工艺流程、设备选型、工程设计和技术经济等各个方面，既要考虑到现阶段技术状况，又要展望技术发展趋势和设计动向，从而可以指导以后建设项目的实践。投资估算指标的编制应当成立专业齐全的编制小组，编制人员应具备较高的专业素质。投资估算指标的编制应当制定一个从编制原则、编制内容、指标的层次相互衔接、项目划分、表现形式计、量单位、计算、复核、审查程序到相互应有的责任制等内容的编制方案或编制细则，以便编制工作有章可循。投资估算指标的编制一般分为三个阶段进行。

1．搜集整理资料阶段

搜集整理已建成或正在建设的，符合现行技术政策和技术发展方向、有可能重复采用的、有代表性的工程设计施工图、标准设计以及相应的竣工决算或施工图预算资料等，这些资料是编制工作的基础，资料搜集越广泛，反映出的问题越多，编制工作考虑越全面，就越有利于提高投资估算指标的实用性和覆盖面。同时，对调查搜集到的资料要选择占投资比重大，相互关联多的项目进行认真的分析整理，由于已建成或正在建设的工程的设计意图、建设时间和地点、资料的基础等不同，相互之间的差异很大，需要去粗取精、去伪存真地加以整理，才能重复利用。将整理后的数据资料按项目划分栏目加以归类，按照编制年度的现行定额、费用标准和价格，调整成编制年度的造价水平及相互比例。

2．平衡调整阶段

由于调查搜集的资料来源不同，虽然经过一定的分析整理，但难免会由于设计方案、建设条件和建设时间上的差异带来的某些影响，使数据失准或漏项等。必须对有关资料进行综合平衡调整。

3．测算审查阶段

测算是将新编的指标和选定工程的概预算，在同一价格条件下进行比较，检验其“量差”的偏离程度是否在允许偏差的范围之内，如偏差过大，则要查找原因，进行修正，以保证指标的确切、实用。测算同时也是对指标编制质量进行的一次系统检查，应由专人进行，以保持测算口径的统一，在此基础上组织有关专业人员以全面审查定稿。

由于投资估算指标的编制计算工作量非常大，在现阶段计算机已经广泛普及的条件下，应尽可能应用电子计算机进行投资估算指标的编制工作。

第六节　工程造价信息

一、工程造价信息及其主要内容

（一）工程造价信息的概念、特点和分类

信息是现代社会使用最多、最广、最频繁的一个词汇，不仅在人类社会生活的各方面和各个领域被广泛使用，而且在自然界的生命现象与非生命现象研究中也被广泛采用。按狭义理解，信息是一种消息、信号、数据或资料；按广义理解，信息被认为是物质的一种属性，是物质存在方式和运动规律与特点的表现形式。进入现代社会以后，信息逐渐被人们认识，其内涵越来越丰富，外延越来越广阔。在工程造价管理领域，信息也有它自己的定义。

1．工程造价信息的概念

工程造价信息是一切有关工程造价的特征、状态及其变动的消息的组合。在工程承发包市场和工程建设过程中，工程造价总是在不停地运动着、变化着，并呈现出种种不同特征。人们对工程承发包市场和工程建设过程中工程造价运动的变化，是通过工程造价信息来认识和掌握的。

在工程承发包市场和工程建设中，工程造价是最灵敏的调节器和指示器，无论是政府工程造价主管部门还是工程承发包双方，都要通过接收工程造价信息来了解工程建设市场动态，预测工程造价发展，决定政府的工程造价政策和工程承发包价。因此，工程造价主管部门和工程承发包双方都要接收、加工、传递和利用工程造价信息，工程造价信息作为一种社会资源在工程建设中的地位日趋明显，特别是随着我国开始推行工程量清单计价制度，工程价格从政府计划的指令性价格向市场

定价转化，而在市场定价的过程中，信息起着举足轻重的作用，因此工程造价信息资源开发的意义更为重要。

2．工程造价信息的特点

（1）区域性。建筑材料大多重量大、体积大、产地远离消费地点，因而运输量大，费用也较高。尤其不少建筑材料本身的价值或生产价格并不高，但所需要的运输费用却很高，这都在客观上要求尽可能就近使用建筑材料。因此，这类建筑信息的交换和流通往往限制在一定的区域内。

（2）多样性。建设工程具有多样性的特点，要使工程造价管理的信息资料满足不同特点项目的需求，在信息的内容和形式上应具有多样性的特点。

（3）专业性。工程造价信息的专业性集中反映在建设工程的专业化上，例如水利、电力、铁道、公路等工程，所需的信息有它的专业特殊性。

（4）系统性。工程造价信息是由若干具有特定内容和同类性质的、在一定时间和空间内形成的一连串信息。一切工程造价的管理活动和变化总是在一定条件下受各种因素的制约和影响。工程造价管理活动也同样是多种因素相互作用的结果，并且从多方面反映出来，因而从工程造价信息源发出来的信息都不是孤立的、紊乱的，而是大量的、有系统的。

（5）动态性。工程造价信息需要经常不断地搜集和补充新的内容，进行信息更新，真实反映工程造价的动态变化。

（6）季节性。由于建筑生产受自然条件影响大，施工内容的安排必须充分考虑季节因素，使得工程造价的信息也不能完全避免季节性的影响。

3．工程造价信息的分类

为便于对信息的管理，有必要将各种信息按一定的原则和方法进行区分和归集，并建立起一定的分类系统和排列顺序。因此，在工程造价管理领域，也应该按照不同的标准对信息进行分类。

（1）工程造价信息分类的原则。对工程造价信息进行分类必须遵循以下基本原则。

1）稳定性。信息分类应选择分类对象最稳定的本质属性或特征作为信息分类的基础和标准。信息分类体系应建立在对基本概念和划分对象的透彻理解和准确把握基础上。

2）兼容性。信息分类体系必须考虑到项目各参与方所应用的编码体系的情况，项目信息的分类体系应能满足不同项目参与方高效信息交换的需要。同时，与有关国际、国内标准的一致性也是兼容性应考虑的内容。

3）可扩展性。信息分类体系应具备较强的灵活性，可以在使用过程中进行方便的扩展，以保证增加新的信息类型时，不至于打乱已建立的分类体系，同时一个通用的信息分类体系还应为具体环境中信息分类体系的拓展和细化创造条件。

4）综合实用性。信息分类应系统工程的角度出发，放在具体的应用环境中进行整体考虑。这体现在信息分类的标准与方法的选择上，应综合考虑项目的实施环境和信息技术工具。

（2）工程造价信息的具体分类：.

1）按管理组织的角度来分，可以分为系统化工程造价信息和非系统化工程造价信息。

2）按形式划分，可以分为文件式工程造价信息和非文件式工程造价信息。

3）按信息来源划分，可以分为横向的工程造价信息和纵向的工程造价信息。

4）按反映经济层面划分，可以分为宏观工程造价信息和微观工程造价信息。

5）按动态性划分，可以分为过去的工程造价信息，现在的工程造价信息和未来的工程造价信息。

6）按稳定程度划分，可以分为固定工程造价信息和流动工程造价信息。

（二）工程造价信息包括的主要内容

从广义上说，所有对工程造价的计价和控制过程起作用的资料都可以称为是工程造价信息。例如，各种定额资料、标准规范、政策文件等。但最能体现信息动态性变化特征，并且在工程价格的市场机制中起重要作用的工程造价信息主要包括价格信息、工程造价指数和已完工程信息三类。

1．价格信息

包括各种建筑材料、装修材料、安装材料、人工工资、施工机械等的最新市场价格。这些信息是比较初级的，一般没有经过系统的加工处理，也可以称其为数据。

（1）人工价格信息。根据《关于开展建筑工程实物工程量与建筑工种人工成本信息测算和发布工作的通知》（建办标函〔2006〕765号），我国自2007年起开展建筑工程实物工程量与建筑工种人工成本信息（也称人工价格信息）的测算和发布工作。其成果是引导建筑劳务合同双方合理确定建筑工人工资水平的基础，是建筑业企业合理支付工人劳动报酬和调解、处理建筑工人劳动工资纠纷的依据，也是工程招投标中评定成本的依据。

1）建筑工程实物工程量人工价格信息。这种价格信息是按照建筑工程的不同划分标准为对象，反映了单位实物工程量的人工价格信息。根据工程不同部位，体现作业的难易，结合不同工种作业情况将建筑工程划分为土石方工程、架子工程、砌筑工程、模板工程、钢筋工程、混凝土工程、防水工程、抹灰工程、木作与木装饰工程、油漆工程、玻璃工程、金属制品制作及安装、其他工程等十三项。其表现形式如表3.6.1所示。

表 3.6.1　2012 年一季度××市建筑工程实物工程量人工成本信息表

单位：元

<table>
<tr><td colspan="6">1．土石方工程</td></tr>
<tr><td>项目编码</td><td>项目名称</td><td>工程量计算规则</td><td>计量单位</td><td>人工单价</td><td>备注</td></tr>
<tr><td>010101001</td><td>平整场地</td><td>按实际平整面积计算</td><td>m^2</td><td>4.41</td><td rowspan="4">一、二类</td></tr>
<tr><td>010101002</td><td>人工挖土方</td><td rowspan="3">按实际挖方的天然密实体积计算</td><td rowspan="3">m^3</td><td>24.32</td></tr>
<tr><td>010101003</td><td>人工挖沟槽、坑土方（深2m以内）</td><td>26.70</td></tr>
<tr><td>010101006</td><td>人工挖淤泥、流砂</td><td>47.14</td></tr>
<tr><td colspan="6">2．架子工程</td></tr>
<tr><td>项目编</td><td>项目名称</td><td>工程量计算规则</td><td>计量单位</td><td>人工单价</td><td>备注</td></tr>
<tr><td>011701002</td><td>外架搭桥（双排步距1.2m）</td><td rowspan="2">按实际搭设的垂直投影面积计算</td><td rowspan="3">m^2</td><td>12.48</td><td>钢管外架</td></tr>
<tr><td>011701003</td><td>里架搭拆</td><td>7.62</td><td>钢管里架</td></tr>
<tr><td>011701006</td><td>满堂架搭拆</td><td>按搭设的水平投影面积计算</td><td>9.22</td><td>钢管满堂架</td></tr>
<tr><td colspan="6">…</td></tr>
</table>

2）建筑工种人工成本信息。这种价格信息是按照建筑工人的工种分类，反映不同工种的单位人工日工资单价。建筑工种是根据《劳动法》和《职业教育法》的有关规定，对从事技术复杂、通用性广、涉及国家财产、人民生命安全和消费者利益的职业（工种）的劳动者实行就业准入的规定，结合建筑行业实际情况确定的。其表现形式如表3.6.2所示。

表 3.6.2　2012 年二季度××市建筑工种人工成本信息表

单位：元

序号	工种	月工资	日工资
1	建筑、装饰工程普工	2175	100
2	木工（模板工）	2697	120
3	钢筋工	2566.5	118
4	混凝土工	2370.75	109
5	架子工	2631.75	121
6	砌筑工（砖瓦工）	2675.25	123
7	抹灰工（一般抹灰）	2762.25	127
8	抹灰、镶贴工	2979.75	137
9	装饰木工	3088.5	142
10	防水工	2457.75	113
11	油漆工	2675.25	123
12	管工	2653.5	122
13	电工	2762.25	127
14	通风工	2631.75	121
15	电焊工	2892.75	133
16	起重工	2588.25	119
17	玻璃工	2566.5	118
18	金属制品安装工	2740.5	126

（2）材料价格信息。在材料价格信息的发布中，应披露材料类别、规格、单价、供货地区、供货单位以及发布日期等信息。其表现形式如表3.6.3所示。

表 3.6.3　2012 年 6 月××市即时商品混凝土参考价

序号	名称	规格型号	单位	零售价（元）	供货城市	公司名称	发布日期
1	泵送商品混凝土	C60（5～25mm）坍落度（12cm±1cm）	m^3	480.00	××市辖区	××××混凝土有限公司	2012.6.18
2	泵送商品混凝土	C55（5～25mm）坍落度（12cm±1cm）	m^3	460.00	××市辖区	××××混凝土有限公司	2012.6.18
3	泵送商品混凝土	C50（5～25mm）坍落度（12cm±1cm）	m^3	440.00	××市辖区	××××混凝土有限公司	2012.6.18
4	泵送商品混凝土	C45（5～25mm）坍落度（12cm±1cm）	m^3	420.00	××市辖区	××××混凝土有限公司	2012.6.18
5	泵送商品混凝土	C40（5～25mm）坍落度（12cm±1cm）	m^3	400.00	××市辖区	××××混凝土有限公司	2012.6.18

（3）机械价格信息。机械价格信息包括设备市场价格信息和设备租赁市场价格信息两部分。相对而言，后者对于工程计价更为重要，发布的机械价格信息应包括机械种类、规格型号、供货厂商名称、租赁单价、发布日期等内容。其表现形式如表3.6.4所示。

表 3.6.4　2012 年 4 月××市设备租赁参考价

机械设备名称	规格型号	供应厂商名称	租赁单价（元/月）	发布日期
塔式起重机	QTZ4812	中建××局××公司机租公司	20 000	2012.4.20
塔式起重机	QTZ5012、5013	中建××局××公司机租公司	23 500	2012.4.20
塔式起重机	QTZ5015、5513	中建××局××公司机租公司	25 500	2012.4.20
塔式起重机	QTZ5515、5613	中建××局××公司机租公司	26 500	2012.4.20
塔式起重机	QTZ6012	中建××局××公司机租公司	28 500	2012.4.20
塔式起重机	QTZ6015、5022	中建××局××公司机租公司	31 500	2012.4.20
塔式起重机	QTZ6515	中建××局××公司机租公司	38 500	2012.4.20
塔式起重机	QTZ7030	中建××局××公司机租公司	61 500	2012.4.20

2．工程造价指数

工程造价指数（造价指数信息）是反映一定时期价格变化对工程造价影响程度的指数，包括各种单项价格指数、设备工器具价格指数、建筑安装工程造价指数、建设项目或单项工程造价指数。该内容将在下面的部分重点讲述。

3．已完工程信息

已完或在建工程的各种造价信息，可以为拟建工程或在建工程造价提供依据。这种信息也可称为是工程造价资料。具体表现形式如表3.6.5～表3.6.7所示。

表 3.6.5　××市××高层商业办公综合楼工程概况

项目名称	××市××高层商业办公综合楼工程概况
工程名称	××办公楼
工程分类	建筑工程、民用建筑、公共建筑、办公建筑、办公楼、高层办公楼
工程地点	内环线内
建筑物功能及规格	一幢地下2层、地上20层的办公楼及一个2层商业裙楼
开工日期	2009年4月
竣工时期	2012年5月
建筑面积（m^2）	90 586m^2　其中：地上71 452m^2　地下19 134 m^2
建筑和安装工程造价（万元）	43 500
平方米造价（元/m^2）	4802
结构类型	主楼为钢筋混凝土框架+劲性柱+钢筋混凝土核心筒； 裙楼为二层钢结构框架体系
层数（层）	地上20　地下2
建筑高度（檐口）（m）	98.8m
层高（m）	其中：首层5.5mm　标准层4.8m

（续表）

项目名称		××市××高层商业办公综合楼工程概况
建筑节能		外立面保温采用30mm厚岩棉板保温及铝合金窗（6+12A+6mm厚低辐射LOW-E双钢化中空玻璃）；地下室外墙及顶板保温采用聚苯乙烯泡沫塑料板；屋面保温采用80mm厚泡沫玻璃颗粒
抗震设防烈度（度）		7度
基础	类型	钻孔灌注桩，满堂基础
	埋置深度（m）	9.7m
计价方式		清单计价
造价类别		结算价
编制依据		建设工程工程量清单及相关文件
价格取定期		总包：2009年1月；室内精装修：2011年1月

表 3.6.6　××市××高层商业办公综合楼工程造价指标汇总表

序号	项目名称	造价（万元）	平方米造价（元/m^2）	造价比例（%）
1	分部分荐工程	41 148.75	4542.51	94.59
1.1	建筑工程	20 836.89	2300.23	47.90
1.2	装饰装修工程	9106.40	1005.28	20.93
1.3	安装工程	11 205.46	1237.00	25.76
2	措施项目	1030.00	113.70	2.37
3	其他项目	1321.70	145.91	3.04
合计		43 500.45	4802.12	100.00

表 3.6.7　××市××高层商业办公综合楼工程造价费用分析表

序号	项目名称	造价（万元）	平方米造价（元/m^2）	占造价比例（%）					
				人工费	材料费	机械费	间接费	利润	税金
1	建筑工程	20 836.89	2300.23	10.27	72.05	9.38	4.00	1.00	3.30
1.1	基础工程	8086.00	892.63	7.80	46.04	37.86	4.00	1.00	3.30
1.2	地上工程	9651.89	1065.49	10.80	77.51	3.39	4.00	1.00	3.30
1.3	地下工程	3099.00	342.11	10.80	77.51	3.39	4.00	1.00	3.30
2	装饰装修工程	9106.40	1005.28	22.03	62.97	6.70	4.00	1.00	3.30
3	安装工程	11 205.46	1237.00	10.58	80.10	1.24	3.26	1.52	3.30
3.1	机电工程	7933.73	875.82	10.58	80.10	1.24	3.26	1.52	3.30
3.2	消防报警工程	371.90	41.05	10.58	80.10	1.24	3.26		
3.3	通风空调工程	已包括在3.1项内							
3.4	智能化系统工程	1086.34	119.92	10.58	80.10	1.24	3.26	1.52	3.30
3.5	电梯工程	1402.80	154.86	10.58	80.10	1.24	3.26	1.52	3.30
3.6	其他工程	410.69	45.34	10.58	80.10	1.24	3.26	1.52	3.30
4	措施项目	1030.00	113.70	—	—	—	—	—	—
5	其他项目	1321.70	145.91	—	—	—	—	—	—
	合计	43 500.45	4802.12	—	—	—	—	—	—

二、工程造价资料的积累、分析和运用

（一）工程造价资料及其分类

工程造价资料是指已竣工和在建的有关工程可行性研究估算、设计概算、施工图预算、招标投标价格、工程竣工结算、竣工决算、单位工程施工成本以及新材料、新结构、新设备、新施工工艺等建筑安装工程分部分项的单价分析等资料。

工程造价资料可以分为以下几种类别。

（1）工程造价资料按照其不同工程类型（如厂房、铁路、住宅、公建、市政工程等）进行划分，并分别列出其包含的单项工程和单位工程。

（2）工程造价资料按照其不同阶段，一般分为项目可行性研究投资估算、初步设计概算、施工图预算、招标控制价、投标报价、竣工结算、竣工决算等。

（3）工程造价资料按照其组成特点，一般分为建设项目、单项工程和单位工程造价资料，同时也包括有关新材料、新工艺、新设备、新技术的分部分项工程造价资料。

（二）工程造价资料积累的内容

工程造价资料积累的内容应包括“量”（如主要工程量、人工工日量、材料量、机械台班量等）和“价”，还要包括对工程造价有重要影响的技术经济条件，如工程的概况、建设条件等。

1．建设项目和单项工程造价资料

（1）对造价有主要影响的技术经济条件。如项目建设标准、建设工期、建设地点等。

（2）主要的工程量、主要的材料量和主要设备的名称、型号、规格、数量等。

（3）投资估算、概算、预算、竣工决算及造价指数等。

2．单位工程造价资料

单位工程造价资料包括工程的内容、建筑结构特征、主要工程量、主要材料的用量和单价、人工工日用量和人工费、机械台班用量和机械费，以及相应的造价等。

3．其他

主要包括有关新材料、新工艺、新设备、新技术分部分项工程的人工工日、主要材料用量、机械台班用量。

（三）工程造价资料的管理

1．建立造价资料积累制度

1991年11月，原建设部印发了关于《建立工程造价资料积累制度的几点意见》的文件，标志着我国的工程造价资料积累制度正式建立起来，工程造价资料积累工作正式开展。建立工程造价资料积累制度是工程造价计价依据极其重要的基础性工作。全面系统地积累和利用工程造价资料，建立稳定的造价资料积累制度，对于我国加强工程造价管理，合理确定和有效控制工程造价具有十分重要的意义。

工程造价资料积累的工作量非常大，牵涉面也非常广，应当依靠各级政府有关部门和行业组织进行组织管理。

2．资料数据库的建立和网络化管理

积极推广使用计算机建立工程造价资料数据库，开发通用的工程造价资料管理程序，可以提高工程造价资料的适用性和可靠性。要建立造价资料数据库，首要的问题是工程的分类与编码。由于

不同的工程在技术参数和工程造价组成方面有较大的差异，必须把同类型工程合并在一个数据库文件中，而把另一类型工程合并到另一数据库文件中去。为了便于进行数据的统一管理和信息交流，必须设计出一套科学、系统的编码体系。

有了统一的工程分类与相应的编码之后，就可进行数据的搜集、整理和输入工作，从而得到不同层次的造价资料数据库。工程造价资料数据库的建立必须严格遵守统一的标准和规范。

3．工程造价资料信息化建设

工程造价资料信息化是以工程造价资料为基础，以计算机技术、通信技术等现代信息技术在工程造价活动中的应用为主要内容，以工程造价信息专门技术的研发和专门人才培养为支撑，实现工程造价活动由传统信息获取、加工、处理和纸上信息等方式向现代电子、网络方式转变，实现工程造价信息资源深度开发和利用的过程。

（四）工程造价资料的运用

1．作为编制固定资产投资计划的参考，用以进行建设成本分析

由于基建支出不是一次性投入，一般是分年逐次投入，因此可以采用下面的公式把各年发生的建设成本折合为现值：

$$z=\sum_{k=1}^{n}T_k(1+i)^{-k}$$

式中，Z——建设成本现值；

T_k——建设期间第k年投入的建设成本；

k——实际建设工期年限；

i——折现率。

在这个基础上，还可以用以下公式计算出建设成本节约额和建设成本降低率（当二者为负数时，表明的是成本超支的情况）：

$$\text{建设成本节约额=批准概算现值-建设成本现值} \tag{3.6.2}$$

$$\text{建设成本降低率}=\frac{\text{建设成本节约额}}{\text{批量概算}}\times 100\% \tag{3.6.3}$$

还可以按建设成本构成把实际数与概算数加以对比。对建筑安装工程投资，要分别从实物工程量和价格两方面对实际数与概算数进行对比。对设备工器具投资，则要从设备规格数量、设备实际价格等方面与概算进行对比。将各种比较的结果综合在一起，可以比较全面地描述项目投入实施的情况。

2．进行单位生产能力投资分析

单位生产能力投资的计算公式是：

$$\text{建设成本降低率}=\frac{\text{全部投资完成额(现值)}}{\text{全部新增生产能力(使用能力)}} \tag{3.6.4}$$

在其他条件相同的情况下，单位生产能力投资越小则投资效益越好。计算的结果可与类似的工程进行比较，从而评价该建设工程的效益。

3．作为编制投资估算的重要依据

设计单位的设计人员在编制估算时一般采用类比的方法，因此需要选择若干个类似的典型工程加以分解、换算和合并，并考虑到当前的设备与材料价格情况，最后得出工程的投资估算额。有了工程造价资料数据库，设计人员就可以从中挑选出所需要的典型工程，运用计算机进行适当的分解

与换算，加上设计人员的经验和判断，最后得出较为可靠的工程投资估算额。

4．作为编制初步设计概算和审查施工图预算的重要依据

在编制初步设计概算时，有时要用类比的方式进行编制。这种类比法比估算要细致深入，可以具体到单位工程甚至分部工程的水平上。在限额设计和优化设计方案的过程中，设计人员可能要反复修改设计方案，每次修改都希望能得到相应的概算。具有较多的典型工程资料是十分有益的。多种工程组合的比较不仅有助于设计人员探索造价分配的合理方式，还有助于设计人员为修改设计方案提供可行途径。

施工图预算编制完成之后，需要有经验的造价管理人员进行审查，以确定其正确性。可以通过造价资料的运用得到帮助。可从造价资料中选取类似资料，将其造价与施工图预算进行比较，从中发现施工图预算是否有偏差和遗漏。由于设计变更、材料调价等因素所带来的造价变化，在施工图预算阶段往往无法事先估计到，此时参考以往类似工程的数据，有助于预见到这些因素发生的可能性。

5．作为确定招标控制价和投标报价的参考资料

在为建设单位制订招标控制价或施工单位投标报价的工作中，无论是用工程量清单计价还是用定额计价法，工程造价资料都可以发挥重要作用。它可以向甲、乙双方指明类似工程的实际造价及其变化规律，使得甲、乙双方都可以对未来将发生的造价进行预测和准备，从而避免招标控制价和报价的盲目性。尤其是在工程量清单计价方式下，投标人自主报价，没有统一的参考标准，除了根据有关政府机构颁布的人工、材料、机械价格指数外，更大程度上依赖于企业已完工程的历史经验。这对于工程造价资料的积累分析就提出了很高的要求，不仅需要总造价及专业工程的造价分析资料，还需要更加具体的、与工程量清单计价规范相适应的各分项工程的综合单价资料。此外，还需要从企业历年来完成的类似工程的综合单价的发展趋势获取企业的技术能力和发展能力水平变化的信息。

6．作为技术经济分析的基础资料

由于不断地搜集和积累工程在建期间的造价资料，所以到结算和决算时能简单容易地得出结果。造价信息的及时反馈，使得建设单位和施工单位都可以尽早地发现问题，并及时予以解决。这也正是使对造价的控制由静态转入动态的关键所在。

7．作为编制各类定额的基础资料

通过分析不同种类分部分项工程造价，了解各分部分项工程中各类实物量消耗，掌握各分部分项工程预算和结算的对比结果，造价管理部门就可以发现原有定额是否符合实际情况，从而提出修改的方案。对于新工艺和新材料，也可以从积累的资料中获得编制新增定额的有用信息。概算定额和估算指标的编制与修订，也可以从造价资料中得到参考依据。

8．用以测定调价系数、编制造价指数

为了计算各种工程造价指数（如材料费价格指数、人工费价格指数、直接工程费价格指数、建筑安装工程价格指数、设备及工器具价格指数、工程造价指数、投资总量指数等），必须选取若干个典型工程的数据进行分析与综合，在此过程中，已经积累起来的造价资料可以充分发挥作用。

9．用以研究同类工程造价的变化规律

造价管理部门可以在拥有较多的同类工程造价资料的基础上，研究出各类工程造价的变化规律。

三、工程造价指数的编制和动态管理

（一）指数的概念和分类

1．指数的概念

指数是用来统计研究社会经济现象数量变化幅度和趋势的一种特有的分析方法和手段。指数有广义和狭义之分。广义的指数指反映社会经济现象变动与差异程度的相对数。如产值指数、产量指数、进口额指数等。而从狭义上说，统计指数是用来综合反映社会经济现象复杂总体数量变动状况的相对数。所谓复杂总体，是指数量上不能直接加总的总体。例如，不同的产品和商品，有不同的使用价值和计量单位，不同商品的价格也以不同的使用价值和计量单位为基础，都是不同度量的事物，是不能直接相加的。但通过狭义的统计指数就可以反映出不同度量的事物所构成的特殊总体变动或差异程度。例如，物价总指数、成本总指数等。

2．指数的分类

（1）指数按其所反映的现象范围的不同，分为个体指数、总指数。个体指数是反映个别现象变动情况的指数。如，个别产品的产量指数、个别商品的价格指数等。总指数是综合反映不能同度量的现象动态变化的指数。如，工业总产量指数、社会商品零售价格总指数等。

（2）指数按其所反映的现象的性质不同，分为数量指标指数和质量指标指数。数量指标指数是综合反映现象总的规模和水平变动情况的指数。如，商品销售量指数、工业产品产量指数、职工人数指数等。质量指标指数是综合反映现象相对水平或平均水平变动情况的指数。如，产品成本指数、价格指数、平均工资水平指数等。

（3）指数按照采用的基期不同，分为定基指数和环比指数。当对一个时间数列进行分析时，计算动态分析指标通常用不同时间的指标值作对比。在动态对比时作为对比基础时期的水平，叫基期水平；所要分析的时期（与基期相比较的时期）的水平，叫报告期水平或计算期水平。定基指数是指各个时期指数都是采用同一固定时期为基期计算的，表明社会经济现象对某一固定基期的综合变动程度的指数。环比指数是以前一时期为基期计算的指数，表明社会经济现象对上一期或前一期的综合变动的指数。定基指数或环比指数可以连续将许多时间的指数按时间顺序加以排列，形成指数数列。

（4）指数按其所编制的方法不同，分为综合指数和平均数指数。综合指数是通过确定词度量因素，把不能同度量的现象过渡为可以同度量的现象，采用科学方法计算出两个时期的总量指标并进行对比而形成的指数。平均数指数是从个体指数出发，通过对个体指数加权平均计算而形成的指数。

1）综合指数是总指数的基本形式。计算总指数的目的，在于综合测定由不同度量单位的许多商品或产品所组成的复杂现象总体数量方面的总动态。综合指数的编制方法是先综合后对比。因此，综合指数主要解决不同度量单位的问题，使不能直接加总的不同使用价值的各种商品或产品的总体，改变成为能够进行对比的两个时期的现象的总体。综合指数可以把各种不能直接相加的现象还原为价值形态，先综合（相加），然后再进行对比（相除），从而反映观测对象的变化趋势。

2）平均数指数是综合指数的变形。综合指数虽然能最完整地反映所研究现象的经济内容，但其编制时需要全面资料，即对应的两个时期的数量指标和质量指标的资料。但在实践中，要取得这样全面的资料往往是困难的。因此，实践中可用平均数指数的形式来编制总指数。所谓平均数指数，是以个体指数为基础，通过对个体指数计算加权平均数编制的总指数。

（二）工程造价指数及其特性分析

1．工程造价指数的概念及其编制的意义

在建筑市场供求和价格水平发生经常性波动的情况下，建设工程造价及其各组成部分也处于不断变化之中，这不仅使不同时期的工程在“量”与“价”两方面都失去可比性，也给合理确定和有效控制造价造成了困难。根据工程建设的特点，编制工程造价指数是解决这些问题的最佳途径。以合理方法编制的工程造价指数，不仅能够较好地反映工程造价的变动趋势和变化幅度，而且可用以剔除价格水平变化对造价的影响，正确反映建筑市场的供求关系和生产力发展水平。

工程造价指数是反映一定时期由于价格变化对工程造价影响程度的一种指标，它是调整工程造价价差的依据。工程造价指数反映了报告期与基期相比的价格变动趋势，利用它来研究实际工作中的下列问题很有意义：

（1）可以利用工程造价指数分析价格变动趋势及其原因。

（2）可以利用工程造价指数预计宏观经济变化对工程造价的影响。

（3）工程造价指数是工程承发包双方进行工程估价和结算的重要依据。

2．工程造价指数的内容及其特征

根据第一章所描述的工程造价的构成，工程造价指数的内容应该包括以下几种。

（1）各种单项价格指数。这其中包括了反映各类工程的人工费、材料费、施工机械使用费报告期价格对基期价格的变化程度的指标。可利用它研究主要单项价格变化的情况及其发展变化的趋势。其计算过程可以简单表示为报告期价格与基期价格之比。以此类推，可以把各种费率指数也归于其中，例如，措施费指数、间接费指数，甚至工程建设其他费用指数等。这些费率指数的编制可以直接用报告期费率与基期费率之比求得。很明显，这些单项价格指数都属于个体指数。其编制过程相对比较简单。

（2）设备、工器具价格指数。设备、工器具的种类、品种和规格很多。设备、工器具费用的变动通常是由两个因素引起的，即设备、工器具单件采购价格的变化和采购数量的变化，并且工程所采购的设备、工器具是由不同规格、木同品种组成的，因此设备、工器具价格指数属于总指数。由于采购价格与采购数量的数据无论是基期还是报告期都比较容易获得，因此设备、工器具价格指数可以用综合指数的形式来表示。

（3）建筑安装工程造价指数。建筑安装工程造价指数也是一种综合指数，其中包括了人工费指数、材料费指数、施工机械使用费指数以及措施费、间接费等各项个体指数的综合影响。由于建筑安装工程造价指数相对比较复杂，涉及的方面较广，利用综合指数来进行计算分析难度较大。因此，可以通过对各项个体指数的加权平均，用平均数指数的形式来表示。

（4）建设项目或单项工程造价指数。该指数是由设备、工器具指数、建筑安装工程造价指数、工程建设其他费用指数综合得到的。它也属于总指数，并且与建筑安装工程造价指数类似，一般也用平均数指数的形式来表示。

当然，根据造价资料的期限长短来分类，也可以把工程造价指数分为时点造价指数、月指数、季指数和年指数等。

（三）工程造价指数的编制

1．各种单项价格指数的编制

（1）人工费、材料费、施工机械使用费等价格指数的编制。这种价格指数的编制可以直接用报告期价格与基期价格相比后得到。其计算公式如下：

$$人工费（材料费、施工机械使用费）价格指数=P_n/P_o \tag{3.6.5}$$

式中，P_o——基期人工日工资单价（材料价格、机械台班单价）；

P_n——报告期人工日工资单价（材料价格、机械台班单价）。

（2）企业管理费及工程建设其他费等费率指数的编制。其计算公式如下：

$$企业管理费（工程建设其他费）费率指数= P_1/P_o \tag{3.6.6}$$

式中，P_o——基期企业管理费（工程建设其他费）费率；

P_1——报告期企业管理费（工程建设其他费）费率。

2．设备、工器具价格指数的编制

如前所述，设备工器具价格指数是用综合指数形式表示的总指数。运用综合指数计算总指数时，一般要涉及两个因素：一个是指数所要研究的对象，叫指数化因素；另一个是将不能同度量现象过渡为可以同度量现象的因素，叫同度量因素。当指数化因素是数量指标时，这时计算的指数称为数量指标指数；当指数化因素是质量指标时，这时的指数称为质量指标指数。很明显，在设备、工器具价格指数中，指数化因素是设备、工器具的采购价格，同度量因素是设备工器具的采购数量。因此，设备、工器具价格指数是一种质量指标指数。

（1）同度量因素的选择。既然已经明确了设备、工器具价格指数是一种质量指标指数，那么同度量因素应该是数量指标，即设备、工器具的采购数量。这样就会面临一个新的问题，即应该选择基期计划采购数量为同度量因素，还是选择报告期实际采购数量为同度量因素。由同度量因素选择的不同，可分为拉斯贝尔体系和派许体系。拉斯贝尔体系主张采用基期指标作为同度量因素，而派许体系主张采用报告期指标作为同度量因素。根据统计学的一般原理，确定同度量因素的一般原则是：质量指标指数应当以报告期的数量指标作为同度量因素，即使用派氏公式，派氏质量指标K_p计算公式为

$$K_p = \frac{\sum q_1 p_1}{\sum q_1 p_o} \tag{3.6.7}$$

而数量指标指数则应以基期的质量指标作为同度量因素，即使用拉氏公式，拉氏数量指标K_q计算公式为

$$K_q = \frac{\sum q_1 p_o}{\sum q_o p_o} \tag{3.6.8}$$

（2）设备、工器具价格指数的编制。考虑到设备、工器具的采购品种很多，为简化起见，计算价格指数时可选择其中用量大、价格高、变动多的主要设备工器具的购置数量和单价进行计算，按照派氏公式进行计算如下：

$$设备、工器具价格指数=\frac{\sum(报告期设备工器具单价\times报告期购置数量)}{\sum(机器设备工器具单价\times报告期购置数量)} \tag{3.6.9}$$

3．建筑安装工程价格指数

与设备、工器具价格指数类似，建筑安装工程价格指数也属于质量指标指数，所以也应用派氏公式计算。但考虑到建筑安装工程价格指数的特点，所以用综合指数的变形即平均数指数的形式表示。

（1）平均数指数。从理论上说，综合指数是计算总指数的比较理想的形式，因为它不仅可以反映事物变动的方向与程度，而且可以用分子与分母的差额直接反映事物变动的实际经济效果。然而，在利用派氏公式计算质量指标指数时，需要掌握$\sum p_0 q_1$（基期价格乘报告期数量之积的和），这是比较困难的。而相比而言，基期和报告期的费用总值（$\sum p_0 q_0$，$\sum p_1 q_1$）却是比较容易获得的资料。因

此，我们就可以在不违反综合指数的一般原则的前提下，改变公式的形式而不改变公式的实质，利用容易掌握的资料来推算不容易掌握的资料，进而再计算指数，在这种背景下所计算的指数即为平均数指数。利用派氏综合指数进行变形后计算得出的平均数指数称为加权调和平均数指数。其计算过程如下：

设$k=p_1/p_0$表示个体价格指数，则派氏综合指数可以表示为

$$派氏价格指数=\frac{\sum q_1 p_1}{\sum q_1 p_0}=\frac{\sum q_1 p_1}{\sum \frac{1}{k} q_1 p_1} \quad (3.6.10)$$

其中，$\frac{\sum q_1 p_1}{\sum \frac{1}{k} q_1 p_1}$即为派氏综合指数变形后的加权调和平均数指数。

（2）建筑安装工程造价指数的编制。根据加权调和平均数指数的推导公式，可得建筑安装工程造价指数的编制如下（由于利润率和税率通常不会变化，可以认为其单项价格指数为1）：

$$建筑安装工程=\frac{报告期建筑安装工程费}{\frac{报告期人工费}{人工费指数}+\frac{报告期材料费}{材料费指数}+\frac{报告期施工机具使用费}{施工机具使用费指数}+\frac{报告期企业管理费}{企业管理费指数}+利润+规费+税金} \quad (3.6.11)$$

4．建设项目或单项工程造价指数的编制

建设项目或单项工程造价指数是由建筑安装工程造价指数，设备、工器具价格指数和工程建设其他费用指数综合而成的。与建筑安装工程造价指数相类似，其计算也应采用加权调和平均数指数的推导公式，其计算公式如下：

$$建设项目或项目工程指数=\frac{报告期建设荐目或单项工程造价}{\frac{报告期建筑安装工程费}{建筑安装工程造价指数}+\frac{报告期设备、工器具费}{设备、工器具价格指数}+\frac{报告期工程建设其他费用}{工程建设其他费用指数}} \quad (3.6.12)$$

编制完成的工程造价指数有很多用途，比如可以作为政府对建设市场宏观调控的依据，也可以作为工程估算以及概预算的基本依据。当然，其最重要的作用是在建设市场的交易过程中，为承包商投标报价提供依据，此时的工程造价指数也可称为投标价格指数，具体的表现形式如表3.6.8所示。

表 3.6.8　××省 2011～2012 年住宅建筑工程造价指数表

项目	2011年一季度	2011年二季度	2011年三季度	2011年四季度	2012年一季度	2012年二季度
多层（6层以下）	107.7	109.2	114.6	110.8	110.2	108.9
小高层（7～12层）	108.4	110.0	114.6	111.4	110.7	109.5
高层（12层以上）	108.4	110.0	114.6	111.4	110.7	109.6
综合	108.3	109.8	114.6	111.3	110.7	109.4

（四）工程造价信息的动态管理

1．工程造价信息管理的基本原则

工程造价的信息管理是指对信息的搜集、加工整理、储存、传递与应用等一系列工作的总称。其目的就是通过有组织的信息流通，使决策者能及时、准确地获得相应的信息。为了达到工程造价信息动态管理的目的，在工程造价信息管理中应遵循以下基本原则。

（1）标准化原则。要求在项目的实施过程中对有关信息的分类进行统一，对信息流程进行规范，力求做到格式化和标准化，从组织上保证信息流通过程的效率。

（2）有效性原则。工程造价信息应针对不同层次管理者的要求进行适当加工，针对不同管理层提供不同要求和浓缩程度的信息。这一原则是为了保证信息产品对于决策支持的有效性。

（3）定量化原则。工程造价信息不应是项目实施过程中产生数据的简单记录，应该是经过信息处理人员的比较与分析。采用定量化原则对有关数据进行分析和比较是十分必要的。

（4）时效性原则。考虑到工程造价计价与控制过程的时效性，工程造价信息也应具有相应的时效性，以保证信息产品能够及时服务于决策。

（5）高效处理原则。通过采用高性能的信息处理工具（如，工程造价信息管理系统），尽量缩短信息在处理过程中的延迟。

2．我国目前工程造价信息管理的现状及问题

（1）我国工程造价信息管理的现状。在市场经济中，由于市场机制的作用和多方面的影响，工程造价的运动变化更快、更复杂。在各种情况下，工程承发包者单独、分散地进行工程造价信息的搜集、加工，不但工作困难，而且成本很高。工程造价信息是一种具有共享性的社会资源。因此，政府工程造价主管部门利用自己信息系统的优势，对工程造价提供信息服务，其社会和经济效益是显而易见的。我国目前的工程造价信息管理主要以国家和地方政府主管部门为主，通过各种渠道进行工程造价信息的搜集、处理和发布，随着我国的建设市场越来越成熟，企业规模不断扩大，一些工程咨询公司和工程造价软件公司也加入了工程造价信息管理的行列。

1）全国工程造价信息系统的建立和完善。随着工程造价管理的不断发展，国家对工程造价的管理逐渐由直接管理转变为间接管理。国家制定统一的清单工程量计算规则，编制全国统一工程项目编码和定期公布人工、材料、机械等价格的信息。随着计算机网络技术的广泛应用，国家也已建立工程造价信息网，定期发布价格信息及其产业政策，为各地方主管部门、各咨询机构、其他造价编制和审定等单位提供基础数据。同时，通过工程造价信息网，采集各地、各企业的工程实际数据和价格信息。主管部门及时据实际情况，制定新的政策法规，颁布新的价格指数等。各企业、地方主管部门可以通过该造价信息网，及时获得相关的信息。

2）地区工程造价信息系统的建立和完善。由于各个地区的生产力发展水平不一致，经济发展不平衡，各地价格差异较大。因此，各地区造价管理部门通过建立地区性造价信息系统，定期发布反映市场价格水平的价格信息和调整指数；依据本地区的经济、行业发展情况制定相应的政策措施。通过造价信息系统，地区主管部门可以及时发布价格信息、政策规定等。同时，通过选择本地区多个具有代表性的固定信息采集点或通过吸收各企业作为基本信息网员，搜集本地区的价格信息，实际工程信息，作为本地区造价政策制定价格信息的数据和依据，使地区主管部门发布的信息更具有实用性、市场性、指导性。目前，全国各地区基本建立了工程造价信息网。

3）随着工程量清单计价方法的推广和完善，使得企业对工程造价信息的需求更趋时效性。施工企业迫切需要建立自己的造价资料数据库，但由于大多数施工企业在规模和能力上都达不到这一要求，因此这些工作在很大程度上委托给工程造价咨询公司或工程造价软件公司去完成，这是我国《建设工程工程量清单计价规范》GB 50500颁布实施后工程造价信息管理出现的新的趋势。

（2）我国工程造价信息管理目前存在的问题。

1）对信息的采集、加工和传播缺乏统一规划、统一编码、系统分类，信息系统开发与资源拥有处于分散状态，无法达到信息资源共享和优势互补，更多的管理者满足于目前的表面信息，忽略了信息深加工。

2）信息网建设有待完善。现有工程造价网多为造价站或咨询公司所建，网站内容主要为定额颁布、价格信息、相关文件转发、招投标信息发布、企业或公司介绍等；网站只是将已有的造价信息在网站上显示出来，缺乏对这些信息的整理与分析；信息维护更新速度慢，不能满足信息市场的需要。

3）定额计价方法下积累的信息资料与清单计价方法标准不符，不能完全实现和工程量清单计价法的接轨。由于目前项目前期造价资料以定额计价方法为主，定额项目的划分与清单项目的划分口径不统一，信息的分类、采集、加工处理等的标准不一致，没有统一的范式和标准，数据格式与存取方式不一致，造成了前期造价资料不能直接应用于清单应用阶段，不能满足清单计价方法的要求，而需要根据要求不断地进行调整。

3．工程造价信息的管理

（1）发展造价信息咨询业，建立不同层次的造价信息动态管理体系。目前，我国造价信息的提供仍以政府主管部门为主导，造价信息咨询行业的发展相对滞后。国外工程造价行业一直十分重视工程造价信息的搜集和积累，他们设有专门的机构搜集、整理各种工程造价信息，分析、测算各种工程造价指数，并通过工程造价信息平台提供给业界参考使用。英国有三种层次的造价信息，分别为政府层次、专业团体层次和企业层次。政府层次是指英国的建筑业行业管理部门贸工部，下设建筑市场情报局，专门搜集、整理工程建设领域人工、材料、机械等的价格信息，测算各类建设工程的投标指数和造价指数，每季度定期向社会公布人工、材料、机械等的价格信息和各类建设工程的投标指数、造价指数，指引和规范工程造价的确定。专业团层次主要是指以英国皇家测量师学会为代表的专业团体发布的造价信息。这些专业团体设有专门的机构搜集、整理各种工程造价信息，分析、测算各种工程造价指数，并有偿提供给业界参考使用。企业层次是指大多数测量师行、咨询公司和一些大型的工程承包商发布的造价信息。美国也有三种层次的造价信息。政府部门发布建设成本指南、最低工资标准等综合造价信息；民间组织像S—T、ENR（Engineering News—Record）等许多咨询公司负责发布工料价格、建设造价指数、房屋造价指数等方面的造价信息；专业咨询公司搜集、处理、存储大量已完工项目的造价统计信息，以供造价工程师在确定工程造价和审计工程造价时借鉴和使用。国外在工程造价信息管理方面有比较成熟的方法及管理体系，我国可借鉴国外工程造价信息管理的理论研究及实践经验，并结合我国的实际情况建立自身的工程造价信息动态管理体系。

（2）工程造价管理信息化。工程造价管理信息化指的是工程造价信息资源的开发和应用，以及信息技术在工程造价管理中的开发和应用。在工程项目建设中，面对浩瀚的材料名称和品种，瞬息万变的材料价格，显然依靠传统的信息获取、加工、处理方式和纸上信息远远不能满足要求。随着我国计算机和网络技术的发展，信息传播网络为工程造价信息化管理提供了一个非常好的环境和基础，同时也培训锻炼了一批专业人才；互联网技术使远程工程造价咨询活动成为可能，也使全面推行工程造价管理信息化成为可能。针对我国目前正在大力推广的工程量清单计价制度，工程造价管理应适应建设市场的新形势，围绕为工程建设市场服务，为工程造价管理改革服务这条主线，加快信息化建设，形成对工程造价信息的动态管理。

（3）工程造价信息化建设。

1）制定工程造价信息化管理发展规划。根据住房和城乡建设部《2011—2015年建筑业信息化发展纲要》，进一步加强工程造价信息化建设，不断提高信息技术应用水平，促进建筑业技术进步和管理水平提升。完善建筑行业与企业信息化标准体系和相关的信息化标准，推动信息资源整合，提高信息综合利用水平。制定出一整套目标明确、可操作性强的信息化发展规划方案，指定专人负责，做好相关资料搜集，信息化技术培训等基础工作。

2）加快有关工程造价软件和网络的发展。为加大信息化建设的力度，全国工程造价信息网正在与各省信息网联网，这样全国造价信息网联成一体，用户可以很容易地查阅到全国、各省、各市的数据，从而大大提高各地造价信息网的使用效率。工程造价信息网包括建设工程人工、材料、机械设备价格信息系统；建设工程造价指标信息系统及有关建设工程政策、工程定额、造价工程师和工程造价咨询和机构等信息。同时把与工程造价信息化有关的企业组织起来，加强交流、协作，避免低层次、低水平的重复开发，鼓励技术创新，淘汰落后，不断提高信息化技术在工程造价中的应用水平。实现网络资源高度共享和及时处理，从根本上改变信息不对称的滞后状况。

3）发展工程造价信息化，推进造价信息的标准化工作。工程造价信息标准化工作，包括组织编制建设工程人工、材料、机械、设备的分类及标准代码，工程项目分类标准代码，各类信息采集及传输标准格式等工作，造价信息的标准化工作将为全国工程造价信息化的发展提供基础。

4）加快培养工程造价管理信息化人才。工程造价管理部门正通过各种手段与媒介，大力宣传信息化的重要性，以加快工程造价管理人员的信息素质培养，提高工作效率和工作质量。同时，随着信息系统专业化程度的提高，信息系统的运行维护和使用都需要配备专业的人员。工程造价管理部门已开始大力加强对管理人员和业务人员信息化知识的宣传普及、应用技能的培训，目的是培养出大量可以适应工程造价管理信息化发展的人才，建立一支强大的信息技术开发与应用专业队伍，以满足工程造价管理信息化建设的需要。

第四章　建设项目决策和设计阶段工程造价的预测

第一节　投资估算的编制

一、项目决策阶段影响工程造价的主要因素

（一）项目决策的概念

项目决策是指投资者在调查分析、研究的基础上，选择和决定投资行动方案的过程，是对拟建项目的必要性和可行性进行技术经济论证，对不同建设方案进行技术经济比较并作出判断和决定的过程。项目决策的正确与否，直接关系到项目建设的成败，关系到工程造价的高低及投资效果的好坏。总之，项目投资决策是投资行动的准则，正确的项目投资行动来源于正确的项目投资决策，正确的决策是正确估算和有效控制工程造价的前提。

（二）项目决策与工程造价的关系

1．项目决策的正确性是工程造价合理性的前提

项目决策正确，意味着对项目建设做出科学的决断，优选出最佳投资行动方案，达到资源的合理配置，在此基础上合理地估算工程造价，并且在实施最优投资方案过程中，有效控制工程造价。项目决策失误，例如项目选择的失误、建设地点的选择错误，或者建设方案的不合理等，都会带来不必要的资金投入，甚至造成不可弥补的损失。因此，为达到工程造价的合理性，事先就要保证项目决策的正确性，避免决策失误。

2．项目决策的内容是决定工程造价的基础

决策阶段是项目建设全过程的起始阶段，决策阶段的工程计价对项目全过程的造价起着宏观控制的作用。决策阶段各项技术经济决策，对该项目的工程造价有重大影响，特别是建设标准的确定、建设地点的选择、工艺的评选、设备的选用等，直接关系到工程造价的高低。据有关资料统计，在项目建设各阶段中，投资决策阶段影响工程造价的程度最高，达到70%～90%。因此，决策阶段是决定工程造价的基础阶段。

3．项目决策的深度影响投资估算的精确度

投资决策是一个由浅入深、不断深化的过程，不同阶段决策的深度不同，投资估算的精度也不同。如在投资机会和项目建议书阶段，投资估算的误差率在±30%左右；而在详细可行性研究阶段，误差率在±10%以内。在项目建设的各个阶段，通过工程造价的确定与控制，形成相应的投资估算、设计概算、施工图预算、合同价、结算价和竣工决算价，各造价形式之间存在着前者控制后者，后者补充前者的相互作用关系。因此，只有加强项目决策的深度，采用科学的估算方法和可靠的数据资料，合理地计算投资估算，才能保证其他阶段的造价被控制在合理范围，避免“三超”现象的发生，继而实现投资控制目标。

4．工程造价的数额影响项目决策的结果

项目决策影响着项目造价的高低以及拟投入资金的多少，反之亦然。项目决策阶段形成的投资

估算是进行投资方案选择的重要依据之一，同时也是决定项目是否可行及主管部门进行项目审批的参考依据。因此，项目投资估算的数额，从某种程度上也影响着项目的决策。

（三）影响工程造价的主要因素

在项目决策阶段，影响工程造价的主要因素包括：建设规模、建设地区及建设地点（厂址）、技术方案、设备方案、工程方案、环境保护措施等。

1. 建设规模

建设规模也称项目生产规模，是指项目在其设定的正常生产营运年份可能达到的生产能力或者使用效益。在项目决策阶段应选择合理的建设规模，以达到规模经济的要求。但规模扩大所产生的效益不是无限的，它受到技术进步、管理水平、项目经济技术环境等多种因素的制约。制约项目规模合理化的主要因素包括市场因素、技术因素以及环境因素等几个方面。合理地处理好这几方面的关系，对确定项目合理的建设规模，从而控制好投资十分重要。

（1）市场因素。市场因素是确定建设规模需考虑的首要因素。

1）市场需求状况是确定项目生产规模的前提。通过对产品市场需求的科学分析与预测，在准确把握市场需求状况、及时了解竞争对手情况的基础上，最终确定项目的最佳生产规模。一般情况下，项目的生产规模应以市场预测的需求量为限，并根据项目产品市场的长期发展趋势作相应调整，确保所建项目在未来能够保持合理的盈利水平和持续发展的能力。

2）原材料市场、资金市场、劳动力市场等对建设规模的选择起着不同程度的制约作用。如，项目规模过大可能导致原材料供应紧张和价格上涨；造成项目所需投资资金的筹集困难和资金成本上升等，从而制约项目的规模。

3）市场价格分析是制定营销策略和影响竞争力的主要因素。市场价格预测应综合考虑影响预期价格变动的各种因素，对市场价格做出合理的预测。根据项目具体情况，可选择采用回归法或比价法进行预测。

4）市场风险分析是确定建设规模的重要依据。在可行性研究中，市场风险分析是指对未来某些重大不确定因素发生的可能性及其对项目可能造成的损失进行的分析，并提出风险规避措施。市场风险分析可采用定性分析或定量分析的方法。

（2）技术因素。先进适用的生产技术及技术装备是项目规模效益赖以存在的基础，而相应的管理技术水平则是实现规模效益的保证。若与经济规模生产相适应的先进技术及其装备的来源没有保障，或获取技术的成本过高，或管理水平跟不上，不仅达不到预期的规模效益，还会给项目的生存和发展带来危机，导致项目投资效益低下、工程造价支出严重浪费。

（3）环境因素。项目的建设、生产和经营都离不开一定的社会经济环境，项目规模确定中需考虑的主要环境因素有政策因素、燃料动力供应、协作及土地条件、运输及通信条件。其中，政策因素包括产业政策、投资政策、技术经济政策，以及国家、地区及行业经济发展规划等。特别是为了取得好的规模效益，国家对部分行业的新建项目规模作了下限规定，选择项目规模时应予以遵照执行。

不同行业、不同类型项目确定建设规模，还应分别考虑以下因素：

1）对于煤炭、金属与非金属矿山、石油、天然气等矿产资源开发项目，在确定建设规模时，应充分考虑资源合理开发利用要求和资源可采储量、赋存条件等因素。

2）对于水利水电项目，在确定建设规模时，应充分考虑水的资源量、可开发利用量、地质条件、建设条件、库区生态影响、占用土地以及移民安置等因素。

3）对于铁路、公路项目，在确定建设规模时，应充分考虑建设项目影响区域内一定时期运输量的需求预测，以及该项目在综合运输系统和本系统中的作用，确定线路等级、线路长度和运输能力等因素。

4）对于技术改造项目，在确定建设规模时，应充分研究建设项目生产规模与企业现有生产规模的关系；新建生产规模属于外延型还是外延内涵复合型，以及利用现有场地、公用工程和辅助设施的可能性等因素。

（4）建设规模方案比选。在对以上三方面进行充分考核的基础上，应确定相应的产品方案、产品组合方案和项目建设规模。可行性研究报告应根据经济合理性、市场容量、环境容量以及资金、原材料和主要外部协作条件等方面的研究，对项目建设规模进行充分论证，必要时进行多方案技术经济比较，大型、复杂项目的建设规模论证应研究合理、优化的工程分期，明确初期规模和远景规模。不同行业、不同类型项目在研究确定其建设规模时还应充分考虑其自身特点。项目合理建设规模的确定方法包括：

1）盈亏平衡产量分析法。通过分析项目产量与项目费用和收入的变化关系，找出项目的盈亏平衡点，以探求项目合理建设规模。当产量提高到一定程度，如果继续扩大规模，项目就出现亏损，此点称为项目的最大规模盈亏平衡点。当规模处于这两点之间时，项目盈利，所以这两点是合理建设规模的下限和上限，可作为确定合理经济规模的依据之一。

2）平均成本法、最低成本和最大利润属“对偶现象”。成本最低，利润最大；成本最大，利润最低。因此有人通过以争取达到项目最低平均成本，来确定项目的合理建设规模。

3）生产能力平衡法。在技改项目中，可采用生产能力平衡法来确定合理生产规模。最大工序生产能力法是以现有最大生产能力的工序为标准，逐步填平补齐，成龙配套，使之满足最大生产能力的设备要求。最小公倍数法是以项目各工序生产能力或现有标准设备的生产能力为基础，并以各工序生产能力的最小公倍数为准，通过填平补齐，成龙配套，形成最佳的生产规模。

4）政府或行业规定。为了防止投资项目效率低下和资源浪费，国家对某些行业的建设项目规定了规模界限。投资项目的规模，必须满足这些规定。

经过多方案比较，在初步可行性研究（或项目建议书）阶段，应提出项目建设（或生产）规模的倾向性意见，报上级机构审批。

2．建设地区及建设地点（厂址）

一般情况下，确定某个建设项目的具体地址（或厂址），需要经过建设地区选择和建设地点选择（厂址选择）两个不同层次、相互联系又相互区别的工作阶段。两者之间是一种递进关系。其中，建设地区选择是指在几个不同地区之间对拟建项目适宜配置的区域范围的选择；建设地点选择则是对项目具体坐落位置的选择。

（1）建设地区的选择。建设地区选择的合理与否，在很大程度上决定着拟建项目的命运，影响着工程造价的高低、建设工期的长短、建设质量的好坏，还影响到项目建成后的运营状况。因此，建设地区的选择要充分考虑各种因素的制约，具体要考虑以下因素：

1）要符合国民经济发展战略规划、国家工业布局总体规划和地区经济发展规划的要求。

2）要根据项目的特点和需要，充分考虑原材料条件、能源条件、水源条件、各地区对项目产品需求及运输条件等。

3）要综合考虑气象、地质、水文等建厂的自然条件。

4）要充分考虑劳动力来源、生活环境、协作、施工力量、风俗文化等社会环境因素的影响。

在综合考虑上述因素的基础上，建设地区的选择应遵循以下两个基本原则：

1）靠近原料、燃料提供地和产品消费地的原则。满足这一原则，在项目建成投产后，可以避免原料、燃料和产品的长期远途运输，减少运输费用，降低产品的生产成本，并且缩短流通时间，加快流动资金的周转速度。但这一原则并不是意味着项目安排在距原料、燃料提供地和产品消费地的等距离范围内，而是根据项目的技术经济特点和要求具体对待。例如，对农产品、矿产品的初步加工项目，由于大量消耗原料，应尽可能靠近原料产地；对于能耗高的项目，如铝厂、电石厂等，宜靠近电厂，由此带来的减少电能输送损失所获得的利益，通常大大超过原料、半成品调运中的劳动耗费；而对于技术密集型的建设项目，由于大中城市工业和科学技术力量雄厚，协作配套条件完备、信息灵通，所以其选址宜在大中城市。

2）工业项目适当聚集的原则。在工业布局中，通常是一系列相关的项目聚成适当规模的工业基地和城镇，从而有利于发挥“集聚效益”，对各种资源和生产要素充分利用，便于形成综合生产能力，便于统一建设比较齐全的基础结构设施，避免重复建设，节约投资。此外，还能为不同类型的劳动者提供多种就业机会。

但当工业聚集超越客观条件时，也会带来许多弊端，促使项目投资增加，经济效益下降。这主要是因为：第一，各种原料、燃料需要量大增，原料、燃料和产品的运输距离延长，流通过程中的劳动耗费增加；第二，城市人口相应集中，形成对各种农副产品的大量需求，势必增加城市农副产品供应的费用；第三，生产和生活用水量大增，在本地水源不足时，需要开辟新水源，远距离引水，耗资巨大；第四，大量生产和生活排泄物集中排放，势必造成环境污染、生态平衡破坏，为保持环境质量，不得不增加环境保护费用。当工业集聚带来的“外部不经济性”的总和超过生产集聚带来的利益时，综合经济效益反而下降，这就表明集聚程度已超过经济合理的界限。

（2）建设地点（厂址）的选择。遵照上述原则确定建设区域范围后，具体的建设地点（厂址）的选择又是一项极为复杂的技术经济综合性很强的系统工程，它不仅涉及项目建设条件、产品生产要素、生态环境和未来产品销售等重要问题，受社会、政治、经济、国防等多因素的制约；而且还直接影响到项目建设投资、建设速度和施工条件，以及未来企业的经营管理及所在地点的城乡建设规划与发展。因此，必须从国民经济和社会发展的全局出发，运用系统观点和方法分析决策。

1）选择建设地点（厂址）的要求：

①节约土地，少占耕地，降低土地补偿费用。项目的建设尽量将厂址选择在荒地、劣地、山地和空地，不占或少占耕地，力求节约用地。与此同时，还应注意节省土地的补偿费用，降低工程造价。

②减少拆迁移民数量。项目建设的选址、选线应着眼少拆迁、少移民，尽可能不靠近、不穿越人口密集的城镇或居民区，减少或不发生拆迁安置费，降低工程造价。若必须拆迁移民，应制订详尽的征地拆迁移民安置方案，充分考虑移民数量、安置途径、补偿标准、拆迁安置工作量和所需资金等，作为前期费用计入项目投资成本。

③应尽量选在工程地质、水文地质条件较好的地段，土壤耐压力应满足拟建厂的要求，严防选在断层、熔岩、流沙层与有用矿床上以及洪水淹没区、已采矿坑塌陷区、滑坡区。建设地点（厂址）的地下水位应尽可能低于地下建筑物的基准面。

④要有利于厂区合理布置和安全运行。厂区土地面积与外形能满足厂房与各种构筑物的需要，并适合于按科学的工艺流程布置厂房与构筑物，满足生产安全要求。厂区地形力求平坦而略有坡度（一般5%～10%为宜），以减少平整土地的土方工程量，节约投资，又便于地面排水。

⑤应尽量靠近交通运输条件和水电供应等条件好的地方。建设地点（厂址）应靠近铁路、公路、水路，以缩短运输距离，减少建设投资和未来的运营成本；建设地点（厂址）应设在供电、供热和其他协作条件便于取得的地方，有利于施工条件的满足和项目运营期间的正常运作。

⑥应尽量减少对环境的污染。对于排放大量有害气体和烟尘的项目，不能建在城市的上风口，

以免对整个城市造成污染；对于噪声大的项目，建设地点（厂址）应远离居民集中区，同时，要设置一定宽度的绿化带，以减弱噪声的干扰；对于生产或使用易燃、易爆、辐射产品的项目，建设地点（厂址）应远离城镇和居民密集区。

上述条件的满足与否，不仅关系到建设工程造价的高低和建设期限，还关系到项目投产后的运营状况。因此，在确定厂址时，也应进行方案的技术经济分析、比较，选择最佳建设地点（厂址）。

2）建设地点（厂址）选择时的费用分析。在进行厂址多方案技术经济分析时，除比较上述建设地点（厂址）条件外，还应具有全寿命周期的理念，从以下两方面进行分析：

①项目投资费用。包括土地征购费、拆迁补偿费、土石方工程费、运输设施费、排水及污水处理设施费、动力设施费、生活设施费、临时设施费、建材运输费等。

②项目投产后生产经营费用比较。包括原材料、燃料运入及产品运出费用，给水、排水、污水处理费用，动力供应费用等。

3）建设地点（厂址）方案的技术经济论证。选址方案的技术经济论证，不仅是寻求合理的经济和技术决策的必要手段，还是项目选址工作的重要组成部分。在项目选址工作中，通过实地调查和基础资料的搜集，拟订项目选址的备选方案，并对各种方案进行技术经济论证，确定最佳厂址方案。建设地点（厂址）比较的主要内容有：建设条件比较、建设费用比较、经营费用比较、运输费用比较、环境影响比较和安全条件比较。

3．技术方案

生产技术方案指产品生产所采用的工艺流程和生产方法。在建设规模和建设地区及地点确定后，具体的工程技术方案的确定，在很大程度上影响着工程建设成本以及建成后的运营成本。技术方案的选择直接影响项目的工程造价，因此，必须遵照以下原则，认真评价和选择拟采用的技术方案。

（1）技术方案选择的基本原则：

1）先进适用。这是评定技术方案最基本的标准。保证工艺技术的先进性是首先需要满足的，它能够带来产品质量、生产成本的优势。但在技术方案选择时不能单独强调先进而忽略适用，而应在满足先进的同时，结合我国国情和国力，考察工艺技术是否符合我国的技术发展政策。总之，要根据国情和建设项目的经济效益，综合考虑先进与适用的关系。对于拟采用的工艺，除了必须保证能用指定的原材料按时生产出符合数量、质量要求的产品外，还要考虑与企业的生产和销售条件（包括原有设备能否配套，技术和管理水平、市场需求、原材料种类等）是否相适应，特别要考虑到原有设备能否利用，技术和管理水平能否跟上。

2）安全可靠。项目所采用的技术或工艺，必须经过多次试验和实践证明是成熟的，技术过关、质量可靠、安全稳定、有详尽的技术分析数据和可靠性记录，并且生产工艺的危害程度控制在国家规定的标准之内。只有这样才能确保生产安全、高效运行，发挥项目的经济效益。对于核电站、产生有毒有害和易燃易爆物质的项目（比如，油田、煤矿等）及水利水电枢纽等项目，更应重视技术的安全性和可靠性。

3）经济合理。经济合理是指所用的技术或工艺应讲求经济效益，以最小的消耗取得最佳的经济效果，要求综合考虑所用工艺所能产生的经济效益和国家的经济承受能力。在可行性研究中可能提出几种不同的技术方案，各方案的劳动需要量、能源消耗量、投资数量等可能不同，在产品质量和产品成本等方面可能也有差异，应反复进行比较，从中挑选最经济合理的技术或工艺。

（2）技术方案选择的内容：

1）生产方法选择。生产方法是指产品生产所采用的制作方法，生产方法直接影响生产工艺流程的选择。一般在选择生产方法时，应从以下几个方面着手：①研究分析与项目产品相关的国内外生产方法的优缺点，并预测未来的展趋势，积极采用先进适用的生产方法；②研究拟采用的生产方法是否与采用的原材料相适应，避免出现生产方法与供给原材料不匹配的现象；③研究拟采用生产方法的技术来源的可得性，若采用引进技术或专利，应比较所需费用；④研究拟采用生产方法是否符合节能和清洁的要求，应尽量选择节能环保的生产方法。

2）工艺流程方案选择。工艺流程是指投入物（原料或半成品）经过有序的生产加工，成为产出物（产品或加工品）的过程。选择工艺流程方案的具体内容包括以下几个方面：①研究工艺流程方案对产品质量的保证程度；②研究工艺流程各工序间的合理衔接，工艺流程应通畅、简捷；③研究选择先进合理的物料消耗定额，提高收益；④研究选择主要工艺参数；⑤研究工艺流程的柔性安排，既能保证主要工序生产的稳定性，又能根据市场需求变化，使生产的产品在品种规格上保持一定的灵活性。

3）工艺方案的比选。工艺方案比选的内容包括技术的先进程度、可靠程度和技术对产品质量性能的保证程度、技术对原材料的适应性、工艺流程的合理性、自动化控制水平、估算本国及外国各种工艺方案的成本、成本耗费水平、对环境的影响程度等技术经济指标等。工艺改造项目工艺方案的比选论证，还应与原有的工艺方案进行比较。

比选论证后提出的推荐方案，应绘制主要的工艺流程图，编制主要物料平衡表，主要原材料、辅助材料以及水、电、气等的消耗量等图表。

4．设备方案

在确定生产工艺流程和生产技术后，应根据工厂生产规模和工艺过程的要求，选择设备的型号和数量。设备的选择与技术密切相关，二者必须匹配。没有先进的技术，再好的设备也没用；没有先进的设备，再先进的技术也无法体现。

（1）设备方案选择应符合的要求：

1）主要设备方案应与确定的建设规模、产品方案和技术方案相适应，并满足项目投产后生产或使用的要求。

2）主要设备之间、主要设备与辅助设备之间的生产或使用性能要相互匹配。

3）设备质量应安全可靠、性能成熟，保证生产和产品质量稳定。

4）在保证设备性能前提下，力求经济合理。

5）选择的设备应符合政府部门或专门机构发布的技术标准要求。

（2）设备选用应注意处理的问题：

1）要尽量选用国产设备。凡国内能够制造，且能保证质量、数量和按期供货的设备，原则上必须国内生产，不必从国外进口；凡只要引进关键设备就能由国内配套使用的，就不必成套引进。

2）要注意进口设备之间以及国内外设备之间的衔接配套问题。有时一个项目从国外引进设备时，为了考虑各供应厂家的设备特长和价格等问题，可能分别向几家制造厂购买，这时，就必须注意各厂所供设备之间技术、效率等方面的衔接配套问题。为了避免各厂所供设备不能配套衔接，引进时最好采用总承包的方式。还有一些项目，一部分为进口国外设备，另一部分则引进技术由国内制造。这时，也必须注意国内外设备之间的衔接配套问题。

3）要注意进口设备与原有国产设备、厂房之间的配套问题。主要应注意本厂原有国产设备的质量、性能与引进设备是否配套，以免因国内外设备能力不平衡而影响生产。对于利用原有厂房安装引进设备的项目，应全面掌握原有厂房的结构、面积、高度以及原有设备的情况，以免设备到厂后安装不下或互不适应而造成浪费。

4）要注意进口设备与原材料、备品备件及维修能力之间的配套问题。应尽量避免引进设备所用的主要原料需要进口，如果必须从国外引进时，应安排国内有关厂家尽快研制这种原料。采用进口设备，还必须同时组织国内研制所需备品备件问题，避免有些备件在厂家输出技术或设备之后不久就被淘汰，从而保证设备长期发挥作用。另外，对于进口的设备，还必须懂得设备的操作和维修，否则设备的先进性就可能达不到充分发挥。在外商派人调试安装时，可培训国内技术人员及时学会操作，必要时也可派人出国培训。

5．工程方案

工程方案构成项目的实体。工程方案选择是在已选定项目建设规模、技术方案和设备方案的基础上，研究论证主要建筑物、构筑物的建造方案，包括对于建筑标准的确定。

（1）工程方案选择应满足的基本要求：

1）满足生产使用功能要求。确定项目的工程内容、建筑面积和建筑结构时，应满足生产和使用的要求。分期建设的项目，应留有适当的发展余地。

2）适应已选定的场址（线路走向）。在已选定的场址（线路走向）的范围内，合理布置建筑物、构筑物，以及地上、地下管网的位置。

3）符合工程标准规范要求。建筑物、构筑物的基础、结构和所采用的建筑材料，应符合政府部门或者专门机构发布的技术标准规范要求，确保工程质量。

4）经济合理。工程方案在满足使用功能、确保质量的前提下，力求降低造价、节约建设资金。

（2）工程方案研究内容：

1）一般工业项目的厂房、工业窑炉、生产装置等建筑物、构筑物的工程方案，主要研究其建筑特征（面积、层数、高度、跨度），建筑物、构筑物的结构形式，以及特殊建筑要求（防火、防爆、防腐蚀、隔声、隔热等），基础工程方案，抗震设防等。

2）矿产开采项目的工程方案主要研究开拓方式，根据矿体分布、形态、地质构造等条件，结合矿产品位、可采资源量，确定井下开采或者露天开采的工程方案。这类项目的工程方案将直接转化为生产方案。

3）铁路项目工程方案的主要研究内容包括线路、路基、轨道、桥涵、隧道、站场以及通信信号等方案。

4）水利水电项目工程方案的主要研究内容包括防洪、治涝、灌溉、供水、发电等工程方案。水利水电枢纽和水库工程主要研究坝址、坝型、坝体建筑结构、坝基处理以及各种建筑物、构筑物的工程方案。同时，还应研究提出库区移民安置的工程方案。

6．环境保护措施

建设项目一般会引起项目所在地自然环境、社会环境和生态环境的变化，对环境状况、环境质量产生不同程度的影响。因此，需要在确定场址方案和技术方案时，对所在地的环境条件进行充分的调查研究，识别和分析拟建项目影响环境的因素，并提出治理和保护环境的措施，比选和优化环境保护方案。

（1）环境保护的基本要求：

工程建设项目应注意保护场址及其周围地区的水土资源、海洋资源、矿产资源、森林植被、文物古迹、风景名胜等自然环境和社会环境。其环境保护措施应坚持以下原则：

1）符合国家环境保护相关法律、法规以及环境功能规划的整体要求。

2）坚持污染物排放总量控制和达标排放的要求。

3）坚持“三同时原则”，即环境治理措施应与项目的主体工程同时设计、同时施工、同时投产使用。

4）力求环境效益与经济效益相统一，工程建设与环境保护必须同步规划、同步实施、同步发展，全面规划，合理布局，统筹安排好工程建设和环境保护工作，力求环境保护治理方案技术可行和经济合理。

5）注重资源综合利用和再利用，对项目在环境治理过程中产生的废气、废水、固体废弃物等，应提出回水处理和再利用方案。

（2）环境治理措施方案：

对于在项目建设过程中涉及的污染源和排放的污染物等，应根据其性质的不同，采用有针对性的治理措施。

1）废气污染治理，可采用冷凝、活性炭吸附法、催化燃烧法、催化氧化法、酸碱中和法、等离子法等方法。

2）废水污染治理，可采用物理法（如，重力分离、离心分离、过滤、蒸发结晶、高磁分离等）、化学法（如，中和、化学凝聚、氧化还原等）、物理化学法（如，离子交换、电渗析、反渗透、气泡悬上分离、汽提吹脱、吸附萃取等）、生物法（如，自然氧池、生物滤化、活性污泥、厌氧发酵）等方法。

3）固体废弃物污染治理，有毒废弃物可采用防渗漏池堆存；放射性废弃物可采用封闭固化；无毒废弃物可采用露天堆存；生活垃圾可采用卫生填埋、堆肥、生物降解或者焚烧方式处理；利用无毒害固体废弃物加工制作建筑材料或者作为建材添加物，进行综合利用。

4）粉尘污染治理，可采用过滤除尘、湿式除尘、电除尘等方法。

5）噪声污染治理，可采用吸声、隔声、减振、隔振等措施。

6）建设和生产运营引起环境破坏的治理。对岩体滑坡、植被破坏、地面塌陷、土壤劣化等，也应提出相应治理方案。

（3）环境治理方案比选：

对环境治理的各局部方案和总体方案进行技术经济比较，做出综合评价，并提出推荐方案。环境治理方案比选的主要内容包括：

1）技术水平对比，分析对比不同环境保护治理方案所采用的技术和设备的先进性、适用性、可靠性和可得性。

2）治理效果对比，分析对比不同环境保护治理方案在治理前及治理后环境指标的变化情况，以及能否满足环境保护法律法规的要求。

3）管理及监测方式对比，分析对比各治理方案所采用的管理和监测方式的优缺点。

4）环境效益对比，将环境治理保护所需投资和环保措施运行费用与所获得的收益相比较，并将分析结果作为方案比选的重要依据。效益费用比值较大的方案为优。

二、投资估算的概念和及其编制内容

（一）投资估算的含义及作用

1．投资估算的含义

投资估算是在投资决策阶段，以方案设计或可行性研究文件为依据，按照规定的程序、方法和依据，对拟建项目所需总投资及其构成进行的预测和估计；是在研究并确定项目的建设规模、产品方案、技术方案、工艺技术、设备方案、厂址方案、工程建设方案以及项目进度计划等的基础上，依据特定的方法，估算项目从筹建、施工直至建成投产所需全部建设资金总额并测算建设期各年资金使用计划的过程。投资估算的成果文件称作投资估算书，也简称投资估算。投资估算书是项目建议书或可行性研究报告的重要组成部分，是项目决策的重要依据之一。

投资估算的准确与否不仅影响到可行性研究工作的质量和经济评价结果，而且直接关系到下一阶段设计概算和施工图预算的编制，以及建设项目的资金筹措方案。因此，全面准确地估算建设项目的工程造价，是可行性研究乃至整个决策阶段造价管理的重要任务。

2．投资估算的作用

投资估算作为论证拟建项目的重要经济文件，既是建设项目技术经济评价和投资决策的重要依据，又是该项目实施阶段投资控制的目标值。投资估算在建设工程的投资决策、造价控制、筹集资金等方面都有重要的作用。

（1）项目建议书阶段的投资估算，项目主管部门审批项目建议书的依据之一，也是编制项目规划、确定建设规模的参考依据。

（2）项目可行性研究阶段的投资估算，是项目投资决策的重要依据，也是研究、分析、计算项目投资经济效果的重要条件。当可行性研究报告被批准后，其投资估算额将作为设计任务书中下达的投资限额，即建设项目投资的最高限额，不得随意突破。

（3）项目投资估算是设计阶段造价控制的依据，投资估算一经确定，即成为限额设计的依据，用以对各设计专业实行投资切块分配，作为控制和指导设计的尺度。

（4）项目投资估算可作为项目资金筹措及制订建设贷款的依据，建设单位可根据批准的项目投资估算额，进行资金筹措和向银行申请贷款。

（5）项目投资估算是核算建设项目固定资产投资需要额和编制固定资产投资计划的重要依据。

（6）投资估算是建设工程设计招标：优选设计单位和设计方案的重要依据。在工程设计招标阶段，投标单位报送的投标书中包括项目设计方案、项目的投资估算和经济性分析，招标单位根据投资估算对各项设计方案的经济合理性进行分析、衡量、比较，在此基础上，择优确定设计单位和设计方案。

（二）投资估算的阶段划分与精度要求

1．国外项目投资估算的阶段划分与精度要求

在英、美等国，对一个建设项目从开发设想直至施工图设计期间各阶段项目投资的预计额均称估算，只是因各阶段设计深度、技术条件的不同，对投资估算的准确度要求有所不同。英、美等国把建设项目的投资估算分为以下五个阶段：

（1）投资设想阶段的投资估算。在尚无工艺流程图、平面布置图，也未进行设备分析的情况下，即根据假想条件比照同类已投产项目的投资额，并考虑涨价因素编制项目所需投资额。这一阶段称为毛估阶段，或称比照估算。这一阶段投资估算的意义是判别一个项目是否需要进行下一步工作，此阶段对投资估算精度的要求较低，允许误差大于±30%。

（2）投资机会研究阶段的投资估算。此时应有初步的工艺流程图、主要生产设备的生产能力及项目建设的地理位置等条件，故可套用相近规模厂的单位生产能力建设费用来估算拟建项目所需的投资额，据此初步判断项目是否可行，或审查项目引起投资兴趣的程度。这一阶段称为粗估阶段，或称因素估算，其对投资估算精度的要求误差控制在±30%以内。

（3）初步可行性研究阶段的投资估算。此时已具有设备规格表、主要设备的生产能力和尺寸、项目的总平面布置、各建筑物的大致尺寸、公用设施的初步位置等条件。此时期的投资估算额，可据此决定拟建项目是否可行，或据此列入投资计划。这一阶段称为初步估算阶段，或称认可估算。

其对投资估算精度的要求为误差控制在±20%以内。

（4）详细可行性研究阶段的投资估算。此时项目的细节已经比较清楚，并已进行了建筑材料、设备的询价，亦已进行了设计和施工的咨询，但工程图纸和技术说明尚不完备。可根据此时期的投资估算额进行筹款。这一阶段称为确定估算，或称控制估算。其对投资估算精度的要求为误差控制在± 10%以内。

（5）工程设计阶段的投资估算。此时应具有工程的全部设计图纸、详细的技术说明、材料清单、工程现场勘察资料等，故可根据单价逐项计算，从而汇总出项目所需的投资额。可据此投资估算控制项目的实际建设。这一阶段称为详细估算，或称投标估算。其对投资估算精度的要求为误差控制在±5%以内。

2．我国项目投资估算的阶段划分与精度要求

投资估算涉及项目规划、项目建议书、初步可行性研究、可行性研究等阶段，是项目决策的重要依据之一。投资估算的准确性不仅影响可行性研究工作的质量和经济评价结果，还直接关系到下一阶段设计概算和施工图预算的编制。因此，应全面准确地对建设项目建设总投资进行投资估算。我国建设项目的投资估算可分为以下几个阶段：

（1）项目规划阶段的投资估算。建设项目规划阶段，是指有关部门根据国民经济发展规划、地区发展规划和行业发展规划的要求，编制一个建设项目的建设规划。此阶段是按项目规划的要求和内容，粗略估算建设项目所需投资额，其对投资估算精度的要求为允许误差大于±30%。

（2）项目建议书阶段的投资估算。项目建议书阶段，是指按项目建议书中的产品方案、项目建设规模、产品主要生产工艺、企业车间组成、初选建厂地点等，估算建设项目所需投资额。此阶段项目投资估算是审批项目建议书的依据，是判断项目是否需要进入下一阶段工作的依据，其对投资估算精度的要求为误差控制在±30%以内。

（3）初步可行性研究阶段的投资估算。初步可行性研究阶段，是指在掌握更详细、更深入的资料的条件下，估算建设项目所需投资额。此阶段项目投资估算是初步明确项目方案，为项目进行技术经济论证提供依据，同时是判断是否进行详细可行性研究的依据，其对投资估算精度的要求为误差控制在±20%以内。

（4）可行性研究阶段的投资估算。可行性研究阶段的投资估算较为重要。是对项目进行较详细的技术经济分析，决定项目是否可行，并比选出最佳投资方案的依据。此阶段的投资估算经审查批准后，即是工程设计任务书中规定的项目投资限额，对工程设计概算起控制作用，其对投资估算精度的要求为误差控制在±10%以内。

（三）投资估算的内容

根据《建设项目投资估算编审规程》CECA/GC1—2007规定，投资估算按照编制估算的工程对象划分，包括建设项目投资估算、单项工程投资估算和单位工程投资估算等。投资估算文件一般由封面、签署页、编制说明、投资估算分析、总投资估算表、单项工程估算表、主要技术经济指标等内容组成。

1．投资估算编制说明

投资估算编制说明一般包括以下内容：

（1）工程概况。

（2）编制范围。说明建设项目总投资估算中所包括的和不包括的工程项目和费用；如有几个单位共同编制时，说明分工编制的情况。

（3）编制方法。

（4）编制依据。

（5）主要技术经济指标。包括投资、用地和主要材料用量指标。当设计规模有远、近期不同的考虑时，或者土建与安装的规模不同时，应分别计算后再综合。

（6）有关参数、率值选定的说明。如，地拆迁、供电供水、考察咨询等费用的费率标准选用情况。

（7）特殊问题的说明（包括采用新技术、新材料、新设备、新工艺）；必须说明的价格的确定；进口材料、设备、技术费用的构成与技术参数；不包括项目或费用的必要说明等。

（8）采用限额设计的工程还应对投资限额和投资分解作进一步说明。

（9）采用方案比选的工程还应对方案比选的估算和经济指标作进一步说明。

2．投资估算分析

投资估算分析应包括以下内容：

（1）工程投资比例分析。一般建筑工程要分析土建、装饰、给排水、电气、暖通、空调、动力等主体工程和道路、广场、围墙、大门、室外管线、绿化等室外附属工程占总投资的比例；一般工业项目要分析主要生产项目（列出各生产装置）、辅助生产项目、公用工程项目（给排水、供电和通信、供气、总图运输及外管）、服务性工程、生活福利设施、厂外工程占建设总投资的比例。

（2）分析设备及工器具购置费、建筑工程费、安装工程费、工程建设其他费用、预备费、建设期利息占建设总投资的比例；分析引进设备费用占全部设备费用的比例等。

（3）分析影响投资的主要因素。

（4）与国内类似工程项目的比较，分析说明投资高低的原因。

3．总投资估算

总投资估算包括汇总单项工程估算、工程建设其他费、基本预备费、价差预备费、计算建设期利息等。

4．单项工程投资估算

单项工程投资估算中，应按建设项目划分的各个单项工程分别计算组成工程费用的建筑工程费、设备及工器具购置费和安装工程费。

5．工程建设其他费用估算

工程建设其他费用估算应按预期将要发生的工程建设其他费用种类，逐项详细地估算其费用金额。

6．主要技术经济指标

估算人员应根据项目特点，计算并分析整个建设项目、各单项工程和主要单位工程的主要技术经济指标。

三、投资估算的编制

（一）投资估算的编制依据、要求及步骤

1．投资估算的编制依据

依据建设项目特征、设计文件和相应的工程计价依据，对项目总投资及其构成进行估算，并对主要技术经济指标进行分析。建设项目投资估算编制依据是指在编制投资估算时进行工程计量以及价格确定，与工程计价有关参数、率值确定的基础资料，主要有以下几个方面：

（1）国家、行业和地方政府的有关规定。

（2）拟建项目建设方案确定的各项工程建设内容。

（3）工程勘察与设计文件，图示计量或有关专业提供的主要工程量和主要设备清单。

（4）行业部门、项目所在地工程造价管理机构或行业协会等编制的投资估算办法、投资估算指标、概算指标（定额）、工程建设其他费用定额（规定）、综合单价、价格指数和有关造价文件等。

（5）类似工程的各种技术经济指标和参数。

（6）工程所在地的同期的人工、材料、设备的市场价格，建筑、工艺及附属设备的市场价格和有关费用。

（7）政府有关部门、金融机构等部门发布的价格指数、利率、汇率、税率等有关参数。

（8）与项目建设相关的工程地质资料、设计文件、图纸等。

（9）其他技术经济资料。

2. 投资估算的编制要求

建设项目投资估算编制时，应满足以下要求：

（1）应委托有相应工程造价咨询资质的单位编制。

（2）应根据主体专业设计的阶段和深度，结合各自行业的特点，所采用生产工艺流程的成熟性，以及编制单位所掌握的国家及地区、行业或部门相关投资估算基础资料和数据的合理、可靠、完整程度，采用合适的方法，对建设项目投资估算进行编制。

（3）应做到工程内容和费用构成齐全，不漏项，不提高或降低估算标准，计算合理，不少算、不重复计算。

（4）应充分考虑拟建项目设计的技术参数和投资估算所采用的估算系数、估算指标在质和量方面所综合的内容，应遵循口径一致的原则。

（5）应根据项目的具体内容及国家有关规定等，将所采用的估算系数和估算指标价格、费用水平调整到项目建设所在地及投资估算编制年的实际水平。对于建设项目的边界条件，如建设用地费和外部交通、水、电、通信条件，或市政基础设施配套条件等差异所产生的与主要生产内容投资无必然关联的费用，应结合建设项目的实际情况进行修正。

（6）应对影响造价变动的因素进行敏感性分析，分析市场的变动因素，充分估计物价上涨因素和市场供求情况对项目造价的影响，确保投资估算的编制质量。

（7）投资估算精度应能满足控制初步设计概算要求，并尽量减少投资估算的误差。

3. 投资估算的编制步骤

根据投资估算的不同阶段，主要包括项目建议书阶段及可行性研究阶段的投资估算。可行性研究阶段的投资估算编制一般包含静态投资部分、动态投资部分与流动资金估算三部分，主要包括以下步骤：

（1）分别估算各单项工程所需建筑工程费、设备及工器具购置费、安装工程费，在汇总各单项工程费用的基础上，估算工程建设其他费用和基本预备费，完成工程项目静态投资部分的估算。

（2）在静态投资部分的基础上，估算价差预备费和建设期利息，完成工程项目动态投资部分的估算。

（3）估算流动资金。

（4）估算建设项目总投资。

投资估算编制的具体流程图如图4.1.1所示。

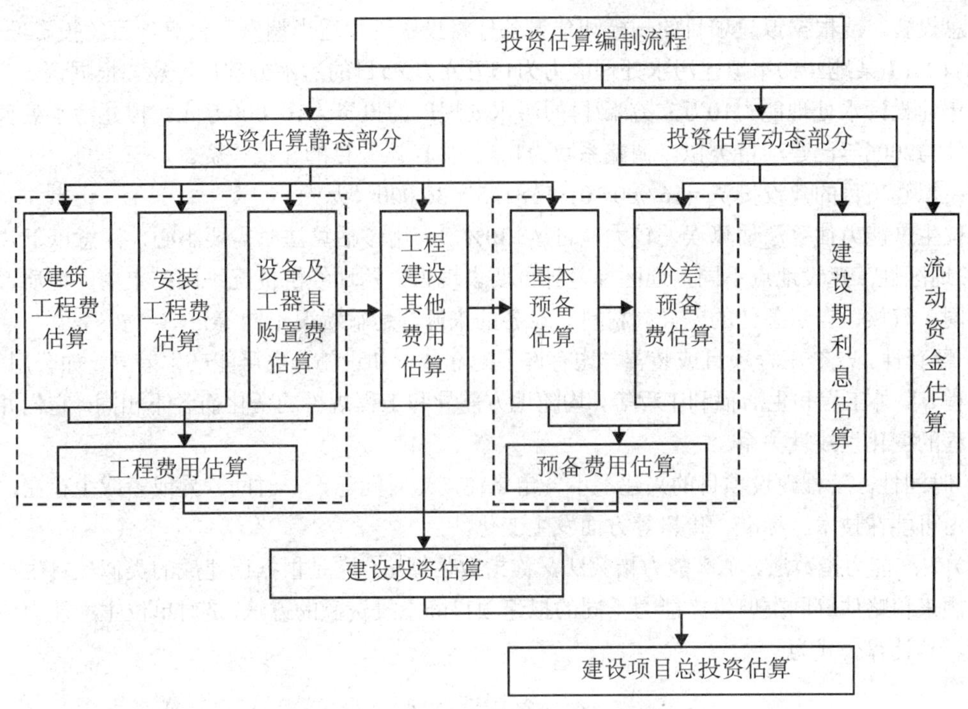

图 4.1.1　建设项目可行性研究阶段投资估算编制流程

（二）静态投资部分的估算方法

静态投资部分估算的方法很多，各有其适用的条件和范围，而且误差程度也不相同。一般情况下，应根据项目的性质、占有的技术经济资料和数据的具体情况，选用适宜的估算方法。在项目规划和建议书阶段，投资估算的精度较低，可采取简单的估算法，如单位生产能力估算法、生产能力指数法、系数估算法、比例估算法或混合法等，在条件允许时，也可采用指标估算法；在可行性研究阶段，投资估算精度要求高，需采用相对详细的投资估算方法，即指标估算法。

1．项目规划和建议书阶段投资估算方法

（1）单位生产能力估算法。单位生产能力估算法是根据已建成的、性质类似的建设项目的单位生产能力投资乘以建设规模，即得到拟建项目的静态投资额的方法。其计算公式为

$$C_2=\left(\frac{C_1}{Q_1}\right)Q_2 f \tag{4.1.1}$$

式中，C_1——已建类似项目的静态投资额；

C_2——拟建项目静态投资额；

Q_1——已建类似项目的生产能力；

Q_2——拟建项目的生产能力；

F——不同时期、不同地点的定额、单价、费用变更等的综合调整系数。

这种方法将项目的建设投资与其生产能力的关系视为简单的线性关系，估算简便迅速。而事实上单位生产能力的投资会随生产规模的增加而减少，因此，这种方法一般只适用于与已建项目在规模和时间上相近的拟建项目，一般两者间的生产能力比值为0.2～2。

另外，由于在实际工作中不易找到与拟建项目完全类似的项目，通常是把项目按其构成的车间、设施和装置进行分解，分别套用类似车间、设施和装置的单位生产能力投资指标计算，然后加总求

得项目总投资，或根据拟建项目的规模和建设条件将投资进行适当调整后估算项目的投资额。

【例4.1.1】某地2010年拟建污水处理能力为15万立方米/日的污水处理厂一座。根据调查，该地区2006年建设污水处理能力10万立方米/日的污水处理厂的投资为16 000万元。拟建污水处理厂的工程条件与2006年已建项目类似。调整系数为1. 5。估算该项目的建设投资。

解：拟建项目的建设投资=(16 000/10)×15×1. 5 = 36 000（万元）

单位生产能力估算法估算误差较大，可达±30%，应用该估算法时需要小心，注意以下几点：

1）地区性。建设地点不同，地区性差异主要表现为：两地经济情况不同；土壤、地质、水文情况不同；气候、自然条件的差异；材料、设备的来源、运输状况不同等。

2）配套性。一个工程项目或装置，均有许多配套装置和设施，也可能产生差异，如公用工程、辅助工程、厂外工程和生活福利工程等，均随地方差异和工程规模的变化而各不相同，它们并不与主体工程的变化呈线性关系。

3）时间性。工程建设项目的兴建，不一定是在同一时间建设，时间差异或多或少存在，在这段时间内可能在技术、标准、价格等方面发生变化。

（2）生产能力指数法。生产能力指数法又称指数估算法，它是根据已建成的类似项目生产能力和投资额来粗略估算同类但生产能力不同的拟建项目静态投资额的方法，是对单位生产能力估算法的改进。其计算公式为

$$C_2 = C_1\left(\frac{Q_2}{Q_1}\right)^{\times} \cdot f \qquad (4.1.2)$$

式中，×——生产能力指数。

其他符号含义同公式（4.1.1）。

式（4.1.2）表明，造价与规模（或容量）呈非线性关系，且单位造价随工程规模（或容量）的增大而减小。生产能力指数法的关键是生产能力指数的确定，一般要结合行业特点确定，并应有可靠的例证。正常情况下，0≤×≤1。不同生产率水平的国家和不同性质的项目中，z的取值是不同的。若已建类似项目规模和拟建项目规模的比值在0.5～2之间时，×的取值近似为1；若已建类似项目规模与拟建项目规模的比值为2～50，且拟建项目生产规模的扩大仅靠增大设备规模来达到时，则×的取值为0.6～0.7；若是靠增加相同规格设备的数量达到时，×的取值在0.8～0.9之间。

【例4.1.2】某地2010年拟建一年产20万吨化工产品的项目。根据调查，该地区2008年建设的年产10万吨相同产品的已建项目的投资额为5000万元。生产能力指数0.6，2008年至2010年工程造价平均每年递增10%。估算该项目的建设投资。

解：拟逄项目的建设投资=$5000\times(\frac{20}{10})^{0.6}\times(1+10\%)^2$=9170.0852（万元）

生产能力指数法与单位生产能力估算法相比精确度略高，其误差可控制在±20%以内。生产能力指数法主要应用于设计深度不足，拟建建设项目与类似建设项目的规模不同，设计定型并系列化，行业内相关指数和系数等基础资料完备的情况下。一般拟建项目与已建类似项目生产能力比值不宜大于50，以在10倍内效果较好，否则误差就会增大。另外，尽管该办法估误差仍较大，但有它独特的好处，即这种估价方法不需要详细的工程设计资料，只需要知道工艺流程及规模就可以，在总承包工程报价时，承包商大都采用这种方法。

（3）系数估算法。系数估算法也称为因子估算法，它是以拟建项目的主体工程费或主要设备购置费为基数，以其他工程费与主体工程费或设备购置费的百分比为系数，依此估算拟建项目静态投资的方法。在我国国内常用的方法有设备系数法和主体专业系数法，世行项目投资估算常用的方法

是朗格系数法。

1）设备系数法。设备系数法是指以拟建项目的设备购置费为基数，根据已建成的同类项目的建筑安装费和其他工程费等与设备价值的百分比，求出拟建项目建筑安装工程费和其他工程费，进而求出项目的静态投资。其计算公式为

$$C=E(1+f_1P_1+f_2P_2+f_3P_3+\cdots)+I \tag{4.1.3}$$

式中，C——拟建项目的静态投资；

E——拟建项目根据当时当地价格计算的设备购置费；

P_1，P_2，$P_3\cdots$——已建项目中建筑安装工程费及其他工程费等与设备购置费的比例；

F_1，f_2，$f_3\cdots$——于时间地点因素引起的定额、价格、费用标准等变化的综合调整系数；

I——拟建项目的其他费用。

2）主体专业系数法。主体专业系数法是指以拟建项目中投资比重较大，并与生产能力直接相关的工艺设备投资为基数，根据已建同类项目的有关统计资料，计算出拟建项目各专业工程（总图、土建、采暖、给排水、管道、电气、自控等）与工艺设备投资的百分比，据以求出拟建项目各专业投资，然后加总即为拟建项目的静态投资。其计算公式为

$$C = E(1 +f_1P'_1+ f_2P'_2 +f_3P'_3 +\cdots)+1 \tag{4.1.4}$$

式中，$P'_1P'_2P'_3\cdots$——已建项目中各专业工程费用与工艺设备投资的比重。

其他符号同公式（4.1.3）。

3）朗格系数法。这种方法是以设备购置费为基数，乘以适当系数来推算项目的静态投资。这种方法在国内不常见，是世行项目投资估算常采用的方法。该方法的基本原理是将项目建设中的总成本费用中的直接成本和间接成本分别计算，再合为项目的静态投资。其计算公式为

$$C=E\cdot(1+\sum K_i)\cdot K_c \tag{4.1.5}$$

式中，K_i——管线、仪表、建筑物等项费用的估算系数；

K_c——管理费、合同费、应急费等间接项目费用的总估算系数。

其他符号同公式（4.1.3）。

静态投资与设备购置费之比为朗格系数K_l。即

$$K_l=(1+\sum K_i)\cdot K_c \tag{4.1.6}$$

朗格系数包含的内容见表4.1.1。

表 4.1.1　朗格系数包含的内容

项目		固体流程	固流流程	流体流程
朗格系数K_L		3.1	3.63	4.74
内容	（a）包括基础、设备、绝热、油漆及设备安装费	$E\times1.43$		
	（b）包括上述在内和配管工程费	（a）×1.1	（a）×1.25	（a）×1.6
	（c）装置直接费	（b）×1.5		
	（d）包括上述在内和间接费，总费用（C）	（c）×1.31	（c）×1.35	（c）×1.38

【例4.1.3】在北非某地建一座年产30万套汽车轮胎的工厂，已知该工厂的设备到达工地的费用为2204万美元。试估算该工厂的静态投资。

解：轮胎工厂的生产流程基本上属于固体流程，因此在采用朗格系数法时，全部数据应采用固

体流程的数据。现计算如下：

（1）设备到达现场的费用为2204万美元。

（2）根据表4.1.1计算费用（a）

（a）=E×1.43 = 2204×1.43 = 3151.72（万美元）

则设备基础、绝热、刷油及安装费用为 3151.72−2204=947.72（万美元）

（3）计算费用（b）

（b）=E×1.43×1.1 = 2204×1.43×1.1 = 3466.89（万美元）

则其中配管（管道工程）费用为 3466.89−3151.72 = 315.17（万美元）

（4）计算费用（c），即装置直接费：

（c）=E×1.43×1. 1×1. 5 = 5200. 34（万美无）

则电气、仪表、建筑等工程费用为 5200.34−3466.89 = 1733.45（万美元）

（5）计算投资（C）：

（C）=E×1. 43×1.1×1.5×1.31 = 6812. 45（万美元）

则间接费用为 6812.45−5200. 34 = 1612.11（万美元）

由此估算出该工厂的静态投资为6812. 45万美元，其中间接费用为1612.11万美元。

朗格系数法是国际上估算一个工程项目或一套装置的费用时，采用得较为广泛的方法。但是应用朗格系数法进行工程项目或装置估价的精度仍不是很高，主要原因是：①装置规模大小发生变化；②不同地区自然地理条件的差异；③不同地区经济地理条件的差异；④不同地区气候条件的差异；⑤主要设备材质发生变化时，设备费用变化较大而安装费变化不大。

尽管如此，由于朗格系数法是以设备购置费为计算基础的，而设备费用在一项工程中所占的比重对于石油、石化、化工工程而言占45%～55%，同时一项工程中每台设备所含有的管道、电气、自控仪表、绝热、油漆、建筑等，都有一定的规律。所以，只要对各种不同类型工程的朗格系数掌握得准确，估算精度仍可较高。朗格系数法估算误差在10%～15%。

（4）比例估算法。比例估算法是根据已知的同类建设项目主要生产工艺设备占整个建设项目的投资比例，先逐项估算出拟建项目主要生产工艺设备投资，再按比例估算拟建项目的静态投资的方法。其计算公式为

$$I = \frac{1}{K}\sum_{i=1}^{n} Q_i P_i \tag{4.1.7}$$

式中，I——拟建项目的静态投资；

K——已建项目主要设备投资占已建项目投资的比例；

n——设备种类数；

Q_i——第i种设备的数量；

P_i——第i种设备的单价（到厂价格）。

比例估算法主要应用于设计深度不足，拟建建设项目与类似建设项目的主要生产工艺设备投资比重较大，行业内相关系数等基础资料不完备的情况。

（5）混合法。混合法是根据主体专业设计的阶段和深度，投资估算编制者所掌握的国家及地区、行业或部门相关投资估算基础资料和数据，以及其他统计和积累的、可靠的相关造价基础资料，对一个拟建建设项目采用生产能力指数法与比例估算法或系数估算法与比例估算法混合估算其相关投资额的方法。

2．可行性研究阶段投资估算方法

指标估算法是投资估算的主要方法。为了保证编制精度，可性研究阶段建设项目投资估算原则上应采用指标估算法。指标估算法是指依据投资估算指标，对各单位工程或单项工程费用进行估算，进而估算建设项目总投资的方法。首先把拟建建设项目以单项工程或单位工程，按建设内容纵向划分为各个主要生产设施、辅助及公用设施、行政及福利设施以及各项其他基本建设费用，按费用性质横向划分为建筑工程、设备及工器具购置、安装工程等费用；然后，根据各种具体的投资估算指标，进行各单位工程或单项工程投资的估算；在此基础上汇集编制成拟建建设项目的各个单项工程费用和拟建项目的工程费用投资估算；再按相关规定估算工程建设其他费、基本预备费等，形成拟建建设项目静态投资。

在条件具备时，对于对投资有重大影响的主体工程应估算出分部分项工程量，套用相关综合定额（概算指标）或概算定额进行编制。对于子项单一的大型民用公共建筑，主要单项工程估算应细化到单位工程估算书。无论如何，可行性研究阶段的投资估算应满足项目的可行性研究与评估，并最终满足国家和地方相关部门批复或备案的要求。预可行性研究阶段、方案设计阶段项目建设投资估算视设计深度，宜参照可行性研究阶段的编制办法进行。

（1）建筑工程费用估算。建筑工程费用是指为建造永久性建筑物和构筑物所需要的费用。总的来看，建筑工程费的估算方法有单位建筑工程投资估算法、单位实物工程量投资估算法和概算指标投资估算法。前两种方法比较简单，适合有适当估算指标或类似工程造价资料时使用，当不具备上述条件时，可采用计算主体实物工程量套用相关综合定额或概算定额进行估算，这种方法需要较为详细的工程资料，工作量较大。实际工作中可根据具体条件和要求选用。

1）单位建筑工程投资估算法。单位建筑工程投资估算法是以单位建筑工程费用乘以建筑工程总量来估算建筑工程费的方法。根据所选建筑单位的不同，这种方法可以进一步分为单位长度价格法、单位面积价格法、单位容积价格法和单位功能价格法等。

①单位长度价格法。此方法是利用每单位长度的成本价格进行估算，首先要用已知的项目建筑工程费用除以该项目的长度，得到单位长度价格，然后将结果应用到未来的项目中，以估算拟建项目的建筑工程费。具体如公式（4.1.8）所示。例如，水库以水坝单位长度（米）的投资，公路、铁路以单位长度（公里）的投资，矿上掘进以单位长度（米）的投资，乘以相应的建筑工程量计算建筑工程费。

$$建筑工程费=单位长度建筑工程费指标\times建筑工程长度 \qquad (4.1.8)$$

②单位面积价格法。此方法首先要用已知的项目建筑工程费用除以该项目的房屋总面积，得到单位面积价格，然后将结果应用到未来的项目中，以估算拟建项目的建筑工程费。具体如公式(4.1.9)所示。工业与民用建筑物和构筑物的一般土建及装修、给排水、采暖、通风、照明工程，建筑物以建筑面积为单位，套用规模相当、结构形式和建筑标准相适应的投资估算指标或类似工程造价资料进行估算。

$$建筑工程费=单位面积建筑工程费指标\times建筑工程面积 \qquad (4.1.9)$$

③单位容积价格法。此方法首先要用已完工程总的建筑工程费用除以建筑容积，即可得到单位容积价格，然后将结果应用到未来的项目中，以估算拟建项目的建筑工程费。具体如公式（4.1.10）所示。在一些项目中，楼层高度是影响成本的重要因素。工业与民用建筑物和构筑物的一般土建及装修、给排水、采暖、通风、照明工程，以建筑体积为单位的，套用规模相当、结构形式和建筑标准相适应的投资估算指标或类似工程造价资料进行估算。例如，仓库、工业窑炉砌筑的高度根据需要会有择大的变化，显然这时不再适用于单位面积价格，

而单位容积价格则成为确定初步估算的方法。

建筑工程费=单位容积建筑工程费指标×建筑工程容积　(4.1.10)

④单位功能价格法。此方法是利用每功能单位的成本价格进行估算，选出所有此类项目中共有的单位，并计算每个项目中该单位的数量。具体如公式（4.1.11）所示。例如，可以用医院里的病床数量为功能单位，新建一所医院的成本被细分为其所提供的病床数量，估算时首先给出每张床的单价，然后乘以该医院所有病床的数量，从而确定该医院项目的金额。

建筑工程费=功能单位建筑工程费指标×建筑工程功能总量　(4.1.11)

2）单位实物工程量投资估算法。单位实物工程量投资估算法是以单位实物工程量的建筑工程费乘以实物工程总量来估算建筑工程费的方法。具体如公式（4.1.12）所示。大型土方、总平面竖向布置、道路及场地铺砌、厂区综合管网和线路、围墙大门等，分别以立方米、延长米或座为单位，套用技术标准、结构形式相适应的投资估算指标或类似工程造价资料进行建筑工程费估算。矿山井巷开拓、露天剥离工程、坝体堆砌等，分别以立方米、延长米为单位，套用技术标准、结构形式、施工方法相适应的投资估算指标或类似工程造价资料进行建筑工程费估算。桥梁、隧道、涵洞设施等，分别以100平方米桥面（桥梁）、100平方米断面（隧道）、道（涵洞）为单位，套用技术标准、结构形式、施工方法相适应的投资估算指标或类似工程造价资料进行估算。

建筑工程费=单位实物工程量建筑工程费指标×实物工程总量　(4.1.12)

3）概算指标投资估算法。对于没有上述估算指标，或者建筑工程费占总投资比例较大的项目，可采用概算指标估算法。采用此种方法，应拥有较为详细的工程资料、建筑材料价格和工程费用指标信息，投入的时间和工作量较大。具体如公式（4.1.13）所示。

建筑工程费=∑分部分项实物工程量×概算指标　(4.1.13)

（2）设备及工器具购置费估算。设备购置费根据项目主要设备表及价格、费用资料编制，工器具购置费按设备费的一定比例计取。对于价值高的设备应按单台（套）估算购置费，价值较小的设备可按类估算，国内设备和进口设备应分别估算。具体估算方法见本书第三章第二节。

（3）安装工程费估算。安装工程费一般以设备费为基数区分不同类型进行估算。

1）工艺设备安装费估算。以单项工程为单元，根据单项工程的专业特点和各种具体的投资估算指标，采用按设备费百分比估算指标进行估算；或根据单项工程设备总重，采用吨/元估算指标进行估算。即

安装工程费=设备原价×设备安装费率(%)　(4.1.14)

安装工程费=设备吨重×单位重量(吨)安装费指标　(4.1.15)

2）工艺金属结构、工艺管道估算。以单项工程为单元，根据设计选用的材质、规格，以吨为单位；工业炉窑砌筑和工艺保温或绝热估算，以单项工程为单元，以吨、立方米或平方米为单位，套用技术标准、材质和规格、施工方法相适应的投资估算指标或类似工程造价资料进行估算。即

安装工程费=重量（体积、面积）总量×单位重量（立方米、平方米）安装费指标　(4.1.16)

3）变配电、自控仪表安装工程估算。以单项工程为单元，根据该专业设计的具体内容，一般先按材料费占设备费百分比投资估算指标计算出安装材料费。再分别根据相适应的占设备百分比（或按自控仪表设备台数，用台件/元指标估算）或占材料百分比的投资估算指标或类似工程造价资料计算设备安装费和材料安装费。即

材料费=设备原价×材料费占设备费百分比　(4.1.17)

材料安装费=材料费×材料安装费率(%)　(4.1.18)

（4）工程建设其他费用估算。工程建设其他费用的计算应结合拟建项目的具体情况，有合同或

协议明确的费用按合同或协议列入；无合同或协议明确的费用，根据国家和各行业部门、工程所在地地方政府的有关工程建设其他费用定额（规定）和计算办法估算。

（5）基本预备费估算。基本预备费的估算一般是以建设项目的工程费用和工程建设其他费用之和为基础，乘以基本预备费费率进行计算，如公式（4.1.19）所示。基本预备费费率的大小，应根据建设项目的设计阶段和具体的设计深度，以及在估算中所采用的各项估算指标与设计内容的贴近度、项目所属行业主管部门的具体规定确定。

$$基本预备费=(工程费用+工程建设其他费用)\times基本预备费费率(\%) \quad (4.1.19)$$

（6）指标估算法注意事项。使用指标估算法，应注意以下事项：

1）影响投资估算精度的因素主要包括价格变化、现场施工条件、项目特征的变化等。因此，在应用指标估算法时，应根据不同地区、建设年代、条件等进行调整。因为地区、年代不同，人工、材料与设备的价格均有差异，调整方法可以以人工、主要材料消耗量或“工程量”为计算依据，也可以按不同的工程项目的“万元工料消耗定额”确定不同的系数。在有关部门颁布定额或人工、材料价差系数（物价指数）时，可以据其调整。

2）使用估算指标法进行投资估算绝不能生搬硬套，必须对工艺流程、定额、价格及费用标准进行分析，经过实事求是的调整与换算后，才能提高其精确度。

（三）动态投资部分的估算方法

动态投资部分包括价差预备费和建设期利息两部分。动态部分的估算应以基准年静态投资的资金使用计划为基础来计算，而不是以编制年的静态投资为基础计算。

1．价差预备费

价差预备费计算详见第一章第五节。除此之外，如果是涉外项目，还应该计算汇率的影响。汇率是两种不同货币之间的兑换比率，汇率的变化意味着一种货币相对于另一种货币的升值或贬值。在我国，人民币与外币之间的汇率采取以人民币表示外币价格的形式给出，如1美元=6.3元人民币。由于涉外项目的投资中包含人民币以外的币种，需要按照相应的汇率把外币投资额换算为人民币投资额，所以汇率变化就会对涉外项目的投资额产生影响。

（1）外币对人民币升值。项目从国外市场购买设备材料所支付的外币金额不变，但换算成人民币的金额增加；从国外借款，本息所支付的外币金额不变，但换算成人民币的金额增加。

（2）外币对人民币贬值。项目从国外市场购买设备材料所支付的外币金额不变，但换算成人民币的金额减少；从国外借款，本息所支付的外币金额不变，但换算成人民币的金额减少。

估计汇率变化对建设项目投资的影响，是通过预测汇率在项目建设期内的变动程度，以估算年份的投资额为基数，相乘计算求得。

2．建设期利息

建设期利息包括银行借款和其他债务资金的利息，以及其他融资费用。其他融资费用是指某些债务融资中发生的手续费、承诺费、管理费、信贷保险费等融资费用，一般情况下应将其单独计算并计入建设期利息；在项目前期研究的初期阶段，也可作粗略估算并计入建设投资；对于不涉及国外贷款的项目，在可行性研究阶段，也可作粗略估算并计入建设投资。

建设期利息的计算详见第二章第五节。

（四）流动资金的估算

1．流动资金估算方法

流动资金是指项目运营需要的流动资产投资，指生产经营性项目投产后，为进正常生产运营，用于购买原材料、燃料，支付工资及其他经营费用等所需的周转资金。流动资金估算一般采用分项详细估算法，个别情况或者小型项目可采用扩大指标法。

（1）分项详细估算法。流动资金的显著特点是在生产过程中不断周转，其周转额的大小与生产规模及周转速度直接相关。分项详细估算法是根据项目的流动资产和流动负债，估算项目所占用流动资金的方法。其中，流动资产的构成要素一般包括存货、库存现金、应收账款和预付账款；流动负债的构成要素一般包括应付账款和预收账款。流动资金等于流动资产和流动负债的差额，计算公式为

$$流动资金=流动资产-流动负债 \quad (4.1.20)$$

$$流动资产=应收账款+预付账款+存货+库存现金 \quad (4.1.21)$$

$$流动负债=应付账款+预收账款 \quad (4.1.22)$$

$$流动资金本年增加额=本年流动资金-上年流动资金 \quad (4.1.23)$$

进行流动资金估算时，首先计算各类流动资产和流动负债的年周转次数，然后再分项估算占用资金额。

1）周转次数。周转次数是指流动资金的各个构成项目在一年内完成多少个生产过程，可用1年天数（通常按360天计算）除以流动资金的最低周转天数计算，则各项流动资金年平均占用额度为流动资金的年周转额度除以流动资金的年周转次数。即

$$周转次数=360/流动资金最低周转天数 \quad (4.1.24)$$

各类流动资产和流动负债的最低周转天数，可参照同类企业的平均周转天数并结合项目特点确定，或按部门（行业）的规定。另外，在确定最低周转天数时应考虑储存天数、在途天数，并考虑适当的保险系数。

2）应收账款。应收账款是指企业对外赊销商品、提供劳务尚未收回的资金。其计算公式为

$$应收账款=年经营成本/应收账款周转次数 \quad (4.1.25)$$

3）预付账款。预付账款是指企业为购买各类材料、半成品或服务所预先支付的款项。其计算公式为

$$预付账款=外购商品或服务年费用金额/预付账款周转次数 \quad (4.1.26)$$

4）存货。存货是指企业为销售或者生产耗用而储备的各种物资，主要有原材料、辅助材料、燃料、低值易耗品、维修备件、包装物、商品、在产品、自制半成品和产成品等。为简化计算，仅考虑外购原材料、燃料、其他材料、在产品和产成品，并分项进行计算。其计算公式为

$$存货=外购原材料、燃料+其他材料+在产品+产成品 \quad (4.1.27)$$

$$外购原材料、燃料=年外购原材料、燃料费用/分项周转次数 \quad (4.1.28)$$

$$其他材料=年其他材料费用/其他材料周转次数 \quad (4.1.29)$$

$$在产品=\frac{年外购原材料、燃料+年工资及福利费+年修理费+年其他制造费用}{在产品周转次数} \quad (4.1.30)$$

$$产成品=(年经营成本-年其他营业费用)/产成品周转次数 \quad (4.1.31)$$

5）现金。项目流动资金中的现金是指货币资金，即企业生产运营活动中停留于货币形态的那部分资金，包括企业库存现金和银行存款。计算公式为

$$现金=(年工资及福利费+年其他费用)/现金周转次数 \quad (4.1.32)$$

$$年其他费用=制造费用+管理费用+营业费用-(以上三项费用中所含的工资及福利费、折旧费、摊销费、修理费) \quad (4.1.33)$$

6）流动负债估算。流动负债是指在一年或者超过一年的一个营业周期内，需要偿还的各种债

务，包括短期借款、应付票据、应付账款、预收账款、应付工资、应付福利费、应付股利、应交税金、其他暂收应付款、预提费用和一年内到期的长期借款等。在可行性研究中，流动负债的估算可以只考虑应付账款和预收账款两项。计算公式为

应付账款=外购原材料、燃料动力费及其他材料年费用/应付账款周转次数　　(4.1.34)

预收账款=预收的营业收入年金额/预收账款周转次数　　(4.1.35)

(2) 扩大指标估算法。扩大指标估算法是根据现有同类企业的实际资料，求得各种流动资金率指标，亦可依据行业或部门给定的参考值或经验确定比率。将各类流动资金率乘以相对应的费用基数来估算流动资金。一般常用的基数有营业收入、经营成本、总成本费用和建设投资等，究竟采用何种基数依行业习惯而定。其计算公式为

年流动资金额=年费用基数×各类流动资金率　　(4.1.36)

扩大指标估算法简便易行，但准确度不高，适用于项目建议书阶段的估算。

2. 流动资金估算应注意的问题

1）在采用分项详细估算法时，应根据项目实际情况分别确定现金、应收账款、预付账款、存货、应付账款和预收账款的最低周转天数，并考虑一定的保险系数。因为最低周转天数减少，将增加周转次数，从而减少流动资金需用量，因此，必须切合实际地选用最低周转天数。对于存货中的外购原材料和燃料，要分品种和来源，考虑运输方式和运输距离，以及占用流动资金的比重大小等因素确定。

2）流动资金属于长期性（永久性）流动资产，流动资金的筹措可通过长期负债和资本金（一般要求占30%）的方式解决。流动资金一般要求在投产前一年开始筹措，为简化计算，可规定在投产的第一年开始按生产负荷安排流动资金需用量。其借款部分按全年计算利息，流动资金利息应计人生产期间财务费用，项目计算期末收回全部流动资金（不含利息）。

3）用扩大指标估算法计算流动资金，需以经营成本及其中的某些科目为基数，因此实际上流动资金估算应能够在经营成本估算之后进行。

4）在不同生产负荷下的流动资金，应按不同生产负荷所需的各项费用金额，根据上述公式分别估算，而不能直接按照100%生产负荷下的流动资金乘以生产负荷百分比求得。

（五）投资估算文件的编制

根据《建设项目投资估算编审规程》CECA/GC1—2007规定，单独成册的投资估算文件应包括封面、签署页、目录、编制说明、有关附表等，与可行性研究报告（或项目建议书）统一装订的应包括签署页、编制说明、有关附表等。在编制投资估算文件的过程中，一般需要编制建设投资估算表、建设期利息估算表、流动资金估算表、单项工程投资估算汇总表、总投资估算汇总表和分年度总投资估算表等。对于对投资有重大影响的单位工程或分部分项工程的投资估算应另附主要单位工程或分部分项工程投资估算表，列出主要分部分项工程量和综合单价进行详细估算。

1. 建设投资估算表的编制

建设投资是项目投资的重要组成部分，也是项目财务分析的基础数据。当估算出建设投资后需编制建设投资估算表，按照费用归集形式，建设投资可按概算法或按形成资产法分类。

(1) 概算法。按照概算法分类，建设投资由工程费用、工程建设其他费用和预备费三部分构成。其中工程费用又由建筑工程费、设备及工器具购置费（食工器具及生产家具购置费）和安装工程费构成；工程建设其他费用内容较多，随行业和项目的不同而有所区别；预备费包括基本预备费和价差预备费。按照概算法编制的建设投资估算表如表4.1.2所示。

表 4.1.2　建设投资估算表（概算法）

人民币单位：　　万元，外币单位：

序号	工程或费用名称	建筑工程费	设备及工器具购置费	安装工程费	工程建设其他费用	合计	其中：外币	比例（%）
1	工程费用							
1.1	主体工程							
1.1.1	×××							
	…							
1.2	辅助工程							
1.2.1	×××							
	…							
1.3	公用工程							
1.3.1	×××							
	…							
1.4	服务性工程							
1.4.1	×××							
	…							
1.5	厂外工程							
1.5.1	×××							
	…							
1.6	×××							
2	工程建设其他费用							
2.1	×××							
	…							
3	预备费							
3.1	基本预备费							
3.2	价差预备费							
4	建设投资合计							
	比例（%）							

（2）形成资产法。按照形成资产法分类，建设投资由形成固定资产的费用、形成无形资产的费用、形成其他资产的费用和预备费四部分组成。固定资产费用是指项目投产时将直接形成固定资产的建设投资，包括工程费用和工程建设其他费用中按规定将形成固定资产的费用，后者被称为固定资产其他费用，主要包括建设管理费、可行性研究费、研究试验费、勘察设计费、环境影响评价费、场地准备及临时设施费、引进技术和引进设备其他费、工程保险费、联合试运转费、特殊设备安全监督检验费和市政公用设施建设及绿化费等；无形资产费用是指将直接形成无形资产的建设投资，主要是专利权、非专利技术、商标权、土地使用权和商誉等；其他资产费用是指建设投资中除形成固定资产和无形资产以外的部分，如生产准备及开办费等。

对于土地使用权的特殊处理：按照有关规定，在尚未开发或建造自用项目前，土地使用权作为无形资产核算，房地产开发企业开发商品房时，将其账面价值转入开发成本；企业建造自用项目时将其账面价值转入在建工程成本。因此，为了与以后的折旧和摊销计算相协调，在建设投资估算表中通常可将土地使用权直接列入固定资产其他费用中。按形成资产法编制的建设投资估算表如表4.1.3所示。

表 4.1.3　建设投资估算表（形成资产法）

人民币单位：　　万元，外币单位：

序号	工程或费用名称	建筑工程费	设备及工器具购置费	安装工程费	工程建设其他费用	合计	其中：外币	比例（%）
1	固定资产费用							
1.1	工程费用							
1.1.1	×××							
1.1.2	×××							
1.1.3	×××							
	…							
1.2	固定资产其他费用							
	×××							
	…							
2	无形资产费用							
2.1	×××							
	…							
3	其他资产费用							
3.1	×××							
	…							
4	预备费							
4.1	基本预备费							
4.2	价差预备费							
5	建设投资合计							
	比例（%）							

2．建设期利息估算表的编制

在估算建设期利息时，需要编制建设期利息估算表（见表4.1.4）。建设期利息估算表主要包括建设期发生的各项借款及其债券等项目，期初借款余额等于上年借款本金和应计利息之和，即上年期末借款余额；其他融资费用主要指融资中发生的手续费、承诺费、管理费、信贷保险费等融资费用。

表 4.1.4　建设期利息估算表

人民币单位：万元

序号	项目	合计	建设期					
			1	2	3	4	…	n
1	借款							
1.1	建设期利息							

（续表）

序号	项目	合计	建设期					
			1	2	3	4	…	n
1.1.1	期初借款余额							
1.1.2	当期借款							
1.1.3	当期应计利息							
1.1.4	期末借款余额							
1.2	其他融资费用							
1.3	小计（1.1+1.2）							
2	债券							
2.1	建设期利息							
2.1.1	期初债务余额							
2.1.2	当期债务金额							
2.1.3	当期应计利息							
2.1.4	期末债务余额							
2.2	其他融资费用							
2.3	小计（2.1+2.2）							
3	合计（1.3+2.3）							
3.1	建设期利息合计（1.1+2.1）							
3.2	其他速效费用合计（1.2+2.2）							

3．流动资金估算表的编制

可行性研究阶段，根据详细估算法估算的各项流动资金估算的结果，编制流动资金估算表，见表4.1.5。

表 4.1.5　流动资金估算表

人民币单位：万元

序号	项目	最低周转天数	周转次数	计算期					
				1	2	3	4	…	n
1	流动资金								
1.1	应收账款								
1.2	存货								
1.2.1	原材料								
1.2.2	×××								
	…								
1.2.3	燃料								
1.2.4	×××								
	×××								
	…								
1.2.5	在产品								

（续表）

序号	项目	最低周转天数	周转次数	计算期					
				1	2	3	4	…	n
1.2.6	产成品								
1.3	现金								
1.4	预付账款								
2	流动负债								
2.1	应付账款								
2.2	预收账款								
3	流动资金（1—2）								
4	流动资金当期增加额								

4．单项工程投资估算汇总表的编制

按照指标估算法，可行性研究阶段根据各种投资估算指标，进行各单位工程或单项工程投资的估算。单项工程投资估算应按建设项目划分的各个单项工程分别计算组成工程费用的建筑工程费、设备及工器具购置费、安装工程费及工程建设其他费。形成单项工程投资估算汇总表，见表4.1.6。

表 4.1.6　单项工程投资估算汇总表

工程名称：

序号	工程和费用名称	估算价值（万元）					技术经济指标			
		建筑工程费	设备及工器具购置费	安装工程费	工程建设其他费用	合计	单位	数量	单位价值	比例（%）
一	工程费用									
（一）	主要生产系统									
1	××车间									
	一般土建									
	给排水									
	采暖									
	通风空调									
	照明									
	工艺设备及安装									
	工艺金属结构									
	工艺管道									
	工艺筑炉及保温									
	变配电设备及安装									
	仪表设备及安装									
	…									
	小计									
	…									
2	×××									
	…									

5．项目总投资估算汇总表的编制

将上述投资估算内容和估算方法所估算的各类投资进行汇总，编制项目总投资估算汇总表，见表4.1.7。

表 4.1.7 项目总投资估算汇总表

序号	工程和费用名称	估算价值（万元）					技术经济指标			
		建筑工程费	设备及工器具购置费	安装工程费	工程建设其他费用	合计	单位	数量	单位价值	比例（%）
一	工程费用									
（一）	主要生产系统									
1	××车间									
2	××车间									
3	…									
（二）	辅助生产系统									
1	××车间									
2	××仓库									
3	…									
（三）	公用及福利设施									
1	变电所									
2	锅炉房									
3	…									
（四）	外部工程									
1	××工程									
2	…									
	小计									
二	工程建设其他费用									
1	…									
2	小计									
三	预备费									
1	基本预备费									
2	价差预备费									
	小计									
四	建设期利息									
五	流动资金									
	投资估算合计（万元）									
	比例（%）									

6．项目分年投资计划表的编制

估算出项目总投资后，应根据项目计划进度的安排，编制分年投资计划表，见表4.1.8。该表中的分年建设投资可以作为安排融资计划，估算建设期利息的基础。

表 4.1.8 分年投资计划表

人民币单位：万元，外币单位：

序号	项目	人民币			外币		
	分年计划（%）	第1年	第2年	…	第1年	第2年	…
1	建设投资						
2	建设期利息						
3	流动资金						
4	项目投入总资金（1+2+3）						

第二节 设计概算的编制

根据国家有关文件的规定，一般工业项目设计可按初步设计和施工图设计两个阶段进行，称为“两阶段设计”；对于技术上复杂、在设计时有一定难度的工程，根据项目相关管理部门的意见和要求，可以按初步设计、技术设计和施工图设计三个阶段进行，称为“三阶段设计”。小型工程建设项目，技术上较简单的，经项目相关管理部门同意可以简化为施工图设计一阶段进行。

一、设计阶段影响工程造价的主要因素

国内外相关资料研究表明，设计阶段的费用只占工程全部费用不到1%，但在项目决策正确的前提下，它对工程造价影响程度高达75%以上。根据工程项目类别的不同，在设计阶段需要考虑的影响工程造价的因素也有所不同，以下就工业建设项目和民用建设项目分别介绍影响工程造价的因素。

（一）影响工业建设项目工程造价的主要因素

1. 总平面设计

总平面设计主要指总图运输设计和总平面配置，主要内容包括：厂址方案、占地面积、土地利用情况；总图运输、主要建筑物和构筑物及公用设施的配置；外部运输、水、电、气及其他外部协作条件等。

总平面设计是否合理对于整个设计方案的经济合理性有重大影响。正确合理的总平面设计可大大减少建筑工程量，节约建设用地，节省建设投资，加快建设进度，降低工程造价和项目运行后的使用成本，并为企业创造良好的生产组织、经营条件和生产环境，还可以为城市建设或工业区创造完美的建筑艺术整体。

总平面设计中影响工程造价的主要因素包括：

（1）现场条件。现场条件是制约设计方案的重要因素之一，对工程造价的影响主要体现在：地质、水文、气象条件等影响基础形式的选择、基础的埋深（持力层、冻土线）；地形地貌影响平面及室外标高的确定；场地大小、邻近建筑物地上附着物等影响平面布置、建筑层数、基础形式及埋深。

（2）占地面积。占地面积的大小一方面影响征地费用的高低，另一方面也影响管线布置成本和项目建成运营的运输成本。因此在满足建设项目基本使用功能的基础上，应尽可能节约用地。

（3）功能分区。无论是工业建筑还是民用建筑都有许多功能，这些功能之间相互联系、相互制约。合理的功能分区既可以使建筑物的各项功能充分发挥，又可以使总平面布置紧凑、安全。比如

在建筑施工阶段避免大挖大填，可以减少土石方量和节约用地，降低工程造价。对于工业建筑，合理的功能分区还可以使生产工艺流程顺畅，从全生命周期造价管理考虑还可以使运输简便，降低项目建后的运营成本。

（4）运输方式。运输方式决定运输效率及成本，不同运输方式的运输效率和成本不同。例如，有轨运输的运量大，运输安全，但是需要一次性投入大量资金；无轨运输无需一次性大规模资金，但运量小、安全性较差。因此，要综合考虑建设项目生产工艺流程和功能区的要求以及建设场地等具体情况，选择经济合理的运输方式。

2．工艺设计

工艺设计阶段影响工程造价的主要因素包括：建设规模、标准和产品方案；工艺流程和主要设备的选型；主要原材料、燃料供应情况；生产组织及生产过程中的劳动定员情况；“三废”治理及环保措施等。

按照建设程序，建设项目的工艺流程在可行性研究阶段已经确定。设计阶段的任务就是严格按照批准的可行性研究报告的内容进行工艺技术方案的设计，确定具体的工艺流程和生产技术。在具体项目工艺设计方案的选择时，应以提高投资的经济效益为前提，深入分析、比较，综合考虑各方面的因素。

3．建筑设计

在进行建筑设计时，设计单位及设计人员应首先考虑业主所要求的建筑标准，根据建筑物、构筑物的使用性质、功能及业主的经济实力等因素确定；其次应在考虑施工条件和施工过程的合理组织的基础上，决定工程的立体平面设计和结构方案的工艺要求。

建筑设计阶段影响工程造价的主要因素包括：

（1）平面形状。一般来说，建筑物平面形状越简单，单位面积造价就越低。当一座建筑物的形状不规则时，将导致室外工程、排水工程、砌砖工程及屋面工程等复杂化，增加工程费用。即使在同样的建筑面积下，建筑平面形状不同，建筑周长系数$K_{周}$（建筑物周长与建筑面积比，即单位建筑面积所占外墙长度）便不同。通常情况下建筑周长系数越低，设计越经济。圆形、正方形、矩形、T形、L形建筑的$K_{周}$依次增大。但是圆形建筑物施工复杂，施工费用一般比矩形建筑增加20%～30%，所以其墙体工程量所节约的费用并不能使建筑工程造价降低。虽然正方形的建筑既有利于施工，又能降低工程造价，但是若不能满足建筑物美观和使用要求，则毫无意义。因此，建筑物平面形状的设计应在满足建筑物使用功能的前提下，降低建筑周长系数，充分注意建筑平面形状的简洁、布局的合理，从而降低工程造价。

（2）流通空间。在满足建筑物使用要求的前提下，应将流通空间减少到最小，这是建筑物经济平面布置的主要目标之一。因为门厅、走廊、过道、楼梯以及电梯井的流通空间并非为了获利目的设置，但采光、采暖、装饰、清扫等方面的费用却很高。

（3）空间组合。空间组合包括建筑物的层高、层数、室内外高差等因素。

1）层高。在建筑面积不变的情况下，建筑层高的增加会引起各项费用的增加。例如：墙与隔墙及其有关粉刷、装饰费用的提高；楼梯造价和电梯设备费用的增加；供暖空间体积的增加；卫生设备、上下水管道长度的增加等。另外，由于施工垂直运输量增加，可能增加屋面造价；由于层高增加而导致建筑物总高度增加很多时，还可能增加基础造价。

2）层数。建筑物层数对造价的影响，因建筑类型、结构和形式的不同而不同。层数不同，则荷载不同，对基础的要求也不同，同时也影响占地面积和单位面积造价。如果增加一个楼层不影响建筑物的结构形式，单位建筑面积的造价可能会降低。但是当建筑物超过一定层数时，结构形式就要改变，单位造价通常会增加。建筑物越高，电梯或楼梯的造价将会提高，建筑物的维修费用也将增加，但是采暖费用有可能下降。

3）室内外高差。室内外高差过大，建筑物的工程造价提高；高差过小又影响使用及卫生要求等。

（4）建筑物的体积与面积。建筑物尺寸的增加，一般会引起单位面积造价的降低。对于同一项目，固定费用不一定会随着建筑体积和面积的扩大而有明显的变化，一般情况下，单位面积固定费用会相应减少。对于民用建筑，结构面积系数（住宅结构面积与建筑面积之比）越小，有效面积越大，设计越经济。对于工业建筑，厂房、设备布置紧凑合理，可提高生产能力，采用大跨度、大柱距的平面设计形式，可提高平面利用系数，从而降低工程造价。

（5）建筑结构。建筑结构是指建筑工程中由基础、梁、板、柱、墙、屋架等构件所组成的起骨架作用的、能承受直接和间接荷载的空间受力体系。建筑结构因所用的建筑材料不同，可分为砌体结构、钢筋混凝土结构、钢结构、轻型钢结构、木结构和组合结构等。

建筑结构的选择既要满足力学要求，又要考虑其经济性。对于五层以下的建筑物一般选用砌体结构；对于大中型工业厂房一般选用钢筋混凝土结构；对于多层房屋或大跨度结构，选用钢结构明显优于钢筋混凝土结构；对于高层或者超高层结构，框架结构和剪力墙结构比较经济。由于各种建筑体系的结构各有利弊，在选用结构类型时应结合实际，因地制宜，就地取材，采用经济合理的结构形式。

（6）柱网布置。对于工业建筑，柱网布置对结构的梁板配筋及基础的大小会产生较大的影响，从而对工程造价和厂房面积的利用效率都有较大的影响。柱网布置是确定柱子的跨度和间距的依据。柱网的选择与厂房中有无吊车、吊车的类型及吨位、屋顶的承重结构以及厂房的高度等因素有关。对于单跨厂房，当柱间距不变时，跨度越大单位面积造价越低。因为除屋架外，其他结构架分摊在单位面积上的平均造价随跨度的增大而减小。对于多跨厂房，当跨度不变时，中跨数目越多越经济，这是因为柱子和基础分摊在单位面积上的造价减少。

4．材料选用

建筑材料的选择是否合理，不仅直接影响到工程质量、使用寿命、耐火抗震性能，而且对施工费用、工程造价有很大的影响。建筑材料一般占直接费的70%，降低材料费用，不仅可以降低直接费，而且也可以降低间接费。因此，设计阶段合理选择建筑材料，控制材料单价或工程量，是控制工程造价的有效途径。

5．设备选用

现代建筑越来越依赖于设备。对于住宅来说，楼层越多设备系统越庞大，如高层建筑物内部空间的交通工具——电梯，室内环境的调节设备——空调、通风、采暖等，各个系统的分布占用空间都在考虑之列，既有面积、高度的限额，又有位置的优选和规范的要求。因此，设备配置是否得当，将直接影响建筑产品整个寿命周期的成本。

设备选用的重点因设计形式的不同而不同，应选择能满足生产工艺和生产能力要求的最适用的设备和机械。此外，根据工程造价资料的分析，设备安装工程造价占工程总投资的20%～50%，由此可见设备方案设计对工程造价的影响。设备的选用应充分考虑自然环境对能源节约的有利条件，如果能从建筑产品的整个寿命周期分析，能源节约是一笔不可忽略的费用。

（二）影响民用建设项目工程造价的主要因素

民用建设项目设计是根据建筑物的使用功能要求，确定建筑标准、结构形式、建筑物空间与平面布置以及建筑群体的配置等。民用建筑设计包括住宅设计、公共建筑设计以及住宅小区设计。住宅建筑是民用建筑中最大量、最主要的建筑形式。

1．住宅小区建设规划中影响工程造价的主要因素

在进行住宅小区建设规划时，要根据小区的基本功能和要求，确定各构成部分的合理层次与关系，据此安排住宅建筑、公共建筑、管网、道路及绿地的布局，确定合理人口与建筑密度、房屋间距和建筑层数，布置公共设施项目、规模及服务半径，以及水、电、热、煤气的供应等，并划分包括土地开发在内的上述各部分的投资比例。小区规划设计的核心问题是提高土地利用率。

（1）占地面积。居住小区的占地面积不仅直接决定着土地费的高低，而且影响着小区内道路、工程管线长度和公共设备的多少，而这些费用对小区建设投资的影响通常很大。因而，用地面积指标在很大程度上影响小区建设的总造价。

（2）建筑群：的布置形式。建筑群体的布置形式对用地的影响不容忽视，通过采取高低搭配、点条结合、前后错列以及局部东西向布置、斜向布置或拐角单元等手法节省用地。在保证小区居住功能的前提下，适当集中公共设施，提高公共建筑的层数，合理布置道路，充分利用小区内的边角用地，有利于提高建筑密度，降低小区的总造价。通过合理压缩建筑的间距、适当提高住宅层数或高低层搭配以及适当增加房屋长度等方式节约用地。

2．民用住宅建筑设计中影响工程造价的主要因素

（1）建筑物平面形状和周长系数。与工业项目建筑设计类似，如按使用指标，虽然圆形建筑最小，但由于施工复杂，施工费用较矩形建筑增加20%～30%，故其墙体工程量的减少不能使建筑工程造价降低，而且使用面积有效利用率不高，用户使用不便。因此，一般都建造矩形和正方形住宅，既有利于施工，又能降低造价和使用方便。在矩形住宅建筑中，又以长∶宽=2∶1为佳。一般住宅单元以3～4个住宅单元、房屋长度60～80m较为经济。

在满足住宅功能和质量前提下，适当加大住宅宽度。这是由于宽度加大，墙体面积系数相应减少，有利于降低造价。

（2）住宅的层高和净高。住宅的层高和净高，直接影响工程造价。根据不同性质的工程综合测算住宅层高每降低l0cm，可降低造价1.2%～1.5%。层高降低还可提高住宅区的建筑密度，节约土地成本及市政设施费。但是，层高设计中还需考虑采光与通风问题，层高过低不利于采光及通风，因此，民用住宅的层高一般不宜超过2. 8m。

（3）住宅的层数。民用建筑中，在一定幅度内，住宅层数的增加具有降低造价和使用费用，以及节约用地的优点。表4.2.1分析了砖混结构的多层住宅单方造价与层数之间的关系。

表 4.2.1　砖混结构多层住宅层数与造价的关系

住宅层数	一	二	三	四	五	六
单方造价系数（%）	138.05	116.98	108.38	103.51	101.68	100
边际造价系数（%）		−21.1	−8.57		−1.83	−1.68

由上表可知，随着住宅层数的增加，单方造价系数在逐渐降低，即层数越多越经济。但是边际造价系数也在逐渐减小，说明随着层数的增加，单方造价系数下降幅度减缓。根据《住宅设计规范》GB 50096—2011的规定，7层及7层以上住宅或住户入口层楼面距室外设计地面的高度超过16m时必须设置电梯，需要较多的交通面积（过道、走廊要加宽）和补充设备（供水设备和供电设备等）。当住宅层数超过一定限度时，要经受较强的风力荷载，需要提高结构强度，改变结构形式，工程造价将大幅度上升。

（4）住宅单元组成、户型和住户面积。据统计三居室住宅的设计比两居室的设计降低1. 5%左右的工程造价。四居室的设计又比三居室的设计降低3.5%左右的工程造价。

衡量单元组成、户型设计的指标是结构面积系数（住宅结构面积与建筑面积之比），系数越小设计方案越经济。因为，结构面积小，有效面积就增加。结构面积系数除与房屋结构有关外，还与房屋外形及其长度和宽度有关，同时也与房间平均面积大小和户型组成有关。房屋平均面积越大，内墙、隔墙在建筑面积所占比重就越小。

（5）住宅建筑结构的选择。随着我国工业化水平的提高，住宅工业化建筑体系的结构形式多种多样，考虑工程造价时应根据实际情况，因地制宜、就地取材，采用适合本地区经济合理的结构形式。

（三）影响工程造价的其他因素

除以上因素之外，在设计阶段影响工程造价的因素还包括其他内容，如：

1．设计单位和设计人员的知识水平

设计单位和人员的知识水平对工程造价的影响是客观存在的。为了有效地降低工程造价，设计单位和人员首先要能够充分利用现代设计理念，运用科学的设计方法优化设计成果；其次要善于将技术与经济相结合，运用价值工程理论优化设计方案；最后设计单位和人员应及时与造价咨询单位进行沟通，使得造价咨询人员能够在前期设计阶段就参与项目，达到技术与经济的完美结合。

2．项目利益相关者

设计单位和人员在设计过程中要综合考虑业主、承包商、建设单位、施工单位、监管机构、咨询单位、运营单位等利益相关者的要求和利益，并通过利益诉求的均衡以达到和谐的目的，避免后期出现频繁的设计变更而导致工程造价的增加。

3．风险因素

设计阶段承担着重大的风险，它对后面的工程招标和施工有着重要的影响。该阶段是确定建设工程总造价的一个重要阶段，决定着项目的总体造价水平。

二、设计概算的概念及其编制内容

（一）设计概算的含义及作用

1．设计概算的概念

设计概算是以初步设计文件为依据，按照规定的程序、方法和依据，对建设项目总投资及其构成进行的概略计算。具体而言，设计概算是在投资估算的控制下由设计单位根据初步设计或扩大初步设计的图纸及说明，利用国家或地区颁发的概算指标、概算定额、综合指标预算定额、各项费用定额或取费标准（指标）、建设地区自然、技术经济条件和设备、设备材料预算价格等资料，按照设计要求，对建设项目从筹建至竣工交付使用所需全部费用进行的预计。设计概算的成果文件称作设计概算书，也简称设计概算。设计概算书是初步设计文件的重要组成部分，其特点是编制工作相对简略，无需达到施工图预算的准确程度。采用两阶段设计的建设项目，初步设计阶段必须编制设计概算；采用三阶段设计的，扩大初步设计阶段必须编制修正概算。

设计概算的编制内容包括静态投资和动态投资两个层次。静态投资作为考核工程设计和施工图预算的依据；动态投资作为项目筹措、供应和控制资金使用的限额。

设计概算经批准后，一般不得调整。如果由于下列原因需要调整概算时，应由建设单位调查分析变更原因，报主管部门审批同意后，由原设计单位核实编制调整概算，并按有关审批程序报批。

当影响工程概算的主要因素查明且工程量完成了一定量后，方可对其进行调整。一个工程只允许调整一次概算。允许调整概算的原因包括以下几点：①超出原设计范围的重大变更；②超出基本预备费规定范围不可抗拒的重大自然灾害引起的工程变动和费用增加；③超出工程造价价差预备费的国家重大政策性的调整。

2．设计概算的作用

设计概算是工程造价在设计阶段的表现形式，但其并不具备价格属性。因为设计概算不是在市场竞争中形成的，而是设计单位根据有关依据计算出来的工程建设的预期费用，用于衡量建设投资是否超过估算并控制下一阶段费用支出。设计概算的主要作用是控制以后各阶段的投资，具体表现为：

（1）设计概算是编制固定资产投资计划、确定和控制建设项目投资的依据。设计概算投资应包括建设项目从立项、可行性研究、设计、施工、试运行到竣工验收等的全部建设资金。按照国家有关规定，编制年度固定资产投资计划，确定计划投资总额及其构成数额，要以批准的初步设计概算为依据，没有批准的初步设计文件及其概算，建设工程不能列入年度固定资产投资计划。

设计概算一经批准，将作为控制建设项目投资的最高限额。在工程建设过程中，年度固定资产投资计划安排、银行拨款或贷款、施工图设计及其预算、竣工决算等，未经规定程序批准，都不能突破这一限额，确保对国家固定资产投资计划的严格执行和有效控制。

（2）设计概算是控制施工图设计和施工图预算的依据。经批准的设计概算是建设工程项目投资的最高限额。设计单位必须按批准的初步设计和总概算进行施工图设计，施工图预算不得突破设计概算，设计概算批准后不得任意修改和调整；如需修改或调整时，须经原批准部门重新审批。竣工结算不能突破施工图预算，施工图预算不能突破设计概算。

（3）设计概算是衡量设计方案技术经济合理性和选择最佳设计方案的依据。设计部门在初步设计阶段要选择最佳设计方案，设计概算是从经济角度衡量设计方案经济合理性的重要依据。因此，设计概算是衡量设计方案技术经济合理性和选择最佳设计方案的依据。

（4）设计概算是编制招标控制价（招标标底）和投标报价的依据。以设计概算进行招投标的工程，招标单位以设计概算作为编制招标控制价（标底）及评标定标的依据。承包单位也必须以设计概算为依据，编制投标报价，以合适的投标报价在投标竞争中取胜。

（5）设计概算是签订建设工程合同和贷款合同的依据。合同法中明确规定，建设工程合同价款是以设计概、预算价为依据，且总承包合同不得超过设计总概算的投资额。银行贷款或各单项工程的拨款累计总额不能超过设计概算。如果项目投资计划所列支投资额与贷款突破设计概算时，必须查明原因，之后由建设单位报请上级主管部门调整或追加设计概算总投资。凡未批准之前，银行对其超支部分不予拨付。

（6）设计概算是考核建设项目投资效果的依据。通过设计概算与竣工决算对比，可以分析和考核建设工程项目投资效果的好坏，同时还可以验证设计概算的准确性，有利于加强设计概算管理和建设项目的造价管理工作。

（二）设计概算的编制内容

设计概算文件的编制应采用单位工程概算、单项工程综合概算、建设项目总概算三级概算编制形式。当建设项目为一个单项工程时，可采用单位工程概算、总概算两级概算编制形式。三级概算之间的相互关系和费用构成，如图4.2.1所示。

（1）单位工程概算。单位工程是指具有独立的设计文件，能够独立组织施工，但不能独立发挥生产能力或使用功能的工程项目，是单项工程的组成部分。单位工程概算是以初步设计文件为依据，按照规定的程序、方法和依据，计算单位工程费用的成果文件，是编制单项工程综合概算（或项目总概算）的依据，是单项工程综合概算的组成部分。单位工程概算按其工程性质可分为建筑工程概算和设备及安装工程概算两大类。建筑工程概算包括土建工程概算，给排水、采暖工程概算，通风、空调工程概算，电气照明工程概算，弱电工程概算，特殊构筑物工程概算等；设备及安装工程概算包括机械设备及安装工程概算，电气设备及安装工程概算，热力设备及安装工程概算，工器具及生产家具购置费概算等。

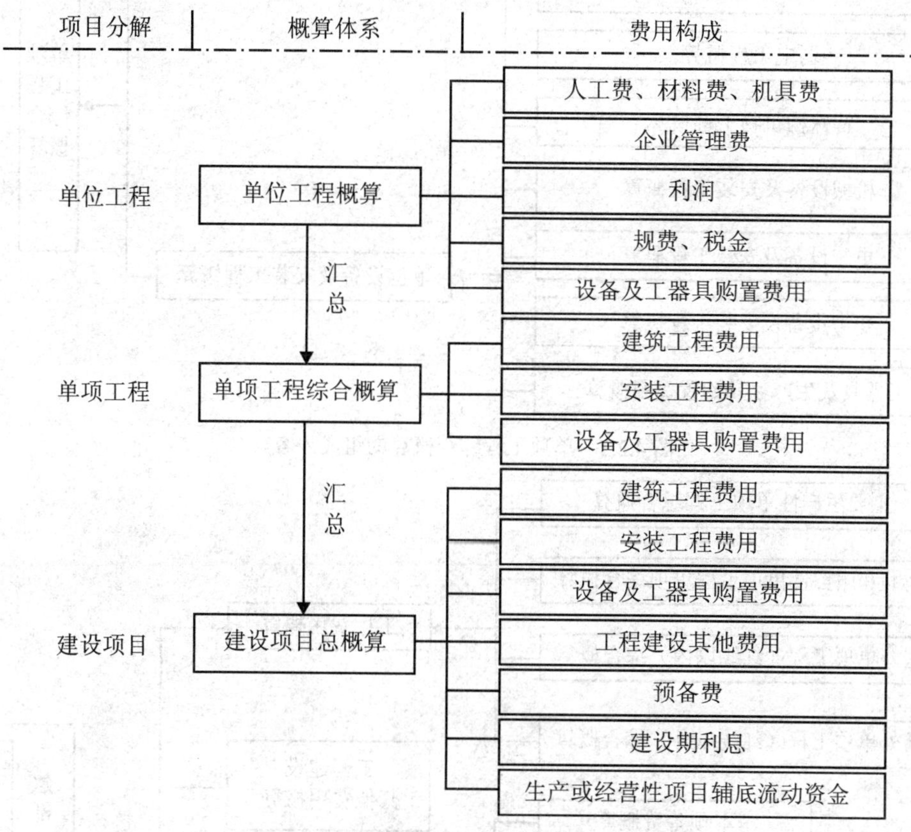

图 4.2.1　三级概算之间的相互关系和费用构成

（2）单项工程综合概算。单项工程是指在一个建设项目中，具有独立的设计文件，建成后能够独立发挥生产能力或使用功能的工程项目。它是建设项目的组成部分，如生产车间、办公楼、食堂、图书馆、学生宿舍、住宅楼、一个配水厂等。单项工程是一个复杂的综合体，是一个具有独立存在意义的完整工程，如输水工程、净水厂工程、配水工程等。单项工程综合概算是以初步设计文件为依据，在单位工程概算的基础上汇总单项工程工程费用的成果文件，由单项工程中的各单位工程概算汇总编制而成，是建设项目总概算的组成部分。单项工程综合概算的组成内容如图4.2.2所示。

（3）建设项目总概算。建设项目总概算是以初步建设文件为依据，在单项工程综合概算的基础上计算建设项目概算总投资的成果文件，它是由各单项工程综合概算、工程建设其他费用概算、预备费、建设期利息和铺底流动资金概算汇总编制而成的，如图4.2.3所示。

若干个单位工程概算汇总后成为单项工程概算，若干个单项工程概算和工程建设其他费用、预备费、建设期利息、铺底流动资金等概算文件汇总后成为建设项目总概算。单项工程概算和建设项目总概算仅是一种归纳、汇总性文件，因此，最基本的计算文件是单位工程概算书。若建设项目为一个独立单项工程，则建设项目总概算书与单项工程综合概算书可合并编制。

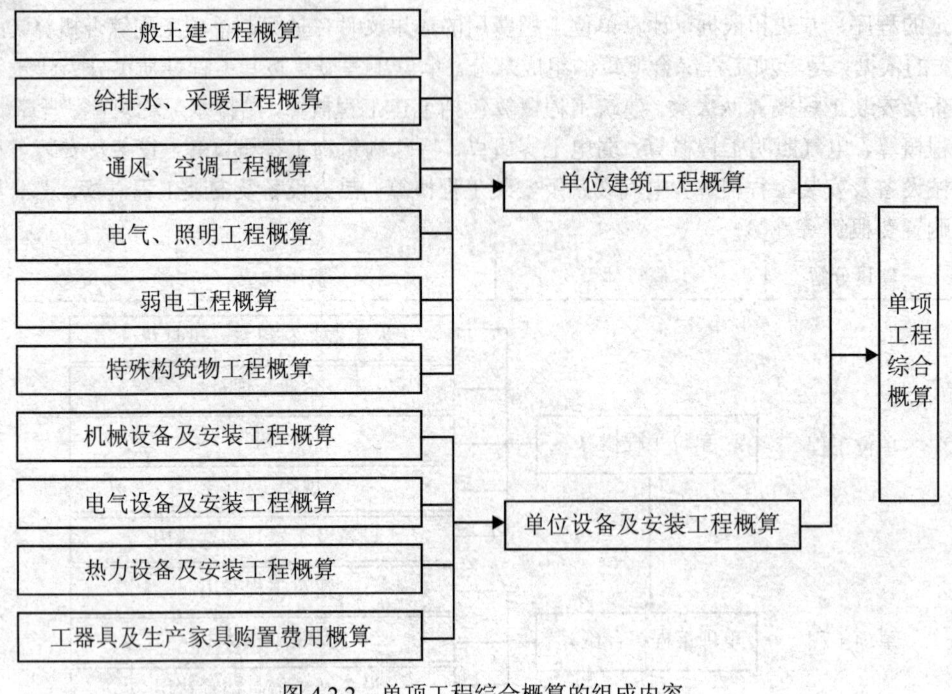

图 4.2.2　单项工程综合概算的组成内容

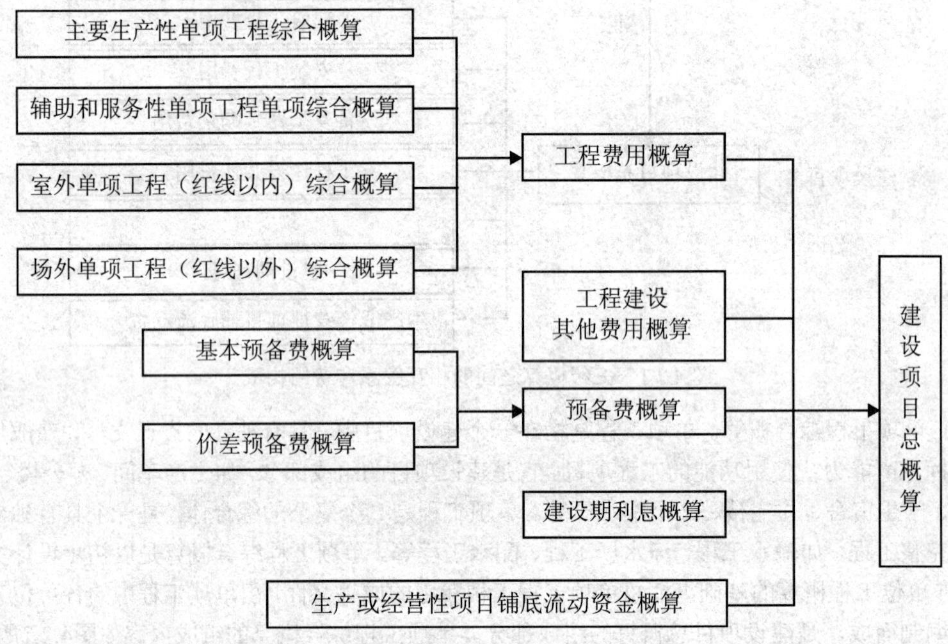

图 4.2.3　建设项目总概算的组成内容

三、设计概算的编制

（一）设计概算的编制依据及要求

1．设计概算的编制依据

（1）国家、行业和地方政府有关建设和造价管理的法律、法规、规章、规程、标准等。

（2）相关文件和费用资料，包括：

1）初步设计或扩大初步设计图纸、设计说明书、设备清单和材料表等。其中，土建工程包括建筑总平面图、平面图与立面图、剖面图和初步设计文字说明（注明门窗尺寸、维修标准等），结构平面布置图、构件尺寸及特殊构件的钢筋配置；安装工程包括给排水、采暖通风、电气、动力等专业工程的平面布置图、系统图、文字说明和设备清单等；室外工程包括平面图、总图专业建设场地的地形图和场地设计标高及道路、排水沟、挡土墙、围墙等构筑物的断面尺寸。

2）批准的建设项目设计任务书（或批准的可行性研究报告）和主管部门的有关规定。

3）国家或省、市、自治区现行的建筑设计概算定额（综合预算定额或概算指标），现行的安装设计概算定额（或概算指标），类似工程概预算及技术经济指标。

4）建设工程所在地区的人工工资标准、材料预算价格、施工机械台班预算价格，标准设备和非标准设备价格资料，现行的设备原价及运杂费率，各类造价信息和指数。

5）国家或省、市、自治区现行的建筑安装工程间接费定额和有关费用标准。工程所在地区的土地征购、房屋拆迁、青苗补偿等费用和价格资料。

6）资金筹措方式或资金来源。

7）正常的施工组织设计及常规施工方案。

8）项目涉及的有关文件、合同、协议等。

（3）施工现场资料。概算编制人员应熟悉设计文件，掌握施工现场情况，充分了解设计意图，掌握工程全貌，明确工程的结构形式和特点。掌握施工组织与技术应用情况，深入施工现场了解建设地点的地形、地貌及作业环境，并加以核实、分析和修正。主要包括的现场资料如下：

1）建设场地的工程地质、地形地貌等自然条件资料和建设工程所在地区的有关技术经济条件资料。

2）项目所在地区有关的气候、水文、地质地貌等自然条件。

3）项目所在地区的经济、人文等社会条件。

4）项目的技术复杂程度，以及新工艺、新材料、新技术、新结构、专利使用情况等。

5）建设项目拟定的建设规模、生产能力、工艺流程、设备及技术要求等情况。

6）项目建设的准备情况，包括“三通一平”，施工方式的确定，施工用水、用电的供应等诸多因素。

2. 设计概算的编制要求

(1) 设计概算应按编制时项目所在地的价格水平编制，总投资应完整地反映编制时建设项目实际投资。

(2) 设计概算应结合项目所在地设备和材料市场供应情况、建筑安装施工市场变化，还应按项目合理工期预测建设期价格水平，以及资产租赁和贷款的时间价值等动态因素对投资的影响。

(3)设计概算应考虑建设项目施工条件以及能够承担项目施工的工程公司情况等因素对投资的影响。

（二）单位工程概算的编制

单位工程概算应根据单项工程中所属的每个单体按专业分别编制，一般分土建、装饰、采暖通风、给排水、照明、工艺安装、自控仪表、通信、道路、总图竖向等专业或工程分别编制。总体而言，单位工程概算包括单位建筑工程概算和单位设备及安装工程概算两类。其中，建筑工程概算的编制方法有概算定额法、概算指标法、类似工程预算法等；设备及安装工程概算的编制方法有预算单价法、扩大单价法、设备价值百分比法和综合吨位指标法等。

1．概算定额法

概算定额法又称扩大单价法或扩大结构定额法，是套用概算定额编制建筑工程概算的方法。运用概算定额法，要求初步设计必须达到一定深度，建筑结构尺寸比较明确，能按照初步设计的平面图、立面图、剖面图纸计算出楼地面、墙身、门窗和屋面等扩大分项工程（或扩大结构构件）项目的工程量时，方可采用。

建筑工程概算表的编制，按构成单位工程的主要分部分项工程编制，根据初步设计工程量按工程所在省、市、自治区颁发的概算定额（指标）或行业概算定额（指标），以及工程费用定额计算。概算定额法编制设计概算的步骤如下：

（1）搜集基础资料、熟悉设计图纸和了解有关施工条件和施工方法。

（2）按照概算定额分部分项顺序，列出单位工程中分项工程或扩大分项工程项目名称并计算工程量。工程量计算应按概算定额中规定的工程量计算规则进行，计算时采用的原始数据必须以初步设计图纸所标识的尺寸或初步设计图纸能读出的尺寸为准，并将计算所得各分项工程量按概算定额编号顺序，填入工程概算表内。

（3）确定各分部分项工程项目的概算定额单价。工程量计算完毕后，逐项套用相应概算定额单价和人工、材料消耗指标。然后分别将其填入工程概算表和工料分析表中。如遇设计图中的分项工程项目名称、内容与采用的概算定额手册中相应的项目有某些不相符时，则按规定对定额进行换算后方可套用。

有些地区根据地区人工工资、物价水平和概算定额编制与概算定额配合使用的扩大单位估价表，该表确定了概算定额中各扩大分项工程或扩大结构构件所需的全部人工费、材料费、施工机具使用费之和，即概算定额单价。在采用概算定额法编制概算时，可以将计算出的扩大分部分项工程的工程量，乘以扩大单位估价表中的概算定额单价进行人、材、机费的计算。

（4）计算单位工程人、材、机费。将已算出的各分部分项工程项目的工程量及在概算定额中已查出的相应定额单价和单位人工、主要材料消耗指标分别相乘，即可得出各分项工程的人、材、机费和人工、主要材料消耗量。再汇总各分项工程的人、材、机费及人工、主要材料消耗量，即可得到该单位工程的人、材、机费和工料总消耗量。如果规定了地区的人工、材料价差调整指标，计算人、材、机费时，可按规定的调整系数或其他调整方法进行调整计算。

（5）计算企业管理费、利润、规费和税金。根据人、材、机费，结合其他各项取费标准，分别计算企业管理费、利润、规费和税金。计算公式如下（以人工费为计算基础）：

$$\text{企业管理费}=\text{定额人工费}\times\text{企业管理费费率} \tag{4.2.1}$$

$$\text{利润}=\text{定额人工费}\times\text{利润率} \tag{4.2.2}$$

$$\text{规费}=\text{定额人工费}\times\text{社会保险费和住房公积金费率}+\text{工程排污费} \tag{4.2.3}$$

$$\text{税金}=(\text{人、材、机费}+\text{企业管理费}+\text{利润}+\text{规费})\times\text{综合税率} \tag{4.2.4}$$

（6）计算单位工程概算造价：

$$\text{单位工程概算造价}=\text{人、材、机费}+\text{企业管理费}+\text{利润}+\text{规费}+\text{税金} \tag{4.2.5}$$

（7）编写概算编制说明。单位建筑工程概算按照规定的表格形式进行编制，具体格式参见表4.2.2。

表 4.2.2　建筑工程概算表

序号	定额编号	工程项目或费用名称	单位	数量	单价（元）				合价（元）			
					定额基价	人工费	材料费	机具费	金额	人工费	材料费	机械费
一		土石工程										
1	××	×××××										
2	××	×××××										
二		砌筑工程										
1	××	×××××										
三		楼地面工程										
1	××	×××××										
		小计										
		工程综合取费										
		单位工程概算费用合计										

【例4.2.1】某市拟建一座7560平方米教学楼，请按给出的扩大单价和工程量表4.2.3编制出该教学楼土建工程设计概算造价和平方米造价。各项费率如下：以定额人工费为基数的企业管理费费率为50%，利润率为30%，社会保险费和公积金费率为25%，按标准缴纳的工程排污费为50万元，综合税率为3.48%。

表 4.2.3　某教学楼土建工程置和扩大单价

分部工程名称	单位	工程量	扩大单价（元）	其中：人工费（元）
基础工程	$10m^3$	160	3200	320
混凝土及钢筋混凝土	$10m^3$	150	13 280	660
砌筑工程	$10m^3$	280	4878	960
地面工程	$100m^2$	25	13 000	1500
楼面工程	$100m^2$	40	19 000	2000
卷材屋面	$100m^2$	40	14 000	150
门窗工程	$100m^2$	35	55 000	10 000
脚手架	$100m^2$	180	1000	200

解：根据已知条件和表4.2.3数据，求得该教学楼土建工程概算造价如表4.2.4所示。

表 4.2.4　某教学楼土建工程概算造价计算表

序号	分部工程或费用名称	单位	工程量	单价（元）	合价（元）
1	基础工程	$10m^3$	160	3200	512 000
2	混凝土及钢筋混凝土	$10m^3$	150	13 280	1 992 000
3	砌筑工程	$10m^3$	280	4878	1 365 840
4	地面工程	$100m^2$	25	13 000	325 000
5	楼面工程	$100m^2$	40	19 000	760 000
6	卷材屋面	$100m^2$	40	14 000	560 000
7	门窗工程	$100m^2$	35	55 000	1 925 000
8	脚手架	$100m^2$	180	1000	180 000
A	人、材、机费合计	以上8项之和			7 619 840
B	其中：人工费合计	—			982 500
C	企业管理费	B×50%			491 250
D	利润	B×30%			294 750
E	规费	B×50%+500 000			745 625
F	税金	（A+C+D+E）×3.48%			318 471
	概算造价	A+C+D+E+F			9 469 936
	每平方米概算造价	9 469 936/7560			1253

2．概算指标法

概算指标法是用拟建的厂房、住宅的建筑面积（或体积）乘以技术条件相同或基本相同的概算指标得出人、材、机费，然后按规定计算出企业管理费、利润、规费和税金等，得出单位工程概算的方法。概算指标法适用的情况包括：①在方案设计中，由于设计无详图而只有概念性设计时，或初步设计深度不够，不能准确地计算出工程量，但工程设计采用的技术比较成熟时可以选定与该工程相似类型的概算指标编制概算；②设计方案急需造价估算而又有类似工程概算可以利用的情况；③图样设计间隔很久后再来实施，概算造价不适用于当前情况而又急需确定造价的情形下，可按当前概算指标来修正原有概算造价；④通用设计图设计可组织编制通用图设计概算指标来确定造价。

（1）拟建工程结构特征与概算指标相似时的计算。在使用概算指标法时，如果拟建工程在建设地点、结构特征、性质及自然条件、建筑面积等方面与概算指标相同或相近，就可直接套用概算指标编制概算。在直接套用概算指标时，拟建工程应符合以下条件：

1）拟建工程的建设地点与概算指标中的工程建设地点相同；

2）拟建工程的工程特征和结构特征与概算指标中的工程特征、结构特征基本相同；

3）拟建工程的建筑面积与概算指标中工程的建筑面积相差不大。

根据选用的概算指标内容，可选用两种套算方法：

①以指标中所规定的工程每平方米、立方米的造价指标，乘以拟建单位工程建筑面积或体积，得出单位工程的人、材、机费，再行计算其他费用，即可求出单位工程的概算造价。人、材、机费计算公式如下：

$$人、材、机费=概算指标每m^2(m^3)工程造价×拟建工程建筑面积(体积) \quad (4.2.6)$$

②以概算指标中规定的每100m²建筑物面积（或1000m³）所耗人工工日数、主要材料数量为依据，首先计算拟建工程人工、主要材料消耗量，再计算人、材、机费，并取费。在概算指标中，一般规定了100m²建筑物面积（或1000m³）所耗工日数、主要材料数量，通过套用拟建地区当时的人工费单价和主材预算单价，便可得到每100m²（或1000m³）建筑物的人工费和主材费而无需再作价差调整。计算公式如下：

$$100m^2\text{建筑物面积的人工费}=\text{指标规定的工日数}\times\text{本地区工日单价} \tag{4.2.7}$$

$$100m^2\text{建筑物面积的主要材料费}=\sum(\text{指标规定的主要材料数量}\times\text{相应的地区材料预算单价}) \tag{4.2.8}$$

$$100m^2\text{建筑物面积的其他材料费}=\text{主要材料费}\times\text{其他材料费占主要材料费的百分比} \tag{4.2.9}$$

$$100m^2\text{建筑物面积的机械使用费}=(\text{人工费}+\text{主要材料费}+\text{其他材料费})\times\text{机械使用费所占百分比} \tag{4.2.10}$$

$$\text{每}m^2\text{建筑面积的人、材、机费}=(\text{人工费}+\text{主要材料费}+\text{其他材料}+\text{机械使用费})\div 100 \tag{4.2.11}$$

根据人、材、机费，结合其他各项取费方法，分别计算企业管理费、利润、规费和税金。得到每m²建筑面积的概算单价，乘以拟建单位工程的建筑面积，即可得到单位工程概算造价。

（2）拟建工程结构特征与概算指标有局部差异时的调整。在实际工作中，经常会遇到拟建对象的结构特征与概算指标中规定的结构特征有局部不同的情况，因此，必须对概算指标进行调整后方可套用。调整方法如下：

1）调整概算指标中的每m²（m³）造价。这种调整方法是将原概算指标中的单位造价进行调整，扣除每m²（m³）原概算指标中与拟建工程结构不同部分的造价，增加每m²（m³）拟建工程与概算指标结构不同部分的造价，使其成为与拟建工程结构相同的工料单价。其计算公式如下：

$$\text{结构变化修正概算指标}(\text{元}/m^2)=J+Q_1P_1-Q_2P_2 \tag{4.2.12}$$

式中，J——原概算指标；

Q_1——概算指标中换入结构的工程量；

Q_2——概算指标中换出结构的工程量；

P_1——换入结构的工料单价；

P_2——换出结构的工料单价。

则拟建工程造价为

$$\text{人、材、机费}=\text{修正后的概算指标}\times\text{拟建工程建筑面积(体积)} \tag{4.2.13}$$

求出人、材、机费后，再按照规定的取费方法计算其他费用，最终得到单位工程概算价值。

2）调整概算指标中的工、料、机数量。这种方法是将原概算指标中每100m²（1000m³）建筑面积（体积）中的工、料、机数量进行调整，扣除原概算指标中与拟建工程结构不同部分的工、料、机消耗量，增加拟建工程与概算指标结构不同部分的工、料、机消耗量，使其成为与拟建工程结构相同的每100m²（1000m³）建筑面积（体积）工、料、机数量。计算公式如下：

$$\text{结构变化修正概算指标的工、料、机数量}=\text{原概算指标工、料、机数量}+\text{换入结构件工程量}\times\text{相对等额工、料、机消耗量}-\text{换出结构件工程量}\times\text{对等额工、料、机消耗量} \tag{4.2.14}$$

以上两种方法，前者是直接修正概算指标单价，后者是修正概算指标工、料、机数量。修正之后，方可按上述方法分别套用。

【例4.2.2】假设新建单身宿舍一座，其建筑面积为3500m²，按概算指标和地区材料预算价格等计算出一般土建工程单位造价880元/m²V（其中人、材、机费为650元/m²），采暖工程65元/m²，给排水工程46元/m²，照明工程120元/m²。

新建单身宿舍设计资料与概算指标相比较，其结构构件有部分变更。设计资料表明，外墙为1.5砖外墙，而概算指标中外墙为1砖墙。根据当地土建工程预算价格，外墙带形毛石基础的预算单价为425.43元/m³，1砖外墙的预算单价为642.50元/m³，1.5砖外墙的预算单价为662.74元/m³；概算指标中每100m²中含外墙带形毛石基础为3m³，1砖外墙为14.93m³。新建工程设计资料表明，每100m²中含外墙带形毛石基础为4m³，1.5砖外墙为22.7m³。请计算调整后的概算单价和新建宿舍的概算造价。

解：对土建工程中结构构件的变更和单价调整，如表4.2.5所示。

表 4.2.5　结构变化引起的单价调整

序号	结构名称	数量（m³）	数量（元/m³）	单位面积价格（元/m²）
	土建工程人、材、机费			
	换出部分			
1	外墙带形毛石基础	0.03	425.43	12.76
2	1砖外墙	0.1493	642.5	95.93
	换出合计			108.69
	换入部分			
3	外墙带形毛石基础	0.04	425.43	17.02
4	1.5砖外墙	0.227	662.74	150.44
	换入合计			167.46
结构变化修正概算指标：650.00–108.69+167.46=708.77（元/m²）				

3．类似工程预算法

类似工程预算法是利用技术条件与设计对象相类似的已完工程或在建工程的工程造价资料来编制拟建工程设计概算的方法。

当拟建工程初步设计与已完工程或在建工程的设计相类似而又没有可用的概算指标时可以采用类似工程预算法。

类似工程预算法的编制步骤如下：

（1）根据设计对象的各种特征参数，选择最合适的类似工程预算。

（2）根据本地区现行的各种价格和费用标准，计算类似工程预算的人工费、材料费、施工机具费、企业管理费修正系数。

（3）根据类似工程预算修正系数和以上四项费用占预算成本的比重，计算预算成本总修正系数，并计算出修正后的类似工程平方米预算成本。

（4）根据类似工程修正后的平方米预算成本和编制概算地区的利税率，计算修正后的类似工程平方米造价。

（5）根据拟建工程的建筑面积和修正后的类似工程平方米造价，计算拟建工程概算造价。

（6）编制概算编写说明。

类似工程预算法对条件有所要求，也就是可比性，即拟建工程项目在建筑面积、结构构造特征要与已建工程基本一致，如层数相同、面积相似、结构相似、工程地点相似等，采用此方法时必须对建筑结构差异和价差进行调整。

（1）建筑结构差异的调整。结构差异调整方法与概算指标法的调整方法相同。即先确定有差别的部分，再分别按每一项目算出结构构件的工程量和单位价格（按编制概算工程所在地区的单价），然后以类似工程中相应（有差别）的结构构件的工程数量和单价为基础，算出总差价。将类似预算的人、材、机费总额减去（或加上）这部分差价，就得到结构差异换算后的人、材、机费，再行取费得到结构差异换算后的造价。

（2）价差调整。类似工程造价的价差调整可以采用两种方法。

1）当类似工程造价资料有具体的人工、材料、机械台班的用量时，可按类似工程预算造价资料中的主要材料、工日、机械台班数量乘以拟建工程所在地的主要材料预算价格、人工单价、机械台班单价，计算出人、材、机费，再计算措施费、间接费、利润和税金，即可得出所需的造价指标。

2）类似工程造价资料只有人工、材料、施工机具使用费和企业管理费等费用或费率时，可按下面公式进行调整：

$$D = A \cdot K \tag{4.2.15}$$

$$K = a\%K_1 + b\%K_2 + c\%K_3 + d\%K_4 \tag{4.2.16}$$

式中，D——拟建工程成本单价；

A——类似工程成本单价；

K——成本单价综合调整系数；

$a\%$、$b\%$、$c\%$、$d\%$——类似工程预算的的人工费、材料费、施工机具使用费、企业管理费占预算成本的比重，如a% =类似工程人工费/类似工程预算成本×100%，$b\%$，$c\%$，$d\%$类同；

K_1、K_2、K_3、K_4——拟建工程地区与类似工程预算造价在人工费、材料费、施工机具使用费、企业管理费之间的差异系数，如：K_1=拟建工程概算的人工费（或工资标准）/类似工程预算人工费（或地区工资标准），K_2，K_3，K_4类同。

以上综合调价系数是以类似工程中各成本构成项目占总成本的百分比为权重，按照加权的方式计算的成本单价的调价系数。根据类似工程预算提供的资料，也可按照同样的计算思路计算出人、材、机费综合调整系数，通过系数调整类似工程的工料单价，再行计算其他剩余费用构成内容，也可得出所需的造价指标。总之，以上方法可灵活应用。

【例4.2.3】拟建办公楼建筑面积为3000m^2，类似工程的建筑面积为2800m^2，预算造价3200000元。各种费用占预算造价的比重为：人工费6%；材料费55%；机械使用费6%；措施费3%；其他费用30%。试用类似工程预算法编制概算。

解：价格差异系数人工费$R_1 = 1.02$；材料费$K_2 = 1.05$；机械使用费K_3=0.99；措施费$K_4 = 1.04$；其他费用R_5=0.95。

综合调整系数K=6%×1.02+55%×1.05+6%×0. 99+3%×1.04+30%×0.95=1.014 价差修正后的类似工程预算造价=3 200 000×1.014=3 244 800（元）

价差修正后的类似工程预算单方造价=3 244 800/2800=1158.86（元）

由此可得

拟建办公楼概算造价=1158.86×3000 = 3 476 580（元）

4．单位设备及安装工程概算编制方法

单位设备及安装工程概算包括单位设备及工器具购置费概算和单位设备安装工程费概算两大部分。

（1）设备及工器具购置费概算。设备及工器具购置费是根据初步设计的设备清单计算出设备原价，并汇总求出设备总原价，然后按有关规定的设备运杂费率乘以设备总原价，两项相加再考虑工器具及生产家具购置费即为设备及工器购置费概算。有关设备及工器具购置费概算可参见第一章第二节的计算方法。设备及工器具购置费概算的编制依据包括：设备清单、工艺流程图；各部门和各省、市、自治区规定的现行设备价格和运费标准、费用标准。

（2）设备安装工程费概算的编制方法。设备安装工程费概算的编制方法应根据初步设计深度和要求所明确的程度而采用，其主要编制方法有：

1）预算单价法。当初步设计较深，有详细的设备清单时，可直接按安装工程预算定额单价编制安装工程概算，概算编制程序与安装工程施工图预算程序基本相同。该法的优点是计算比较具体，精确性较高。

2）扩大单价法。当初步设计深度不够，设备清单不完备，只有主体设备或仅有成套设备重量时，可采用主体设备、成套设备的综合扩大安装单价来编制概算。

上述两种方法的具体编制步骤与建筑工程概算相类似。

3）设备价值百分比法，又称安装设备百分比法。当初步设计深度不够，只有设备出厂价而无详细规格、重量时，安装费可按占设备费的百分比计算。其百分比值（即安装费率）由相关管理部门制定或由设计单位根据已完类似工程确定。该法常用于价格波动不大的定型产品和通用设备产品，其计算公式为

$$设备安装费=设备原价\times安装费率(\%) \tag{4.2.17}$$

4）综合吨位指标法。当初步设计提供的设备清单有规格和设备重量时，可采用综合吨位指标编制概算，其综合吨位指标由相关主管部门或由设计单位根据已完类似工程的资料确定。该法常用于设备价格波动较大的非标准设备和引进设备的安装工程概算，其计算公式为

$$设备安装费=设备吨重\times每吨设备安装费指标(元/吨) \tag{4.2.18}$$

单位设备及安装工程概算要按照规定的表格格式进行编制，表格格式如表4.2.6所示。

表 4.2.6　设备及安装工程概算表

单位工程概算编号：　　　　工程名称（单位工程）：　　　　共　页　第　页

序号	定额编号	工程项目或费用名称	单位	数量	单价（元）					合价（元）				
					设备费	主材费	定额基价	其中：		设备费	主材费	定额费	其中：	
								人工费	机械费				人工费	机械纲
一		设备安装												
1	××	×××××												
2	××	×××××												
二		管道安装												
1	××	×××××												
三		防腐保温												
1	××	×××××												
		小计												
		工程综合取费												
		合计（单位工程概算费用）												

编制人：　　　　审核人：

（三）单项工程综合概算的编制

单项工程综合概算是确定单项工程建设费用的综合性文件，它是由该单项工程的各专业单位工程概算汇总而成的，是建设项目总概算的组成部分。

单项工程综合概算文件一般包括编制说明（不编制总概算时列入）、综合概算表（含其所附的单位工程概算表和建筑材料表）两大部分。当建设项目只有一个单项工程时，此时综合概算文件（实为总概算）除包括上述两大部分外，还应包括工程建设其他费用、建设期利息、预备费的概算。

1．编制说明

编制说明应列在综合概算表的前面，其内容包括：

（1）工程概况。简述建设项目性质、特点、生产规模、建设周期、建设地点、主要工程量、工艺设备等情况。引进项目要说明引进内容以及与国内配套工程等主要情况。

（2）编制依据。包括国家和有关部门的规定、设计文件、现行概算定额或概算指标、设备材料的预算价格和费用指标等。

（3）编制方法。说明设计概算是采用概算定额法，还是采用概算指标法或其他方法。

（4）主要设备、材料的数量。

（5）主要技术经济指标。主要包括项目概算总投资（有引进的需给出所需外汇额度）及主要分项投资、主要技术经济指标（主要单位投资指标）等。

（6）工程费用计算表。主要包括建筑工程费用计算表、工艺安装工程费用计算表、配套工程费用计算表、其他涉及工程的工程费用计算表。

（7）引进设备材料有关费率取定及依据。主要是关于国外运输费、国外运输保险费、关税、增值税、国内运杂费、其他有关税费等。

（8）引进设备材料从属费用计算表。

（9）其他必要的说明。

2．综合概算表

综合概算表是根据单项工程所辖范围内的各单位工程概算等基础资料，按照国家或部委所规定统一表格进行编制。对于工业建筑而言，其概算包括建筑工程和设备及安装工程；对于民用建筑而言，其概算包括一般土木工程、给排水、采暖通风及电气照明工程等。

综合概算一般应包括建筑工程费用、安装工程费用、设备及工器具购置费。当不编制总概算时，还应包括工程建设其他费用、建设期利息、预备费等费用项目。

综合概算表是根据单项工程所辖范围内的各单位工程概算等基础资料，按照国家或部委所规定的统一表格进行编制。单项工程综合概算表如表4.2.7所示。

表 4.2.7　单项工程综合概算表

建设项目名称：　　　　　　　　单项工程名称：　　　　单位：万元　共　页　第　页

序号	概算编号	工程项目和费用名称	概算价值							其中：引进部分	
			设计规模和主要工程量	建筑工程	安装工程	设备购置	工器具及生产家具购置	其他	总价	美元	折合人民币
一		主要工程									
1	×	×××××									
2	×	×××××									

（续表）

序号	概算编号	工程项目和费用名称	概算价值							其中：引进部分	
			设计规模和主要工程量	建筑工程	安装工程	设备购置	工器具及生产家具购置	其他	总价	美元	折合人民币
二		辅助工程									
1	×	×××××									
2	×	×××××									
三		配套工程									
1	×	×××××									
2	×	×××××									
		单项工程概算费用合计									

（四）建设项目总概算的编制

建设项目总概算是设计文件的重要组成部分，是预计整个建设项目从筹建到竣工交付使用所花费的全部费用的文件。它是由各单项工程综合概算、工程建设其他费用、建设期利息、预备费和经营性项目的铺底流动资金概算所组成，按照主管部门规定的统一表格进行编制而成的。

设计总概算文件应包括：编制说明、总概算表、各单项工程综合概算书、工程建设其他费用概算表、主要建筑安装材料汇总表。独立装订成册的总概算文件宜加封面、签署页（扉页）和目录。

（1）封面、签署页及目录。

（2）编制说明。编制说明的内容与单项工程综合概算文件相同。

（3）总概算表。总概算表格式如表4.2.8所示。

表 4.2.8　总概算表

建设项目名称：　　　　　　　　单项工程名称：　　　　　单位：万元　　共　　页　　第　　页

序号	概算编号	工程项目和费用名称	概算价值						其中：引进部分		占总投资比例（%）
			建筑工程	安装工程	设备购置	工器具及生产家具购置	其他费用	合计	美元	折合人民币	
1	2	3	4	5	6	7	8	9	10	11	12
		第一部分　工程费用									
		一、主要生产和辅助生产项目									
1		×××厂房	√	√	√	√		√			
2		×××厂房	√	√	√	√		√			
		…	…	…	…	…					
3		机修车间	√	√	√	√		√			
4		电修车间	√	√	√	√		√			
5		工具车间	√	√	√	√		√			
6		木工车间	√	√	√	√		√			
7		模型车间	√	√	√	√		√			
8		仓库	√					√			
		…	…	…	…	…					
		小计	√	√	√	√		√			

（续表）

序号	概算编号	工程项目和费用名称	概算价值						其中：引进部分		占总投资比例（%）
			建筑工程	安装工程	设备购置	工器具及生产家具购置	其他费用	合计	美元	折合人民币	
		二、公用设施项目									
9		变电所	√	√	√						
10		锅炉房	√	√	√			√			
11		压缩空气站	√	√	√						
12		室外管道	√	√	√						
13		输电线路		√				√			
14		水泵房	√		√			√			
15		铁路专用线	√					√			
16		公路	√								
17		车库	√				√				
18		运输设备			√		√	√			
19		人防设备	√	√	√						
		…	…	…	…	…					
		小计									
		三、生活福利、文化教育及服务项目									
20		职工住宅	√	√			√				
21		俱乐部	√	√			√				
22		医院	√	√	√	√		√			
23		食堂及办公门卫	√	√		√	√	√			
24		学校托儿所	√	√			√				
25		浴室厕所	√								
		…	…	…							
		小计	√	√	√	√	√	√			
		第一部分　工程费用合计	√	√	√	√	√	√			
		第二部分　其他费用项目									
		土地征用费									
26		建设管理费					√	√			
27		研究试验费					√	√			
28		生产工人培训费					√	√			
29		办公和生活用具购置费					√	√			
30		联合试车费									
31		勘察设计费						√			
32		…						√			
		第二部分　其他费用项目合计	…	…							
		第一、第二部分工程和费用合计				√	√	√			
		预备费	√	√	√		√	√			
		建设期利息				√	√	√			
		铺底流动资金	√	√	√	√	√	√			
		建设项目概算总投资	√	√	√			√			
		（其中回收金额）				√	√	√			
		投资比例（%）	√	√	√			√			

（4）工程建设其他费用概算表。工程建设其他费用概算按国家或地区或部委所规定的项目和标准确定，并按统一格式编制。如表4.2.9所示。

表 4.2.9　工程项目其他费用表

序号	费用项目编号	费用项目名称	费用计算基数	费率	金额	计算公式	备注
1							
2							
	合计						

应按具体发生的工程建设其他费用项目填写工程建设其他费用概算表，需要说明和具体计算的费用项目依次相应在说明及计算式栏内填写或具体计算。填写时应注意以下事项：

1）土地征用及拆迁补偿费应填写土地补偿单价、数量和安置补助费标准、数量等，列式计算所需费用，填入金额栏。

2）建设项目管理费包括建设单位（业主）管理费，工程质量监督费、工程监理费等，按“建筑安装工程费×费率”或有关定额列式计算。

3）研究试验费应根据设计需要进行研究试验的项目分别填写项目名称及金额，或列式计算，或进行说明。

（5）单项工程综合概算表和建筑安装单位工程概算表。

（6）主要建筑安装材料汇总表。针对每一个单项工程列出钢筋、型钢、水泥、木材等主要建筑安装材料的消耗量。

第三节　施工图预算的编制

一、施工图预算的概念及其编制内容

（一）施工图预算的含义及作用

1．施工图预算的含义

施工图预算是以施工图设计文件为依据，按照规定的程序、方法和依据，在工程施工前对工程项目的工程费用进行的预测与计算。施工图预算的成果文件称作施工图预算书，也简称施工图预算，它是在施工图设计阶段对工程建设所需资金做出较精确计算的设计文件。

施工图预算价格既可以是按照政府统一规定的预算单价、取费标准、计价程序计算得到的属于计划或预期性质的施工图预算价格，也可以是通过招标投标法定程序后施工企业根据自身的实力即企业定额、资源市场单价以及市场供求及竞争状况计算得到的反映市场性质的施工图预算价格。

2．施工图预算的作用

施工图预算作为建设工程建设程序中一个重要的技术经济文件，在工程建设实施过程中具有十分重要的作用，可以归纳为以下几个方面：

（1）施工图预算对投资方的作用。

1）施工图预算是设计阶段控制工程造价的重要环节，是控制施工图设计不突破设计概算的重要措施。

2）施工图预算是控制造价及资金合理使用的依据。施工图预算确定的预算造价是工程的计划成本，投资方按施工图预算造价筹集建设资金，合理安排建设资金计划，确保建设资金的有效使用，保证项目建设的顺利进行。

3）施工图预算是确定工程招标控制价的依据。在设置招标控制价的情况下，建筑安装工程的招标控制价可按照施工图预算来确定。招标控制价通常是在施工图预算的基础上考虑工程的特殊施工措施、工程质量要求、目标工期、招标工程范围以及自然条件等因素进行编制的。

4）施工图预算可以作为确定合同价款、拨付工程进度款及办理工程结算的基础。

（2）施工图预算对施工企业的作用。

1）施工图预算是建筑施工企业投标报价的基础。在激烈的建筑市场竞争中，建筑施工企业需要根据施工图预算，结合企业的投标策略，确定投标报价。

2）施工图预算是建筑工程预算包干的依据和签订施工合同的主要内容。在采用总价合同的情况下，施工单位通过与建设单位协商，可在施工图预算的基础上，考虑设计或施工变更后可能发生的费用与其他风险因素，增加一定系数作为工程造价一次性包干价。同样，施工单位与建设单位签订施工合同时，其中工程价款的相关条款也必须以施工图预算为依据。

3）施工图预算是施工企业安排调配施工力量、组织材料供应的依据。施工企业在施工前，可以根据施工图预算的工、料、机分析，编制资源计划，组织材料、机具、设备和劳动力供应，并编制进度计划，统计完成的工作量，进行经济核算并考核经营成果。

4）施工图预算是施工企业控制工程成本的依据。根据施工图预算确定的中标价格是施工企业收取工程款的依据，企业只有合理利用各项资源，采取先进技术和管理方法，将成本控制在施工图预算价格以内，才能获得良好的经济效益。

5）施工图预算是进行“两算”对比的依据。施工企业可以通过施工图预算和施工预算的对比分析，找出差距，采取必要的措施。

（3）施工图预算对其他方面的作用。

1）对于工程咨询单位而言，尽可能客观、准确地为委托方做出施工图预算，不仅体现出其水平、素质和信誉，而且强化了投资方对工程造价的控制，有利于节省投资，提高建设项目的投资效益。

2）对于工程项目管理、监督等中介服务企业而言，客观准确的施工图预算是为业主方提供投资控制的依据。

3）对于工程造价管理部门而言，施工图预算是其监督、检查执行定额标准、合理确定工程造价、测算造价指数以及审定工程招标控制价的重要依据。

4）如在履行合同的过程中发生经济纠纷，施工图预算还是有关仲裁、管理、司法机关按照法律程序处理、解决问题的依据。

（二）施工图预算的编制内容

1．施工图预算文件的组成

施工图预算由建设项目总预算、单项工程综合预算和单位工程预算组成。建设项目总预算由单项工程综合预算汇总而成，单项工程综合预算由组成本单项工程的各单位工程预算汇总而成，单位工程预算包括建筑工程预算和设备及安装工程预算。

施工图预算根据建设项目实际情况可采用三级预算编制或二级预算编制形式。当建设项目有多个单项工程时，应采用三级预算编制形式，三级预算编制形式由建设项目总预算、单项工程综合预算、单位工程预算组成。当建设项目只有一个单项工程时，应采用二级预算编制形式，二级预算编制形式由建设项目总预算和单位工程预算组成。

采用三级预算编制形式的工程预算文件包括：封面、签署页及目录、编制说明、总预算表、综合预算表、单位工程预算表、附件等内容。采用二级预算编制形式的工程预算文件包括：封面、签署页及目录、编制说明、总预算表、单位工程预算表、附件等内容。

2．施工图预算的内容

按照预算文件的不同，施工图预算的内容有所不同。建设项目总预算是反映施工图设计阶段建设项目投资总额的造价文件，是施工图预算文件的主要组成部分。由组成该建设项目的各个单项工程综合预算和相关费用组成。具体包括：建筑安装工程费、设备及工器具购置费、工程建设其他费用、预备费、建设期利息及铺底流动资金。施工图总预算应控制在已批准的设计总概算投资范围以内。

单项工程综合预算是反映施工图设计阶段一个单项工程（设计单元）造价的文件，是总预算的组成部分，由构成该单项工程的各个单位工程施工图预算组成。其编制的费用项目是各单项工程的建筑安装工程费、设备及工器具购置费和工程建设其他费用总和。

单位工程预算是依据单位工程施工图设计文件、现行预算定额以及人工、材料和施工机械台班价格等，按照规定的计价方法编制的工程造价文件。包括单位建筑工程预算和单位设备及安装工程预算。单位建筑工程预算是建筑工程各专业单位工程施工图预算的总称，按其工程性质分为一般土建工程预算，给排水工程预算，采暖通风工程预算，煤气工程预算，电气照明工程预算，弱电工程预算，特殊构筑物如烟窗、水塔等工程预算以及工业管道工程预算等。安装工程预算是安装工程各专业单位工程预算的总称，安装工程预算按其工程性质分为机械设备安装工程预算、电气设备安装工程预算、工业管道工程预算和热力设备安装工程预算等。

二、施工图预算的编制

（一）施工图预算的编制依据、要求及步骤

1．施工图预算的编制依据

施工图预算的编制必须遵循以下依据：

（1）国家、行业和地方政府有关工程建设和造价管理的法律、法规和规定。

（2）经过批准和会审的施工图设计文件，包括设计说明书、标准图、图纸会审纪要、设计变更通知单及经建设主管部门批准的设计概算文件。

（3）施工现场勘察地质、水文、地貌、交通、环境及标高测量资料等。

（4）预算定额（或单位估价表）、地区材料市场与预算价格等相关信息以及颁布的材料预算价格、工程造价信息、材料调价通知、取费调整通知等；工程量清单计价规范。

（5）当采用新结构、新材料、新工艺、新设备而定额缺项时，按规定编制的补充预算定额，也是编制施工图预算的依据。

（6）合理的施工组织设计和施工方案等文件。

（7）工程量清单、招标文件、工程合同或协议书。它明确了施工单位承包的工程范围，应承担的责任、权利和义务。

（8）项目有关的设备、材料供应合同、价格及相关说明书。

（9）项目的技术复杂程度，以及新技术、专利使用情况等。

（10）项目所在地区有关的气候、水文、地质地貌等的自然条件。

（11）项目所在地区有关的经济、人文等社会条件。

（12）预算工作手册、常用的各种数据、计算公式、材料换算表、常用标准图集及各种必备的工具书。

2．施工图预算的编制原则

（1）严格执行国家的建设方针和经济政策的原则。施工图预算要严格按照党和国家的方针、政策办事，坚决执行勤俭节约的方针，严格执行规定的设计和建设标准。

（2）完整、准确地反映设计内容的原则。编制施工图预算时，要认真了解设计意图，根据设计文件、图纸准确计算工程量，避免重复和漏算。

（3）坚持结合拟建工程的实际，反映工程所在地当时价格水平的原则。编制施工图预算时，要实事求是地对工程所在地的建设条件、可能影响造价的各种因素进行认真的调查研究。在此基础上，正确使用定额、费率和价格等各项编制依据，按照现行工程造价的构成，根据有关部门发布的价格信息及价格调整指数，考虑建设期的价格变化因素，使施工图概算尽可能地反映设计内容、施工条件和实际价格。

3．施工图预算的编制程序

施工图预算编制的程序主要包括三大内容：单位工程施工图预算编制、单项工程综合预算编制、建设项目总预算编制。单位工程施工图预算是施工图预算的关键。施工图预算的编制应在设计交底及会审图纸的基础上，按照图4.3.1所示的步骤进行。

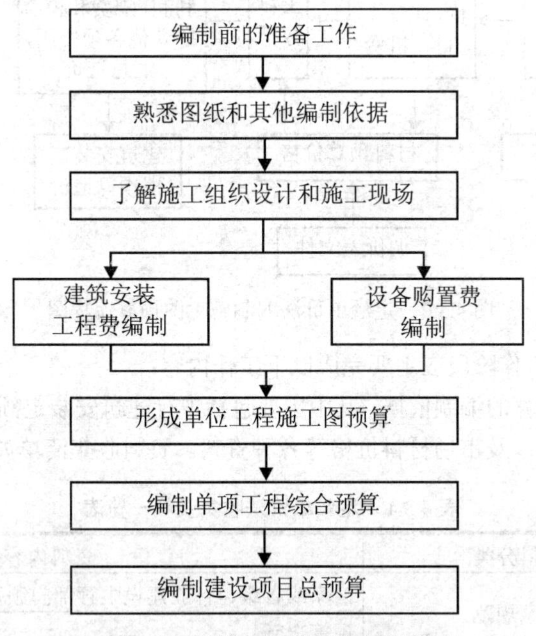

图 4.3.1　施工图预算编制程序

（二）单位工程施工图预算的编制

1．建筑安装工程费计算

单位工程施工图预算包括建筑工程费、安装工程费和设备及工器具购置费。单位工程施工图预算中的建筑安装工程费应根据施工图设计文件、预算定额（或综合单价）以及人工、材料及施工机械台班等价格资料进行计算。主要编制方法有单价法和实物量法，其中单价法分为定额单价法和工程量清单单价法，在单价法中，使用较多的还是定额单价法。

定额单价法是用事先编制好的分项工程的单位估价表来编制施工图预算的方法。工程量清单单价法是指根据招标人按照国家统一的工程量计算规则提供工程数量，采用综合单价的形式计算工程造价的方法。实物量法是依据施工图纸和预算定额的项目划分及工程量计算规则，先计算出分部分项工程量，然后套用预算定额（实物量定额）来编制施工图预算的方法。

（1）定额单价法。定额单价法又称工料单价法或预算单价法，是指分部分项工程的单价为工料单价，将分部分项工程量乘以对应分部分项工程单价后的合计作为单位人、材、机费，人、材、机费汇总后，再根据规定的计算方法计取企业管理费、利润、规费和税金，将上述费用汇总后得到该单位工程的施工图预算造价。定额单价法中的单价一般采用地区统一单位估价表中的各分项工程工料单价（定额基价）。定额单价法计算公式如下：

$$\text{建筑安装工程预算造价}=\sum(\text{分项工程量}\times\text{分项工程工料单价})+\text{企业管理费}+\text{利润}+\text{规费}+\text{税金} \tag{4.3.1}$$

定额单价法编制施工图预算的基本步骤如图4.3.2所示。

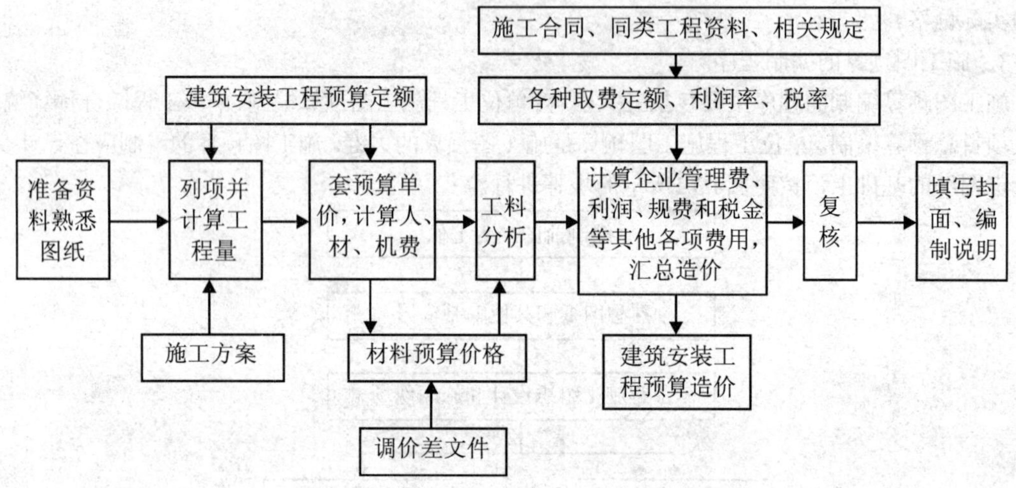

图 4.3.2　定额单价法编制施工图预算流程图

1）准备工作。准备工作阶段应主要完成以下工作内容：

①收集编制施工图预算的编制依据。其中主要包括现行建筑安装定额、取费标准、工程量计算规则、地区材料预算价格以及市场材料价格等各种资料。资料收集清单如表4.3.1所示。

表 4.3.1　定额单价法收集资料一览表

序号	资料分类	资料内容
1	国家规范	国家或省级、行业建设主管部门颁发的计价依据和办法
2		预算定额
3	地方规范	××地区建筑工程消耗量标准
4		××地区建筑装饰工程消耗量标准
5		××地区安装工程消耗量标准
6	建设项目有关资料	建设工程设计文件及相关资料，包括施工图纸等
7		施工现场情况，工程特点及常规施工方案
8		经批准的初步设计概算或修正概算
9		工程所在地的劳资、材料、税务、交通等方面资料
10	其他有关资料	

②熟悉施工图等基础资料。熟悉施工图纸、有关的通用标准图、图纸会审记录、设计变更通知等资料，并检查施工图纸是否安全、尺寸是否清楚，了解设计意图，掌握工程全貌。

③了解施工组织设计和施工现场情况。全面分析各分部分项工程，充分了解施工组织设计和施工方案，如工程进度、施工方法、人员使用、材料消耗、施工机械、技术措施等内容，注意影响费用的关键因素；核实施工现场情况，包括工程所在地地质、地形、地貌等情况、工程实地情况、当地气象资料、当地材料供应地点及运距等情况；了解工程布置、地形条件、施工条件、料场开采条件、场内外交通运输条件等。

2）列项并计算工程量。工程量计算一般按下列步骤进行：首先将单位工程划分为若干分项工程，划分的项目必须和定额规定的项目一致，这样才能正确地套用定额。不能重复列项计算，也不能漏项少算。工程量应严格按照图纸尺寸和现行定额规定的工程量计算规则进行计算，分项子目的工程量应遵循一定的顺序逐项计算，避免漏算和重算。

①根据工程内容和定额项目，列出需计算工程量的分部分项工程。

②根据一定的计算顺序和计算规则，列出分部分项工程量的计算式。

③根据施工图纸上的设计尺寸及有关数据，代入计算式进行数值计算。

④对计算结果的计量单位进行调整，使之与定额中相应的分部分项工程的计量单位保持一致。

3）套用定额预算单价，计算人、材、机费。核对工程量计算结果后，将定额子项中的基价填入预算表单价栏内，并将单价乘以工程量得出合价，将结果填入合价栏，汇总求出单位工程人、材、机费。计算人、材、机费时需要注意以下几个问题：

①分项工程的名称、规格、计量单位与预算单价或单位估价表中所列内容完全一致时，可以直接套用预算单价。

②分项工程的主要材料品种与预算单价或单位估价表中规定材料不一致时，不可以直接套用预算单价，需要按实际使用材料价格换算预算单价。

③分项工程施工工艺条件与预算单价或单位估价表不一致而造成人工、机械的数量增减时，一般调量不调价。

4）编制工料分析表。工料分析是按照各分项工程，依据定额或单位估价表，首先从定额项目表中分别将各分项工程消耗的每项材料和人工的定额消耗量查出；再分别乘以该工程项目的工程量，得到分项工程工料消耗量，最后将各分项工程工料消耗量加以汇总，得出单位工程人工、材料的消耗数量。即

$$\text{人工消耗量}=\text{某工种定额用工量}\times\text{某分项工程量} \tag{4.3.2}$$

$$\text{材料消耗量}=\text{某种材料定额用量}\times\text{某分项工程量} \tag{4.3.3}$$

分部分项工程工料分析表如表4.3.2所示。

表 4.3.2　分部分项工程工料分析表

项目名称：　　　　　　　　　　　　　　　　　　　　编号：

序号	定额编号	分部（项）工程名称	单位	工程量	人工（工日）	主要材料			其他材料费（元）
						材料1	材料2	…	

统制人：　　　　　　　　　　　　　　　　审核人：

5）计算主材费并调整人、材、机费。许多定额项目基价为不完全价格，即未包括主材费用在

内，因此还应单独计算出主材费。计算完成后将主材费的价差加入人、材、机费。主材费计算的依据是当时当地的市场价格。

6）按计价程序计取其他费用，并汇总造价。根据规定的税率、费率和相应的计取基础，分别计算企业管理费、利润、规费和税金。将上述费用累计后与人、材、机费进行汇总，求出单位工程预算造价。与此同时，计算工程的技术经济指标，如单方造价。

7）复核。对项目填列、工程量计算公式、计算结果、套用单价、取费费率、数字计算结果、数据精确度等进行全面复核，及时发现差错并修改，以保证预算的准确性。

8）填写封面、编制说明。封面应写明工程编号、工程名称、预算总造价和单方造价等，编制说明，将封面、编制说明、预算费用汇总表、材料汇总表、工程预算分析表，按顺序编排并装订成册，便完成了单位施工图预算的编制工作。

定额单价法是编制施工图预算的常用方法，具有计算简单、工作量较小和编制速度较快、便于工程造价管理部门集中统一管理的优点。但由于是采用事先编制好的统一的单位估价表，其价格水平只能反映定额编制年份的价格水平，在市场价格波动较大的情况下，单价法的计算结果会偏离实际价格水平，虽然可采用调价，但调价系数和指数从测定到颁布时间滞后且计算也较烦琐；另外由于单价法采用的地区统一的单位估价表进行计价，承包商之间竞争的并不是自身的施工、管理水平，所以单价法并不完全适应市场经济环境。

【例4.3.1】某市一住宅楼土建工程，该工程主体设计采用7层轻框架结构、钢筋混凝土筏式基础，建筑面积为7670.22m^2，限于篇幅，现取其基础部分来说明定额单价法编制施工图预算的过程。表4.3.3是该住宅采用定额单价法编制的单位工程（基础部分）施工图预算表。该单位工程预算是采用该市当时的建筑工程预算定额及单位估价表编制的。

表 4.3.3　某住宅楼建筑工程基础部分预算书

（定额单价法）

工程定额编号	工程或费用名称	计量单位	工程量	价值（元）	
				单价	合价
（1）	（2）	（3）	（4）	（5）	（5）
1042	平整场地	m^2	1393.59	3.04	4236.51
1063	挖土机挖土（砂砾坚土）	m^3	2781.73	9.74	27 094.05
1092	干铺土石屑层	m^3	892.68	145.8	130 152.74
1090	C10混凝土基础垫层（10cm内）	m^3	110.03	388.78	42 777.46
5006	C20带形钢筋混凝土基础（有梁式）	m^3	372.32	1103.66	41 0914.69
5014	C20独立式钢筋混凝土基础	m^3	43.26	929	40 188.54
5047	C20矩形钢筋混凝土柱（1.8m外）	m^3	9.23	599.72	5535.42
13002	矩形柱与异形柱差价	元	61.00		61.00
3001	M5砂浆砌砖基础	m^3	34.99	523.17	18 305.72
5003	C10带形无筋混凝土基础	m^3	54.22	423.23	22 947.53
4028	满堂脚手架（3.6m内）	m^2	370.13	11.06	4093.64
1047	槽底扦探	m^2	1233.77	6.65	8204.57
1040	回填土（夯填）	m^3	1260.94	30	37 828.20
3004	基础抹隔潮层（有防水粉）	元	130.00	8	1040.00
	人、材、机费小计				753 380.08

注：其他各项费用在土建工程预算书汇总时计列。

（2）实物量法。用实物量法编制单位工程施工图预算，就是根据施工图计算的各分项工程量分别乘以地区定额中人工、材料、施工机械台班的定额消耗量，分类汇总得出该单位工程所需的全部人工、材料、施工机械台班消耗数量，然后再乘以当时当地人工工日单价、各种材料单价、施工机械台班单价，求出相应的人工费、材料费、施工机具使用费，企业管理费、利润、规费及税金等费用，采取方法与预算单价法相同。实物量法编制施工图预算的公式如下：

$$\text{单位工程人、材、机费}=\text{综合工日消耗量}\times\text{综合工日单价}+\sum(\text{各种材料消耗量}\times\text{相应材料单价})+\sum(\text{各种机械消耗量}\times\text{相应机械台班单价}) \quad (4.3.4)$$

$$\text{建筑安装工程预算造价}=\text{单位工程人、材、机费}+\text{企业管理费}+\text{利润}+\text{规费}+\text{税金} \quad (4.3.5)$$

实物量法的优点是能较及时地将反映各种材料、人工、机械的当时当地市场单价计入预算价格，不需调价，反映当时当地的工程价格水平。

实物量法编制施工图预算的基本步骤如图4.3.3所示。

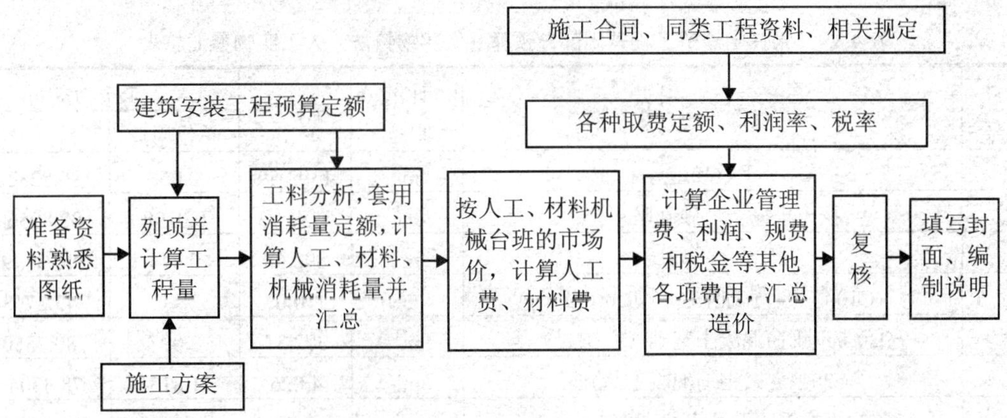

图 4.3.3　实物法的编制步骤

1）准备资料、熟悉施工图纸。实物量法准备资料时，除准备定额单价法的各种编制资料外，重点应全面收集工程造价管理机构发布的工程造价信息及各种市场价格信息，如人工、材料、机械台班当时当地的实际价格，应包括不同品种、不同规格的材料预算价格，不同工种、不同等级的人工工资单价，不同种类、不同型号的机械台班单价等。要求获得的各种实际价格应全面、系统、真实和可靠。

2）列项并计算工程量。本步骤与定额单价法相同。

3）套用消耗量定额，计算人工、材料、机械台班消耗定量。根据预算人工定额所列各类人工工日的数量，乘以各分项工程的工程量，计算出各分项工程所需各类人工工日的数量，统计汇总后确定单位工程所需的各类人工工日消耗量。同理，根据预算材料定额、预算机械台班定额分别确定出单位工程各类材料消耗数量和各类施工机械台班数量。

4）计算并汇总人工费、材料费和施工机具使用费。根据当时当地工程造价管理部门定期发布的或企业根据市场价格确定的人工工资单价、材料预算价格、施工机械台班单价分别乘以人工、材料、机械台班消耗量，汇总即得到单位工程人工费、材料费和施工机具使用费。

5）计算其他各项费用，汇总造价。本步骤与定额单价法相同。

6）复核、填写封面、编制说明。检查人工、材料、机械台班的消耗量计算是否准确，有无漏算、重算或多算；套用的定额是否正确；检查采用的实际价格是否合理。其他内容可参考定额单价法。

实物量法与定额单价法首尾部分的步骤基本相同，所不同的主要是中间两个步骤，即：①采用实物量法计算工程量后，套用相应人工、材料、施工机械台班预算定额消耗量，求出各分项工程人工、材料、施工机械台班消耗数量并汇总成单位工程所需各类人工工日、材料和施工机械台班的消耗量。②采用实物量法，采用的是当时当地的各类人工工日、材料和施工机械台班的实际单价分别乘以相应的人工工日、材料和施工机械台班总的消耗量，汇总后得出单位工程的人工费、材料费和施工机具使用费。

在市场经济条件下，人工、材料和机械台班单价是随市场而变化的，它们是影响工程造价最活跃、最主要的因素。用实物量法编制施工图预算，采用的是工程所在地当时人工、材料、机械台班价格，较好地反映实际价格水平，工程造价的准确性高。虽然计算过程较单价法烦琐，但利用计算机便可解决此问题。因此，实物量法是与市场经济体制相适应的预算编制方法。

【例4.3.2】仍以定额单价法所举【例4.3.1】某市7层轻框架结构住宅为例，说明用实物量法编制施工图预算的过程，结果见表4.3.4～表4.3.7。

表 4.3.4 某住宅建筑工程基础部分预算书（实物量法）人工实物量汇总表

项目编号	工程或费用名称	计量单位	工程量	人工实物量	
				单位用量	合计用量
1	平整场地	m^2	1393.59	0.058	80.8282
2	挖土机挖土（砂砾坚土）	m^3	2781.73	0.0298	82.8956
3	干铺土石屑层	m^3	892.68	0.444	396.3499
4	C10混凝土基础垫层（10cm内）	m^3	110.03	2.211	243.2763
5	C20带形钢筋混凝土基础（有梁式）	m^3	372.32	2.097	780.7550
6	C20独立式钢筋混凝土基础	m^3	43.26	1.813	78.4304
7	C20矩形钢筋混凝土柱（1.8m外）	m^3	9.23	6.323	58.3613
8	矩形柱与异形柱差价	元	61.00		
9	M5砂浆砌砖基础	m^3	34.99	1.053	36.8445
10	C10带形无筋混凝土基础	m^3	54.22	1.8	97.5960
11	满堂脚手架（3.6m内）	m^2	370.13	0.0932	34.4961
12	槽底扦探	m^3	1233.77	0.0578	71.3119
13	回填土（夯填）	m^3	1260.94	0.22	277.4068
14	基础抹隔潮层（有防水粉）	元	89.00		
	合计				2238.5520

2．设备及工器具购置费计算

设备购置费由设备原价和设备运杂费构成；未到达固定资产标准的工器具购置费一般以设备购置费为计算基数，按照规定的费率计算。设备及工器具购置费计算方法及内容可参照设计概算编制的相关内容。

3．单位工程施工图预算书编制

单位工程施工图预算由建筑安装工程费和设备及工器具购置费组成，将计算好的建筑安装工程费和设备及工器具购置费相加，即得到单位工程施工图预算，即

$$单位工程施工图预算=建筑安装工程预算+设备及工器具购置费 \tag{4.3.6}$$

表 4.3.5 机械台班实物量汇总表

项目编辑	工程或费用名称	计量单位	工程量	机械实物量							
				蛙式打夯机（台班）		挖土机（台班）		推土机（台班）		其他机械费（元）	
				单位用量	合计用量	单位用量	合计用量	单位用量	合计用量	单位用量	合计用量
1	平整场地	m^2	1393.59								
2	挖土机挖土（砂砾坚土）	m^3	2781.73			0.024	12.52	0.001	2.50		
3	干铺土石层屑层	m^3	892.68	0.024	21.42						
4	C10混凝土基础垫层（10cm内）	m^3	110.03							3.68	404.47
5	C20带形钢筋混凝土基础（有梁式）	m^3	372.32							5.53	2057.07
6	C20独立式钢筋混凝土基础	m^3	43.26							4.90	211.84
7	C20矩形钢筋混凝土柱（1.8m外）	m^3	9.23							17.19	158.65
8	矩形柱与异形柱差价	元	61.00								
9	M5砂浆砌砖基础	m^3	34.99							0.61	21.34
10	C10带形无筋混凝土基础	m^3	54.22							4.60	249.50
11	满堂脚手架（3.6m内）	m^2	370.13							0.09	34.31
12	槽底钎探	m^2	1233.77								
13	回填土（夯填）	m^3	1260.94	0.059	74.40						
14	基础抹隔潮层（有防水粉）	元	89.00								
	合计				95.82		12.52		2.50		3137.19

表 4.3.6 材料实物量汇总表

项目编号	工程或费用名称	计量单位	工程量	材料实物量													
				土石屑（m）		C10素混凝土（m^3）		C20钢筋混凝土（m^3）		M5主体砂浆（m^3）		机砖（千块）		脚手架材料费（元）		黄土（m^3）	
				单位用量	合计用量	单位用量	合计用量	单位用量	合计用量	单位用量	合计用量	单位用量	合计用量	单位用量	合计用量	单位用量	合计用量
1	平整场地	m^2	1393.59														
2	挖土机挖土（砂砾坚土）	m^3	2781.73														
3	干铺土石层屑层	m^3	892.68	1.34	1196.19												
4	C10混凝土基础垫层（10cm内）	m^3	110.03			1.01	111.1										
5	C20带形钢筋混凝土基础（有梁式）	m^3	372.32					1.015	377.90								

（续表）

项目编号	工程或费用名称	计量单位	工程量	材料实物量													
				土石屑（m）		C10素混凝土（m^3）		C20钢筋混凝土（m^3）		M5主体砂浆（m^3）		机砖（千块）		脚手架材料费（元）		黄土（m^3）	
				单位用量	合计用量	单位用量	合计用量	单位用量	合计用量	单位用量	合计用量	单位用量	合计用量	单位用量	合计用量	单位用量	合计用量
6	C20独立式钢筋混凝土基础	m^3	43.26					1.015	43.91								
7	C20矩形钢筋混凝土柱（1.8m外）	m^3	9.23					1.015	9.37								
8	矩形柱与异形柱差价	元	61.00														
9	M5砂浆砌砖基础	m^3	34.99							0.24	8.40	0.51	17.81				
10	C10带形无筋混凝土基础	m^3	54.22			1.015	55.03										
11	满堂脚手架（3.6m内）	m^2	370.13											0.26	96.09		
12	槽底扦探	m^3	1233.77														
13	回填土（夯填）	m^3	1260.94													1.5	1891.41
14	基础抹隔潮层（有防水粉）	元	89.00														
	合计				1196.19		166.16		431.18		8.40		17.81		963.09		1891.41

表 4.3.7　某住宅楼建筑工程基础部分预算书（实物量法）人工、材料、机械费用汇总表

序号	人工、材料、机械或费用名称	计量单位	实物工程数量	价值（元）	
				当时当地单价	合价
1	人工	工日	2238.552	95	212 662.44
2	土石屑	m^3	1196.1912	140	167 466.77
3	C10素混凝土	m^3	166.1633	345	57 326.34
4	C20钢筋混凝土	m^3	431.1822	900	388 063.98
5	M5主体砂浆	m^3	8.3976	194.97	1637.28
6	机砖	千块	17.8099	580	10 329.74
7	脚手架材料费	元	96.0857		96.09
8	黄土	m^3	1891.41	15	28 371.15
9	蛙式打夯机	台班	95.8198	10.28	985.03
10	挖土机	台班	12.5178	892.1	11 167.13
11	推土机	台班	2.5036	452.7	1133.38
12	其他机械费	元	3137.1944		3137.19
14	矩形柱与异形柱差价	元	61		61.00
15	基础抹隔潮层费	元	130		130.00
	直接工程费小计	元			882 567.52

注：其他各项费用在土建工程预算书汇总时计列。

单位工程施工图预算由单位建筑工程预算书和单位设备及安装工程预算书组成。单位建筑工程预算书则主要由建筑工程预算表和建筑工程取费表构成，单位设备及安装工程预算书则主要由设备及安装工程预算表和设备及安装工程取费表构成，具体表格形式如表4.3.8～表4.3.11所示。

表 4.3.8　建筑工程预算表

单项工程预算编号：　　　　　　　　工程名称（单位工程）：　　　　　　　共　页　第　页

序号	定额号	工程项目或定额名称	单位	数量	单价（元）	其中人工费（元）	合价（元）	其中人工费（元）
一		土石方工程						
1	××	×××××						
2	××	×××××						
二		砌筑工程						
1	××	×××××						
2	××	×××××						
三		楼地面工程						
1	××	×××××						
2	××	×××××						
		定额人、材、机费合计						

表 4.3.9　建筑工程取费表

单项工程预算编号：　　　　　　　　工程名称（单位工程）：　　　　　　　共　页　第　页

<table>
<tr><th>序号</th><th colspan="2">工程项目或费用名称</th><th>表达式</th><th>费率（%）</th><th>合价（元）</th></tr>
<tr><td rowspan="4">1</td><td colspan="2">定额人、材、机费</td><td></td><td></td><td></td></tr>
<tr><td rowspan="3">其中</td><td>人工费</td><td></td><td></td><td></td></tr>
<tr><td>材料费</td><td></td><td></td><td></td></tr>
<tr><td>机械费</td><td></td><td></td><td></td></tr>
<tr><td>2</td><td colspan="2">企业管理费</td><td></td><td></td><td></td></tr>
<tr><td>3</td><td colspan="2">利润</td><td></td><td></td><td></td></tr>
<tr><td>4</td><td colspan="2">规费</td><td></td><td></td><td></td></tr>
<tr><td>5</td><td colspan="2">税金</td><td></td><td></td><td></td></tr>
<tr><td>6</td><td colspan="2">单位建筑工程费用</td><td></td><td></td><td></td></tr>
</table>

编制人：　　　　　　　　　　　　　　审核人：

表 4.3.10　设备及安装工程预算表

单项工程预算编号：　　　　　　　　工程名称（单位工程）：　　　　　　共　页　第　页

序号	定额号	工程项目或定额名称	单位	数量	单价（元）	其中人工费（元）	合价（元）	其中人工费（元）	其中设备费（元）	其中主材费（元）
一		设备安装								
1	××	×××××								
2	××	×××××								
二		管道安装								
1	××	×××××								
2	××	×××××								
三		防腐保温								
1	××	×××××								
2	××	×××××								
		定额人、材、机费合计								

编制人：　　　　　　　　　　　　　　审核人：

表 4.3.11　设备及安装工程取费表

单项工程预算编号：　　　　　　　　工程名称（单位工程）：　　　　　　共　页　第　页

<table>
<tr><th>序号</th><th colspan="2">工程项目或费用名称</th><th>表达式</th><th>费率（%）</th><th>合价（元）</th></tr>
<tr><td rowspan="5">1</td><td colspan="2">定额人、材、机费</td><td></td><td></td><td></td></tr>
<tr><td rowspan="4">其中</td><td>人工费</td><td></td><td></td><td></td></tr>
<tr><td>材料费</td><td></td><td></td><td></td></tr>
<tr><td>机械费</td><td></td><td></td><td></td></tr>
<tr><td>设备费</td><td></td><td></td><td></td></tr>
<tr><td>2</td><td colspan="2">企业管理费</td><td></td><td></td><td></td></tr>
<tr><td>3</td><td colspan="2">利润</td><td></td><td></td><td></td></tr>
<tr><td>4</td><td colspan="2">规费</td><td></td><td></td><td></td></tr>
<tr><td>5</td><td colspan="2">税金</td><td></td><td></td><td></td></tr>
<tr><td>6</td><td colspan="2">单位设备及安装工程费用</td><td></td><td></td><td></td></tr>
</table>

编制人：　　　　　　　　　　　　　　审核人：

（三）单项工程综合预算的编制

单项工程综合预算造价由组成该单项工程的各个单位工程预算造价汇总而成。计算公式如下：

单项工程施工图预算=∑单位建筑工程费用+∑单位设备及安装工程费用　　(4.3.7)

单项工程综合预算书主要由综合预算表构成，综合预算表格式如表4.3.12所示。

表 4.3.12 综合预算表

综合预算编号：　　　　工程名称（单位工程）：　　　　单位：万元　　共　页　第　页

序号	预算编号	工程项目或费用名称	设计规模或主要工程量	建筑工程费	设备及工器具及购置费	安装工程费	合计	其中：引进部分	
								美元	折合人民币
一		主要工程							
1		×××××							
2		×××××							
二		辅助工程							
1		×××××							
2		×××××							
三		配套工程							
1		×××××							
2		×××××							
		单项工程预算费用合计							

编制人：　　　　审核人：　　　　项目负责人：

（四）建设项目总预算的编制

建设项目总预算由组成该建设项目的各个单项工程综合预算，以及经计算的工程建设其他费、预备费和建设期利息和铺底流动资金汇总而成。三级预算编制中总预算由综合预算和工程建设其他费、预备费、建设期利息及铺底流动资金汇总而成，计算公式如下：

总预算=∑单项工程施工图预算+工程建设其他费
+预备费+建设期利息+铺底流动资金　　(4.3.8)

二级预算编制中总预算由单位工程施工图预算和工程建设其他费、预备费、建设期贷款利息及铺底流动资金汇总而成，计算公式如下：

总预算=∑单位建筑工程费用+∑单位设备及安装工程费用+工程建设其他费
+预备费+建设期利息+铺底流动资金　　(4.3.9)

工程建设其他费、预备费、建设期利息及铺底流动资金具体编制方法可参照第一章相关内容。以建设项目施工图预算编制时为界线，若上述费用已经发生，按合理发生金额列计，如果还未发生，按照原概算内容和本阶段的计费原则计算列入。

采用三级预算编制形式的工程预算文件包括：封面、签署页及目录、编制说明、总预算表、综合预算表、单位工程预算表、附件等内容。其中，总预算表的格式如表4.3.13所示。

表 4.3.13　总预算表

总预算编号：　　　　　　　　　工程名称：　　　　　　　　　单位：万元　共　页　第　页

序号	预算编号	工程项目或定额名称	建筑工程费	设备及工器具购置费	安装工程费	其他费用	合计	其中：引进部分		占地投资比例（%）
								美元	折合人民币	
一		工程费用								
1		主要工程								
		×××××								
		×××××								
2		辅助工程								
		×××××								
3		配套工程								
		×××××								
二		其他费用								
1		×××××								
2		×××××								
三		预备费								
四		专项费用								
1		×××××								
2		×××××								
		建设项目预算总投资								

编制人：　　　　　　　　　　审核人：　　　　　　　　　项目负责人：

第五章　建设项目发承包阶段合同价款的约定

建设工程项目发承包既是完善市场经济体制的重要举措，也是维护工程建设市场竞争秩序的有效途径。建设工程分为直接发包与招标发包，但不论采用哪种方式，一旦确定了发承包关系，则发包人与承包人均应本着公平、公正、诚实、信用的原则通过签订合同来明确双方的权利和义务，而实现项目预期建设目标的核心内容是合同价款的约定。

第一节　发承包方式与招标文件的编制

建设工程发包与承包是一组对称概念，通常简称为发承包。发包是指建筑工程的建设单位（发包人）将建筑工程任务（勘察、设计、施工等）的全部或一部分通过招标或其他方式，交付给具有从事建筑活动的法定从业资格的单位（承包人）完成，并按约定支付报酬的行为；承包则是指具有从事建筑活动的法定从业资格的承包人，通过投标或其他方式，承揽建筑工程任务，并按约定取得报酬的行为。

一、合同价款与发承包方式

（一）合同价款与发承包的关系

建设工程发承包最核心的问题是合同价款的确定，而建设工程项目签约合同价（合同价款）的确定取决于发承包方式。目前，发承包方式有直接发包和招标发包两种，其中招标发包是主要发承包方式。同时，签约合同价还因采用不同的计价方法，会产生较大的价款差额。对于招标发包的项目，即以招标投标方式签订的合同中，应以中标时确定的金额为准；对于直接发包的项目，如按初步设计总概算投资包干时，应以经审批的概算投资中与承包内容相应部分的投资（包括相应的不可预见费）为签约合同价；如按施工图预算包干，则应以审查后的施工图总预算或综合预算为准。在建筑安装合同中，能准确确定合同价款的，需要明确相应的价款调整规定，如在合同签订当时尚不能准确计算出合同价款的，尤其是按施工图预算加现场签证和按实结算的工程，在合同中需要明确规定合同价款的计算原则，具体约定执行的计价依据与计算标准，以及合同价款的审定方式等。

（二）合同价款的形成过程

在市场经济条件下，招标投标是一种优化资源配置、实现有序竞争的交易行为，也是工程发承包的主要方式。在工程项目招投标中，投标人应当按招标文件的要求编制投标文件。招标文件是投标人编制投标文件的主要依据，也是中标后签订合同的主要依据。合同价款的约定与招标投标文件具有相辅相成和密不可分的关系。招标人在招标时，把合同条款的主要内容纳入招标文件中，对投标报价的编制办法和要求及合同价款的方式已做了详细说明，如采用“单价合同”方式、“总价合同”方式或“成本加酬金合同”的方式发包，在招标文件内均已明确，投标人按招标文件中的规定和要求、根据自己的实力和市场因素等确定投标报价。经评标被认可的投标价即为中标价，中标价只有通过合同的形式才能加以确认，即投标人中标后，所签订的合同价就是中标价。

二、招标文件的组成内容和编制要求

招标文件是指导整个招标投标工作全过程的纲领性文件。按照《招标投标法》的规定，招标文件应当包括招标项目的技术要求，对投标人资格审查的标准、投标报价要求和评标标准等所有实质性要求和条件以及拟签合同的主要条款。建设项目施工招标文件是由招标人（或其委托的咨询机构）编制，由招标人发布的，它既是投标单位编制投标文件的依据，也是招标人与将来中标人签订工程承包合同的基础。招标文件中提出的各项要求，对整个招标工作乃至发承包双方都具有约束力，因此招标文件的编制及其内容必须符合有关法律法规的规定。

（一）施工招标文件的编制内容

根据《标准施工招标文件》的规定，施工招标文件包括以下内容。

1．招标公告（或投标邀请书）

当未进行资格预审时，招标文件中应包括招标公告。当进行资格预审时，招标文件中应包括投标邀请书，该邀请书可代替资格预审通过通知书，以明确投标人已具备了在某具体项目某具体标段的投标资格，其他内容包括招标文件的获取、投标文件的递交等。

2．投标人须知

投标人须知主要包括对于项目概况的介绍和招标过程的各种具体要求，在正文中的未尽事宜可以通过"投标人须知前附表"进行进一步明确，由招标人根据招标项目具体特点和实际需要编制和填写，但无需与招标文件的其他章节相衔接，并不得与投标人须知正文的内容相抵触，否则抵触内容无效。投标人须知包括如下10个方面的内容：

（1）总则。主要包括项目概况、资金来源和落实情况、招标范围、计划工期和质量要求的描述，对投标人资格要求的规定，对费用承担、保密、语言文字、计量单位等内容的约定，对踏勘现场、投标预备会的要求，以及对分包和偏离问题的处理。项目概况中主要包括项目名称、建设地点以及招标人和招标代理机构的情况等。

（2）招标文件。主要包括招标文件的构成以及澄清和修改的规定。

（3）投标文件。主要包括投标文件的组成，投标报价编制的要求，投标有效期和投标保证金的规定，需要提交的资格审查资料，是否允许提交备选投标方案，以及投标文件标识所应遵循的标准格式要求。

（4）投标。主要规定投标文件的密封和标识、递交、修改及撤回的各项要求。在此部分中应当确定投标人编制投标文件所需要的合理时间，即投标准备时间，是指自招标文件开始发出之日起至投标人提交投标文件截止之日止，最短不得少于20天。

（5）开标。规定开标的时间、地点和程序。

（6）评标。说明评标委员会的组建方法，评标原则和采取的评标办法。

（7）合同授予。说明拟采用的定标方式，中标通知书的发出时间，要求承包人提交的履约担保和合同的签订时限。

（8）重新招标和不再招标。规定重新招标和不再招标的条件。

（9）纪律和监督。主要包括对招标过程各参与方的纪律要求。

（10）需要补充的其他内容。

3．评标办法

评标办法可选择经评审的最低投标价法和综合评估法。

4．合同条款及格式

包括本工程拟采用的通用合同条款、专用合同条款以及各种合同附件的格式。

5．工程量清单

工程量清单是表现拟建工程实体性项目、非实体性项目、其他项目名称和相应数量的明细清单，以满足工程项目具体量化和计量支付的需要；是招标人编制招标控制价和投标人编制投标价的重要依据。

如按照规定应编制招标控制价的项目，其招标控制价也应在招标时一并公布。

6．图纸

图纸是指应由招标人提供的用于计算招标控制价和投标人计算投标报价所必需的各种详细程度的图纸。

7．技术标准和要求

招标文件规定的各项技术标准应符合国家强制性规定。招标文件中规定的各项技术标准均不得要求或标明某一特定的专利、商标、名称、设计、原产地或生产供应者，不得含有倾向或者排斥潜在投标人的其他内容。如果必须引用某一生产供应商的技术标准才能准确或清楚地说明拟招标项目的技术标准时，则应当在参照后面加上“或相当于”的字样。

8．投标文件格式

提供各种投标文件编制所应依据的参考格式。

9．规定的其他材料

如需要其他材料，应在“投标人须知前附表”中予以规定。

（二）招标文件的澄清和修改

1．招标文件的澄清

投标人应仔细阅读和检查招标文件的全部内容。如发现缺页或附件不全，应及时向招标人提出，以便补齐。如有疑问，应在规定的时间前以书面形式（包括信函、电报、传真等可以有形地表现所载内容的形式），要求招标人对招标文件予以澄清。

招标文件的澄清将在规定的投标截止时间15天前以书面形式发给所有购买招标文件的投标人，但不指明澄清问题的来源。如果澄清发出的时间距投标截止时间不足15天，应相应推迟投标截止时间。

投标人在收到澄清后，应在规定的时间内以书面形式通知招标人，确认已收到该澄清。投标人收到澄清后的确认时间，可以采用一个相对的时间，如招标文件澄清发出后12小时以内；也可以采用一个绝对的时间，如2013年1月19日中午12：00前。

2．招标文件的修改

招标人对已发出的招标文件进行必要的修改，应当在投标截止时间15天前，招标人可以书面形式修改招标文件，并通知所有已购买招标文件的投标人。如果修改招标文件的时间距投标截止时间不足15天，应相应推后投标截止时间。投标人收到修改内容后，应在规定的时间内以书面形式通知招标人，确认已收到该修改文件。

（三）建设项目施工招标过程中其他文件的主要内容

1．资格预审公告和招标公告的内容

（1）资格预审公告的内容。按照《标准施工招标资格预审文件》的规定，资格预审公告具体包括以下内容：

1）招标条件。明确拟招标项目已符合前述的招标条件。

2）项目概况与招标范围。说明本次招标项目的建设地点、规模、计划工期、招标范围、标段划分等。

3）申请人的资格要求。包括对于申请资质、业绩、人员、设备、资金等各方面的要求，以及是否接受联合体资格预审申请的要求。

4）资格预审的方法。明确采用合格制或有限数量制。

5）资格预审文件的获取。是指获取资格预审文件的地点、时间和费用。

6）资格预审申请文件的递交。说明递交资格预审申请文件的截止时间。

7）发布公告的媒介。

8）联系方式。

（2）招标公告的内容。若未进行资格预审，可以单独发布招标公告，根据《工程建设项目施工招标投标办法》和《标准施工招标文件》的规定，招标公告具体包括以下内容：

1）招标条件；

2）项目概况与招标范围；

3）投标人资格要求；

4）招标文件的获取；

5）投标文件的递交；

6）发布公告的媒介；

7）联系方式。

2．资格审查文件的内容与要求

资格审查分为资格预审和资格后审。资格预审是指在投标前对潜在投标人进行的资质条件、业绩、信誉、技术、资金等多方面情况进行资格审查，而资格后审是指在开标后对投标人进行的资格审查。采取资格预审的，招标人应当在资格预审文件中载明资格预审的条件、标准和方法；采取资格后审的，招标人应当在招标文件中载明对投标人资格要求的条件、标准和方法。招标人不得改变载明的资格条件或者以没有载明的资格条件对潜在投标人或者投标人进行资格审查。

（1）资格预审文件的内容。发出资格预审公告后，招标人向申请参加资格预审的申请人出售资格预审文件。资格预审文件的内容主要包括：资格预审公告、申请人须知、资格审查办法、资格预审申请文件格式、项目建设概况等内容，同时还包括关于资格预审文件澄清和修改的说明。

（2）资格预审申请文件的内容。资格预审申请文件应包括下列内容：

1）资格预审申请函；

2）法定代表人身份证明或附有法定代表人身份证明的授权委托书；

3）联合体协议书（如工程接受联合体投标）；

4）申请人基本情况表；

5）近年财务状况表；

6）近年完成的类似项目情况表；

7）正在施工和新承接的项目情况表；

8）近年发生的诉讼及仲裁情况；

9）其他材料。

第二节　招标工程量清单与招标控制价的编制

为使建设工程发包与承包计价活动规范有序地进行，不论是招标发包还是直接发包，都必须注重前期工作。尤其是招标发包，其关键的是应从施工招标开始，在拟订招标文件的同时，科学合理地编制工程量清单、招标控制价以及评标标准和办法，只有这样，才能对投标报价、合同价的约定以至后期的工程结算这一工程发承包计价全过程起到良好的控制作用。

一、招标工程量清单的编制

招标工程量清单是招标人依据国家标准、招标文件、设计文件以及施工现场实际情况编制的，随招标文件发布供投标报价的工程量清单，包括对其的说明和表格。编制招标工程量清单，应充分体现"量价分离"的"风险分担"原则。招标阶段，由招标人或其委托的工程造价咨询人根据工程项目设计文件，编制出招标工程项目的工程量清单，并将其作为招标文件的组成部分。招标工程量清单的准确性和完整性由招标人负责；投标人应结合企业自身实际、参考市场有关价格信息完成清单项目工程的组合报价，并对其承担风险。

（一）招标工程量清单编制依据及准备工作

1．招标工程量清单的编制依据

（1）《建设工程工程量清单计价规范》GB 50500—2013以及各专业工程计量规范等。

（2）国家或省级、行业建设主管部门颁发的计价定额和办法。

（3）建设工程设计文件及相关资料。

（4）与建设工程有关的标准、规范、技术资料。

（5）拟定的招标文件。

（6）施工现场情况、地勘水文资料、工程特点及常规施工方案。

（7）其他相关资料。

2．招标工程量清单编制的准备工作

招标工程量清单编制的相关工作在搜集资料包括编制依据的基础上，需进行如下工作。

（1）初步研究。对各种资料进行认真研究，为工程量清单的编制做准备。主要包括：

1）熟悉《建设工程工程量清单计价规范》GB 50500—2013和各专业工程计量规范、当地计价规定及相关文件；熟悉设计文件，掌握工程全貌，便于清单项目列项的完整、工程量的准确计算及清单项目的准确描述，对设计文件中出现的问题应及时提出。

2）熟悉招标文件、招标图纸，确定工程量清单编审的范围及需要设定的暂估价；搜集相关市场价格信息，为暂估价的确定提供依据。

3）对《建设工程工程量清单计价规范》GB 50500—2013缺项的新材料、新技术、新工艺，搜集足够的基础资料，为补充项目的制定提供依据。

（2）现场踏勘。为了选用合理的施工组织设计和施工技术方案，需进行现场踏勘，以充分了解施工现场情况及工程特点，主要对以下两方面进行调查。

1）自然地理条件：工程所在地的地理位置、地形、地貌、用地范围等；气象、水文情况，包括气温、湿度、降雨量等；地质情况，包括地质构造及特征、承载能力等；地震、洪水及其他自然灾害情况。

2）施工条件：工程现场周围的道路、进出场条件、交通限制情况；工程现场施工临时设施、大型施工机具、材料堆放场地安排情况；工程现场邻近建筑物与招标工程的间距、结构形式、基础埋深、新旧程度、高度；市政给排水管线位置、管径、压力，废水、污水处理方式，市政、消防供水管道管径、压力、位置等；现场供电方式、方位、距离、电压等；工程现场通信线路的连接和铺设；当地政府有关部门对施工现场管理的一般要求、特殊要求及规定等。

(3) 拟订常规施工组织设计。施工组织设计是指导拟建工程项目的施工准备和施工的技术经济文件。根据项目的具体情况编制施工组织设计，拟订工程的施工方案、施工顺序、施工方法等，便于工程量清单的编制及准确计算，特别是工程量清单中的措施项目。施工组织设制的主要依据：招标文件中的相关要求，设计文件中的图纸及相关说明，现场踏勘资料，有关定额，现行有关技术标准、施工规范或规则等。作为招标人，仅需拟订常规的施工组织设计即可。在拟定常规的施工组织设计时需注意以下问题：

1）估算整体工程量。根据概算指标或类似工程进行估算，且仅对主要项目加以估算即可，如土石方、混凝土等。

2）拟订施工总方案。施工总方案仅只需对重大问题和关键工艺作原则性的规定，不需考虑施工步骤，主要包括：施工方法，施工机械设备的选择，科学的施工组织，合理的施工进度，现场的平面布置及各种技术措施。制订总方案要满足以下原则：从实际出发，符合现场的实际情况，在切实可行的范围内尽量求其先进和快速；满足工期的要求；确保工程质量和施工安全；尽量降低施工成本，使方案更加经济合理。

3）确定施工顺序。合理确定施工顺序需要考虑以下几点：各分部分项工程之间的关系；施工方法和施工机械的要求；当地的气候条件和水文要求；施工顺序对工期的影响。

4）编制施工进度计划。施工进度计划要满足合同对工期的要求，在不增加资源的前提下尽量提前。编制施工进度计划时要处理好工程中各分部、分项、单位工程之间的关系，避免出现施工顺序的颠倒或工种相互冲突。

5）计算人、材、机资源需要量。人工工日数量根据估算的工程量、选用的定额、拟订的施工总方案、施工方法及要求的工期来确定，并考虑节假日、气候等的影响。材料需要量主要根据估算的工程量和选用的材料消耗定额进行计算。机械台班数量则根据施工方案确定选择机械设备方案及机械种类的匹配要求，再根据估算的工程量和机械时间定额进行计算。

6）施工平面的布置。施工平面布置是根据施工方案、施工进度要求，对施工现场的道路交通、材料仓库、临时设施等做出合理的规划布置，主要包括：建设项目施工总平面图上的一切地上、地下已有和拟建的建筑物、构筑物以及其他设施的位置和尺寸；所有为施工服务的临时设施的布置位置，如施工用地范围，施工用道路，材料仓库，取土与弃土位置，水源、电源位置，安全、消防设施位置，永久性测量放线标桩位置等。

（二）招标工程量清单的编制内容

1. 分部分项工程量清单编制

分部分项工程量清单所反映的是拟建工程分项实体工程项目名称和相应数量的明细清单，招标人负责包括项目编码、项目名称、项目特征、计量单位和工程量在内的五项内容。

(1) 项目编码。分部分项工程量清单的项目编码，应根据拟建工程的工程量清单项目名称设置，同一招标工程的项目编码不得有重码。

(2) 项目名称。分部分项工程量清单的项目名称应按专业工程计量规范附录的项目名称结合拟建工程的实际确定。

在分部分项工程量清单中所列出的项目，应是在单位工程的施工过程中以其本身构成该单位工程实体的分项工程，但应注意：

1）当在拟建工程的施工图纸中有体现，并且在专业工程计量规范附录中也有相对应的项目时，则根据附录中的规定直接列项，计算工程量，确定其项目编码。

2）当在拟建工程的施工图纸中有体现，但在专业工程计量规范附录中没有相对应的项目，并且在附录项目的“项目特征”或“工程内容”中也没有提示时，则必须编制针对这些分项工程的补充项目，在清单中单独列项并在清单的编制说明中注明。

(3)项目特征描述。工程量清单的项目特征是确定一个清单项目综合单价不可缺少的重要依据，在编制工程量清单时，必须对项目特征进行准确和全面的描述。但有些项目特征用文字往往又难以准确和全面的描述。为达到规范、简洁、准确、全面描述项目特征的要求，在描述工程量清单项目特征时应按以下原则进行：

1）项目特征描述的内容应按附录中的规定，结合拟建工程的实际，满足确定综合单价的需要。

2）若采用标准图集或施工图纸能够全部或部分满足项目特征描述的要求时，项目特征描述可直接采用详见××图集或××图号的方式。对不能满足项目特征描述要求的部分，仍应用文字描述。

(4) 计量单位。分部分项工程量清单的计量单位与有效位数应遵守《建设工程工程量清单计价规范》规定。当附录中有两个或两个以上计量单位的，应结合拟建工程项目的实际选择其中一个确定。

(5) 工程量的计算。分部分项工程量清单中所列工程量应按专业工程计量规范规定的工程量计算规则计算。另外，对补充项的工程量计算规则必须符合下述原则：一是其计算规则要具有可计算性，二是计算结果要具有唯一性。

工程量的计算是一项繁杂而细致的工作，为了计算的快速准确并尽量避免漏算或重算，必须依据一定的计算原则及方法：

1）计算口径一致。根据施工图列出的工程量清单项目，必须与专业工程计量规范中相应清单项目的口径相一致。

2）按工程量计算规则计算。工程量计算规则是综合确定各项消耗指标的基本依据，也是具体工程测算和分析资料的基准。

3）按图纸计算。工程量按每一分项工程，根据设计图纸进行计算，计算时采用的原始数据必须以施工图纸所表示的尺寸或施工图纸能读出的尺寸为准进行计算，不得任意增减。

4）按一定顺序计算。计算分部分项工程量时，可以按照定额编目顺序或按照施工图专业顺序依次进行计算。对于计算同一张图纸的分项工程量时，一般可采用以下几种顺序：按顺时针或逆时针顺序计算；按先横后纵顺序计算；按轴线编号顺序计算；按施工先后顺序计算；按定额分部分项顺序计算。

2. 措施项目清单编制

措施项目清单指为完成工程项目施工，发生于该工程施工准备和施工过程中的技术、生活、安全、环境保护等方面的项目清单，措施项目分单价措施项目和总价措施项目。

措施项目清单的编制需考虑多种因素，除工程本身的因素外，还涉及水文、气象、环境、安全等因素。措施项目清单应根据拟建工程的实际情况列项，若出现《建设工程工程量清单计价规范》GB 50500—2013中未列的项目，可根据工程实际情况补充。项目清单的设置要考虑拟建工程的施工组织设计，施工技术方案，相关的施工规范与施工验收规范，招标文件中提出的某些必须通过一定的技术措施才能实现的要求，设计文件中一些不足以写进技术方案的但是要通过一定的技术措施才能实现的内容。

一些可以精确计算工程量的措施项目可采用与分部分项工程量清单编制相同的方式，编制“分部分项工程和单价措施项目清单与计价表”。而有一些措施项目费用的发生与使用时间、施工方法或者两个以上的工序相关，并大都与实际完成的实体工程量的大小关系不大，如安全文明施工、冬雨季施工、已完工程设备保护等，应编制“总价措施项目清单与计价表”。

3．其他项目清单的编制

其他项目清单是应招标人的特殊要求而发生的与拟建工程有关的其他费用项目和相应数量的清单。工程建设标准的高低、工程的复杂程度、工程的工期长短、工程的组成内容、发包人对工程管理要求等都直接影响到其具体内容。当出现未包含在表格中的内容的项目时，可根据实际情况补充。其中：

（1）暂列金额是指招标人暂定并包括在合同中的一笔款项。用于工程合同签订时尚未确定或者不可预见的所需材料、工程设备、服务的采购，施工中可能发生的工程变更、合同约定调整因素出现时的合同价款调整以及发生的索赔、现场签证确认等的费用。此项费用由招标人填写其项目名称、计量单位、暂定金额等，若不能详列，也可只列暂定金额总额。由于暂列金额由招标人支配，实际发生后才得以支付，因此，在确定暂列金额时应根据施工图纸的深度、暂估价设定的水平、合同价款约定调整的因素以及工程实际情况合理确定。一般可按分部分项工程量清单的10%～15%确定，不同专业预留的暂列金额应分别列项。

（2）暂估价是招标人在招标文件中提供的用于支付必然要发生但暂时不能确定价格的材料、工程设备的单价以及专业工程的金额。一般而言，为方便合同管理和计价，需要纳入分部分项工程量项目综合单价中的暂估价，最好只限于材料费，以方便投标与组价。以“项”为计量单位给出的专业工程暂估价一般应是综合暂估价，即应当包括除规费、税金以外的管理费、利润等。

（3）计日工是为了解决现场发生的零星工作或项目的计价而设立的。计日工为额外工作的计价提供一个方便快捷的途径。计日工对完成零星工作所消耗的人工工时、材料数量、机械台班进行计量，并按照计日工表中填报的适用项目的单价进行计价支付。编制计日工表格时，一定要给出暂定数量，并且需要根据经验，尽可能估算一个比较贴近实际的数量，且尽可能把项目列全，以消除因此而产生的争议。

（4）总承包服务费是为了解决招标人在法律法规允许的条件下，进行专业工程发包以及自行采购供应材料、设备时，要求总承包人对发包的专业工程提供协调和配合服务，对供应的材料、设备提供收、发和保管服务以及对施工现场进行统一管理，对竣工资料进行统一汇总整理等，并向承包人支付的费用。招标人应当按照投标人的投标报价支付该项费用。

4．规费税金项目清单的编制

规费税金项目清单应按照规定的内容列项，当出现规范中没有的项目，应根据省级政府或有关部门的规定列项。税金项目清单除规定的内容外，如国家税法发生变化或增加税种，应对税金项目清单进行补充。规费、税金的计算基础和费率均应按国家或地方相关部门的规定执行。

5．工程量清单总说明的编制

工程量清单编制总说明包括以下内容：

（1）工程概况。工程概况中要对建设规模、工程特征、计划工期、施工现场实际情况、自然地理条件、环境保护要求等做出描述。其中建设规模是指建筑面积；工程特征应说明基础及结构类型、建筑层数、高度、门窗类型及各部位装饰、装修做法；计划工期是指按工期定额计算的施工天数；施工现场实际情况是指施工场地的地表状况；自然地理条件是指建筑场地所处地理位置的气候及交通运输条件;环境保护要求是针对施工噪声及材料运输可能对周围环境造成的影响和污染所提出的防护要求。

（2）工程招标及分包范围。招标范围是指单位工程的招标范围，如建筑工程招标范围为“全部建筑工程”，装饰装修工程招标范围为“全部装饰装修工程”，或招标范围不含桩基础、幕墙头、门窗等。工程分包是指特殊工程项目的分包，如招标人自行采购安装“铝合金闸窗”等。

（3）工程量清单编制依据。包括建设工程工程量清单计价范、设计文件、招标文件、施工现场情况、工程特点及常规施工方案等。

（4）工程质量、材料、施工等的特殊要求。工程质量的要求，是指招标人要求拟建工程的质量应达到合格或优良标准；对材料的要求，是指招标人根据工程的重要性、使用功能及装饰装修标准提出，诸如对水泥的品牌、钢材的生产厂家、花岗石的出产地等的要求；施工要求，一般是指建设项目中对单项工程的施工顺序等的要求。

（5）其他需要说明的事项。

6．招标工程量清单汇总

在分部分项工程量清单、措施项目清单、其他项目清单、规费和税金项目清单编制完成以后，经审查复核，与工程量清单封面及总说明汇总并装订，由相关责任人签字并盖章，形成完整的招标工程量清单文件。

（三）招标工程量清单编制示例

随招标文件发布供投标报价的工程量清单，通常用表格形式表示并加以说明。由于招标人所用工程量清单表格与投标人报价所用表格是同一表格，招标人发布的表格中，除暂列金额、暂估价列有“金额”外只是列出工程量，该工程量是根据计量规范的计算规则所得。

【例5.2.1】××保障房一期住宅工程分部分项工程量的计算。

解：根据《房屋建筑与装饰工程工程量计算规范》GB 50854—2013，对现浇混凝土梁的混凝土、钢筋、脚手架等工程量进行计算并列表。

（1）现浇混凝土梁工程量。根据现浇混凝土梁的工程量计算规则，现浇混凝土梁的工程量按设计图示尺寸以体积计算，伸入墙内的梁头、梁垫并入梁体积内。“项目特征：①混凝土种类；②混凝土强度等级。工作内容：①模板及支架（撑）制作、安装、拆除、堆放、运输及清理模内杂物、刷隔离剂等；②混凝土制作、运输、浇筑、振捣、养护”。

（2）钢筋工程量。“现浇构件钢筋”的工程量计算，根据钢筋工程中的“现浇构件钢筋”的工程量计算规则，为按设计图示钢筋（网）长度（面积）乘以单位理论质量计算。“项目特征：钢筋种类、规格。工作内容：①钢筋制作、运输；②钢筋安装；③焊接（绑扎）。注：a. 现浇构件中伸出构件的锚固钢筋应并入钢筋工程量内。除设计（包括规范规定）标明的搭接外，其他施工搭接不计算工程量，在综合单价中考虑。b. 现浇构件中固定位置的支撑钢筋、双层钢筋用的铁马，在编制工程量清单时，如果设计未明确，其工程数量可为暂估量，结算时按现场签证数量计算。”

（3）脚手架工程量。脚手架工程属单价措施项目，其工程量计算根据脚手架工程中综合脚手架工程量计算规则，按建筑面积以m^2计算，项目特征：①建筑结构形式；②檐口高度。工作内容：①场内、场外材料搬运；②搭、拆脚手架、斜道、上料平台；③安全网的铺设；④选择附墙点与主体连接；⑤测试电动装置、安全锁等；⑥拆除脚手架后材料的堆放。注：a. 使用综合脚手架时，不再使用外脚手架、里脚手架等单项脚手架，综合脚手架适用于能够按“建筑面积计算规则”计算建筑面积的建筑工程脚手架，不适用于房屋加层、构筑物及附属工程脚手架；b. 同一建筑物有不同檐高时，按建筑物竖向切面分别按不同椽高编列清单项目；c. 整体提升架已包括2m高的防护架体设施；d. 脚手架材质可以不描述，但应注明由投标人根据工程实际情况按照国家现行标准《建筑施工扣件式钢管脚手架安全技术规范》JGJ 130、《建筑施工附着升降脚手架管理暂行规定》（建造（2000）230号）等规范自行确定。

（4）分部分项工程量清单列表。填列工程量清单的表格见表5.2.1分部分项工程量和单价措施项目清单与计价表。需要说明的是，表中带括号的数据属于随招标文件公布的招标控制价的内容，即招标人提供招标工程量清单时，表中带括号数据的单元格在招标工程量清单中为空白。

表 5.2.1　分部分项工程和单价措施项目清单与计价表（招标工程量清单）

工程名称：××保障房一期住宅工程　　　　　　　　标段：　　　　　　　　第　页　共　页

序号	项目编码	项目名称	项目特征描述	计量单位	工程量	金额（元）		
						综合单价	合价	其中：暂估价
		…						
		0105混凝土及钢筋混凝土工程						
6	010503001001	基础梁	C30预拌混凝土梁 底标高−1.55m	m^3	208	（367.05）	（76346）	
7	010515001001	现浇构件钢筋	螺纹钢Q235，Φ14	t	200	（4821.35）	（964270）	（800000）
		…						
		分部小计					（2496270）	（800000）
		…						
		0117措施项目						
16	011701001001	综合脚手架	砖混、檐高22m	m^2	10940	（20.85）	（228099）	
		…						
		分部小计					（829480）	
							（6709337）	（800000）

二、招标控制价的编制

《招标投标法实施条例》规定，招标人可以自行决定是否编制标底，一个招标项目只能有一个标底，标底必须保密。同时规定，招标人设有最高投标限价的，应当在招标文件中明确最高投标限价或者最高投标限价的计算方法，招标人不得规定最低投标限价。

（一）招标控制价的编制规定与依据

招标控制价是指根据国家或省级建设行政主管部门颁发的有关计价依据和办法，依据拟订的招标文件和招标工程量清单，结合工程具体情况发布的招标工程的最高投标限价。根据住房城乡建设部颁布的《建筑工程施工发包与承包计价管理办法》（住建部令第16号）的规定，国有资金投资的建筑工程招标的，应当设有最高投标限价；非国有资金投资的建筑工程招标的，可以设有最高投标限价或者招标标底。

1．招标控制价与标底的关系

招标控制价是推行工程量清单计价过程中对传统标底概念的性质进行界定后所设置的专业术语，它使招标时评标定价的管理方式发生了很大的变化。设标底招标、无标底招标以及招标控制价招标的利弊分析如下。

（1）设标底招标。

1）设标底时易发生泄露标底及暗箱操作的现象，失去招标的公平公正性，容易诱发违法违规行为。

2）编制的标底价是预期价格，因较难考虑施工方案、技术措施对造价的影响，容易与市场造价水平脱节，不利于引导投标人理性竞争。

3）标底在评标过程的特殊地位使标底价成为左右工程造价的杠杆，不合理的标底会使合理的投标报价在评标中显得不合理，有可能成为地方或行业保护的手段。

4）将标底作为衡量投标人报价的基准，导致投标人尽力地去迎合标底，往往招标投标过程反映的不是投标人实力的竞争，而是投标人编制预算文件能力的竞争，或者各种合法或非法的“投标策略”的竞争。

（2）无标底招标。

1）容易出现围标串标现象，各投标人哄抬价格，给招标人带来投资失控的风险。

2）容易出现低价中标后偷工减料，以牺牲工程质量来降低工程成本，或产生先低价中标，后高额索赔等不良后果。

3）评标时，招标人对投标人的报价没有参考依据和评判基准。

（3）招标控制价招标。

1）采用招标控制价招标的优点：①可有效控制投资，防止恶性哄抬报价带来的投资风险；②提高了透明度，避免了暗箱操作、寻租等违法活动的产生；③可使各投标人自主报价、公平竞争，符合市场规律。投标人自主报价，不受标底的左右；④既设置了控制上限又尽量地减少了业主依赖评标基准价的影响。

2）采用招标控制价招标也可能出现如下问题：

①若“最高限价”大大高于市场平均价时，就预示中标后利润很丰厚，只要投标不超过公布的限额都是有效投标，从而可能诱导投标人串标围标。

②若公布的最高限价远远低于市场平均价，就会影响招标效率。即可能出现只有1～2人投标或出现无人投标的情况，因为按此限额投标将无利可图，超出此限额投标文成为无效投标，结果使招标人不得不修改招标控制价进行二次招标。

2．编制招标控制价的规定

（1）国有资金投资的工程建设项目应实行工程量清单招标，招标人应编制招标控制价，并应当拒绝高于招标控制价的投标报价，即投标人的投标报价若超过公布的招标控制价，则其投标作为废标处理。

（2)招标控制价应由具有编制能力的招标人或受其委托、具有相应资质的工程造价咨询人编制。工程造价咨询人不得同时接受招标人和投标人对同一工程的招标控制价和投标报价的编制。

（3）招标控制价应在招标文件中公布，对所编制的招标控制价不得进行上浮或下调。在公布招标控制价时，除公布招标控制价的总价外，还应公布各单位工程的分部分项工程费、措施项目费、其他项目费、规费和税金。

（4）招标控制价超过批准的概算时，招标人应将其报原概算审批部门审核。这是由于我国对国有资金投资项目的投资控制实行的是设计概算审批制度，国有资金投资的工程原则上不能超过批准的设计概算。

（5）投标人经复核认为招标人公布的招标控制价未按照《建设工程工程量清单计价规范》GB 50500—2013的规定进行编制的，应在招标控制价公布后5天内向招标投标监督机构和工程造价管理机构投诉。工程造价管理机构受理投诉后，应立即对招标控制价进行复查，组织投诉人、被投诉人或其委托的招标控制价编制人等单位人员对投诉问题逐一核对。当招标控制价复查结论与原公布的招标控制价误差大于±3%时，应责成招标人改正。当重新公布招标控制价时，若重新公布之日起至原投标截止期不足15天的应延长投标截止期。

3．招标控制价的编制依据

招标控制价的编制依据是指在编制招标控制价时需要进行工程量计量、价格确认、工程计价的有关参数、率值的确定等工作时所需的基础性资料，主要包括：

（1）现行国家标准《建设工程工程量清单计价规范》GB 50500—2013与专业工程计量规范。

（2）国家或省级、行业建设主管部门颁发的计价定额和计价办法。

（3）建设工程设计文件及相关资料。

（4）拟定的招标文件及招标工程量清单。

（5）与建设项目相关的标准、规范、技术资料。

（6）施工现场情况、工程特点及常规施工方案。

（7）工程造价管理机构发布的工程造价信息；工程造价信息没有发布的，参照市场价。

（8）其他的相关资料。

（二）招标控制价的编制内容

招标控制价的编制内容包括分部分项工程费、措施项目费、其他项目费、规费和税金，各个部分有不同的计价要求：

1．分部分项工程费的编制要求

（1）分部分项工程费应根据招标文件中的分部分项工程量清单及有关要求，按《建设工程工程量清单计价规范》GB 50500—2013有关规定确定综合单价计价。

（2）工程量依据招标文件中提供的分部分项工程量清单确定。

（3）招标文件提供了暂估单价的材料，应按暂估的单价计入综合单价。

（4）为使招标控制价与投标报价所包含的内容一致，综合单价中应包括招标文件中要求投标人所承担的风险内容及其范围（幅度）产生的风险费用。

2．措施项目费的编制要求

（1）措施项目费中的安全文明施工费应当按照国家或省级、行业建设主管部门的规定标准计价，该部分不得作为竞争性费用。

（2）措施项目应按招标文件中提供的措施项目清单确定，措施项目分为以“量”计算和以“项”计算两种。对于可精确计量的措施项目，以“量”计算即按其工程量用与分部分项工程工程量清单单价相同的方式确定综合单价；对于不可精确计量的措施项目，则以“项”为单位，采用费率法按有关规定综合取定，采用费率法时需确定某项费用的计费基数及其费率，结果应是包括除规费、税金以外的全部费用。计算公式为

$$以“项”计算的措施项目清单费=措施项目计费基数\times费率 \tag{5.2.1}$$

3．其他项目费的编制要求

（1）暂列金额。暂列金额可根据工程的复杂程度、设计深度、工程环境条件（包括地质、水文、

气候条件等）进行估算，一般可以分部分项工程费的10%～15%为参考。

（2）暂估价。暂估价中的材料单价应按照工程造价管理机构发布的工程造价信息中的材料单价计算，工程造价信息未发布的材料单价，其单价参考市场价格估算；暂估价中的专业工程暂估价应分不同专业，按有关计价规定估算。

（3）计日工。在编制招标控制价时，对计日工中的人工单价和施工机械台班单价应按省级、行业建设主管部门或其授权的工程造价管理机构公布的单价计算；材料应按工程造价管理机构发布的工程造价信息中的材料单价计算，工程造价信息未发布单价的材料，其价格应按市场调查确定的单价计算。

（4）总承包服务费。总承包服务费应按照省级或行业建设主管部门的规定计算，在计算时可参考以下标准：

1）招标人仅要求对分包的专业工程进行总承包管理和协调时，按分包的专业工程估算造价的1.5%计算。

2）招标人要求对分包的专业工程进行总承包管理和协调，并同时要求提供配合服务时，根据招标文件中列出的配合服务内容和提出的要求，按分包的专业工程估算造价的3%～5%计算。

3）招标人自行供应材料的，按招标人供应材料价值的1%计算。

4．规费和税金的编制要求

规费和税金必须按国家或省级、行业建设主管部门的规定计算。税金计算式如下：

税金=(分部分项工程量清单费+措施项目清单费+其他项目清单费+规费)×综合税率　　(5.2.2)

（三）招标控制价的计价与组价

1．招标控制价计价程序

建设工程的招标控制价反映的是单位工程费用，各单位工程费用是由分部分项工程费、措施项目费、其他项目费、规费和税金组成的。单位工程招标控制价计价程序见表5.2.2。

表 5.2.2　建设单位工程招标控制价计价程序（施工企业投标报价计价程序）表

工程名称：标段：第　页　共　页

序号	汇总内容	计算方法	金额（元）
1	分部分项工程	按计价规定计算/（自主报价）	
1.1			
1.2			
2	措施项目	按计价规定计算/（自主报价）	
2.1	其中：安全文明施工费	按规定标准估算/（按规定标准计算）	
3	其他项目		
3.1	其中：暂列金额	按计价规定估算/（按招标文件提供金额计列）	
3.2	其中：专业工程暂估价	按计价规定估算/（按招标文件提供金额计列）	
3.3	其中：计日工	按计价规定估算/（自主报价）	
3.4	其中：总承包服务费	按计价规定估算/（自主报价）	
4	规费	按规定标准计算	
5	税金（扣除不列入计税范围的工程设备金额）	（1+2+3+4）×规定税率	
招标控制价/（投标报价）合计=1+2+3+4+5			

注：本表适用于单位工程招标控制价计算或投标报价计算，如无单位工程划分，单项工程也使用本表

由于投标人（施工企业）投标报价计价程序（见本章第三节）与招标人（建设单位）招标控制价计价程序具有相同的表格，为便于对比分析，此处将两种表格合并列出，其中表格栏目中斜线后带括号的内容用于投标报价，其余为通用栏目。

2．综合单价的组价

招标控制价的分部分项工程费应由各单位工程的招标工程量清单乘以其相应综合单价汇总而成。综合单价的组价，首先，依据提供的工程量清单和施工图纸，按照工程所在地区颁发的计价定额的规定，确定所组价的定额项目名称，并计算出相应的工程量；其次，依据工程造价政策规定或工程造价信息确定其人工、材料、机械台班单价；同时，在考虑风险因素确定管理费率和利润率的基础上，按规定程序计算出所组价定额项目的合价，见公式（5.2.3），然后将若干项所组价的定额项目合价相加除以工程量清单项目工程量，便得到工程量清单项目综合单价，见公式（5.2.4），对于未计价材料费（包括暂估单价的材料费）应计入综合单价。

$$\begin{aligned}\text{定额项目合价}=\text{定额项目工程量}\times[&\textstyle\sum(\text{定额人工消耗量}\times\text{人工单价})\\&+\textstyle\sum(\text{定额材料消耗量}\times\text{材料单价})\\&+\textstyle\sum(\text{定额机械台班消耗量}\times\text{机械台班单价})\\&+\text{价差(基价或人工、材料、机械费用)}+\text{管理费和利润}]\end{aligned}\tag{5.2.3}$$

$$\text{工程量清单综合单价}=\frac{\sum(\text{定额项目合价})+\text{未计价材料}}{\text{工程量清单项目工程量}}\tag{5.2.4}$$

3．确定综合单价应考虑的因素

编制招标控制价在确定其综合单价时，应考虑一定范围内的风险因素。在招标文件中应通过预留一定的风险费用，或明确说明风险所包括的范围及超出该范围的价格调整方法。对于招标文件中未作要求的可按以下原则确定：

（1）对于技术难度较大和管理复杂的项目，可考虑一定的风险费用，并纳入综合单价中。

（2）对于工程设备、材料价格的市场风险，应依据招标文件的规定，工程所在地或行业工程造价管理机构的有关规定，以及市场价格趋势考虑一定率值的风险费用，并纳入综合单价中。

（3）税金、规费等法律、法规、规章和政策变化的风险和人工单价等风险费用不应纳入综合单价。

招标工程发布的分部分项工程量清单对应的综合单价，应按照招标人发布的分部分项工程量清单的项目名称、工程量、项目特征描述，依据工程所在地区颁发的计价定额和人工、材料、机械台班价格信息等进行组价确定，并应编制工程量清单综合单价分析表。

（四）编制招标控制价时应注意的问题

（1）采用的材料价格应是工程造价管理机构通过工程造价信息发布的材料价格，工程造价信息未发布材料单价的材料，其材料价格应通过市场调查确定。另外，未采用工程造价管理机构发布的工程造价信息时，需在招标文件或答疑补充文件中对招标控制价采用的与造价信息不一致的市场价格予以说明，采用的市场价格则应通过调查、分析确定，必须有可靠的信息来源。

（2）施工机械设备的选型直接关系到综合单价水平，应根据工程项目特点和施工条件，本着经济实用、先进高效的原则确定。

（3）应该正确、全面地使用行业和地方的计价定额与相关文件。

（4）不可竞争的措施项目和规费、税金等费用的计算均属于强制性的条款，编制招标控制价时应按国家有关规定计算。

（5）不同工程项目、不同施工单位会有不同的施工组织方法，所发生的措施费也会有所不同，因此，对于竞争性的措施费用的确定，招标人应首先编制常规的施工组织设计或施工方案，然后经专家论证确认后再确定合理的措施项目与费用。

第三节　投标文件及投标报价的编制

投标是一种要约，需要严格遵守关于招投标的法律规定及程序，还需对招标文件做出实质性响应，并符合招标文件的各项要求，科学规范地编制投标文件与合理策略地提出报价，直接关系到承揽工程项目的中标率。

一、建设项目施工投标与投标文件的编制

（一）施工投标前期工作

1. 施工投标报价流程

任何一个施工项目的投标报价都是一项复杂的系统工程，需要周密思考，统筹安排。在取得招标信息后，投标人首先要决定是否参加投标，如果参加投标，即进行前期工作：准备资料，申请并参加资格预审；获取招标文件；组建投标报价班子；然后进入询价与编制阶段，整个投标过程需遵循一定的程序（见图5.3.1）进行。

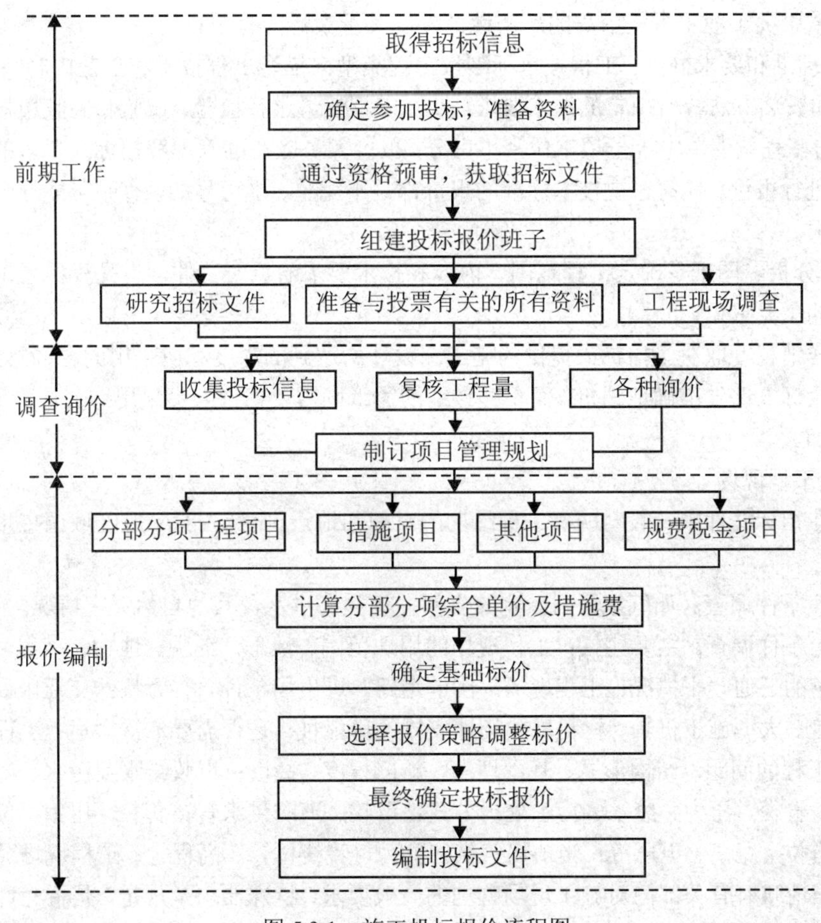

图 5.3.1　施工投标报价流程图

2．研究招标文件

投标人取得招标文件后，为保证工程量清单报价的合理性，应对投标人须知、合同条件、技术规范、图纸和工程量清单等重点内容进行分析，深刻而正确地理解招标文件和业主的意图。

（1）投标人须知，它反映了招标人对投标的要求，特别要注意项目的资金来源、投标书的编制和递交、投标保证金、更改或备选方案、评标方法等，重点在于防止废标。

（2）合同分析。

1）合同背景分析。投标人有必要了解与自己承包的工程内容有关的合同背景，了解监理方式，了解合同的法律依据，为报价和合同实施及索赔提供依据。

2）合同形式分析。主要分析承包方式（如分项承包、施工承包、设计与施工总承包和管理承包等）；计价方式（如固定合同价格、可调合同价格和成本加酬金确定的合同价格等）。

3）合同条款分析。主要包括：①承包商的任务、工作范围和责任；②工程变更及相应的合同价款调整；③付款方式、时间。应注意合同条款中关于工程预付款、材料预付款的规定。根据这些规定和预计的施工进度计划，计算出占用资金的数额和时间，从而计算出需要支付的利息数额并计入投标报价；④施工工期。合同条款中关于合同工期、竣工日期、部分工程分期交付工期等规定，这是投标人制订施工进度计划的依据，也是报价的重要依据。要注意合同条款中有无工期奖罚的规定，尽可能做到在工期符合要求的前提下报价有竞争力，或在报价合理的前提下工期有竞争力；⑤业主责任。投标人所制订的施工进度计划和做出的报价，都是以业主履行责任为前提的。所以应注意合同条款中关于业主责任措辞的严密性，以及关于索赔的有关规定。

4）技术标准和要求分析。工程技术标准按工程类型来描述工程技术和工艺内容特点，对设备、材料、施工和安装方法等所规定的技术要求，或对工程质量进行检验、试验和验收所规定的方法和要求。它们与工程量清单中各子项工作密不可分，报价人员应在准确理解招标人要求的基础上对有关工程内容进行报价。任何忽视技术标准的报价都是不完整、不可靠的，有时可能导致工程承包重大失误和亏损。

5）图纸分析。图纸是确定工程范围、内容和技术要求的重要文件，也是投标者确定施工方法等施工计划的主要依据。

图纸的详细程度取决于招标人提供的施工图设计所达到的深度和所采用的合同形式。详细的设计图纸可使投标人比较准确地估价，而不够详细的图纸则需要估价人员采用综合估价方法，其结果一般不很精确。

3．调查工程现场

招标人在招标文件中一般会明确工程踏勘的时间和地点。投标人对一般区域调查重点应注意以下几个方面：

（1）自然条件调查。如气象资料，水文资料，地震、洪水及其他自然灾害情况，地质情况等。

（2）施工条件调查。主要包括：工程现场的用地范围、地形、地貌、地物、高程，地上或地下障碍物，现场的三通一平情况；工程现场周围的道路、进出场条件、有无特殊交通限制；工程现场施工临时设施、大型施工机具、材料堆放场地安排的可能性，是否需要二次搬运；工程现场邻近建筑物与招标工程的间距、结构形式、基础埋深、新旧程度、高度；市政给水及污水、雨水排放管线位置、高程、管径、压力、废水、污水处理方式，市政、消防供水管道管径、压力、位置等；当地供电方式、方位、距离、电压等；当地煤气供应能力，管线位置、高程等；工程现场通信线路的连接和铺设；当地政府有关部门对施工现场管理的一般要求、特殊要求及规定，是否允许节假日和夜间施工等。

(3) 其他条件调查。主要包括各种构件、半成品及商品混凝土的供应能力和价格，以及现场附近的生活设施、治安情况等。

(二) 询价与工程量复核

1. 询价

投标报价之前，投标人必须通过各种渠道，采用各种手段对工程所需各种材料、设备等的价格、质量、供应时间、供应数量等进行系统全面的调查，同时还要了解分包项目的分包形式、分包范围、分包人报价、分包人履约能力及信誉等。询价是投标报价的基础，它为投标报价提供可靠的依据。询价时要特别注意两个问题：一是产品质量必须可靠，并满足招标文件的有关规定；二是供货方式、时间、地点，有无附加条件和费用。

(1) 询价的渠道。

1) 直接与生产厂商联系。

2) 了解生产厂商的代理人或从事该项业务的经纪人。

3) 了解经营该项产品的销售商。

4) 向咨询公司进行询价。通过咨询公司所得到的询价资料比较可靠，但需要支付一定的咨询费用，也可向同行了解。

5) 通过互联网查询。

6) 自行进行市场调查或信函询价。

(2) 生产要素询价。

1) 材料询价。材料询价的内容包括调查对比材料价格、供应数量、运输方式、保险和有效期、不同买卖条件下的支付方式等。询价人员在施工方案初步确定后，立即发出材料询价单，并催促材料供应商及时报价。收到询价单后，询价人员应将从各种渠道所询得的材料报价及其他有关资料汇总整理。对同种材料从不同经销部门所得到的所有资料进行比较分析，选择合适、可靠的材料供应商的报价，提供给工程报价人员使用。

2) 施工机械设备询价。在外地施工需用的机械设备，有时在当地租赁或采购可能更为有利。因此，事前有必要进行施工机械设备的询价。必须采购的机械设备，可向供应厂商询价。对于租赁的机械设备，可向专门从事租赁业务的机构询价，并应详细了解其计价方法。

3) 劳务询价。劳务询价主要有两种情况：一是成建制的劳务公司，相当于劳务分包，一般费用较高，但素质较可靠，工效较高，承包商的管理工作较轻；另一种是劳务市场招募零散劳动力，根据需要进行选择，这种方式虽然劳务价格低廉，但有时素质达不到要求或工效降低，且承包商的管理工作较繁重。投标人应在对劳务市场充分了解的基础上决定采用哪种方式，并以此为依据进行投标报价。

(3) 分包询价。总承包商在确定了分包工作内容后，就将分包专业的工程施工图纸和技术说明送交预先选定的分包单位，请他们在约定的时间内报价，以便进行比较选择，最终选择合适的分包人。对分包人询价应注意以下几点：分包标函是否完整；分包工程单价所包含的内容；分包人的工程质量、信誉及可信赖程度；质量保证措施；分包报价。

2. 复核工程量

工程量清单作为招标文件的组成部分，是由招标人提供的。工程量的大小是投标报价最直接的依据。复核工程量的准确程度，将影响承包商的经营行为：一是根据复核后的工程量与招标文件提供的工程量之间的差距，考虑相应的投标策略，决定报价尺度；二是根据工程量的大小采取合适的施工方法，选择适用、经济的施工机具设备、投入使用相应的劳动力数量等。

复核工程量，要与招标文件中所给的工程量进行对比，注意以下几方面：

（1）投标人应认真根据招标说明、图纸、地质资料等招标文件资料，计算主要清单工程量，复核工程量清单。其中特别注意，按一定顺序进行，避免漏算或重算；正确划分分部分项工程项目，与“清单计价规范”保持一致。

（2）复核工程量的目的不是修改工程量清单，即使有误，投标人也不能修改工程量清单中的工程量，因为修改了清单就等于擅自修改了合同。对工程量清单存在的错误，可以向招标人提出，由招标人统一修改并把修改情况通知所有投标人。

（3）针对工程量清单中工程量的遗漏或错误，是否向招标人提出修改意见取决于投标策略。投标人可以运用一些报价的技巧提高报价的质量，争取在中标后能获得更大的收益。

（4）通过工程量计算复核还能准确地确定订货及采购物资的数量，防止由于超量或少购等带来的浪费、积压或停工待料。

在核算完全部工程量清单中的细目后，投标人应按大项分类汇总主要工程总量，以便获得对整个工程施工规模的整体概念，并据此研究采用合适的施工方法，选择适用的施工设备等。

3．制订项目管理规划

项目管理规划是工程投标报价的重要依据，项目管理规划应分为项目管理规划大纲和项目管理实施规划。根据《建设工程项目管理规范》GB/T 50326—2006，当承包商以编制施工组织设计代替项目管理规划时，施工组织设计应满足项目管理规划的要求。

（1）项目管理规划大纲。项目管理规划大纲是投标人管理层在投标之前编制的，旨在作为投标依据、满足招标文件要求及签订合同要求的文件。可包括下列内容（根据需要选定）：项目概况；项目范围管理规划；项目管理目标规划；项目管理组织规划；项目成本管理规划；项目进度管理规划；项目质量管理规划；项目职业健康安全与环境管理规划；项目采购与资源管理规划；项目信息管理规划；项目沟通管理规划；项目风险管理规划；项目收尾管理规划。

（2）项目管理实施规划。项目管理实施规划是指在开工之前由项目经理主持编制的，旨在指导施工项目实施阶段管理的文件。项目管理实施规划必由项目经理组织项目经理部在工程开工之前编制完成。应包括下列内容：项目概况；总体工作计划；组织方案；技术方案；进度计划；质量计划；职业健康安全与环境管理计划；成本计划；资源需求计划；风险管理规划；信息管理计划；项目沟通管理计划；项目收尾管理计划；项目现场平面布置图；项目目标控制措施；技术经济指标。

（三）编制投标文件

1．投标文件编制的内容

投标人应当按照招标文件的要求编制投标文件。投标文件应当包括下列内容：

（1）投标函及投标函附录；

（2）法定代表人身份证明或附有法定代表人身份证明的授权委托书；

（3）联合体协议书（如工程允许采用联合体投标）；

（4）投标保证金；

（5）已标价工程量清单；

（6）施工组织设计；

（7）项目管理机构；

（8）拟分包项目情况表；

（9）资格审查资料；

（10）规定的其他材料。

2．投标文件编制时应遵循的规定

（1）投标文件应按“投标文件格式”进行编写，如有必要，可以增加附页，作为投标文件的组成部分。其中，投标函附录在满足招标文件实质性要求的基础上，可以提出比招标文件要求更能吸引招标人的承诺。

（2）投标文件应当对招标文件有关工期、投标有效期、质量要求、技术标准和要求、招标范围等实质性内容做出响应。

（3）投标文件应由投标人的法定代表人或其委托代理人签字和单位盖章。委托代理人签字的，投标文件应附法定代表人签署的授权委托书。投标文件应尽量避免涂改、行间插字或删除。如果出现上述情况，改动之处应加盖单位章或由投标人的法定代表人或其授权的代理人签字确认。

（4）投标文件正本一份，副本份数按招标文件有关规定准备。正本和副本的封面上应清楚地标记“正本”或“副本”的字样。投标文件的正本与副本应分别装订成册，并编制目录。当副本和正本不一致时，以正本为准。

（5）除招标文件另有规定外，投标人不得递交备选投标方案。允许投标人递交备选投标方案的，只有中标人所递交的备选投标方案才能予以考虑。评标委员会认为中标人的备选投标方案优于其按照招标文件要求编制的投标方案的，招标人可以接受该备选投标方案。

3．投标文件的递交

投标人应当在招标文件规定的提交投标文件的截止时间前，将投标文件密封送达投标地点。招标人收到招标文件后，应当向投标人出具标明签收人和签收时间的凭证，在开标前任何单位和个人不得开启投标文件。在招标文件要求提交投标文件的截止时间后送达或未送达指定地点的投标文件，为无效的投标文件，招标人不予受理。有关投标文件的递交还应注意以下问题。

（1）投标人在递交投标文件的同时，应按规定的金额、担保形式和投标保证金格式递交投标保证金，并作为其投标文件的组成部分。联合体投标的，其投标保证金由牵头人递交，并应符合规定。投标保证金除现金外，可以是银行出具的银行保函、保兑支票、银行汇票或现金支票。投标保证金的数额不得超过投标总价的2%，且最高不超过80万元。依法必须进行招标的项目的境内投标单位，以现金或者支票形式提交的投标保证金应当从其基本账户转出。投标人不按要求提交投标保证金的，其投标文件应被否决。出现下列情况的，投标保证金将不予返还：

1）投标人在规定的投标有效期内撤销或修改其投标文件；

2）中标人在收到中标通知书后，无正当理由拒签合同协议书或未按招标文件规定提交履约担保。

（2）投标有效期。投标有效期从投标截止时间起开始计算，主要用作组织评标委员会评标招标人定标、发出中标通知书以及签订合同等工作，一般考虑以下因素：

1）组织评标委员会完成评标需要的时间；

2）确定中标人需要的时间；

3）签订合同需要的时间。

一般项目投标有效期为60～90天，大型项目120天左右。投标保证金的有效期应与投标有效期保持一致。

出现特殊情况需要延长投标有效期的，招标人以书面形式通知所有投标人延长投标有效期。投标人同意延长的，应相应延长其投标保证金的有效期，但不得要求或被允许修改或撤销其投标文件；

投标人拒绝延长的，其投标失效，但投标人有权收回其投标保证金。

（3）投标文件的密封和标识。投标文件的正本与副本应分开包装，加贴封条，并在封套上清楚标记“正本”或“副本”字样，于封口处加盖投标人单位章。

（4）投标文件的修改与撤回。在规定的投标截止时间前，投标人可以修改或撤回已递交的投标文件，但应以书面形式通知招标人。在招标文件规定的投标有效期内，投标人不得要求撤销或修改其投标文件。

（5）费用承担与保密责任。投标人准备和参加投标活动发生的费用自理。参与招标投标活动的各方应对招标文件和投标文件中的商业和技术等秘密保密，违者应对由此造成的后果承担法律责任。

4．联合体投标

两个以上法人或者其他组织可以组成一个联合体，以一个投标人的身份共同投标。联合体投标需遵循以下规定：

（1）联合体各方应按招标文件提供的格式签订联合体协议书，联合体各方应当指定牵头人，授权其代表所有联合体成员负责投标和合同实施阶段的主办、协调工作，并应当向招标人提交由所有联合体成员法定代表人签署的授权书。

（2）联合体各方签订共同投标协议后，不得再以自己名义单独投标，也不得组成新的联合体或参加其他联合体在同一项目中投标。联合体各方在同一招标项目中以自己的名义单独投标或者参加其他联合体投标的，相关投标均无效。

（3）招标人接受联合体投标并进行资格预审的，联合体应当在提交资格预审申请文件前组成。资格预审后联合体增减、更换成员的，其投标无效。

（4）由同一专业的单位组成的联合体，按照资质等级较低的单位确定资质等级。

（5）联合体投标的，应当以联合体各方或者联合体中牵头人的名义提交投标保证金。以联合体中牵头人名义提交的投标保证金，对联合体各成员具有约束力。

5．串通投标

在投标过程有串通投标行为的，招标人或有关管理机构可以认定该行为无效。

（1）有下列情形之一的，属于投标人相互串通投标：

1）投标人之间协商投标报价等投标文件的实质性内容；

2）投标人之间约定中标人；

3）投标人之间约定部分投标人放弃投标或者中标；

4）属于同一集团、协会、商会等组织成员的投标人按照该组织要求协同投标；

5）投标人之间为谋取中标或者排斥特定投标人而采取的其他联合行动。

（2）有下列情形之一的，视为投标人相互串通投标：

1）不同投标人的投标文件由同一单位或者个人编制；

2）不同投标人委托同一单位或者个人办理投标事宜；

3）不同投标人的投标文件载明的项目管理成员为同一人；

4）不同投标人的投标文件异常一致或者投标报价呈规律性差异；

5）不同投标人的投标文件相互混装；

6）不同投标人的投标保证金从同一单位或者个人的账户转出。

（3）有下列情形之一的，属于招标人与投标人串通投标：

1）招标人在开标前开启投标文件并将有关信息泄露给其他投标人；

2）招标人直接或者间接向投标人泄露标底、评标委员会成员等信息；

3）招标人明示或者暗示投标人压低或者抬高投标报价；

4）招标人授意投标人撤换、修改投标文件；

5）招标人明示或者暗示投标人为特定投标人中标提供方便；

6）招标人与投标人为谋求特定投标人中标而采取的其他串通行为。

二、投标报价编制的原则与依据

投标报价是在工程招标发包过程中，由投标人按照招标文件的要求，根据工程特点，并结合自身的施工技术、装备和管理水平，依据有关计价规定自主确定的工程造价，是投标人希望达成工程承包交易的期望价格，它不能高于招标人设定的招标控制价。作为投标计算的必要条件，应预先确定施工方案和施工进度，此外，投标计算还必须与采用的合同形式相协调。

（一）投标报价的编制原则

报价是投标的关键性工作，报价是否合理不仅直接关系到投标的成败，还关系到中标后企业的盈亏。投标报价编制原则如下：

(1)投标报价由投标人自主确定，但必须执行《建设工程工程量清单计价规范》GB 50500—2013的强制性规定。投标价应由投标人或受其委托，具有相应资质的工程造价咨询人员编制。

(2）投标人的投标报价不得低于成本。《招标投标法》第四十一条规定：“中标人的投标应当符合下列条件……（二）能够满足招标文件的实质性要求，并且经评审的投标价格最低；但是投标价格低于成本的除外。”《评标委员会和评标方法暂行规定》（七部委第12号令）第二丨一条规定：“在评标过程中，评标委员会发现投标人的报价明显低于其他投标报价或者在设有标底时明显低于标底的，使得其投标报价可能低于其个别成本的，应当要求该投标人作出书面说明并提供相关证明材料。投标人不能合理说明或者不能提供相关证明材料的，有评标委员会认定该投标人以低于成本报价竞标，其投标应作为废标处理。”根据上述法律、规章的规定，特别要求投标人的投标报价不得低于成本。

(3)投标报价要以招标文件中设定的发承包双方责任划分，作为考虑投标报价费用项目和费用计算的基础，发承包双方的责任划分不同，会导致合同风险不同的分摊，从而导致投标人选择不同的报价；根据工程发承包模式考虑投标报价的费用内容和计算深度。

(4）以施工方案、技术措施等作为投标报价计算的基本条件；以反映企业技术和管理水平的企业定额作为计算人工、材料和机械台班消耗量的基本依据；充分利用现场考察、调研成果、市场价格信息和行情资料，编制基础标价。

(5）报价计算方法要科学严谨，简明适用。

（二）投标报价的编制依据

《建设工程工程量清单计价规范》GB 50500—2013规定，投标报价应根据下列依据编制和复核：

(1）《建设工程工程量清单计价规范》。

(2）国家或省级、行业建设主管部门颁发的计价办法。

(3）企业定额，国家或省级、行业建设主管部门颁发的计价定额和计价办法。

(4）招标文件、招标工程量清单及其补充通知、答疑纪要。

(5）建设工程设计文件及相关资料。

（6）施工现场情况、工程特点及投标时拟订的施工组织设计或施工方案。

（7）与建设项目相关的标准、规范等技术资料。

（8）市场价格信息或工程造价管理机构发布的工程造价信息。

（9）其他的相关资料。

三、投标报价的编制方法和内容

投标报价的编制过程，应首先根据招标人提供的工程量清单编制分部分项工程和措施项目计价表、其他项目计价表、规费、税金项目计价表，计算完毕之后，汇总得到单位工程投标报价汇总表，再层层汇总，分别得出单项工程投标报价汇总表和工程项目投标总价汇总表，投标总价的组成如图5.3.2所示。在编制过程中，投标人应按招标人提供的工程量清单填报价格。填写的项目编码、项目名称、项目特征、计量单位、工程量必须与招标人提供的一致。

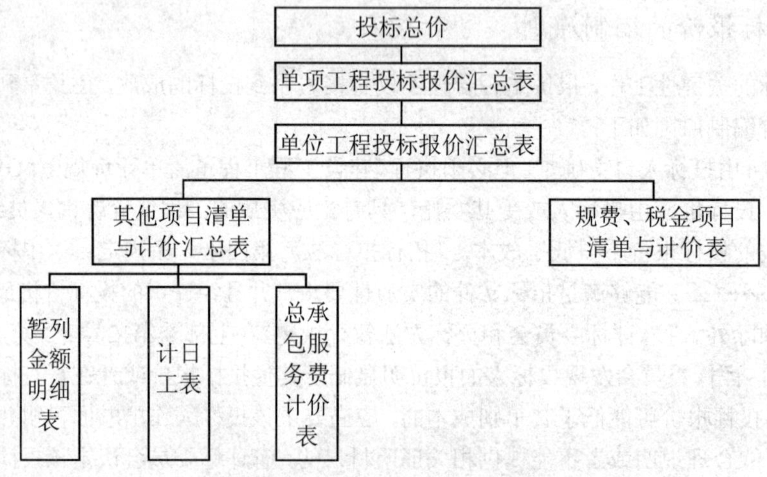

图 5.3.2　建设项目施工投标总价组成

（一）分部分项工程和措施项目计价表的编制

1．分部分项工程和单价措施项目清单与计价表的编制

承包人投标价中的分部分项工程费和以单价计算的措施项目费应按招标文件中分部分项工程和单价措施项目清单与计价表的特征描述确定综合单价计算。因此，确定综合单价是分部分项工程和单价措施项目清单与计价表编制过程中最主要的内容。综合单价包括完成一个规定清单项目所需的人工费、材料和工程设备费、施工机具使用费、企业管理费、利润，并考虑风险费用的分摊。

综合单价=人工费+材料和工程设备费+施工机具使用费+企业管理费+利润　　(5.3.1)

（1）确定综合单价时的注意事项。

1）以项目特征描述为依据。项目特征是确定综合单价的重要依据之一，投标人投标报价时应依据招标文件中清单项目的特征描述确定综合单价。在招标投标过程中，当出现招标工程量清单特征描述与设计图纸不符时，投标人应以招标工程量清单的项目特征描述为准，确定投标报价的综合单价。当施工中施工图纸或设计变更与招标工程量清单项目特征描述不一致时，发承包双方应按实际施工的项百特征，依据合同约定重新确定综合单价。

2）材料、工程设备暂估价的处理。招标文件中在其他项目清单中提供了暂估单价的材料和工程设备，应按其暂估的单价计入清单项目的综合单价中。

3）考虑合理的风险。招标文件中要求投标人承担的风险费用，投标人应考虑进入综合单价。在施工过程中，当出现的风险内容及其范围（幅度）在招标文件规定的范围（幅度）内时，综合单价不得变动，合同价款不作调整。根据国际惯例并结合我国工程建设的特点，发承包双方对工程施工阶段的风险宜采用如下分摊原则：

①对于主要由市场价格波动导致的价格风险，如工程造价中的建筑材料、燃料等价格风险，发承包双方应当在招标文件中或在合同中对此类风险的范围和幅度予以明确约定，进行合理分摊。根据工程特点和工期要求，一般采取的方式是承包人承担5%以内的材料、工程设备价格风险，10%以内的施工机具使用费风险。

②对于法律、法规、规章或有关政策出台导致工程税金、规费、人工费发生变化，并由省级、行业建设行政主管部门或其授权的工程造价管理机构根据上述变化发布的政策性调整，以及由政府定价或政府指导价管理的原材料等价格进行了调整，承包人不应承担此类风险，应按照有关调整规定执行。

③对于承包人根据自身技术水平、管理、经营状况能够自主控制的风险，如承包人的管理费、利润的风险，承包人应结合市场情况，根据企业自身的实际合理确定、自主报价，该部分风险由承包人全部承担。

（2）综合单价确定的步骤和方法。

1）确定计算基础。计算基础主要包括消耗量指标和生产要素单价。应根据本企业的企业实际消耗量水平，并结合拟定的施工方案确定完成清单项目需要消耗的各种人工、材料、机械台班的数量。计算时应采用企业定额，在没有企业定额或企业定额缺项时，可参照与本企业实际水平相近的国家、地区、行业定额，并通过调整来确定清单项目的人、材、机单位用量。各种人工、材料、机械台班的单价，则应根据询价的结果和市场行情综合确定。

2）分析每一清单项目的工程内容。在招标文件提供的工程量清单中，招标人已对项目特征进行了准确、详细的描述，投标人根据这一描述，再结合施工现场情况和拟订的施工方案确定完成各清单项目实际应发生的工程内容。必要时可参照《建设工程工程量清单计价规范》GB 50500—2013中提供的工程内容，有些特殊的工程也可能出现规范列表之外的工程内容。

3）计算工程内容的工程数量与清单单位的含量。每一项工程内容都应根据所选定额的工程量计算规则计算其工程数量，当定额的工程量计算规则与清单的工程量计算规则相一致时，可直接以工程量清单中的工程量作为工程内容的工程数量。

当采用清单单位含量计算人工费、材料费、施工机具使用费时，还需要计算每一计量单位的清单项目所分摊的工程内容的工程数量，即清单单位含量。

$$\text{清单单位含量}=\frac{\text{某工程内容的定额工程量}}{\text{清单工程量}} \tag{5.3.2}$$

4）分部分项工程人工、材料、机械费用的计算。以完成每一计量单位的清单项目所需的人工、材料、机械用量为基础计算，即

$$\text{每一计量单位清单项目某种资源的使用量}=\text{该种资源的定额单位用量}\times\text{应定额条目的清单单位含量} \tag{5.3.3}$$

再根据预先确定的各种生产要素的单位价格，计算出每一计量单位清单项目的分部分项工程的人工费、材料费与施工机具使用费。

$$\text{人工费}=\text{完成单位清单项目所需人工的工日数量}\times\text{人工的工日单价} \tag{5.3.4}$$

$$\text{材料费}=\sum\text{完成单位清单项目所需各种材料、半成品的数量}\times\text{各种材料、半成品单价} \tag{5.3.5}$$

$$施工机具使用费=\sum完成单位清单项目所需各种机械台班数量 \times 各种机械的台班单价+仪器仪表使用费 \tag{5.3.6}$$

当招标人提供的其他项目清单中列示了材料暂估价时，应根据招标人提供的价格计算材料费，并在分部分项工程量清单与计价表中表现出来。

5）计算综合单价。企业管理费和利润的计算按人工费、材料费、施工机具使用费之和按照一定的费率取费计算。

$$企业管理费=(人工费+材料费+施工机具使用费)\times企业管理费费率（\%） \tag{5.3.7}$$

$$利润=(人工费+材料费+施工机具使用费+企业管理费)\times利润率（\%） \tag{5.3.8}$$

将上述五项费用汇总，并考虑合理的风险费用后，即可得到清单综合单价。根据计算出的综合单价，可编制分部分项工程量清单与计价表，如表5.3.1所示。

表 5.3.1　分部分项工程和单价措施项目清单与计价表（投标报价）

工程名称：××保障房一期住宅工程　　　　标段：　　　　第　页　共　页

序号	项目编码	项目名称	项目特征描述	计量单位	工程量	金额（元）		
						综合单价	合计	其中：暂估价
			…					
		0105混凝土及钢筋混凝土工程						
6	010503001001	基础梁	C30预拌混凝土，梁底标高-1.55m	m^3	208	356.14	74 077	
7	010515001001	现浇构件钢筋	螺纹钢Q235，Φ14	t	200	4787.16	957 432	800 000
			…					
		分部小计					2 432 419	80 000
			…					
		0117措施项目						
16	011701001001	综合脚手架	砖混、檐高22m	m^2	10 940	19.80	216 612	
			…					
		分部小计					738 257	
		合　计					6 318 410	800 000

(3) 工程量清单综合单价分析表的编制。为表明综合单价的合理性，投标人应对其进行单价分析，以作为评标时的判断依据。综合单价分析表的编制应反映上述综合单价的编制过程，并按照规定的格式进行，如表5.3.2所示。

2．总价措施项目清单与计价表的编制

对于不能精确计量的措施项目，应编制总价措施项目清单与计价表。投标人对措施项目中的总价项目投标报价应遵循以下原则：

(1)措施项目的内容应依据招标人提供的措施项目清单和投标人投标时拟订的施工组织设计或施工方案。

表 5.3.2 工程量清单综合单价分析表

工程名称：××保障房一期住宅工程　　标段：　　第　页　共　页

项目编码	010515001001			项目名称		现浇构件钢筋		计量单位	t	工程量	200
清单综合单价组成明细											
定额编号	定额名称	定额单位	数量	单价				合价			
				人工费	材料费	机械费	管理费和利润	人工费	材料费	机械费	管理费和利润
AD0899	现浇构件钢筋制安	t	1.07	294.75	4327.70	62.42	102.29	294.75	4327.70	62.42	102.29
人工单价				小计				294.75	4327.70	62.42	102.29
80元/工日				未计价材料费							
清单项目综合单价								4			
材料费明细	主要材料名称、规格、型号			单位		数量		单价（元）	合价（元）	暂估单价（元）	暂估合价（元）
	螺纹钢Q235，Φ14			t		1.07				4000.00	4280.00
	焊条			kg		8.64		4.00	34.56		
	其他材料费							—	13.14	—	
	材料费小计							—	47.70	—	4280.00

（2）措施项目费由投标人自主确定，但其中安全文明施工费必须按照国家或省级、行业建设主管部门的规定计价，不得作为竞争性费用。招标人不得要求投标人对该项费用进行优惠，投标人也不得将该项费用参与市场竞争。

投标报价时总价措施项目清单与计价表的编制如表5.3.3所示。

表 5.3.3 总价措施项目清单与计价表

工程名称：××保障房一期住宅工程　　标段：　　第　页　共　页

序号	项目编码	项目名称	计算基础	费率（%）	金额（元）	调整费率（%）	调整后金额（元）	备注
1	011707001001	安全文明施工费	定额人工费	25	209 650			
2	011707002001	夜间施工增加费	定额人工费	1.5	12 479			
3	011707004001	二次搬运费	定额人工费	1	8386			
4	011707005001	冬雨季施工增加费	定额人工费	0.6	5032			
5	011707007001	已完工程及设备保护费			6000			
		…						
合计	241547							

（二）其他项目清单与计价表的编制

其他项目费主要包括暂列金额、暂估价、计日工以及总承包服务费组成（如表5.3.4所示）。

表 5.3.4　其他项目清单与计价汇总表

工程名称：××保障房一期住宅工程　　　　标段：　　　　第　页　共　页

序号	项目名称	金额（元）	结算金额（元）	备注
1	暂列金额	350 000		明细详见表4.3.5
2	暂估价	200 000		
2.1	材料（工程设备）暂估价/结算价	—		明细详见表4.3.6
2.2	专业工程暂估价/结算价	200 000		明细详见表4.3.7
3	计日工	26 528		明细详见表4.3.8
4	总承包服务费			明细详见表4.3.9
	…			
	合计			—

投标人对其他项目费投标报价时应遵循以下原则：

(1)暂列金额应按照招标人提供的其他项目清单中列出的金额填写，不得变动(如表5.3.5所示)。

表 5.3.5　暂列金额明细表

工程名称：××保障房一期住宅工程　　　　标段：　　　　第　页　共　页

序号	项目名称	金额（元）	结算金额（元）	备注
1	自行车车棚工程	项	100 000	
2	工程量偏差和设计、变更	项	100 000	
3	政策性调整和材料价格波动	项	100 000	
4	其他	项	50 000	
	…			
	合　计		350 000	—

(2) 暂估价不得变动和更改。暂估价中的材料、工程设备暂估价必须按照招标人提供的暂估单价计入清单项目的综合单价（如表5.3.6所示）；专业工程暂估价必须按照招标人提供的其他项目清单中列出的金额填写（如表5.3.7所示）。材料、工程设备暂估单价和专业工程暂估价均由招标人提供，为暂估价格，在工程实施过程中，对于不同类型的材料与专业工程采用不同的计价方法。

表 5.3.6　材料（工程设备）暂估单价表

工程名称：××保障房一期住宅工程　　　　标段：　　　　第　页　共　页

序号	材料（工程设备）名称、规格、型号	计量单位	数量		暂估（元）		确认（元）		差额±（元）		备注
			暂估	确认	单价	合价	单价	合价	单价	合价	
1	钢筋（规格见施工图）	t	200		4000		800 000				用于现浇钢筋混凝土项目
2	低压开关柜（CGD190380/220V）	台	1		45 000		45 000				用于低压开关柜安装项目
	…										
	合　计						845 000				

表 5.3.7　专业工程暂估价表

工程名称：××保障房一期住宅工程　　　　标段：　　　　　　　　　　　第　页　共　页

序号	工程名称	工程内容	暂估金额（元）	结算金额（元）	差额±（元）	备注
1	消防工程	合同图纸中标明的以及消防工程规范和技术说明中规定的各系统中的设备、管道、阀门、线缆等的供应、安装和调试工作	200 000			
	…					
合　计			200 000			

（3）计日工应按照招标人提供的其他项目清单列出的项目和估算的数量，自主确定各项综合单价并计算费用（如表5.3.8所示）。

表 5.3.8　计日工表

工程名称：××保障房一期住宅工程　　　　标段：　　　　　　　　　　　第　页　共　页

编号	项目名称	单位	暂定数量	实际数量	综合单价（元）	合价（元）	
						暂定	实际
一	人工						
1	普工	工日	100		80	8000	
2	技工	工日	60		110	6600	
	…						
人工小计						14 600	
二	材料						
1	钢筋（规格见施工图）	t	1		4000	4000	
2	水泥42.5	t	2		600	1200	
3	中砂	m^3	10		80	800	
4	砾石（5mm～40mm）	m^3	5		42	210	
5	页岩砖（240mm×115mm×53mm）	千匹	1		300	300	
	…						
材料小计						6510	
三	施工机械						
1	自升式塔吊起重机	台班	5		550	2750	
2	灰浆搅拌机（400L）	台班	2		20	40	
	…						
施工机械小计						2790	
四	企业管理费和利润（按人工费18%计）					2628	
总　计						26 528	

(4)总承包服务费应根据招标人在招标文件中列出的分包专业工程内容和供应材料、设备情况，按照招标人提出的协调、配合与服务要求和施工现场管理需要自主确定，如表5.3.9所示。

表 5.3.9 总承包服务费计价表

序号	项目名称	项目价值（元）	服务内容	计算基础	费率（%）	金额（元）
1	发包人发包专业工程	200 000	1. 按专业工程承包人的要求提供施工工作面并对施工现场进行统一管理，对竣工资料进行统一整理汇总 2. 为专业工程承包人提供垂直运输机械和焊接电源接入点，并承担垂直运输费和电费	项目价值	7	14 000
2	发包人提供材料	845 000	对发包人供应的材料进行验收及保管和使用发放	项目价值	0.8	6760
	…					
	合计	—	—		—	20 760

(三)规费、税金项目清单与计价表的编制

规费和税金应按国家或省级、行业建设主管部门的规定计算，不得作为竞争性费用。这是由于规费和税金的计取标准是依据有关法律、法规和政策规定制定的，具有强制性。因此，投标人在投标报价时必须按照国家或省级、行业建设主管部门的有关规定计算规费和税金。规费、税金项目清单与计价表的编制如表5.3.10所示。

表 5.3.10 规费、税金项目清单与计价表

工程名称：××保障房一期住宅工程　　　　标段：　　　　第　页　共　页

序号	项目名称	计算基础	计算基数	费率（%）	金额（元）
1	规费	定额人工费			239 001
1.1	社会保险费	定额人工费			188 685
(1)	养老保险费	定额人工费		14	117 404
(2)	失业保险费	定额人工费		2	16 772
(3)	医疗保险费	定额人工费		6	50 316
(4)	工伤保险费	定额人工费		0.25	2096.5
(5)	生育保险费	定额人工费		0.25	2096.5
1.2	住房公积金	定额人工费		6	50316
1.3	工程排污费	按工程所在地环境保护部门收取标准，按实计入			
2	税金	分部分项工程费+措施项目费+其他项目费+规费–按规定不计税的工程设备金额		3.48	268 284
合　计					507 285

（四）投标价的汇总

投标人的投标总价应当与组成工程量清单的分部分项工程费、措施项目费、其他项目费和规费、税金的合计金额相一致，即投标人在进行工程量清单招标的投报价时，不能进行投标总价优惠（或降价、让利），投标人对投标报价的任何优惠（或降价、让利）均应反映在相应清单项目的综合单价中。

施工企业某单位工程投标报价汇总表，如表5.3.11所示。

表 5.3.11　单位工程投标报价汇总表

工程名称：××保障房一期住宅工程　　　　标段：　　　　　　　　　　第　页　共　页

序号	汇总内容	金额（元）	其中：暂估价
1	分部分项工程	6 134 749	845 000
…			
0105	混凝土及钢筋混凝土工程	2 432 419	800 000
…			
2	措施项目	738 257	
2.1	其中：安全文明施工费	209 650	
3	其他项目	597 288	
3.1	其中：暂列金额	350 000	
3.2	其中：专业工程暂估价	200 000	
3.3	其中：计日工	26 528	
3.4	其中：总承包服务费	20 760	
4	规费	239 001	
5	税金（扣除不列入计税范围的工程设备金额）	268 284	
投标报价合计=1+2+3+4+5		7 977 433	845 000

第四节　中标价及合同价款的约定

在建设工程发承包过程中有两项重要工作，一是承包人的选择，对于招标承包而言，我国相关法规对于开标的时间和地点、出席开标会议的一系列规定、开标的顺序以及否决投标等，对于评标原则和评标委员会的组建、评标程序和方法，对于定标的条件与做法，均做出了明确而清晰的规定。二是通过优选确定承包人后，就必须通过一种法律行为即合同来明确双方当事人的权利义务，其中合同价款的约定是建设工程计价的重要内容。

一、评标程序及评审标准

（一）评标的准备与初步评审

评标的标准应遵循公平、公正、科学、择优的原则，招标人应当采取必要的措施，保证评标在严格保密的情况下进行。评标是招标投标活动中一个十分重要的环节，如果对评标过程不进行保密，则影响公正评标的不正当行为有可能发生。

评标委员会成员名单一般应于开标前确定，而且该名单在中标结果确定前应当保密。评标委员会在评标过程中是独立的，任何单位和个人都不得非法干预、影响评标过程和结果。

1．评标工作的准备

评标委员会成员应当编制供评标使用的相应表格，认真研究招标文件，至少应了解和熟悉以下内容：

（1）招标的目标。

（2）招标项目的范围和性质。

（3）招标文件中规定的主要技术要求、标准和商务条款。

（4）招标文件规定的评标标准、评标方法和在评标过程中考虑的相关因素。

招标人或者其委托的招标代理机构应当向评标委员会提供评标所需的重要信息和数据。

评标委员会应当根据招标文件规定的评标标准和方法，对投标文件进行系统的评审和比较。《招标投标法实施条例》第四十九条规定：招标文件中没有规定的标准和方法不得作为评标的依据。因此，评标委员会成员还应当了解招标文件规定的评标标准和方法，这也是评标的重要准备工作。

2．初步评审及标准

根据《评标委员会和评标方法暂行规定》和《标准施工招标文件》的规定，我国目前评标中主要采用的方法包括经评审的最低投标价法和综合评估法，两种评标方法在初步评审阶段，其内容和标准基本是一致的。

（1）初步评审标准。初步评审的标准包括以下四方面：

1）形式评审标准。包括投标人名称与营业执照、资质证书、安全生产许可证一致；投标函上有法定代表人或其委托代理人签字或加盖单位章；投标文件格式符合要求；联合体投标人已提交联合体协议书，并明确联合体牵头人（如有）；报价唯一，即只能有一个有效报价等。

2）资格评审标准。如果是未进行资格预审的，应具备有效的营业执照，具备有效的安全生产许可证，并且资质等级、财务状况、类似项目业绩、信誉、项目经理、其他要求、联合体投标人等，均符合规定。如果是已进行资格预审的，仍按前文所述资格审查办法中详细审查标准来进行。

3）响应性评审标准。主要的投标内容包括投标报价校核，审查全部报价数据计算的正确性，分析报价构成的合理性，并与招标控制价进行对比分析，还有工期、工程质量、投标有效期、投标保证金、权利义务、已标价工程量清单、技术标准和要求、分包计划等，均应符合招标文件的有关要求。即投标文件应实质上响应招标文件的所有条款、条件，无显著的差异或保留。所谓显著的差异或保留包括以下情况：对工程的范围、质量及使用性能产生实质性影响；偏离了招标文件的要求，而对合同中规定的招标人的权利或者投标人的义务造成实质性的限制；纠正这种差异或者保留将会对提交了实质性响应要求的投标书的其他投标人的竞争地位产生不公正影响。

4）施工组织设计和项目管理机构评审标准。主要包括施工方案与技术措施、质量管理体系与措施、安全管理体系与措施、环境保护管理体系与措施、工程进度计划与措施、资源配备计划、技术负责人、其他主要人员、施工设备、试验、检测仪器设备等，符合有关标准。

（2）投标文件的澄清和说明。评标委员会可以书面方式要求投标人对投标文件中含义不明确的内容作必要的澄清、说明或补正，但是澄清、说明或补正不得超出投标文件的范围或者改变投标文件的实质性内容。对投标文件的相关内容做出澄清、说明或补正，其目的是有利于评标委员会对投标文件的审查、评审和比较。澄清、说明或补正包括投标文件中含义不明确、对同类问题表述不一致或者有明显文字和计算错误的内容。但评标委员会不得向投标人提出带有暗示性或诱导性的问题，或向其明确投标文件中的遗漏和错误。同时，评标委员会不接受投标人主动提出的澄清、说明或补正。

投标文件不响应招标文件的实质性要求和条件的，招标人应当拒绝，并不允许投标人通过修正或撤销其不符合要求的差异或保留，使之成为具有响应性的投标。

评标委员会对投标人提交的澄清、说明或补正有疑问的，可以要求投标人进一步澄清、说明或补正，直至满足评标委员会的要求。

（3）报价有算术错误的修正。投标报价有算术错误的，评标委员会按以下原则对投标报价进行修正，修正的价格经投标人书面确认后具有约束力。投标人不接受修正价格的，其投标作废标处理。

1）投标文件中的大写金额与小写金额不一致的，以大写金额为准。

2）总价金额与依据单价计算出的结果不一致的，以单价金额为准修正总价，但单价金额小数点有明显错误的除外。

此外，如对不同文字文本投标文件的解释发生异议的，以中文文本为准。

（4）经初步评审后否决投标的情况。评标委员会应当审查每一投标文件是否对招标文件提出的所有实质性要求和条件做出响应。未能在实质上响应的投标，评标委员会应当否决其投标。具体情形包括：

1）投标文件未经投标单位盖章和单位负责人签字。

2）投标联合体没有提交共同投标协议。

3）投标人不符合国家或者招标文件规定的资格条件。

4）同一投标人提交两个以上不同的投标文件或者投标报价，但招标文件要求提交备选投标的除外。

5）投标报价低于成本或者高于招标文件设定的最高投标限价。

6）投标文件没有对招标文件的实质性要求和条件做出响应。

7）投标人有串通投标、弄虚作假、行贿等违法行为。

（二）详细评审标准与方法

经初步评审合格的投标文件，评标委员会应当根据招标文件确定的评标标准和方法，对其技术部分和商务部分做进一步评审、比较。详细评审的方法包括经评审的最低投标价法和综合评估法两种。

1．经评审的最低投标价法

经评审的最低投标价法是指评标委员会对满足招标文件实质要求的投标文件，根据详细评审标准规定的量化因素及量化标准进行价格折算，按照经评审的投标价由低到高的顺序推荐中标候选人，或根据招标人授权直接确定中标人，但投标报价低于其成本的除外。经评审的投标价相等时，投标报价低的优先；投标报价也相等的，由招标人自行确定。

经评审的最低投标价法的适用范围。按照《评标委员会和评标方法暂行规定》的规定，经评审的最低投标价法一般适用于具有通用技术、性能标准或者招标人对其技术、性能没有特殊要求的招标项目。

（2）详细评审标准及规定。采用经评审的最低投标价法的，评标委员会应当根据招标文件中规定的量化因素和标准进行价格折算，对所有投标人的投标报价以及投标文件的商务部分作必要的价格调整。根据《标准施工招标文件》的规定，主要的量化因素包括单价遗漏和付款条件等，招标人可以根据项目具体特点和实际需要，进一步删减、补充或细化量化因素和标准。另外如世界银行贷款项目采用此种评标方法时，通常考虑的量化因素和标准包括：一定条件下的优惠（借款国国内投标人有7. 5%的评标优惠）；工期提前的效益对报价的修正；同时投多个标段的评标修正等。所有的这些修正因素都应当在招标文件中有明确的规定。对同时投多个标段的评标修正，一般的做法是：如果投标人的某一个标段已被确定为中标，则在其他标段的评标中按照招标文件规定的百分比（通常为4%）乘以报价额后，在评标价中扣减此值。

根据经评审的最低投标价法完成详细评审后，评标委员会应当拟定一份“价格比较一览表”，连同书面评标报告提交招标人。“价格比较一览表”应当载明投标人的投标报价、对商务偏差的价格调整和说明以及已评审的最终投标价。

【例5.4.1】某高速公路项目招标采用经评审的最低投标价法评标，招标文件规定对同时投多个标段的评标修正率为4%。现有投标人甲同时投标1#、2#标段，其报价依次为6300万元、5000万元，若甲在1#标段已被确定为中标，则其在2#标段的评标价应为多少万元。

解：投标人甲在1#标段中标后，其在2#标段的评标可享受4%的评标优惠，具体做法应是将其2#标段的投标报价乘以4%，在评标价中扣减该值。因此，

投标人甲2#标段的评标价=5000×(1–4%)=4800(万元)

2．综合评估法

不宜采用经评审的最低投标价法的招标项目，一般应当采取综合评估法进行评审。综合评估法是指评标委员会对满足招标文件实质性要求的投标文件，按照规定的评分标准进行打分，并按得分由高到低顺序推荐中标候选人，或根据招标人授权直接确定中标人，但投标报价低于其成本的除外。综合评分相等时，以投标报价低的优先；投标报价也相等的，由招标人自行确定。

（1）详细评审中的分值构成与评分标准。综合评估法下评标分值构成分为四个方面，即施工组织设计，项目管理机构，投标报价，其他评分因素，总计分值为100分。各方面所占比例和具体分值由招标人自行确定，并在招标文件中明确载明。上述的四个方面标准具体评分因素如表5.4.1所示。

表 5.4.1　综合评估法下的评分因素和评分标准

分值构成	评分因素	评分标准
施工组织设计评分标准	内容完整性和编制水平	…
	施工方案与技术措施	…
	质量管理体系与措施	…
	安全管理体系与措施	…
	环境保护管理体系与措施	…
	工程进度计划与措施	…
	资源配备计划	…
项目管理机构评分标准	项目经理任职资格与业绩	…
	技术责任人任职资格与业绩	…
	其他主要人员	…
投标报价评分标准	偏差率	…
	…	…
其他因素评分标准	…	…

【例5.4.2】各评审因素的权重由招标人自行确定，例如可设定施工组织设计占25 分，项目管理

机构占10分，投标报价占60分，其他因素占5分。施工组织设计部分可进一步细分为：内容完整性和编制水平2分，施工方案与技术措施12分，质量管理体系与措施2分，安全管理体系与措施3分，环境保护管理体系与措施3分，工程进度计划与措施2分，其他因素1分等。各评审因素的标准由招标人自行确定，如对施工组织设计中的施工方案与技术措施可规定如下的评分标准：施工方案及施工方法先进可行，技术措施针对工程质量、工期和施工安全生产有充分保障11～12分；施工方案先进，方法可行，技术措施针对工程质量、工期和施工安全生产有保障8～10分；施工方案及施工方法可行，技术措施针对工程质量、工期和施工安全生产基本有保障6～7分；施工方案及施工方法基本可行，技术措施针对工程质量、工期和施工安全生产基本有保障1～5分。

（2）投标报价偏差率的计算。在评标过程中，可以对各个投标文件按下式计算投标报价偏差率：

$$\text{偏差率}=\frac{(\text{投标人报价}-\text{评标基准价})}{\text{评标基准价}}\times 100\% \tag{5.4.1}$$

评标基准价的计算方法应在投标人须知前附表中予以明确。招标人可依据招标项目的特点、行业管理规定给出评标基准价的计算方法，确定时也可适当考虑投标人的投标报价。

（3）详细评审过程。评标委员会按分值构成与评分标准规定的量化因素和分值进行打分，并计算出各标书综合评估得分。

1）按规定的评审因素和标准对施工组织设计计算出得分A。

2）按规定的评审因素和标准对项目管理机构计算出得分B。

3）按规定的评审因素和标准对投标报价计算出得分C。

4）按规定的评审因素和标准对其他部分计算出得分D。

评分分值计算保留小数点后两位，小数点后第三位“四舍五入”。投标人得分计算公式是：投标人得分=A+B+C+D。由评委对各投标人的标书进行评分后加以比较，最后以总得分最高的投标人为中标候选人。

根据综合评估法完成评标后，评标委员会应当拟定一份“综合评估比较表”，连同书面评标报告提交招标人。“综合评估比较表”应当载明投标人的投标报价、所做的任何修正、对商务偏差的调整、对技术偏差的调整、对各评审因素的评估以及对每一投标的最终评审结果。

二、中标人的确定

（一）中标候选人的确定

除招标文件中特别规定了授权评标委员会直接确定中标人外，招标人应依据评标委员会推荐的中标候选人确定中标人，评标委员会提交中标候选人的人数应符合招标文件的要求，应当不超过3人，并标明排列顺序。中标人的投标应当符合下列条件之一：

（1）能够最大限度满足招标文件中规定的各项综合评价标准。

（2）能够满足招标文件的实质性要求，并且经评审的投标价格最低；但是投标价格低于成本的除外。

对使用国有资金投资或者国家融资的项目，招标人应当确定排名第一的中标候选人为中标人。排名第一的中标候选人放弃中标，因不可抗力提出不能履行合同，或者招标文件规定应当提交履约保证金而在规定的期限内未能提交的，招标人可以确定排名第二的中标候选人为中标人。排名第二的中标候选人因上述同样原因不能签订合同的，招标人可以确定排名第三的中标候选人为中标人。

招标人可以授权评标委员会直接确定中标人。

招标人不得向中标人提出压低报价、增加工作量、缩短工期或其他违背中标人意愿的要求，即不得以此作为发出中标通知书和签订合同的条件。

（二）评标报告的内容及提交

评标委员会完成评标后，应当向招标人提交书面评标报告，并抄送有关行政监督部门。评标报告应当如实记载以下内容：

（1）基本情况和数据表；

（2）评标委员会成员名单；

（3）开标记录；

（4）符合要求的投标一览表；

（5）废标情况说明；

（6）评标标准、评标方法或者评标因素一览表；

（7）经评审的价格或者评分比较一览表；

（8）经评审的投标人排序；

（9）推荐的中标候选人名单与签订合同前要处理的事宜；

（10）澄清、说明、补正事项纪要。

评标报告由评标委员会全体成员签字。对评标结果有不同意见的评标委员会成员应当以书面方式阐述其不同的意见和理由，评标报告应当注明该不同意见。评标委员会成员拒绝在评标报告上签字且不陈述其不同意见和理由的，视为同意评标结论。评标委员会应当对此做出书面说明并记录在案。

（三）公示与中标通知

1．公示中标候选人

为维护公开、公平、公正的市场环境，鼓励各招投标当事人积极参与监督，按照《招标投标法实施条例》的规定，依法必须进行招标的项目，招标人应当自收到评标报告之日起3日内公示中标候选人，公示期不得少于3日。投标人或者其他利害关系人对依法必须进行招标的项目的评标结果有异议的，应当在中标候选人公示期间提出。招标人应当自收到异议之日起3日内做出答复；做出答复前，应当暂停招标投标活动。

对中标候选人的公示需明确以下几个方面：

（1）公示范围。公示的项目范围是依法必须进行招标的项目，其他招标项目是否公示中标候选人由招标人自主决定。公示的对象是全部中标候选人。

（2）公示媒体。招标人在确定中标人之前，应当将中标候选人在交易场所和指定媒体上公示。

（3）公示时间（公示期）。公示由招标人统一委托当地招投标中心在开标当天发布。公示期从公示的第二天开始算起，在公示期满后招标人才可以签发中标通知书。

（4）公示内容。对中标候选人全部名单及排名进行公示，而不是只公示排名第一的中标候选人。同时，对有业绩信誉条件的项目，在投标报名或开标时提供的作为资格条件或业绩信誉的情况，应一并进行公示，但不含投标人的各评分要素的得分情况。

（5）异议处置。公示期间，投标人及其他利害关系人应当先向招标人提出异议，经核查后发现在招投标过程中确有违反相关法律法规且影响评标结果公正性的，招标人应当重新组织评标或招标。招标人拒绝自行纠正或无法自行纠正的，则根据《招标投标法实施条例》第60条的规定向行政监督部门提出投诉。对故意虚构事实，扰乱招投标市场秩序的，则按照有关规定进行处理。

2. 发出中标通知书

中标人确定后，招标人应当向中标人发出中标通知书，并同时将中标结果通知所有未中标的投标人。中标通知书对招标人和中标人具有法律效力。中标通知书发出后，招标人改变中标结果，或者中标人放弃中标项目的，应当依法承担法律责任。依据《招标投标法》的规定，依法必须进行招标的项目，招标人应当自确定中标人之日起15日内，向有关行政监督部门提交招标投标情况的书面报告。书面报告中至少应包括下列内容：

（1）招标范围。

（2）招标方式和发布招标公告的媒介。

（3）招标文件中投标人须知、技术条款、评标标准和方法、合同主要条款等内容。

（4）评标委员会的组成和评标报告。

（5）中标结果。

3. 履约担保

在签订合同前，中标人以及联合体的中标人应按招标文件有关规定的金额、担保形式和提交时间，向招标人提交履约担保。履约担保有现金、支票、汇票、履约担保书和银行保函等形式，可以选择其中的一种作为招标项目的履约保证金，履约保证金不得超过中标合同金额的10%。中标人不能按要求提交履约保证金的，视为放弃中标，其投标保证金不予退还，给招标人造成的损失超过投标保证金数额的，中标人还应当对超过部分予以赔偿。招标人要求中标人提供履约保证金或其他形式履约担保的，招标人应当同时向中标人提供工程款支付担保。中标后的承包人应保证其履约保证金在发包人颁发工程接收证书前一直有效。发包人应在工程接收证书颁发后28天内把履约保证金退还给承包人。

三、合同价款的约定

合同价款是合同文件的核心要素，建设项目不论是招标发包还是直接发包，合同价款的具体数额均在“合同协议书”中载明。

（一）签约合同价与中标价的关系

签约合同价是指合同双方签订合同时在协议书中列明的合同价格，对于以单价合同形式招标的项目，工程量清单中各种价格的总计即为合同价。合同价就是中标价，因为中标价是指评标时经过算术修正的、并在中标通知书中申明招标人接受的投标价格。法理上，经公示后招标人向投标人所发出的中标通知书（投标人向招标人回复确认中标通知书已收到），中标的中标价就受到法律保护，招标人不得以任何理由反悔。这是因为，合同价格属于招投标活动中的核心内容，根据《招投标法》第四十六条有关“招标人和中标人应当……按照招标文件和中标人的投标文件订立书面合同，招标人和中标人不得再行订立背离合同实质性内容的其他协议”之规定，发包人应根据中标通知书确定的价格签订合同。

（二）合同价款约定的规定和内容

1. 合同签订的时间及规定

招标人和中标人应当在投标有效期内并在自中标通知书发出之日起30天内，按照招标文件和中标人的投标文件订立书面合同。中标人无正当理由拒签合同的，招标人取消其中标资格，其投标保证金不予退还；给招标人造成的损失超过投标保证金数额的，中标人还应当对超过部分予以赔偿。发出中标通知书后，招标人无正当理由拒签合同的，招标人向中标人退还投标保证金；给中标人造成损失的，还应当赔偿损失。招标人与中标人签订合同后5个工作日内，应当向中标人和未中标的投标人退还投标保证金及银行同期存款利息。

2．合同价款类型的选择

实行招标的工程合同价款应由发承包双方依据招标文件和中标人的投标文件在书面合同中约定。合同约定不得违背招、投标文件中关于工期、造价、质量等方面的实质性内容。招标文件与中标人投标文件不一致的地方，以投标文件为准。

不实行招标的工程合同价款，在发承包双方认可的合同价款基础上，由发承包双方在合同中约定。

根据《建筑工程施工发包与承包计价管理办法》（住建部第16号令），实行工程量清单计价的建筑工程，鼓励发承包双方采用单价方式确定合同价款；建设规模较小，技术难度较低，工期较短的建设工程，发承包双方可以采用总价方式确定合同价款；紧急抢险、救灾以及施工技术特别复杂的建设工程，发承包双方可以采用成本加酬金方式确定合同价款。

3．合同价款约定的内容

合同价款的有关事项由发承包双方约定，一般包括合同价款约定方式，网付工程款、工程进度款、工程竣工价款的支付和结算方式，以及合同价款的调整情形等。发承包双方应当在合同中约定，发生下列情形时合同价款的调整方法：

（1）法律、法规、规章或者国家有关政策变化影响合同价款的；

（2）工程造价管理机构发布价格调整信息的；

（3）经批准变更设计的；

（4）发包人更改经审定批准的施工组织设计造成费用增加的；

（5）双方约定的其他因素。

第五节　工程总承包及国际工程合同价款的约定

随着社会经济的发展及业主对建设工程需求的综合性和集成性越来越高，工程总承包及国际工程承包（走出国门承接工程或国内工程允许外国公司承包）已成为工程发承包的主流模式，其合同价款的约定既是发承包双方有效履行合同的重要保障，也是规范建筑市场公平交易的客观要求。

一、工程总承包合同价款的约定

总承包是国家鼓励和扶持的工程承包方式，为了引导和规范总承包，《建筑法》第二十四条与《招标投标法实施条例》第二十九条分别为总承包提供了法律依据。《建设项目工程总承包合同示范文本》GF—2011—0216指出，工程总承包是指承包人受发包人委托，按照合同约定对工程建设项目的设计、采购、施工（含竣工试验）、试运行等阶段实行全过程或若干阶段的工程承包。

（一）工程总承包的特点与分类

1．工程总承包的类型

根据《建设项目工程总承包管理规范》GB/T 50358—2005的规定，“工程总承包”可以是全过程的承包，也可以是分阶段的承包。工程总承包的范围、承包方式、责权利等由工程总承包合同界定。工程总承包主要有如下方式：

（1）设计采购施工（EPC）总承包。EPC总承包即工程总承包企业按照合同约定，承担工程项目的设计、采购、施工、试运行服务等工作，并对承包工程的质量、安全、工期、造价全面负责。

（2）交钥匙（Tnmkey）总承包。交钥匙总承包是设计采购施工总承包业务和责任的延伸，最终向业主提交一个满足使用功能、具备使用条件的工程，不仅承包工程项目的建设实施任务，而且提供建设项目前期工作和运营准备工作的综合服务。

1）交钥匙总承包的范围包括：①项目前期的投资机会研究、项目发展策划、建设方案及可行性研究和经济评价。②工程勘察、总体规划方案和工程设计。③工程采购和施工。④项目动用准备和生产运营组织。⑤项目维护及物业管理的策划与实施等。

2）交钥匙总承包与其他工程总承包方式相比，交钥匙工程承包的优越性：①能满足某些业主的特殊要求。②承包商承担的风险比较大，但获利的机会比较多，有利于调动总包的积极性。③业主介入的程度比较浅，有利于发挥承包商的主观能动性。④业主与承包商之间的关系简单。

（3）设计—施工总承包（Design-Build)。设计一施工总承包即工程总承包企业按照合同约定，承担工程项目的设计和施工，并对承包工程的质量、安全、工期、造价全面负责。D—B工程总承包的基本出发点是促进设计与施工的早期结合，以便有可能发挥设计和施工双方的优势，提高项目的经济性。D—B工程总承包一般适用于建筑工程项目，但是大型土方工程及道路工程等设计工作量少的项目一般较少采用D— B工程总承包模式。

(4）阶段性总承包模式。根据工程项目的不同规模、类型和业主要求，工程总承包还可采用设计一采购总承包（Engineering-Procurement)、采购一施工总承包（Procurement-Construction）等方式。

（5）工程项目管理总承包。工程项目管理总承包是指专业化、社会化的工程项目管理企业接受业主委托，按照合同约定承担工程项目管理业务，如在工程项目决策阶段，为业主进行项目策划、编制可行性研究报告和经济分析；在工释项目实施阶段，为业主提供招标代理、设计管理、采购管理、施工管理和试运行（竣工验收）等服务，为业主进行工程质量、安全、进度和费用目标控制，并按照合同约定承担相应的管理责任。工程项目管理企业不直接与该工程项目的总承包企业或勘察、设计、供货、施工等企业签订合同，但可以按合同约定，协助业主与上述企业签订合同，并受业主委托监督合同的履行。

工程项目管理总承包的具体方式及服务内容、权限、取费和责任等，由业主与工程项目管理企业在合同中约定。总承包的分类及特点见表5.5.1。

表 5.5.1 工程总承包的分类

总承包类型	工程项目建设程序							
	可行性研究	项目决策	初步设计	技术设计	施工图设计	材料设备采购	施工	试运行
设计采购施工总承包			•	•	•	•	•	•
交钥匙总承包	•	•	•	•	•	•	•	•
设计—施工总承包			•	•	•		•	
设计—采购总承包			•	•	•	•		
采购—施工总承包						•	•	

2．工程总承包的发展及主要特点

（1）工程总承包的发展过程。发达国家工程总承包已经历了一百多年，我国于改革开放之初提出建立工程总承包企业的设想。1997年颁布的《建筑法》，确立了工程总承包的法律地位。2005年颁发的《建设项目工程总承包管理规范》GB/T 50358—2005对工程总承包进行了规范。2011年住房和城乡建设部、国家工商行政管理总局制定了《建设项目工程总承包合同示范文本》GF—2011—0216，2012年九部委联合颁发了《标准设计施工总承包招标文件》（2012年版），标志着我国工程总承包市场逐渐走向了成熟完善的阶段。

（2）工程总承包的主要特点。

1）合同结构简单。在工程总承包合同环境下，业主将规定范围内的工程项目实施任务委托给工程总承包公司负责设计和施工的规划、组织、指挥、协调和控制，总承包公司必须有很强的技术和管理综合能力，能协调自己内部及分包商之间的关系，业主的组织和协调任务量少。

2）承包商积极性高。当采用参照类似已完工程做估算投资包干的情况下，对总承包公司而言风险大，相应地会带来更利于发挥自身技术和管理综合实力、获得更高预期经营效益的机遇，以及从设计到施工安装提供最终工程产品所带来的社会效应和知名度。因此，对承包商而言积极性高；对业主而言也有利于选择综合能力强的承包商。但在这种情况下，如何确保设计的质量、工程材料、设备选用的规格标准就成为一个重要的问题。

3）项目整体效果好。由于工程总承包涉及设计、采购、施工、试运行等多环节工作，实行工程总承包则有利于多环节工作的内部协调，减少外部协调环节，降低运行成本；有利于多环节工作的深度合理交叉，缩短建设周期；有利于全过程的质量与费用控制，还能充分利用工程总承包商的先进的技术和经验，提高效率和效益。

（二）工程总承包招标文件的编制

1．工程总承包招标文件的编制内容

根据《标准设计施工总承包招标文件》的规定，工程总承包招标文件的编制由以下内容组成：

（1）招标公告（或投标邀请书）。与建设项目施工招标的有关规定类似，当总承包招标未进行资格预审时，招标文件内容应包括招标公告。当进行资格预审时，招标文件中应包括投标邀请书，此邀请书可代替设计施工总承包资格预审通过通知书。

（2）投标人须知。除投标人须知前附表外，投标人须知由总则、招标文件、投标文件、投标、开标、评标、合同授予、纪律和监督、电子招标投标等内容组成。

1）总则。主要包括项目概况，项目的资金来源和落实情况，招标范围、计划工期和质量标准，对投标人的资格要求，对费用承担和设计成果补偿、保密、语言文字、计量单位等方面的规定，对踏勘现场、投标预备会的要求，以及对分包和偏离问题的处理。

2）招标文件。主要包括招标文件的组成以及澄清和修改的规定。

3）投标文件。主要包括投标文件的组成，投标报价编制的规定，投标有效期和投标保证金的规定，需提交的资格审查资料，是否允许提交备选投标方案，以及投标文件编制所应遵循的规定等。

4）投标。主要包括投标文件密封和标记的规定，投标文件的递交，以及援标文件的修改与撤回。

5）开标。主要包括开标时间和地点、开标程序以及对开标异议的处理。

6）评标。主要包括评标委员会的组成、评标原则和所采取的评标办法。

7）合同授予。主要包括定标方式，对中标候选人的公示方式，中标通知书的发出时间，以及要求承包人提交的履约担保和签订合同的时限。

8）纪律和监督。主要包括对招标人、投标人、评标委员会成员，以及与评标活动有关的工作人员的纪律要求。

9）电子招标投标。主要包括采用电子招标投标时，对投标文件的编制、密封和标记、递交、开标、评标等具体要求。

10）需要补充的其他内容。

（3）评标办法。与施工招标类似，评标办法可选择综合评估法或经评审的最低投标价法。

（4）合同条款及格式。包括通用合同条款、专用合同条款以及各合同附件的格式。

（5）发包人的要求。发包人要求应尽可能清晰准确，对于可以进行定量评估的工作，发包人要求不仅应明确规定其产能、功能、用途、质量、环境、安全，并且要规定偏离的范围和计算方法，以及检验、试验、试运行的具体要求。对于承包人负责提供的有关设备和服务，对发包人员进行培训和提供一些消耗品等，在发包人要求中应一并明确规定。主要包括：功能要求、工程范围、工艺安排或要求（如有）、时间要求、技术要求、竣工试验、竣工验收、竣工后试验（如有）、文件要求、工程项目管理规定、其他要求等。

（6）发包人应提供的资料。发包人通常应提供下列资料：

1）施工场地及毗邻区域内的供水、排水、供电、供气、供热、通信、广播电视等地下管线资料、气象和水文观测资料，相邻建筑物和构筑物、地下工程的有关资料，以及其他与建设工程有关的原始资料。

2）定位放线的基准点、基准线和基准标高。

3）发包人取得的有关审批、核准和备案材料，如规划许可证。

4）其他资料。

（7）投标文件格式。提供投标文件的各部分编制所应依据的参考格式。

（8）规定的其他资料。如需要其他资料，应在投标人须知前附表中予以规定。

2．工程总承包招标文件编制时应注意的问题

（1）充分利用投标人须知前附表。设计施工一体化的总承包项目，其招标文件应当根据《标准设计施工总承包招标文件》（2012年版）编制。其中，“投标人须知前附表”用于进一步明确“投标人须知”中的未尽事宜，招标人或招标代理机构应结合招标项目的具体特点和实际需要编制和填写，但不得与“投标人须知”正文内容相抵触，否则抵触内容无效。

（2）合理选用通用合同条款中的可选条款。《标准设计施工总承包招标文件》在总结各行各业设计施工总承包共同特点的基础上，将设计、采购、施工等内容进行有机整合，对不同类型的总承包做出了有针对性的规定。其中最突出的特点是在通用合同条款中提供了可选择的条款，即考虑到设计施工总承包项目的投资主体、工作内容等方面的差异，创造性地采取了由合同当事人选择约定（A）条款或（B）条款方法。合同双方当事人可以根据不同建设项目在合同执行过程中可能出现的情况选择其中之一，在专用合同条款中通过谈判、协商，对相应通用条款的原则性约定加以细化、完善、补充、修改或另行约定。

《标准设计施工总承包招标文件》提供的（A）（B）条款较多，如发包人要求中的错误、发包人提供的材料和工程设备、计日工、暂估价、物价波动引起的调整、竣工后试验等，下面仅以暂估价（A）（B）条款为例加以说明。

暂估价（A）条款是关于签约合同价不包括暂估价的约定，而（B）条款是关于签约合同价包括暂估价的约定。

1）暂估价（A）条款。

①发包人在价格清单中给定暂估价的专业服务、材料、工程设备和专业工程属于依法必须招标的范围并达到规定的规模标准的，由发包人和承包人以招标的方式选择供应商或分包人。发包人和承包人的权利义务关系在专用合同条款中约定。中标金额与价格清单中所列的暂估价的金额差以及相应的税金等其他费用列入合同价格。

②发包人在价格清单中给定暂估价的专业服务、材料和工程设备不属于依法必须招标的范围或未达到规定的规模标准的，应由承包人按发包人提供的材料和工程设备的约定提供。经监理人确认的专业服务、材料、工程设备的价格与价格清单中所列的暂估价的金额差以及相应的税金等其他费用列入合同价格。

③发包人在价格清单中给定暂估价的专业工程不属于依法必须招标的范围或未达到规定的规模标准的，由监理人按照变更估价的规定进行估价，但专用合同条款另有约定的除外。经估价的专业工程与价格清单中所列的暂估价的金额差以及相应的税金等其他费用列入合同价格。

2）暂估价（B）条款。签约合同价包括暂估价的，按合同约定进行支付。

（三）工程总承包投标文件的编制

1．工程总承包投标文件的内容

根据《标准设计施工总承包招标文件》的规定，工程总承包投标文件的编制由以下内容组成：

（1）投标函及投标函附录。

（2）法定代表人身份证明或附有法定代表人身份证明的授权委托书。

（3）联合体协议书（如接受联合体投标）。

（4）投标保证金。

（5）价格清单。包括勘察设计费清单、工程设备费清单、必备的备品备件费清单、建筑安装工程费清单、技术服务费清单、暂估价清单、其他费用清单，以及投标报价汇总表。

（6）承包人建议书。包括图纸、工程详细说明、设备方案、分包方案、对发包人要求错误的说明等。

（7）承包人实施计划。包括概述、总体实施方案、项目实施要点、项目管理要点等。

（8）资格审查资料。包括投标人基本情况表、近年财务状况表、近年完成的类似设计施工总承包项目情况表、正在实施和新承接的项目情况表、近年发生的重大诉讼及仲裁情况等。

（9）投标人须知前附表规定的其他资料。

2．工程总承包投标文件编制时应遵循的规定

工程总承包投标文件编制和递交时同样需要遵循投标保证金以及投标有效期的有关规定，规定内容与施工投标基本相同。只是由于实施工程总承包的项目通常比较复杂，因此除投标人须知前附表另有规定外，投标有效期均为120天。

3．工程总承包投标报价分析

工程总承包商投标报价决策的第一步应准确估计成本，即成本分析和费率分析；第二步是标高金决策，由于这是带给总承包商的价值增值部分，因此首先要进行价值增值分析，然后对风险进行评估，选择合适的风险费率，最后用特定的方法如报价的博弈模型等对不同的报价方案进行决策，选择最适合的报价方案。

（1）成本分析。工程总承包项目的成本费用由施工费用，直接设备材料费用，分包合同费用，公司本部费用，调试、开车服务费用和其他费用组成，也可以将工程总承包费用按阶段分解成勘察

设计费用、采购费用和施工费用三部分。不过勘察设计工作主要是脑力劳动，涉及的费用开支不占总报价的主要部分，可以归为公司本部费用一并计算，采购费用中除直接材料设备费及直接发生的各种费用之外，仍可归为公司本部费用计算，因此这两种归类方法基本是统一的。

各种成本费用在计算时应以市场价格为主要编制依据，对于公司本部费用的计算，如果能够依据公司实际发生额的平均水平进行计算是成本估算的首选方案，如果无法分解细目需要以某一费用的一定费率来计算，这费率的决定需要进行论证，保证其合理性，特别重要的费率要由公司决策层讨论决定，根据总承包商公司的实际情况，可以大致估算出该工程总承包项目的成本费用。

（2）标高金分析。标高金是总承包商投标报价时考虑到预期收益和根据约定应承担的风险而计算的成本费用以外的金额。标高金由管理费、利润和风险费组成。管理费属于总部的日常开支在该项目上的摊销，与公司本部费用有所不同，公司本部费用是与项目直接相关的管理费用和勘察设计费用开支。管理费用的划分标准没有统一的定义，根据公司实际情况由公司自行决定。

确定管理费率和利润率是一个多目标决策过程。一方面为了盈利目标和公司的长远发展，这两个费率定得越高越好，但是发包人在竞争性投标环境中对期望中标价是有一定上限的，同时工程总承包市场的供需变化将确定利润率的浮动区间，因此确定费率的大小需要对目标费率进行选择。一般最简单的也是最客观的方式是模糊综合评价法，即首先确定费率的几个目标选择值，然后再建立费率影响因素的层次分解结构，最后用专家评分系统完成对几个目标费率的选择倾向百分比计算，最终选择倾向度最高的费率为此次投标的目标费率。

确定风险费最重要的是计算风险费率，由于风险因素对总承包项目的影响甚大，如果预计的风险没有全部发生，则可能预留的风险费有剩余，这部分剩余和利润一同成为项目的盈余额，也就是价值增值的部分，如果风险费估计不足，就只有用利润来补贴，盈余额自然就减少，甚至有可能成为负值，导致项目的亏损。计算风险费率可以运用模糊综合评价法和层次分析法等进行计算。

（四）工程总承包的评标办法

工程总承包的评标办法包括综合评估法和经评审的最低投标价法。

1．综合评估法

综合评估法是指评标委员会对满足招标文件实质性要求的投标文件按照招标文件中规定的评分标准进行打分，并按得分由高到低顺序推荐中标候选人，或根据招标人授权直接确定中标人，但投标报价低于其成本的除外。综合评分相等时，以投标报价低的优先；投标报价也相等的，由招标人或者经招标人授权评标委员会自行确定。

（1）初步评审标准。综合评估法下的初步评审标准包括形式评审标准、资格评审标准和响应性评审标准三个方面。

1）形式评审标准。主要的评审内容包括投标人名称与营业执照、资质证书是否一致，投标函是否有法定代表人或其委托代理人签字并加盖单位章，投标文件格式是否符合规定要求，联合体投标人是否提交了联合体协议书并明确了联合体牵头人，报价是否唯一。

2）资格评审标准。主要的评审内容包括营业执照、资质等级、财务状况、类似项目业绩、信誉、项目经理、设计负责人、施工负责人、施工机械设备、项目管理机构及人员、联合体投标人等各个方面是否符合投标人须知的规定。

3）响应性评审标准。主要的评审内容包括投标报价、投标内容、工期、质量标准、投标有效期、投标保证金、权利义务、承包人建议等各个方面是否符合招标文件的规定。

（2）详细评审。综合评估法的详细评审分别从承包人建议书、资信业绩、承包人实施方案、投标报价和其他评分因素的各个方面进行综合评定。

1）承包人建议书评分标准。评分标准通常包括图纸、工程详细说明、设备方案等因素。

2）资信业绩评分标准。评分标准通常包括信誉、类似项目业绩、项目经理业绩、设计负责人业绩、施工负责人业绩、其他主要人员业绩等因素。

3）承包人实施方案评分标准。评分标准通常包括总体实施方案、项目实施要点、项目管理要点等因素。

4）投标报价评分标准。评分标准主要包括偏差率等。其中偏差率的计算公式如下：

$$偏差率=100\%\times(投标人报价-评标基准价)/评标基准价 \tag{5.5.1}$$

其中，评标基准价的计算方法由招标人在招标文件中设定。

2．经评审的最低投标价法

经评审的最低投标价法是指评标委员会对满足招标文件实质要求的投标文件，根据招标文件规定的量化因素及标准进行价格折算，按照经评审的投标价由低到高的顺序推荐中标候选人，或根据招标人授权直接确定中标人，但投标报价低于其成本的除外。经评审的投标价相等时，投标报价低的优先；投标报价也相等的，由招标人或者招标人授权的评标委员会自行确定。

（1）初步评审标准。经评审的最低投标价法下的初步评审标准包括形式评审标准、资格评审标准、响应性评审标准、承包人建议书评审标准、承包人实施方案评审标准五个方面。其中形式评审标准、资格评审标准、响应性评审标准的内容与综合评估法下的评审标准基本相同。

1）承包人建议书评审标准。主要的评审内容包括投标人在图纸、工程详细说明、设备方案等各个方面是否满足招标人的要求。

2）承包人实施方案评审标准。主要的评审内容包括投标人的总体实施方案、项目实施要点、项目管理要点等各个方面是否满足招标人的要求。

（2）详细评审标准。详细评审标准主要是将招标文件中确定需要考虑的量化因素按照既定的量化标准进行折算，从而得到各标书经评审的投标价。按照目前《标准设计施工总承包招标文件》的规定，考虑的量化因素主要有付款条件，招标人可根据需要在招标文件中增列量化因素和量化标准。

3．评标结果

综合评估法下，除招标人授权评标委员会直接确定中标人外，评标委员会按照得分由高到低的顺序推荐中标候选人。

经评审的最低投标价法下，除招标人授权评标委员会直接确定中标外，评标委员会按照经评审的价格由低到高的顺序推荐中标候选人。

评标委员会完成评标后，应当向招标人提交书面评标报告。

（五）工程总承包的签约合同价

（1）合同价格与“签约合同价”的含义。《标准设计施工总承包招标文件》合同协议书中称合同价格为“签约合同价”，即指中标通知书明确的并在签订合同时于合同协议书中写明的，包括了暂列金额、暂估价的合同总金额。而“合同价格”是指承包人按合同约定完成了包括缺陷责任期内的全部承包工作后，发包人应付给承包人的金额，包括在履行合同过程中按合同约定进行的变更和调整。

（2）合同价格约定和调整的规定。《标准设计施工总承包招标文件》中对合同价格及调整作了规定：

1）合同价格包括签约合同价以及按照合同约定进行的调整。

2）合同价格包括承包人依据法律规定或合同约定应支付的规费和税金。

3）价格清单列出的任何数量都为估算的工作量，不得将其视为要求承包人实施的工程的实际或准确的工作量。在价格清单中列出的任何工作量和价格数据应仅限用于变更和支付的参考资料，而不能用于其他目的。

合同约定工程的某部分按照实际完成的工程量进行支付的，应按照专用合同条款的约定进行计量和估价，并据此调整合同价格。

由此可见，合同价格是指实际的应支付给承包人的最终工程款。由于签订合同时在工程量清单内开列的工程量是估算工程量，实际施工可能与其有差异，因此发包人支付工程进度款前应对承包人完成的实际工程量予以确认或核实，按照承包人完成的实际工程量进行支付。

值得注意的是，该款强调：一是承包人的价格中已包含了各类税费；二是价格清单中的工作量是估算值，实际支付采用的工程量应是实际测得的工程量；三是价格清单中列明的工作量和价格数据的应用作了限制，即仅限用于变更和支付而非用于其他目的；四是对于合同约定某项工程按实际完成的工程量支付时，应按约定程序和规定进行计量计价，并据以调整合同价格。

二、国际工程招标投标及合同价款的约定

国际工程承包是指一个国家的政府部门、公司、企业或项目所有人（一般称业主或发包人）委托国外的工程承包人负责按规定的条件承担某项工程任务。国际工程承包是一种综合性的国际经济合作方式。在国际工程中，通过招标投标选择承包商是最重要的发包方式，许多国际机构都制定了招标投标程序，其中世界银行的招标投标程序最为完善、最有影响、适用范围也最大。

（一）世界银行贷款项目的采购原则

世界银行贷款项目的采购原则和采购程序由《国际复兴开发银行贷款和国际开发协会信贷采购指南》（简称《采购指南》）规定，既适用于土建工程，也适用于货物和咨询服务。其基本原则为：

（1）在项目采购中，必须注意经济性和效率性。

（2）世界银行贷款项目为合格的投标人承包项目提供平等的竞争机会，不论投标人来自发达国家还是发展中国家。

（3）世界银行作为一个开发机构，其贷款项目应促进借款国的制造业和承包业的发展。

（二）国际竞争性招标

国际竞争性招标（International Competitive Bidding，ICB），是指邀请世界银行成员国的承包商参加投标，从而确定最低评标价的投标人为中标人，并与之签订合同的整个程序和过程，是世界银行贷款项目采购程序的主要程序。

1．总采购公告

公开通告投标机会是世界银行及其他国际开发机构所要求的，目的是使所有合格而有能力、符合要求的投标人不受歧视地能有公平的投标机会，同时使业主或购货人能进一步了解市场供应情况，有助于经济、有效地达到采购的目的。

世界银行要求，贷款项目中心以国际竞争性方式采购的货物和工程，借款人必须准备并交世界银行一份总采购公告。当某一项目的资金来源已经初步确定（如已初步确定由世界银行提供贷款，本国配套资金也已基本落实），项目初步设计已经完成，项目评估已经或接近完成，在项目评估阶段已经确定了须以国际竞争性招标方法进行采购的那部分设备和工程，就可以准备这样一份总采购

通告，并及早送交世界银行，安排免费在联合国出版的《发展商务报》上刊登。送交世界银行的时间最迟不应迟于招标文件已经准备向投标人公开发售之前60天，以便及早安排刊登，使可能的投标人有时间考虑，并表示他们对这项采购的兴趣。

2．资格预审和资格定审

凡采购大而复杂的工程，以及在例外情况下，采购专为用户设计的复杂设备或特殊服务，在正式投标前宜先进行资格预审，对投标人是否有资格和能力承包这项工程或制造这种设备先期进行审查，以便缩小投标人的范围。这样做也可以使不能胜任的承包商或供应商避免因准备投标而花费巨大的人力财力。一个项目的具体采购合同是否要进行资格预审，应由借款人和世界银行充分协商后，在贷款协定中明确规定。资格预审首先要确定投标人是否有投标资格（Eligibility），在有优惠待遇的情况下，也可确定其是否有资格享受本国或地区优惠待遇。

除了确定投标资格外，资格预审的目的是为了审定可能的投标人是否有能力承担该项采购任务。资格预审应预先规定评审标准及合格要求，并应将合同的规模和合格要求通知愿意参加预审的承包商或供应商。经过评审后，凡符合标准的，都应准予投标，而不应限定预审合格的投标人的数量。资格预审一结束，就应将招标文件发给预审合格的投标人，其间的时间间隔不宜太长。因为相距时间太长，时过境迁，原来已合格的可能不再合格，原来不合格的可能又具备了合格条件，这样，正式投标时将不得不重新进行资格预审或至少再进行资格定审。如果在投标前未进行过资格预审，则应在评标后对标价最低并拟授予合同的标书的投标人进行资格定审，以便审定他是否有足够的人力财力资源有效地实施采购合同。资格定审的标准应在招标文件中明确规定，其内容与资格预审的标准相同。如果评标价最低的投标人不符合资格要求，就应拒绝这一投标，而对次低标的投标人进行资格定审。

3．准备招标文件

招标文件是评标及签订合同的依据。它向投标人提供与所需采购的货物或工程有关的一切情况、投标应注意的一切事项和评标的具体标准。它还规定了招标人与投标人之间的权利和义务，并提出了授予合同后业主与承包商或供应商之间的权利义务关系，作为今后签订正式合同的基础。招标文件的各项条款应符合《采购指南》的规定。世界银行虽然并不“批准”招标文件，但需其表示“无意见”（No objection）后招标文件才可以公开发售。在准备招标文件或世界银行审查过程中，也可能有忽略或产生错误。但招标文件一经制定，世界银行也已表示“无意见”，并已公开发售后，则除非有十分严重的不妥之处或错误，即使其中有些规定不符合《采购指南》，评标时也必须以招标文件为准。

招标文件的内容必须明白确切。应说明工程内容，工程所在地点，所需提供的货物，交货及安装地点，交货或竣工进程表，保修和维修要求，以及其他有关的条件和条款。如有必要，招标文件还应规定将采用的测试标准及方法，用以测定交付使用的设备是否符合规格要求。图纸与技术说明书内容必须一致。

招标文件还应说明在评标时除报价以外需考虑的其他因素，以及在评标时如何计量或用其他方法评定这些因素。如果允许对设计方案、使用原材料、支付条件、竣工日程等提出替代方案，招标文件应明确说明可以接受替代方案的条件和评标方法。招标文件发出后如有任何补充、澄清、勘误或更改，包括对投标人提出的问题所做出的答复，都必须在距投标截止期足够长的时间以前，发送至原招标文件的每一个收件人。

4．具体合同招标广告（投标邀请书）

除了总采购通告外，借款人应将具体合同的投标机会及时通知国际社会。为此，应及时刊登具体合同的招标广告，即投标邀请书。与总采购通告有所不同，这类具体合同招标广告不要求，但鼓励刊登在联合国《发展商务报》上。至少应刊登在借款人国内广泛发行的一种报纸上；如有可能，也应刊登在官方公报上。招标广告的副本，应转发给有可能提供所需采购的货物或工程的合格国家的驻当地代表（如使馆的商务处），也应发给那些看到总采购通告后表示感兴趣的国内外厂商。如系大型、专业性强或重要的合同，世界银行也可要求借款人把招标广告刊登在国际上发行很广的著名技术性杂志、报纸或贸易刊物上。

从发出广告到投标人做出反应之间应有充分时间，以便投标人进行准备。一般从刊登招标广告或发售招标文件（两个时间中以较晚的时间为准）算起，给予投标商准备投标的时间不得少于45天。

对大型工程和复杂的设备，为了使预期的投标人熟悉情况，便于准备投标，应鼓励业主在投标前召集投标准备会议，组织现场考察，以求投标更切合实际。

5. 开标

在招标文件“投标人须知”中应明确规定投交标书地址、投标截止时间和开标时间及地点。投交标书的方式不得加以限制（如规定必须寄交某邮政信箱），以免延误。应该允许投标人亲自或派代表投交标书。开标时间一般应是投标截止时间或紧接在截止时之后。招标人应在规定时间当众开标。应允许投标人或其代表出席开标会议，对每份标书都应当众读出其投标人、报价和交货或完工期；如果要求或允许提出替代方案，也应读出替代方案的报价及完工期。标书是否附有投标保证金或保函也应当众读出。不能因为标书未附投标保证金或保函而拒绝开启。标书的详细内容是不可能也不必全部读出的。开标应做出记录，列明到会成员及宣读的有关标书的内容。如果世界银行有要求，还应将记录的副本送交世界银行。开标时一般不允许提问或作任何解释，但允许记录和录音。

在投标截止期以后收到的标书，尤其是已经开始宣读标书以后收到的标书，不论出于何种原因，一般都可加以拒绝。

上述公开开标的程序是竞争性招标最常采用的开标程序。也是世界银行要求其贷款项目采用国际竞争性招标方法时必须遵循的程序。公开开标也有其他变通办法，例如“两个信封制度”（Two envelope system），即要求投标书的技术性部分密封装入一个信封，而将报价装入另一个密封信封。第一次开标会时先开启技术性标书的信封；然后将各投标人的标书交评标委员会评比，视其是否在技术面符合要求。这一步骤所需时间短至几小时，长至几个星期。如标书在技术上不符合要求，即通知该标书的投标人。第二次开标会时再将技术上符合要求的标书报价公开读出。技术上不符合要求的标书，其第二个信封不再开启。如果采购合同简单，两个信封也可能在一次会议上先后开启。

6. 评标

评标主要有审标、评标、资格定审三个步骤。

（1）审标。审标是先将各投标人提交的标书就一些技术性、程序性的问题加以澄清并初步筛选。如，投标人是否具备投标资格，是否附有要求交纳的投标保证金，是否已按规定签字，是否在主要方面均符合招标文件提出的要求，是否有重大的计算错误，其他方面是否都符合规定等。

（2）评标。按招标文件所明确规定的标准和评标方法，评定各标书的评标价。评比时既要考虑报价，也要考虑其他因素。投标书如有各种与招标文件所列要求不重大的偏离者，应按招标文件规定办法在评标中加以计算。有些问题则可以通过双方共同举行澄清会议，寻求一致意见，加以解决。然后按评标价高低，由低至高，评定各标书的评标次序。

（3）资格定审。如果未经资格预审，则应对评标价最低的投标人进行资格定审。定审结果，如果认定他有资格，又有足够的人力、财力资源承担合同任务，就应报送世界银行，建议授予合同。

如发现他不符合要求，则再对评标价次低的投标人进行资格定审。

评标只是对标书的报价和其他因素，以及标书是否符合招标程序要求和技术要求进行评比，而不是对投标人是否具备实施合同的经验、财务能力和技术能力的资格进行评审。对投标人的资格审查应在资格预审或定审中进行。在评标考虑的因素中，不应把属于资格审查的内容包括进去。

7. 授予合同或拒绝所有投标

按照招标文件规定的标准，对所有符合要求的标书进行评标，得出结果后，应将合同授予其标书评标价最低，并有足够的人力财力资源的投标人。在正式授予合同之前，借款人应将评标报告，连同授予合同的建议，送交世界银行审查，征得其同意。

招标文件一般都规定借款人有拒绝所有投标的权利。借款人在采取这样的行动之前应先与世界银行磋商。借款人不能仅仅为了希望以更低价格采购到所需设备或工程而拒绝所有投标，再以同样的技术规格要求重新招标。但如果评标价最低的投标报价也大大超出了原来的预算，则可以废弃所有投标而重新招标。或者，作为替代办法，可在废弃所有投标后再与最低标的投标人谈判协商，以求取得协议。如不成功，可与次低标的投标人谈判。如果所有投标均有重大方面不符合要求，或招标缺乏有效的竞争，借款人也可废弃所有投标而重新招标。

8. 合同谈判和签订合同

中标人确定后，应尽快通知中标的投标人准备谈判。在正式通知授予合同后，业主或购货人就须与承包商或供应商进行合同谈判。但合同谈判并不是重新谈判投标价格和合同双方的权利义务，因为对投标价格的必要的调整已在评标的过程中确定；双方间的权利义务以及其他有关商务条款，招标文件中都已明确规定。而且《采购指南》还规定："不应要求投标人承担技术规格书中没有规定的工作责任，也不得要求其修改投标内容作为授予合同的条件。"这就是说，合同价格是不容谈判的。也不得在谈判中要求投标人承担额外的任务。但有些技术性或商务性的问题是可以而且应该在谈判中确定的。如：①原招标文件中规定采购的设备〔货物或工程的数量可能有所增减，合同总价也随之可按单价计算而有增减；②投标人的投标，对原招标文件中提出的各种标准及要求，总会有一些非重大性的差异。如技术规格上某些重大的差别，交货或完工时间提前或推迟，工程预付款的多少及支付条件，损失赔偿的具体规定，价格调整条款及所依据的指数的确定等，都应在谈判中进一步明确。

合同谈判结束，中标人接到授标信后，即应在规定时间内提交履约担保。双方应在投标有效期内签署合同正式文本，一式两份，双方各执一份，并将合同副本送至世界银行。

9. 采购不当

如果借款人不按照借款人与世界银行在贷款协定中商定的采购程序进行采购，世界银行的政策就认为这种采购属于"采购不当"。世界银行将不支付货物或工程的采购价款，并将从贷款中取消原分配给此项采购的那一部分贷款额。

（三）承揽国际工程时投标报价的计算

国际上没有统一的概预算定额，更没有统一的预算价格和取费标准，报价完全由投标人根据招标文件、技术规范、工程所在国有关的法律法规、税收政策、市场信息、现场情况及自己的技术力量、经营管理水平、投标策略等动态因素和恰当的计算方法来确定，力求制作出既能在竞争中获胜又能盈利的标价。

国际工程招标一般采用最低价中标或合理低价中标方式，工程投标报价可分为准备阶段和标价计算阶段的工作。准备阶段的工作包括组织报价小组、研究招标文件、参加标前会议及工程现场勘察、编制施工规划、核算工程量及工程询价。标价计算阶段的工作有基础单价的计算、直接费与间接费的计算、分项工程单价计算、标价汇总、标价分析与调整及报价策略等。

标价由直接费用、间接费用、利润和风险费组成。

1．人工、材料、机械台班单价的计算

直接费是由工程本身因素决定的费用，其构成受市场现行物价影响，但不受经营条件的影响。在直接费的计算中，主要的是确定人工、材料、机械台班的单价。

（1）人工工日单价的计算。人工工日单价需根据工人来源情况确定。在国外承包工程，人工工日单价就是指国内派出工人和当地雇用工人的平均工资单价。这是以工程用工量和两种工人完成工日所占比例进而加权得到的平均工资单价。考虑工效的综合人工工日单价，其计算公式为

综合人工工日单价= 国内派出工人人工工日单价
×国内工人工日占总工日数百分比/工效比
+雇用当地工人人工工日单价
×当地工人工日占总工日百分比/工效比　　（5.5.2）

1）国内派出工人工资单价。

$$国内派出工人人工工日单价=\frac{一个工人出国的总费用}{出国的工作天数} \tag{5.5.3}$$

其中，出国期间的总费用包括出国准备到回国修整结束后的全部费用。主要包括：①国内工资，包括标准工资、附加工资和补贴；②派出工人的企业收取的管理费；③服装费、卧具及住房费；④国内、国际差旅费；⑤国外津贴费和伙食费；⑥奖金及加班费；⑦福利费；⑧工资预涨费，按我国工资现行规定计算，工期较短的工程可不考虑；⑨保险费，按当地工人保险费标准计算。

2）国外雇用工人人工工日单价。国外雇用工人人工工日单价主要包括：①基本工资，按当地政府或市场价格计算；②带薪法定假日、带薪休假日工资，若月工资未包括此项，应另行计算；③夜间施工或加班的增加工资；④税金和保险费，按当地规定计算；⑤雇工招募和解雇应支付的费用，按当地规定计算；⑥工人上下班交通费，按当地规定和雇用合同规定计算。

（2）材料、设备单价的计算。国外承包工程中的材料、设备的来源渠道有三种，即当地采购、国内采购和第三国采购。承包商在材料、设备采购中，采用哪一种采购方式，要根据材料、设备的价格、质量、供货条件、技术规范标准和当地有关规定等情况来确定。

1）当地采购的材料、设备单价的计算。国际工程中，当地材料商供应到现场的材料、设备单价一般以材料商的报价为依据，并考虑材料预涨费（当工期较长时）的因素，综合计算单价。自行采购的材料、设备单价的计算公式为

材料、设备单价=市场价格+运杂费+采购保管费+运输保管损耗费　　（5.5.4）

2）本国或第三国采购的材料、设备单价。与直接从国外进口和当地购买进口商品比较，在本国或第三国采购的材料、设备价格更为便宜。但是，直接从国外进口材料、设备又受其海关税、港口税和进口数量等因素的影响，因此，要对比后做出决策，其价格计算公式为

材料、设备单价=到岸价格+海关税+港口费+运杂费+运输保管损耗+其他费　　（5.5.5）

到岸价是指物资到达海（空）港的价格，包括原价与运杂费等；海关税是一切进口物资都应向进口国交纳的，按所在国规定执行；港口费是指物资在港口期间（指规定时间）所发生的费用，一般都按规定计算。用公式（4.5.5）确定的材料、设单价未考虑市场变化等因素。由于从报价起到工程开工时，实际采购的市场材料与设备的价格可能发生变化，故在确定材料、设备的单价时，应适当考虑预涨费。

如果同一材料有不同的供应来源，则按各种来源所占比例计算加权平均单价，作为统一的计算单价。

（3）施工机械台班单价的计算。在计算施工机械台班单价时，其中基本折旧费的计算一般应根据当时的工程情况考虑5年折旧期，较大工程甚至一次折旧完毕。因此，也就不计算大修理费用。在国外承包工程，承包商必须在开工时投入资金自行购买施工机械（除去租赁机械）。

施工机械台班单价一般采用两种方法计算：一种是单列机械费用，即把施工中各类机械的使用台班（或台时）与台班单价相乘，得出机械费；另一种是根据施工机械使用的实际情况，分摊台班费。单列机械费时的台班单价的计算公式为

台班单价=(年基本折旧费+运杂费+装拆费+维修费+保险费+机上人工费
+运力燃料费+管理费+利润)/年台班数 (5.5.6)

2．间接费与其他费用的计算

（1）间接费。国际工程的间接费项目多、费率变化大，标价的高低几乎取决于间接费的取费水平。在计算间接费之前，应仔细研究招标文件中是否已列入了相关的费用，如临时道路费、保险费等，如已列计就不再计入间接费中。不同的工程，间接费包括的内容可能有所不同，常见的费用包括以下几种。

1）投标期间开支的费用。如购买招标文件费、投标期间差旅费、投标文件编制费等。

2）保函手续费。如承包工程的履约保函、预付款保函、保留金保函等。在为承包商出具这些保函时，银行要按保函金额收取一定的手续费。如中国银行一般收取保函金额 0.4%～0. 6%的年手续费；外国银行一般收取保函金额1%的年手续费。

3）保险费。承包工程中一般保险项目有工程保险、施工机械保险、第三者责任险、人身意外保险、材料和永久设备运输保险、施工机械运输保险，其中后三种险已计入人工、材料和永久设备、施工机械单价中，不能重复计算；而工程保险、第三者责任险、施工机械险、发包人和监理工程师人身意外险的费用，一般为合同总价的0.5%～1.0%。

4）税金。应按照招标文件规定及工程所在国的法律计算。如承包国外工程时，由于各国对承包工程的征税办法及税率相差极大，应预先做好调查。一般常见的税金项目有合同税、利润所得税、营业税、增值税、社会福利税、社会安全税、养路及车辆牌照税、关税、商检等。上述税种中额度最大的是利润所得税或营业税，有的国家分别达到30%或40%以上。

5）经营业务费。主要包括工程师费（承包商为工程师创造的现场工作、生活条件而发生的开支）、代理人佣金、法律顾问费。

6）临时设施费。有的招标文件将临时设施费单独立项记入总价。

7）贷款利息。主要指承包商为筹集维持正常施工预先垫付的流动资金所支付的利息。对于规模大、施工周期长而支付条件苛刻的项目，承包商在报价时对这笔费用应认真核算。

8）施工管理费。包括现场职员工资和补贴、办公费、差旅费、医疗费、文体费、业务经营费、劳动保护费、生活用品费、固定资产使用费、工具用具使用费、检验和试验费等，应根据实际需要逐项计算其费用，一般情况下为投标总价的1%～2%。

（2）分包费。在国际工程标价中，对分包费的处理有两种方法：一种方法是将分包费列入直接费中，即考虑间接费时包含了对分包的管理费；另一种方法是将分包费与直接费、间接费平行并列，在估算分包费时适当加入对分包商的管理费即可。

（3）暂定金额。暂定金额是指发包人在招标文件中并在工程量清单中以备用金标明的金额，是供任何部分施工，或提供货物、材料、设备及服务，或供不可预料事件使用的一项金额。投标人的

投标报价中只能把暂定金额列入工程总报价，不能以间接费的方式分摊进入各项目单价中。承包商无权使用此金额，而是按工程师的指示来决定是否动用。

(4) 上级单位管理费。上级单位管理费是指上级单位管理部门或公司总部对现场施工项目经理部收取的管理费，一般按工程直接费的3%～5%收取。

(5) 盈余。盈余包括利润和风险费两部分。利润可根据工程具体情况灵活确定，也可根据投标策略可高可低，若采用低利政策则可将毛利定在5%～10%。风险费是承包商对未知的诸如物价上涨、各种不可预见事件的发生而估计的金额。在风险费估计不足时，就要由承包商预计获得的利润来补贴。因此，承包商的标价中一定要认真预测利润率和风险费率，这既涉及承包商能否在竞争中夺标，又涉及承包商的盈利或亏损。如果工程所在国定利润要交纳所得税，则应在计算利润时加以考虑。

3．单价分析与标价汇总

投标报价的最终确定要经过标价的计算、分析直至汇总。标价的形成过程是先按照惯用的算标方法由算标人员计算待定标价，再由决策人员对该标价的盈利和风险进行多方面的分析研究，然后进行调整从而获得最终报价。

(1) 单价分析。单价分析也称为单价分解，即研究如何计算不同分项的直接费和分摊间接费、利润和风险费等得出分项工程的单价。一个有经验的承包商应该对那些工程量大、对工程成本起重大影响或没有经验的项目进行单价分解，使标价建立在一个可靠的基础上。

单价分析一般通过列表进行，表中往往包括人工费、材料设备费、机械台班使用费和间接费率。直接费是利用人工费、材料设备费、机械台班使用费三者的基础单价分别乘以相应数量汇总而得。间接费以直接费为基数，间接费率要根据工程所在国的法律、经济、物价、税收、银行、保险、运输、气候等因素及承包商自身的经营管理能力、技术能力等情况，认真分析研究后确定。分项工程单价和分项工程合价的计算公式为

$$\text{分项工程单价}=\text{分项单位工程直接费}\times(1+\text{间接费率}) \tag{5.5.7}$$

$$\text{分项工程合价}=\text{分项工程单价}\times\text{分项工程量} \tag{5.5.8}$$

(2) 标价汇总。将分部分项工程单价与工程量相乘，得到各分部分项工程价格，汇总各分部分项工程价格，再加上分包商的报价即为总报价。有经验的承包商在汇总时常常将整个工程的人工费、材料设备费、机械台班使用费和间接费分别进行汇总，并计算出每项占总标价的比例，将此比例与公司过去的经验数据进行分析比较，然后视情况通过调整间接费费率，使各项费用更合理。

第六章　建设项目施工阶段合同价款的调整和结算

第一节　合同价款调整

发承包双方应当在施工合同中约定合同价款，实行招标工程的合同价款由合同双方依据中标通知书的中标价款在合同协议书中约定，不实行招标工程的合同价款由合同双方依据双方确定的施工图预算的总造价在合同协议书中约定。在工程施工阶段，由于项目实际情况的变化，发承包双方在施工合同中约定的合同价款可能会出现变动。为合理分配双方的合同价款变动风险，有效地控制工程造价，发承包双方应当在施工合同中明确约定合同价款的调整事件、调整方法及调整程序。

发承包双方按照合同约定调整合同价款的若干事项，大致包括五大类：①法规变化类，主要包括法律法规变化事件；②工程变更类，主要包括工程变更、项目特征不符、工程量清单缺项、工程量偏差、计日工等事件；③物价变化类，主要包括物价波动、暂估价事件；④工程索赔类，主要包括不可抗力、提前竣工（赶工补偿）、误期赔偿、索赔等事件；⑤其他类，主要包括现场签证以及发承包双方约定的其他调整事项。

一、法规变化类合同价款调整事项

因国家法律、法规、规章和政策发生变化影响合同价款的风险，发承包双方应在合同中约定由发包人承担。

1．基准日的确定

为了合理划分发承包双方的合同风险，施工合同中应当约定一个基准日，对于基准日之后发生的、作为一个有经验的承包人在招标投标阶段不可能合理预见的风险，应当由发包人承担。对于实行招标的建设工程，一般以施工招标文件中规定的提交投标文件的截止时间前的第28天作为基准日；对于不实行招标的建设工程，一般以建设工程施工合同签订前的第28天作为基准日。

2．合同价款的调整方法

施工合同履行期间，国家颁布的法律、法规、规章和有关政策在合同工程基准日之后发生变化，且因执行相应的法律、法规、规章和政策引起工程造价发生增减变化的，合同双方当事人应当依据法律、法规、规章和有关政策的规定调整合同价款。但是，如果有关价格（如人工、材料和工程设备等价格）的变化已经包含在物价波动事件的调价公式中，则不再予以考虑。

3．工期延误期间的特殊处理

如果由于承包人的原因导致的工期延误，在工程延误期间国家的法律、行政法规和相关政策发生变化引起工程造价变化的，造成合同价款增加的，合同价款不予调整；造成合同价款减少的，合同价款予以调整。

二、工程变更类合同价款调整事项

（一）工程变更

工程变更可以理解为是合同工程实施过程中由发包人提出或由承包人提出经发包人批准的合

同工程的任何改变。工程变更指令发出后，应当迅速落实指令，全面修改相关的各种文件。承包人也应当抓紧落实，如果承包人不能全面落实变更指令，则扩大的损失应当由承包人承担。

1. 工程变更的范围

根据《标准施工招标文件》(2007年版）中的通用合同条款，工程变更的范围和内容包括：

（1）取消合同中任何一项工作，但被取消的工作不能转由发包人或其他人实施。

（2）改变合同中任何一项工作的质量或其他特性。

（3）改变合同工程的基线、标高、位置或尺寸。

（4）改变合同中任何一项工作的施工时间或改变已批准的施工工艺或顺序。

（5）为完成工程需要追加的额外工作。

2. 工程变更的价款调整方法

（1）分部分项工程费的调整。工程变更引起分部分项工程项目发生变化的，应按照下列规定调整：

1）已标价工程量清单中有适用于变更工程项目的，且工程变更导致的该清单项目的工程数量变化不超过5%时，采用该项目的单价。

2）已标价工程量清单中没有适用、但有类似于变更工程项目的，可在合理范围内参照类似项目的单价或总价调整。

3）已标价工程量清单中没有适用也没有类似于变更工程项目的，由承包人根据变更工程资料、计量规则和计价办法、工程造价管理机构发布的信息（参考）价格和承包人报价浮动率，提出变更工程项目的单价或总价，报发包人确认后调整。承包人报价浮动率可按下列公式计算。

①实行招标的工程：

$$\text{承包人报价浮动率}L=(1-\text{中标价/招标控制价})\times 100\% \quad (6.1.1)$$

②不实行招标的工程：

$$\text{承包人报价浮动率}L=(1-\text{报价值/施工图预算})\times 100\% \quad (6.1.2)$$

注：上述公式中的中标价、招标控制价或报价值、施工图预算，均不含安全文明施工费。

4）已标价工程量清单中没有适用也没有类似于变更工程项目，且工程造价管理机构发布的信息（参考）价格缺价的，由承包人根据变更工程资料、计量规则、计价办法和通过市场调查等取得的有合法依据的市场价格提出变更工程项目的单价或总价，报发包人确认后调整。

（2）措施项目费的调整。工程变更引起措施项目发生变化的，承包人提出调整措施项目费的，应事先将拟实施的方案提交发包人确认，并详细说明与原方案措施项目相比的变化情况。拟实施的方案经发承包双方确认后执行。并应按照下列规定调整措施项目费：

1）安全文明施工费，按照实际发生变化的措施项目调整，不得浮动。

2）采用单价计算的措施项目费，按照实际发生变化的措施项目按前述分部分项工程费的调整方法确定单价。

3）按总价（或系数）计算的措施项目费，除安全文明施工费外，按照实际发生变化的措施项目调整，但应考虑承包人报价浮动因素，即调整金额按照实际调整金额乘以按照公式（6.1.1）或公式（6.1.2）得出的承包人报价浮动率（L）计算。

如果承包人未事先将拟实施的方案提交给发包人确认，则视为工程变更不引起措施项目费的调整或承包人放弃调整措施项目费的权利。

（3）删减工程或工作的补偿。如果发包人提出的工程变更，非因承包人原因删减了合同中的某项原定工作或工程，致使承包人发生的费用或（和）得到的收益不能被包括在其他已支付或应支付的项目中，也未被包含在任何替代的工作或工程中，则承包人有权提出并得到合理的费用及利润补偿。

（二）项目特征描述不符

1. 项目特征播述

项目的特征描述是确定综合单价的重要依据之一，承包人在投标报价时应依据发包人提供的招标工程量清单中的项目特征描述，确定其清单项目的综合单价。发包人在招标工程量清单中对项目特征的描述，应被认为是准确的和全面的，并且与实际施工要求相符合。承包人应按照发包人提供的招标工程量清单，根据其项目特征描述的内容及有关要求实施合同工程，直到其被改变为止。

2. 合同价款的调整方法

承包人应按照发包人提供的设计图纸实施合同工程，若在合同履行期间，出现设计图纸（含设计变更）与招标工程量清单任一项目的特征描述不符，且该变化引起该项目的工程造价增减变化的，发承包双方应当按照实际施工的项目特征，重新确定相应工程量清单项目的综合单价，调整合同价款。

（三）招标工程量清单缺项

1. 清单缺项漏项的责任

招标工程量清单必须作为招标文件的组成部分，其准确性和完整性由招标人负责。因此，招标工程量清单是否准确和完整，其责任应当由提供工程量清单的发包人负责，作为投标人的承包人不应承担因工程量清单的缺项、漏项以及计算错误带来的风险与损失。

2. 合同价款的调整方法

(1) 分部分项工程费的调整。施工合同履行期间，由于招标工程量清单中分部分项工程出现缺项漏项，造成新增工程清单项目的，应按照工程变更事件中关于分部分项工程费的调整方法，调整合同价款。

(2) 措施项目费的调整。由于招标工程量清单中分部分项工程出现缺项漏项，引起措施项目发生变化的，应当按照工程变更事件中关于措施项目费的调整方法，在承包人提交的实施方案被发包人批准后，调整合同价款；由于招标工程量清单中措施项目缺项，承包人应将新增措施项目实施方案提交发包人批准后，按照工程变更事件中的有关规定调整合同价款。

（四）工程量偏差

1. 工程量偏差的概念

工程量偏差是指承包人根据发包人提供的图纸（包括由承包人提供经发包人批准的图纸）进行施工，按照现行国家计量规范规定的工程量计算规则，计算得到的完成合同工程项目应予计量的工程量与相应的招标工程量清单项目列出的工程量之间出现的量差。

2. 合同价款的调整方法

施工合同履行期间，若应予计算的实际工程量与招标工程量清单列出的工程量出现偏差，或者因工程变更等非承包人原因导致工程量偏差，该偏差对工程量清单项目的综合单价将产生影响，是否调整综合单价以及如何调整，发承包双方应当在施工合同中约定。如果合同中没有约定或约定不明的，可以按以下原则办理：

(1) 综合单价的调整原则。当应予计算的实际工程量与招标工程量清单出现偏差（包括因工程变更等原因导致的工程量偏差）超过15%时，对综合单价的调整原则为：当工程量增加15%以上时，其增加部分的工程量的综合单价应予调低；当工程量减少15%以上时，减少后剩余部分的工程量的综合单价应予调高。至于具体的调整方法，则应由双方当事人在合同专用条款中约定。

（2）措施项目费的调整。当应予计算的实际工程量与招标工程量清单出现偏差（包括因工程变更等原因导致的工程量偏差）超过15%，且该变化引起措施项目相应发生变化，如该措施项目是按系数或单一总价方式计价的，对措施项目费的调整原则为：工程量增加的，措施项目费调增；工程量减少的，措施项目费调减。至于具体的调整方法，则应由双方当事人在合同专用条款中约定。

（五）计日工

1．计日工费用的产生

发包人通知承包人以计日工方式实施的零星工作，承包人应予执行。采用计日工计价的任何一项变更工作，承包人应在该项变更的实施过程中，按合同约定提交以下报表和有关凭证送发包人复核：

（1）工作名称、内容和数量。

（2）投入该工作所有人员的姓名、工种、级别和耗用工时。

（3）投入该工作的材料名称、类别和数量。

（4）投入该工作的施工设备型号、台数和耗用台时。

（5）发包人要求提交的其他资料和凭证。

2．计日工费用的确认和支付

任一计日工项目实施结束。承包人应按照确认的计日工现场签证报告核实该类项目的工程数量，并根据核实的工程数量和承包人已标价工程量清单中的计日工单价计算，提出应付价款；已标价工程量清单中没有该类计日工单价的，由发承包双方按工程变更的有关规定商定计日工单价计算。

每个支付期末，承包人应与进度款同期向发包人提交本期间所有计日工记录的签证汇总表，以说明本期间自己认为有权得到的计日工金额，调整合同价款，列入进度款支付。

三、物价变化类合同价款调整事项

（一）物价波动

施工合同履行期间，因人工、材料、工程设备和施工机械台班等价格波动影响合同价款时，发承包双方可以根据合同约定的调整方法，对合同价款进行调整。因物价波动引起的合同价款调整方法有两种：一种是采用价格指数调整价格差额，另一种是采用造价信息调整价格差额。承包人采购材料和工程设备的，应在合同中约定主要材料、工程设备价格变化的范围或幅度，如没有约定，则材料、工程设备单价变化超过5%，超过部分的价格按上述两种方法之一进行调整。

1．采用价格指数调整价格差额

采用价格指数调整价格差额的方法，主要适用于施工中所用的材料品种较少，但每种材料使用量较大的土木工程，如公路、水坝等。

（1）价格调整公式。因人工、材料、工程设备和施工机械台班等价格波动影响合同价款时，根据投标函附录中的价格指数和权重表约定的数据，按以下价格调整公式计算差额并调整合同价款：

$$\Delta P=P_0[A+(B_1\times\frac{F_{t1}}{F_{01}}+B_2\times\frac{F_{t2}}{F_{02}}+B_3\times\frac{F_{t3}}{F_{03}}+\cdots+B_n\times\frac{F_{tn}}{F_{0n}})-1] \qquad (6.1.3)$$

式中，ΔP——需调整的价格差额；

P_0——根据进度付款、竣工付款和最终结清等付款证书中，承包人应得到的已完成工程量的金额；此项金额应不包括价格调整、不计质量保证金的扣留和支付、预付款的支付和扣回；变更及其他金额已按现行价格计价的，也不计在内；

A——定值权重（即不调部分的权重）；

B_1，B_2，B_3，…，B_n——各可调因子的变值权重（即可调部分的权重）为各可调因子在投标函投标总报价中所占的比例；

F_{t1}，F_{t2}，F_{t3}，…，F_{tn}——各可调因子的现行价格指数，指根据进度付款、竣工付款和最终结清等约定的付款证书相关周期最后一天的前42天的各可调因子的价格指数；

F_{01}，F_{02}，F_{03}，…，F_{0n}——各可调因子的基本价格指数，指基准日的各可调因子的价格指数。

以上价格调整公式中的各可调因子、定值和变值权重，以及基本价格指数及其来源在投标函附录价格指数和权重表中约定。价格指数应首先采用工程造价管理机构提供的价格指数，缺乏上述价格指数时，可采用工程造价管理机构提供的价格代替。

在计算调整差额时得不到现行价格指数的，可暂用上一次价格指数计算，并在以后的付款中再按实际价格指数进行调整。

（2）权重的调整。按变更范围和内容所约定的变更，导致原定合同中的权重不合理时，由承包人和发包人协商后进行调整。

（3）工期延误后的价格调整。由于发包人原因导致工期延误的，则对于计划进度日期（或竣工日期）后续施工的工程，在使用价格调整公式时，应采用计划进度日期（或竣工日期）与实际进度日期（或竣工日期）的两个价格指数中较高者作为现行价格指数。

由于承包人原因导致工期延误的，则对于计划进度日期（或竣工日期）后续施工的工程，在使用价格调整公式时，应采用计划进度日期（或竣工日期）与实际进度日期（或竣工日期）的两个价格指数中较低者作为现行价格指数。

【例6.1.1】 某直辖市城区道路扩建项目进行施工招标，投标截止日期为2011年8 月1日。通过评标确定中标人后，签订的施工合同总价为80 000万元，工程于2011年9 月20日开工。施工合同中约定：①预付款为合同总价的5%，分10次按相同比例从每月应支付的工程进度款中扣还。②工程进度款按月支付，进度款金额包括：当月完成的清单子目的合同价款；当月确认的变更、索赔金额；当月价格调整金额；扣除合同约定应当抵扣的预付款和扣留的质量保证金。③质量保证金从月进度付款中按5%扣留，最高扣至合同总价的5%。④工程价款结算时人工单价、钢材、水泥、沥青、砂石料以及机械使用费采用价格指数法给承包商以调价补偿，各项权重系数及价格指数如表6.1.1所列。根据表6.1.2所列工程前4个月的完成情况，计算11月份应当实际支付给承包人的工程款数额。

表 6.1.1 工程调价因子权重系数及造价指数

	人工	钢材	水泥	沥青	砂石料	机械使用费	定值部分
权重系数	0.12	0.10	0.08	0.15	0.12	0.10	0.33
2011年7月指数	91.7元/日	78.95	106.97	99.92	114.57	115.18	—
2011年8月指数	91.7元/日	82.44	106.80	99.13	114.26	115.39	—
2011年9月指数	91.7元/日	86.53	108.11	99.09	114.03	115.41	—
2011年10月指数	95.96元/日	85.84	106.88	99.38	113.01	114.94	—
2011年11月指数	95.96元/日	86.75	107.27	99.66	116.08	114.91	—
2011年12月指数	101.47元/日	87.80	128.37	99.85	126.26	116.41	—

表 6.1.2　2011 年 9 月～12 月工程完成情况

支付项目 \ 金额（万元） \ 月份	9月份	10月份	11月份	12月份
截止当月完成的清单子目价款	1200	3510	6950	9840
当月确认的变更金额（调价前）	0	60	–110	100
当月确定的索赔金额（调价前）	0	10	30	50

解：（1）计算11月份完成的清单子目的合同价款6950–3510=3440（万元）

（2）计算11月份的价格调整金额

说明：①由于当月的变更和索赔金额不是按照现行价格计算的，所以应当计算在调价基数内；②基准日为2011年7月3日，所以应当选取7月份的价格指数作为各可调因子的基本价格指数；③人工费缺少价格指数，可以用相应的人工单价代替。

价格调整金额

$$=(3440-110+30)\times[(0.33+0.12\times\frac{95.96}{91.7}+0.10\times\frac{86.75}{78.95}+0.08\times\frac{107.27}{78.95}+0.15\times\frac{99.66}{99.92}+0.12\times\frac{116.08}{114.57}+0.10\times\frac{114.91}{115.18})-1]$$

$$= 3360\times[(0.33+0.1256+0.1099+0.0802+0.1496+0.1216+0.0998)-1]$$

$$= 3360\times0.0167 = 56.11$$（万元）

（3）计算11月份应当实际支付的金额

1）11月份的应扣预付款80 000×5% + 10 = 400（万元）

2）11月份的应扣质量保证金(3440–110+30+56.11)× 5% = 170.81（万元）

3）11月份应当实际支付的进度款金额=(3440–110+30+56. 11–400 –170. 81)= 2845.30（万元）

2．采用造价信息调整价格差额

采用造价信息调整价格差额的方法，主要适用于使用的材料品种较多，相对而言每种材料使用量较小的房屋建筑与装饰工程。

施工合同履行期间，因人工、材料、工程设备和施工机械台班价格波动影响合同价格时，人工、施工机械使用费按照国家或省、自治区、直辖市建设行政管理部门、行业建设管理部门或其授权的工程造价管理机构发布的人工成本信息、施工机械台班单价或施工机具使用费系数进行调整；需要进行价格调整的材料，其单价和采购数应由发包人复核，发包人确认需调整的材料单价及数量，作为调整合同价款差额的依据。

（1）人工单价的调整。人工单价发生变化时，发承包双方应按省级或行业建设主管部门或其授权的工程造价管理机构发布的人工成本文件调整合同价款。

（2）材料和工程设备价格的调整。材料、工程设备价格变化的价款调整，按照承包人提供主要材料和工程设备一览表，根据发承包双方约定的风险范围，按以下规定进行调整。

1）如果承包人投标报价中材料单价低于基准单价，工程施工期间材料单价涨幅以基准单价为基础超过合同约定的风险幅度值时，或材料单价跌幅以投标报价为基础超过合同约定的风险幅度值时，其超过部分按实调整。

2）如果承包人投标报价中材料单价高于基准单价，工程施工期间材料单价跌幅以基准单价为基础超过合同约定的风险幅度值时，或材料单价涨幅以投标报价为基础超过合同约定的风险幅度值时，其超过部分按实调整。

3）如果承包人投标报价中材料单价等于基准单价，工程施工期间材料单价涨、跌幅以基准单价为基础超过合同约定的风险幅度值时，其超过部分按实调整。

4）承包人应当在采购材料前将采购数量和新的材料单价报发包人核对，确认用于本合同工程时，发包人应当确认采购材料的数量和单价。发包人在收到承包人报送的确认资料后3个工作日不予答复的，视为已经认可，作为调整合同价款的依据。如果承包人未报经发包人核对即自行采购材料，再报发包人确认调整合同价款的，如发包人不同意，则不作调整。

(3) 施工机械台班单价的调整。施工机械台班单价或施工机具使用费发生变化超过省级或行业建设主管部门或其授权的工程造价管理机构规定的范围时，按照其规定调整合同价款。

（二）暂估价

暂估价是指招标人在工程量清单中提供的用于支付必然发生但暂时不能确定价格的材料、工程设备的单价以及专业工程的金额。

1. 给定暂估价的材料、工程设备

(1) 不属于依法必须招标的项目。发包人在招标工程量清单中给定暂估价的材料和工程设备不属于依法必须招标的，由承包人按照合同约定采购，经发包人确认后以此为依据取代暂估价，调整合同价款。

(2) 属于依法必须招标的项目。发包人在招标工程量清单中给定暂估价的材料和工程设备属于依法必须招标的，由发承包双方以招标的方式选择供应商。依法确定中标价格后，以此为依据取代暂估价，调整合同价款。

2. 给定暂估价的专业工程

(1) 不属于依法必须招标的项目。发包人在工程量清单中给定暂估价的专业工程不属于依法必须招标的，应按照前述工程变更事件的合同价款调整方法，确定专业工程价款，并以此为依据取代专业工程暂估价，调整合同价款。

(2) 属于依法必须招标的项目。发包人在招标工程量清单中给定暂估价的专业工程，依法必须招标的，应当由发承包双方依法组织招标选择专业分包人，并接受有管辖权的建设工程招标投标管理机构的监督。

1）除合同另有约定外，承包人不参加投标的专业工程，应由承包人作为招标人，但拟定的招标文件、评标方法、评标结果应报送发包人批准。与组织清标工作有关的费用应当被认为已经包括在承包人的签约合同价（投标总报价）中。

2）承包人参加投标的专业工程，应由发包人作为招标人，与组织招标工作有关的费用由发包人承担。同等条件下，应优先选择承包人中标。

3）专业工程依法进行招标后，以中标价为依据取代专业工程暂估价，调整合同价款。

四、工程索赔类合同价款调整事项

（一）不可抗力

1．不可抗力的范围

不可抗力是指合同双方在合同履行中出现的不能预见、不能避免并不能克服的客观情况。不可抗力的范围一般包括因战争、敌对行动（无论是否宣战）、入侵、外敌行为、军事政变、恐怖主义、骚动、暴动、空中飞行物坠落或其他非合同双方当事人责任或原因造成的罢工、停工、爆炸、火灾等，以及当地气象、地震、卫生等部门规定的情形。双方当事人应当在合同专用条款中明确约定不可抗力的范围以及具体的判断标准。

2．不可抗力造成损失的承担

（1）费用损失的承担原则。因不可抗力事件导致的人员伤亡、财产损失及其费用增加，发承包双方应按以下原则分别承担并调整合同价款和工期：

1）合同工程本身的损害、因工程损害导致第三方人员伤亡和财产损失以及运至施工场地用于施工的材料和待安装的设备的损害，由发包人承担。

2）发包人、承包人人员伤亡由其所在单位负责，并承担相应费用。

3）承包人的施工机械设备损坏及停工损失，由承包人承担。

4）停工期间，承包人应发包人要求留在施工场地的必要的管理人员及保卫人员的费用由发包人承担。

5）工程所需清理、修复费用，由发包人承担。

（2）工期的处理。因发生不可抗力事件导致工期延误的，工期相应顺延。发包人要求赶工的，承包人应采取赶工措施，赶工费用由发包人承担。

（二）提前竣工（赶工补偿）与误期赔偿

1．提前竣工（赶工补偿）

（1）赶工费用。发包人应当依据相关工程的工期定额合理计算工期，压缩的工期天数不得超过定额工期的20%，超过的，应在招标文件中明示增加赶工费用。

（2）提前竣工奖励。发承包双方可以在合同中约定提前竣工的奖励条款，明确每日历天应奖励额度。约定提前竣工奖励的，如果承包人的实际竣工日期早于计划竣工日期，承包人有权向发包人提出并得到提前竣工天数与合同约定的每日历天应奖励额度的乘积计算的提前竣工奖励。一般来说，双方还应当在合同中约定提前竣工奖励的最高限额（如合同价款的5%）。提前竣工奖励应列入竣工结算文件中，与结算款一并支付。

发包人要求合同工程提前竣工，应征得承包人同意后与承包人商定采取加快工程进度的措施，并修订合同工程进度计划。发包人应承担承包人由此增加的赶工费。发承包双方也可在合同中约定每日历天的赶工补偿额度，此项费用作为增加合同价款，列入竣工结算文件中，与结算款一并支付。

2．误期赔偿

发承包双方可以在合同中约定误期赔偿费，明确每日历天应赔偿额度。如果承包人的实际进度迟于计划进度，发包人有权向承包人索取并得到实际延误天数与合同约定的每日历天应赔偿额度的乘积计算的误期赔偿费。一般来说，双方还应当在合同中约定误期赔偿费的最高限额（如合同价款的5%）。误期赔偿费列入进度款支付文件或竣工结算文件中，在进度款或结算款中扣除。

合同工程发生误期的，承包人应当按照合同的约定向发包人支付误期赔偿费，如果约定的误期赔偿费低于发包人由此造成的损失的，承包人还应继续赔偿。即使承包人支付误期赔偿费，也不能免除承包人按照合同约定应承担的任何责任和义务。

如果在工程竣工之前，合同工程内的某单项（或单位）工程已通过了竣工验收，且该单项（或单位）工程接收证书中表明的竣工日期并未延误，而是合同工程的其他部分产生了工期延误，则误期赔偿费应按照已颁发工程接收证书的单项（或单位）工程造价占合同价款的比例幅度予以扣减。

（三）索赔

1．索赔的概念及分类

工程索赔是指在工程合同履行过程中，合同一方当事人因对方不履行或未能正确履行合同义务或者由于其他非自身原因而遭受经济损失或权利损害，通过合同约定的程序向对方提出经济和（或）时间补偿要求的行为。

（1）按索赔的当事人分类。根据索赔的合同当事人不同，可以将工程索赔分为：

1）承包人与发包人之间的索赔。该类索赔发生在建设工程施工合同的双方当事人之间，既包括承包人向发包人的索赔，也包括发包人向承包人的索赔。但是在工程实践中，经常发生的索赔事件，大都是承包人向发包人提出的，本文中所提及的索赔，如果未作特别说明，即是指此类情形。

2）总承包和分包人之间的索赔。在建设工程分包合同履行过程中，索赔事件发生后，无论是发包人的原因还是总承包人的原因所致，分包人都只能向总承包人提出索赔要求，而不能直接向发包人提出。

（2）按索赔的目的和要求分类。根据索赔的目的和要求不同，可以将工程索赔分为工期索赔和费用索赔。

1）工期索赔。工期索赔一般是指承包人依据合同约定，对于非因自身原因导致的工期延误向发包人提出工期顺延的要求。工期顺延的要求获得批准后，不仅可以免除承包人承担拖期违约赔偿金的责任，而且承包人还有可能因工期提前获得赶工补偿（或奖励）。

2）费用索赔。费用索赔的目的是要求补偿承包人（或发包人）的经济损失，费用索赔的要求如果获得批准，必然会引起合同价款的调整。

（3）按索赔事件的性质分类。根据索赔事件的性质不同，可以将工程索赔分为：

1）工程延误索赔。因发包人未按合同要求提供施工条件，或因发包人指令工程暂停或不可抗力事件等原因造成工期拖延的，承包人可以向发包人提出索赔；如果由于承包人原因导致工期拖延的，发包人可以向承包人提出索赔。

2）加速施工索赔。由于发包人指令承包人加快施工速度，缩短工期，引起承包人的人力、物力、财力的额外开支，承包人提出的索赔。

3）工程变更索赔。由于发包人指令增加或减少工程量或增加附加工程、修改设计、变更工程顺序等，造成工期延长和（或）费用增加的，承包人可以就此提出索赔。

4）合同终止的索赔。由于发包人违约或发生不可抗力事件等原因造成合同非正常终止，承包人因其遭受经济损失而提出索赔。如果由于承包人的原因导致合同非正常终止，或者合同无法继续履行的，发包人可以就此提出索赔。

5）不可预见的不利条件索赔。承包人在工程施工期间，施工现场遇到一个有经验的承包人通常不能合理预见的不利施工条件或外界障碍，例如地质条件与发包人提供的资料不符，出现不可预见的地下水、地质断层、溶洞、地下障碍物等，承包人可以就因此遭受的损失提出索赔。

6）不可抗力事件的索赔。工程施工期间，因不可抗力事件的发生而遭受损失的一方，可以根据合同中对不可抗力风险分担的约定，向对方当事人提出索赔。

7）其他索赔。如因货币贬值、汇率变化、物价上涨、政策法令变化等原因引起的索赔。

《标准施工招标文件》（2007年版）的通用合同条款中，按照引起索赔事件的原因不同，对一方当事人提出的索赔可能给予合理补偿工期、费用和（或）利润的情况，分别做出了相应的规定。其中，引起承包人索赔的事件以及可能得到的合理补偿内容如表6.1.3所示。

表 6.1.3 《标准施工招标文件》中承包人的索赔事件及可补偿内容

序号	条款号	索赔事件	可补偿内容		
			工期	费用	利润
1	1.6.1	迟延提供图纸	√	√	√
2	1.10.1	施工中发现文物、古迹	√	√	
3	2.3	迟延提供施工场地	√	√	√
4	3.4.5	监理人指令迟延或错误	√	√	
5	4.11	施工中遇到不利物质条件	√	√	
6	5.2.4	提前向承包人提供材料、工程设备		√	
7	5.2.6	发包人提供材料、工程设备不合格，或迟延提供，或变更交货地点	√	√	√
8	5.4.3	发包人更换其提供的不合格材料、工程设备	√	√	
9	8.3	承包人依据发包人提供的错误资料导致测量放线错误	√	√	√
10	9.2.6	因发包人原因造成承包人人员工伤事故		√	
11	11.3	因发包人原因造成工期延误	√	√	√
12	11.4	异常恶劣的气候条件导致工期延误	√		
13	11.6	承包人提前竣工		√	
14	12.2	发包人暂停施工造成工期延误	√	√	√
15	12.4.2	工程暂停后因发包人原因无法按时复工	√	√	√
16	13.1.3	因发包人原因导致承包人工程返工	√	√	√
17	13.5.3	监理人对已经覆盖的隐蔽工程要求重新检查且检查结果合格	√	√	√
18	13.6.2	因发包人提供的材料、工程设备造成工程不合格	√	√	√
19	14.1.3	承包人应按监理人要求对材料、工程设备和工程重新检验且检验结果合格	√	√	√
20	16.2	基准日后法律的变化		√	
21	18.4.2	发包人在工程竣工前提前占用工程	√	√	√
22	18.6.2	因发包人的原因导致工程试运行失败		√	√
23	19.2.3	工程移交后因发包人原因出现新的缺陷或损坏的修复		√	√
24	19.4	工程移交后因发包人原因出现的缺陷修复后的试验和试运行		√	
25	21.3.1（4）	因不可抗力停工期间应按监理人要求照管、清理、修复工程		√	
26	21.3.1（4）	因不可抗力造成工期延误	√		
27	22.2.2	因发包人违约导致承包人暂停施工	√	√	√

2．索赔的依据和前提条件

（1）索赔的依据。提出索赔和处理索赔都要依据下列文件或凭证：

1）工程施工合同文件。工程施工合同是工程索赔中最关键和最主要的依据，工程施工期间，发承包双方关于工程的洽商、变更等书面协议或文件，也是索赔的重要依据。

2）国家法律、法规。国家制定的相关法律、行政法规，是工程索赔的法律依据。工程项目所在地的地方性法规或地方政府规章，也可以作为工程索赔的依据，但应当在施工合同专用条款中约定为工程合同的适用法律。

3）国家、部门和地方有关的标准、规范和定额。对于工程建设的强制性标准，是合同双方必须严格执行的；对于非强制性标准，必须在合同中有明确规定的情况下，才能作为索赔的依据。

4）工程施工合同履行过程中与索赔事件有关的各种凭证。这是承包人因索赔事件所遭受费用或工期损失的事实依据，它反映了工程的计划情况和实际情况。

（2）索赔成立的条件。承包人工程索赔成立的基本条件包括：

1）索赔事件已造成了承包人直接经济损失或工期延误。

2）造成费用增加或工期延误的索赔事件是非因承包人的原因发生的。

3）承包人已经按照工程施工合同规定的期限和程序提交了索赔意向通知、索赔报告及相关证明材料。

3．费用索赔的计算

（1）索赔费用的组成。对于不同原因引起的索赔，承包人可索赔的具体费用内容是不完全一样的。但归纳起来，索赔费用的要素与工程造价的构成基本类似，一般可归结为人工费、材料费、施工机具使用费、分包费、施工管理费、利息、利润、保险费等。

1）人工费。人工费的索赔包括：由于完成合同之外的额外工作所花费的人工费用；超过法定工作时间的加班劳动；法定人工费增长；非因承包商原因导致工效降低所增加的人工费用；非因承包商原因导致工程停工的人员窝工费和工资上涨费等。在计算停工损失中人工费时，通常采取人工单价乘以折算系数计算。

2）材料费。材料费的索赔包括：由于索赔事件的发生造成材料实际用量超过计划用量而增加的材料费；由于发包人原因导致工程延期期间的材料价格上涨和超期储存费用。材料费中应包括运输费，仓储费以及合理的损耗费用。如果由于承包商管理不善，造成材料损坏失效，则不能列入索赔款项内。

3）施工机械使用费。施工机械使用费的索赔包括：由于完成合同之外的额外工作所增加的机械使用费；非因承包人原因导致工效降低所增加的机械使用费；由于发包人或工程师指令错误或迟延导致机械停工的台班停滞费。在计算机械设备台班停滞费时，不能按机械设备台班费计算，因为台班费中包括设备使用费。如果机械设备是承包人自有设备，一般按台班折旧费计算；如果是承包人租赁的设备，一般按台班租金加上每台班分摊的施工机械进出场费计算。

4）现场管理费。现场管理费的索赔包括承包人完成合同之外的额外工作以及由于发包人原因导致工期延期期间的现场管理费，包括管理人员工资、办公费、通信费、交通费等。

现场管理费索赔金额的计算公式为

$$现场管理费索赔金额=索赔的直接成本费用\times现场管理费率 \tag{6.1.4}$$

其中，现场管理费率的确定可以选用下面的方法：①合同百分比法，即管理费比率在合同中规定；②行业平均水平法，即采用公开认可的行业标准费率；③原始估价法，即采用投标报价时确定的费率；④历史数据法，即采用以往相似工程的管理费率。

5）总部（企业）管理费。总部管理费的索赔主要指的是由于发包人原因导致工程延期期间所增加的承包人向公司总部提交的管理费，包括总部职工工资、办公大楼折旧、办公用品、财务管理、通信设施以及总部领导人员赴工地检查指导工作等开支。总部管理费索赔金额的计算，目前还没有统一的方法。通常可采用以下几种方法。

①按总部管理费的比率计算：

$$\text{总部管理费索赔金额}=(\text{人材机费索赔金额}+\text{现场管理费索赔金额})\times\text{总部管理费比率}(\%) \quad (6.1.5)$$

其中，总部管理费的比率可以按照投标书中的总部管理费比率计算（一般为3%～8%），也可以按照承包人公司总部统一规定的管理费比率计算。

②按已获补偿的工程延期天数为基础计算。该公式是在承包人已经获得工程延期索赔的批准后，进一步获得总部管理费索赔的计算方法。计算步骤如下：

i）计算被延期工程应当分摊的总部管理费：

$$\text{延期工程应分摊的总部管理费}=\text{同期公司计划总部管理费}\times\frac{\text{延期工程合同价格}}{\text{同期公司所有工程合同总价}} \quad (6.1.6)$$

ii）计算被延期工程的日平均总部管理费：

$$\text{延期工程的日平均总部管理费}=\frac{\text{延期工程应分摊的总部管理费}}{\text{延期工程计划工期}} \quad (6.1.7)$$

iii）计算索赔的总部管理费：

$$\text{索赔的总部管理费}=\text{延期工程的日平均总部管理费}\times\text{工程延期的天数} \quad (6.1.8)$$

6）保险费。因发包人原因导致工程延期时，承包人必须办理工程保险、施工人员意外伤害保险等各项保险的延期手续，对于由此而增加的费用，承包人可以提出索赔。

7）保函手续费。因发包人原因导致工程延期时，承包人必须办理相关履约保函的延期手续，对于由此而增加的手续费，承包人可以提出索赔。

8）利息。利息的索赔包括：发包人拖延支付工程款利息；发包人迟延退还工程质量保证金的利息；承包人垫资施工的垫资利息；发包人错误扣款的利息等。至于具体的利率标准，双方可以在合同中明确约定，没有约定或约定不明的，可以按照中国人民银行发布的同期同类贷款利率计算。

9）利润。一般来说，由于工程范围的变更、发包人提供的文件有缺陷或错误、发包人未能提供施工场地以及因发包人违约导致的合同终止等事件引起的索赔，承包人都可以列入利润。比较特殊的是，根据《标准施工招标文件》（2007年版）通用合同条款第11. 3款的规定，对于因发包人原因暂停施工导致的工期延误，承包人有权要求发包人支付合理的利润（参见表6.1.4）。索赔利润的计算通常是与原报价单中的利润百分率保持一致。但是应当注意的是，由于工程量清单中的单价是综合单价，已经包含了人工费、材料费、施工机具使用费、企业管理费、利润以及一定范围内的风险费用，在索赔计算中不应重复计算。

同时，由于一些引起索赔的事件，同时也可能是合同中约定的合同价款调整因素（如工程变更、法律法规的变化以及物价波动等），因此，对于已经进行了合同价款调整的索赔事件，承包人在费用索赔的计算时，不能重复计算。

10）分包费用。由于包人的原因导致分包工程费用增加时，分包人只能向总承包人提出索赔，但分包人的索赔款项应当列入总承包人对发包人的索赔款项中。分包费用索赔指的是分包人的索赔费用，一般也包括与上述费用类似的内容索赔。

（2）费用索赔的计算方法。索赔费用的计算应以赔偿实际损失为原则，包括直接损失和间接损失。索赔费用的计算方法通常有三种，即实际费用法、总费用法和修正的总费用法。

1）实际费用法。实际费用法又称分项法，即根据索赔事件所造成的损失或成本增加，按费用项目逐项进行分析、计算索赔金额的方法。这种方法比较复杂，但能客观地反映施工单位的实际损失，比较合理，易于被当事人接受，在国际工程中被广泛采用。

由于索赔费用组成的多样化，不同原因引起的索赔，承包人可索赔的具体费用内容有所不同，必须具体问题具体分析。由于实际费用法所依据的是实际发生的成本记录或单据，所以，在施工过程中，系统而准确地积累记录资料是非常重要的。

2）总费用法。总费用法，也被称为总成本法，就是当发生多次索赔事件后，重新计算工程的实际总费用，再从该实际总费用中减去投标报价时的估算总费用，即为索赔金额。总费用法计算索赔金额的公式如下：

索赔金额=实际总费用−投标报价估算总费用　　（6.1.9）

但是，在总费用法的计算方法中，没有考虑实际总费用中可能包括由于承包商的原因（如施工组织不善）而增加的费用，投标报价估算总费用也可能由于承包人为谋取中标而导致过低的报价，因此，总费用法并不十分科学。只有在难于精确地确定某些索赔事件导致的各项费用增加额时，总费用法才得以采用。

3）修正的总费用法。修正的总费用法是对总费用法的改进，即在总费用计算的原则上，去掉一些不合理的因素，使其更为合理。修正的内容如下：

①将计算索赔款的时段局限于受到索赔事件影响的时间，而不是整个施工期。

②只计算受到索赔事件影响时段内的某项工作所受影响的损失，而不是计算该时段内所有施工工作所受的损失。

③与该项工作无关的费用不列入总费用中。

④对投标报价费用重新进行核算，即按受影响时段内该项工作的实际单价进行核算，乘以实际完成的该项工作的工程量，得出调整后的报价费用。

按修正后的总费用计算索赔金额的公式如下：

索赔金额=某项工作调整后的实际总费用−该项工作的报价费用　　（6.1.10）

修正的总费用法与总费用法相比，有了实质性的改进，它的准确程度已接近于实际费用法。

【例6.1.2】某施工合同约定，施工现场主导施工机械一台，由施工企业租得，台班单价为300元/台班，租赁费为100元/台班，人工工资为40元/工日，窝工补贴为10元/工日，以人工费为基数的综合费率为35%，在施工过程中，发生了如下事件：①出现异常恶劣天气导致工程停工2天，人员窝工30个工日；②因恶劣天气导致场外道路中断抢修道路用工20工日；③场外大面积停电，停工2天，人员窝工10工日。为此，施工企业可向业主索赔费用为多少？

解：各事件处理结果如下

（1）异常恶劣天气导致的停工通常不能进行费用索赔。

（2）抢修道路用工的索赔额=20×40×(1+35%)=1080（元）

（3）停电导致的索赔额=2×100+10×10=300（元）

总索赔费用=1080+300=1380（元）

4．工期索赔的计算

工期索赔，一般是指承包人依据合同对由于非因自身原因导致的工期延误向发包人提出的工期顺延要求。

（1）工期索赔中应当注意的问题。在工期索赔中特别应当注意以下问题：

1）划清施工进度拖延的责任。因承包人的原因造成施工进度滞后，属于不可原谅的延期；只有承包人不应承担任何责任的延误，才是可原谅的延期。有时工程延期的原因中可能包含有双方责任，此时监理人应进行详细分析，分清责任比例，只有可原谅延期部分才能报准顺延合同工期。可原谅延期，又可细分为可原谅并给予补偿费用的延期和可原谅但不给予补偿费用的延期；后者是指非承包人责任的影响并未导致施工成本的额外支出，大多属于发包人应承担风险责任事件的原因，如异常恶劣的气候条件影响的停工等。

2）被延误的工作应是处于施工进度计划关键线路上的施工内容。只有位于关键线路上工作内容的滞后，才会影响到竣工的日期。但有时也应注意，既要看被延误的工作是否在批准进度计划的关键路线上，又要详细分析这一延误对后续工作的可能影响。因为若对非关键路线工作的影响时间较长，超过了该工作可用于自由支配的时间，也会导致进度计划中非关键路线转化为关键路线，其滞后将影响总工期的拖延。此时，应充分考虑该工作的自由时间，给予相应的工期顺延，并要求承包人修改施工进度计划。

（2）工期索赔的具体依据。承包人向发包人提出工期索赔的具体依据主要包括：

1）合同约定或双方认可的施工总进度规划。

2）合同双方认可的详细进度计划。

3）合同双方认可的对工期的修改文件。

4）施工日志、气象资料。

5）业主或工程师的指令变更。

6）影响工期的干扰事件。

7）受干扰后的实际工程进度等。

（3）工期素赔的计算方法。

1）直接法。如果某干扰事件直接发生在关键线路上，造成总工期的延误，可以直接将该干扰事件的实际干扰时间（延误时间）作为工期索赔值。

2）比例计算法。如果某干扰事件仅仅影响某单项工程、单位工程或分部分项工程的工期，要分析其对总工期的影响，可以采用比例计算法。

①已知受干扰部分工程的延期时

$$\text{工期索赔值=受干扰部门工期拖延时间}\times\frac{\text{受干扰部分工程的合同价格}}{\text{原合同总价}} \tag{6.1.11}$$

②已知额外增加工程量的价格

$$\text{工期索赔值=原合同总工期}\times\frac{\text{额外增加的工程量价格}}{\text{原合同总价}} \tag{6.1.12}$$

比例计算法虽然简单方便，但有时不符合实际情况，而且比例计算法不适用于变更施工顺序、加速施工、删减工程量等事件的索赔。

3）网络图分析法。网络图分析法是利用进度计划的网络图，分析其关键线路。如果延误的工作为关键工作，则延误的时间为索赔的工期；如果延误的工作为非关键工作，当该工作由于延误超过时差而成为关键工作时，可以索赔延误时间与时差的差值；若该工作延误后仍为非关键工作，则不存在工期索赔问题。

该方法通过分析干扰事件发生前和发生后网络计划的计算工期之差来计算工期索赔值，可以用于各种干扰事件和多种干扰事件共同作用所引起的工期索赔。

（4）共同延误的处理。在实际施工过程中，工期拖期很少是只由一方造成的，往往是两三种原因同时发生（或相互作用）而形成的，故称为“共同延误”。在这种情况下，要具体分析哪一种情况延误是有效的，应依据以下原则：

1）首先判断造成拖期的哪一种原因是最先发生的，即确定“初始延误”者，它应对工程拖期负责。在初始延误发生作用期间，其他并发的延误者不承担拖期责任。

2）如果初始延误是发包人的原因，则在发包人原因造成的延误期内，承包人既可得到工期延长，又可得到经济补偿。

3）如果初始延误是客观原因，则在客观因素发生影响的延误期内，承包人可以得到工期延长，但很难得到费用补偿。

4）如果初始延误是承包人的原因，则在承包人原因造成的延误期内，承包人既不能得到工期补偿，也不能得到费用补偿。

五、其他类合同价款调整事项

其他类合同价款调整事项主要指现场签证。现场签证是指发包人或其授权现场代表（包括工程监理人、工程造价咨询人）与承包人或其授权现场代表就施工过程中涉及的责任事件所作的签认证明。施工合同履行期间出现现场签证事件的，发承包双方应调整合同价款。

1．现场签证的提出

承包人应发包人要求完成合同以外的零星项目、非承包人责任事件等工作的，发包人应及时以书面形式向承包人发出指令，提供所需的相关资料；承包人在收到指令后，应及时向发包人提出现场签证要求。

承包人在施工过程中，若发现合同工程内容因场地条件、地质水文、发包人要求等不一致时，应提供所需的相关资料，提交发包人签证认可，作为合同价款调整的依据。

2．现场签证报告的确认

承包人应在收到发包人指令后的7天内，向发包人提交现场签证报告，发包人应在收到现场签证报告后的48小时内对报告内容进行核实，予以确认或提出修改意见。发包人在收到承包人现场签证报告后的48小时内未确认也未提出修改意见的，视为承包人提交的现场签证报告已被发包人认可。

3．现场签证报告的要求

（1）现场签证的工作如果已有相应的计日工单价，现场签证报告中仅列明完成该签证工作所需的人工、材料、工程设备和施工机械台班的数量。

（2）如果现场签证的工作没有相应的计日工单价，应当在现场签证报告中列明完成该签证工作所需的人工、材料、工择设备和施工机械台班的数量及其单价。

现场签证工作完成后的7天内，承包人应按照现场签证内容计算价款，报送发包人确认后，作为增加合同价款，与进度款同期支付。

经承包人提出，发包人核实并确认后的现场签证表如表6.1.4所示。

4．现场签证的限制

合同工程发生现场签证事项，未经发包人签证确认，承包人便擅自实施相关工作的，除非征得发包人书面同意，否则发生的费用由承包人承担。

表 6.1.4 现场签证表

工程名称： 标段： 编号：

施工部位		日期	

致：____（发包人全称）

根据__________（指令人姓名）______年______月______日的口头指令或你方__________（或监理人）______年______月______日的书面通知，我方要求完成此项工作应支付价款金额为（大写）__________（小写__________），请予核准。

附：1. 签证事由及原因

2. 附图及计算式

承包人（章）

承包人代表______

日 期______

复核意见：

你方提出的此项签证申请经复核：

□不同意此项签证，具体意见见附件

□同意此项签证，签证金额的计算，由造价工程师复核

监理工程师______

日 期______

复核意见：

□此项签证按承包人中标的计日工单价计算，金额为（大写）__________元，（小写__________元）

□此项签证因无计日工单价，金额为（大写）__________元，（小写______元）

造价工程师______

日 期______

审核意见：

□不同意此项签证

□同意此项签证，价款与本期进度款同期支付。

发包人（章）

发包人代表______

日 期______

注：1. 在选择栏中的“□”内作标识“√”。

2. 本表一式四份，由承包人在收到发包人（监理人）的口头或书面通知后填写，发包人、监理人、造价咨询人、承包人各存一份。

第二节 工程计量与合同价款结算

对承包人已经完成的合格工程进行计量并予以确认，是发包人支付工程价款的前提工作。因此，工程计量不仅是发包人控制施工阶段工程造价的关键环节，也是约束承包人履行合同义务的重要手段。

一、工程计量

（一）工程计量的原则与范围

1. 工程计量的概念

所谓工程计量，就是发承包双方根据合同约定，对承包人完成合同工程的数量进行的计算和确认。具体地说，就是双方根据设计图纸、技术规范以及施工合同约定的计量方式和计算方法，对承包人已经完成的质量合格的工程实体数量进行测量与计算，并以物理计量单位或自然计量单位进行表示、确认的过程。

招标工程量清单中所列的数量，通常是根据设计图纸计算的数量，是对合同工程的估计工程量。工程施工过程中，通常会由于一些原因导致承包人实际完成工程量与工程量清单中所列工程量的不一致，比如：招标工程量清单缺项、漏项或项目特征描述与实际不符；工程变更；现场施工条件的变化；现场签证；暂列金额中的专业工程发包等。因此，在工程合同价款结算前，必须以承包人履行合同义务所完成的实际工程进行准确的计量。

2. 工程计量的原则

工程计量的原则包括下列三个方面：

（1）不符合合同文件要求的工程不予计量。即工程必须满足设计图纸、技术规范等合同文件对其在工程质量上的要求，同时有关的工程质量验收资料必须齐全、手续必须完备，满足合同文件对其在工程管理上的要求。

（2）按合同文件所规定的方法、范围、内容和单位计量。工程计量的方法、范围、内容和单位受合同文件所约束，其中工程量清单（说明）、技术规范、合同条款均会从不同角度、不同侧面涉及这方面的内容。在计量中要严格遵循这些文件的规定，并且一定要结合起来使用。

（3）因承包人原因造成的超出合同工程范围施工或返工的工程量，发包人不予计量。

3. 工程计量的范围与依据

（1）工程计量的范围。工程计量的范围包括：工程量清单及工程变更所修订的工程量清单的内容；合同文件中规定的各种费用支付项目，如费用索赔、各种预付款、价格调整、违约金等。

（2）工程计量的依据。工程计量的依据包括：工程量清单及说明；合同图纸；工程变更令及其修订的工程量清单；合同条件；技术规范；有关计量的补充协议；质量合格证书等。

（二）工程计量的方法

工程量必须按照相关工程现行国家计量规范规定的工程量计算规则计算。工程计量可选择按月或按工程形象进度分段计量，具体计量周期在合同中约定。因承包人原因造成的超出合同工程范围施工或返工的工程量，发包人不予计量。通常区分单价合同和总价合同规定不同的计量方法，成本加酬金合同按照单价合同的计量规定进行计量。

1. 单价合同计量

单价合同工程量必须以承包人完成合同工程应予计量的按照现行国家计量规范规定的工程量计算规则计算得到的工程量确定。施工中工程计量时，若发现招标工程量清单中出现缺项、工程量偏差，或因工程变更引起工程量的增减，应按承包人在履行合同义务中完成的工程量计算。

2. 总价合同计量

采用经审定批准的施工图纸及其预算方式发包形成的总价合同，除按照工程变更规定引起的工程量增减外，总价合同各项目的工程量是承包人用于结算的最终工程量。总价合同约定的项目计量应以合同工程经审定批准的施工图纸为依据，发承包双方应在合同中约定工程计量的形象目标或时间节点进行计量。

二、预付款及期中支付

（一）预付款

工程预付款是指建设工程施工合同订立后，由发包人按照合同约定，在正式开工前预先支付给承包人的工程款。它是施工准备和所需要材料、结构件等流动资金的主要来源，国内习惯上又称为预付备料款。

1．预付款的支付

（1）工程预付款的额度。各地区、各部门的规定不完全相同，主要是保证施工所需材料和构件的正常储备。工程预付款额度一般是根据施工工期、建安工作量、主要材料和构件费用占建安工程费的比例以及材料储备周期等因素经测算来确定的。

1）百分比法。发包人根据工程的特点、工期长短、市场行情、供求规律等因素，招标时在合同条件中约定工程预付款的百分比。根据《建设工程价款结算暂行办法》的规定，预付款的比例原则上不低于合同金额的10%，不高于合同金额的30%。

2）公式计算法。公式计算法是根据主要材料（含结构件等）占年度承包工程总价的比重，材料储备定额天数和年度施工天数等因素，通过公式计算预付款额度的一种方法。其计算公式为

$$\text{工程预付款数额}\times\frac{\text{年度工程总价}\times\text{材料比例(\%)}}{\text{年度施工天数}}\times\text{材料储备定额天数} \tag{6.2.1}$$

式中，年度施工天数按365天日历天计算；材料储备定额天数由当地材料供应的在途天数、加工天数、整理天数、供应间隔天数、保险天数等因素决定。

（2）预付款的支付时间。根据《建设工程价款结算暂行办法》的规定，在具备施工条件的前提下，发包人应在双方签订合同后的一个月内或不迟于约定的开工日期前的7天内预付工程款，发包人不按约定预付，承包人应在预付时间到期后10天内向发包人发出要求预付的通知，发包人收到通知后仍不按要求预付，承包人可在发出通知14天后停止施工，发包人应从约定应付之日起向承包人支付应付款的利息（利率按同期银行贷款利率计算），并承担违约责任。

1）承包人应在签订合同或向发包人提供与预付款等额的预付款保函（如有）后向发包人提交预付款支付申请。

2）发包人应在收到支付申请的7天内进行核实后向承包人发出预付款支付证书，并在签发支付证书后的7天内向承包人支付预付款。

3）发包人没有按合同约定按时支付预付款的，承包人可催告发包人支付，发包人在预付款期满后的7天内仍未支付的，承包人可在付款期满后的第8天起暂停施工。发包人应承担由此增加的费用和（或）延误的工期，并向承包人支付合理利润。

2．预付款的扣回

发包人支付给承包人的工程预付款属于预支性质，随着工程的逐步实施后，原已支付的预付款应以充抵工程价款的方式陆续扣回，抵扣方式应当由双方当事人在合同中明确约定。扣款的方法主要有以下两种；

（1）按合同约定扣款。预付款的扣款方法由发包人和承包人通过洽商后在合同中予以确定，一

般是在承包人完成金额累计达到合同总价的一定比例后，由承包人开始向发包人还款，发包方从每次应付给承包人的金额中扣回工程预付款，发包人至少在合同规定的完工期前将工程预付款的总金额逐次扣回。国际工程中的扣款方法一般为：当工程进度款累计金额超过合同价格的10%～20%时开始起扣，每月从进度款中按一定比例扣回。.

(2)起扣点计算法。从未施工工程尚需的主要材料及构件的价值相当于工程预付款数额时起扣，此后每次结算工程价款时，按材料所占比重扣减工程价款，至工程竣工前全部扣清。起扣点的计算公式如下：

$$T = P - \frac{M}{N} \tag{6.2.2}$$

式中，T——起扣点（即工程预付款开始扣回时）的累计完成工程金额；

M——工程预付款总额；

N——主要材料及构件所占比重；

P——承包工程合同总额。

3．预付款担保

（1）预付款担保的概念及作用。预付款担保是指承包人与发包人签订合同后领取预付款前，承包人正确、合理使用发包人支付的预付款而提供的担保。其主要作用是保证承包人能够按合同规定的目的使用并及时偿还发包人已支付的全部预付金额。如果承包人中途毁约，中止工程，使发包人不能在规定期限内从应付工程款中扣除全部预付款，则发包人有权从该项担保金额中获得补偿。

（2）预付款担保的形式。预付款担保的主要形式为银行保函。预付款担保的担保金额通常与发包人的预付款是等值的。预付款一般逐月从工程预付款中扣除，预付款担保的金额也相应逐月减少。承包人在施工期间，应当定期从发包人处取得同意此保函减值的文件，并送交银行确认。承包人还清全部预付款后，发包人应退还预付款担保，承包人将其退回银行注销，解除担保责任。

预付款担保也可以采用发承包双方约定的其他形式，如由担保公司提供担保，或采取抵押等担保形式。承包人的预付款保函的担保金额根据预付款扣回的数额相应递减，但在预付款全部扣回之前一直保持有效。发包人应在预付款扣完后的14天内将预付款保函退还给承包人。

4．安全文明施工费

发包人应在工程开工后的28天内预付不低于当年施工进度计划的安全文明施工费总额的60%，其余部分按照提前安排的原则进行分解，与进度款同期支付。

发包人没有按时支付安全文明施工费的，承包人可催告发包人支付；发包人在付款期满后的7天内仍未支付的，若发生安全事故，发包人应承担连带责任。

（二）期中支付

合同价款的期中支付，是指发包人在合同工程施工过程中，按照合同约定对付款周期内承包人完成的合同价款给予支付的款项，也就是工程进度款的结算支付。发承包双方应按照合同约定的时间、程序和方法，根据工程计量结果，办理期中价款结算，支付进度款。进度款支付周期，应与合同约定的工程计量周期一致。

1．期中支付价款的计算

（1）已完工程的结算价款。已标价工程量清单中的单价项目，承包人应按工程计量确认的工程量与综合单价计算。如综合单价发生调整的，以发承包双方确认调整的综合单价计算进度款。

已标价工程量清单中的总价项目，承包人应按合同中约定的进度款支付分解，分别列入进度款支付申请中的安全文明施工费和本周期应支付的总价项目的金额中。

（2）结算价款的调整。承包人现场签证和得到发包人确认的索赔金额列入本周期应增加的金额中。由发包人提供的材料、工程设备金额，应按照发包人签约提供的单价和数量从进度款支付中扣出，列入本周期应扣减的金额中。

（3）进度款的支付比例。进度款的支付比例按照合同约定，按期中结算价款总额计，不低于60%，不高于90%。

2．期中支付的程序

（1）进度款支付申请。承包人应在每个计量周期到期后向发包人提交已完工程进度款支付申请一式四份，详细说明此周期认为有权得到的款额，包括分包人已完工程的款。支付申请的内容包括：

1）累计已完成的合同价款。

2）累计已实际支付的合同价款。

3）本周期合计完成的合同价款，其中包括：①本周期已完成单价项目的金额；②本周期应支付的总价项目的金额；③本周期已完成的计日工价款；④本周期应支的安全文明施工费；⑤本周期应增加的金额。

4）本周期合计应扣减的金额，其中包括：①本周期应扣回的预付款；②本周期应扣减的金额。

5）本周期实际应支付的合同价款。

（2）进度款支付证书。发包人应在收到承包人进度款支付申请后，根据计量结果和合同约定对申请内容予以核实，确认后向承包人出具进度款支付证书。若发承包双方对有的清单项目的计量结果出现争议，发包人应对无争议部分的工程计量结果向承包人出具进度款支付证书。

（3）支付证书的修正。发现已签发的任何支付证书有错、漏或重复的数额，发包人有权予以修正，承包人也有权提出修正申请。经发承包双方复核同意修正的，应在本次到期的进度款中支付或扣除。

三、竣工结算

工程竣工结算是指工程项目完工并经竣工验收合格后，发承包双方按照施工合同的约定对所完成的工程项目进行的工程价款的计算、调整和确认。工程竣工结算分为单位工程竣工结算、单项工程竣工结算和建设项目竣工总结算，其中，单位工程竣工结算和单项工程竣工结算也可看作是分阶段结算。

（一）工程竣工结算的编制和审核

单位工程竣工结算由承包人编制，发包人审查；实行总承包的工程，由具体承包人编制，在总包人审查的基础上，发包人审查。单项工程竣工结算或建设项目竣工总结算由总（承）包人编制，发包人可直接进行审查，也可以委托具有相应资质的工程造价咨询机构进行审查。政府投资项目，由同级财政部门审查。单项工程竣工结算或建设项目竣工总结算经发承包人签字盖章后有效。承包人应在合同约定期限内完成项目竣工结算编制工作，未在规定期限内完成的并且提不出正当理由延期的，责任自负。

1．工程竣工结算的编制依据

工程竣工结算由承包人或受其委托具有相应资质的工程造价咨询人编制，由发包人或受其委托具有相应资质的工程造价咨询人核对。工程竣工结算编制的主要依据有：

（1）建设工程工程量清单计价规范；

（2）工程合同；

（3）发承包双方实施过程中已确认的工程量及其结算的合同价款；

（4）发承包双方实施过程中已确认调整后追加（减）的合同价款；

（5）建设工程设计文件及相关资料；

（6）投标文件；

（7）其他依据。

2．工程竣工结算的计价原则

在采用工程量清单计价的方式下，工程竣工结算的编制应当规定的计价原则如下：

(1)分部分项工程和措施项目中的单价项目应依据双方确认的工程量与已标价工程量清单的综合单价计算；如发生调整的，以发承包双方确认调整的综合单价计算。

(2) 措施项目中的总价项目应依据合同约定的项目和金额计算；如发生调整的，以发承包双方确认调整的金额计算，其中安全文明施工费必须按照国家或省级、行业建设主管部门的规定计算。

（3）其他项目应按下列规定计价：

1）计日工应按发包人实际签证确认的事项计算；

2）暂估价应按发承包双方按照《建设工程工程量清单计价规范》GB 50500—2013的相关规定计算；

3）总承包服务费应依据合同约定金额计算，如发生调整的，以发承包双方确认调整的金额计算；

4）施工索赔费用应依据发承包双方确认的索赔事项和金额计算；

5）现场签证费用应依据发承包双方签证资料确认的金额计算；

6）暂列金额应减去工程价款调整（包括索赔、现场签证）金额计算，如有余额应归发包人。

(4) 规费和税金应按照国家或省级、行业建设主管部门的规定计算。规费中的工程排污费应按工程所在地环境保护部门规定标准缴纳后按实列入。

此外，发承包双方在合同工程实施过程中已经确认的工程计量结果和合同价款，在竣工结算办理中应直接进入结算。

3．竣工结算的审核

(1) 国有资金投资建设工程的发包人，应当委托具有相应资质的工程造价咨询企业对竣工结算文件进行审核，并在收到竣工结算文件后的约定期限内向承包人提出由工程造价咨询企业出具的竣工结算文件审核意见；逾期未答复的，按照合同约定处理，合同没有约定的，竣工结算文件视为已被认可。

（2）非国有资金投资的建筑工程发包人，应当在收到竣工结算文件后的约定期限内予以答复，逾期未答复的，按照合同约定处理，合同没有约定的，竣工结算文件视为已被认可；发包人对竣工结算文件有异议的，应当在答复期内向承包人提出，并可以在提出异议之日起的约定期限内与承包人协商；发包人在协商期内未与承包人协商或者经协商未能与承包人达成协议的，应当委托工程造价咨询企业进行竣工结算审核，并在协商期满后的约定期限内向承包人提出由工程造价咨询企业出具的竣工结算文件审核意见。

(3) 发包人委托工程造价咨询机构核对竣工结算的，工程造价咨询机构应在规定期限内核对完毕，核对结论与承包人竣工结算文件不一致的，应提交给承包人复核，承包人应在规定期限内将同意核对结论，或不同意见的说明提交工程造价咨询机构。工程造价咨询机构收到承包人提出的异议后，应再次复核，复核无异议的，发承包双方应在规定期限内在竣工结算文件上签字确认，竣工结算办理完毕；复核后仍有异议的，对于无异议部分办理不完全竣工结算；有异议部分由发承包双方协商解决，协商不成的，按照合同约定的争议解决方式处理。

承包人逾期未提出书面异议的，视为工程造价咨询机构核对的竣工结算文件已经过承包人认可。

(4) 承包人对发包人提出的工程造价咨询企业竣工结算审核意见有异议的，在接到该审核意见后一个月内，可以向有关工程造价管理机构或者有关行业组织申请调解，调解不成的，可以依法申请仲裁或者向人民法院提起诉讼。

4．质量争议工程的竣工结算

发包人对工程质量有异议，拒绝办理工程竣工结算的：

(1)已经竣工验收或已竣工未验收但实际投入使用的工程，其质量争议按该工程保修合同执行，竣工结算按合同约定办理。

(2) 已竣工未验收且未实际投入使用的工程以及停工、停建工程的质量争议，双方应就有争议的部分委托有资质的检测鉴定机构进行检测，根据检测结果确定解决方案，或按工程质量监督机构的处理决定执行后办理竣工结算，无争议部分的竣工结算按合同约定办理。

(二) 竣工结算款的支付

工程竣工结算文件经发承包双方签字确认的，应作为工程结算的依据，未经对方同意，另一方不得就已生效的竣工结算文件委托工程造价咨询企业重复审核。发包方应当按照竣工结算文件及时支付竣工结算款。

1．承包人提交竣工结算款支付申请

承包人应根据办理的竣工结算文件，向发包人提交竣工结算款支付申请。该申请应包括下列内容：

(1) 竣工结算合同价款总额。

(2) 累计已实际支付的合同价款。

(3) 应扣留的质量保证金。

(4) 实际应支付的竣工结算款金额。

2．发包人签发竣工结算支付证书

发包人应在收到承包人提交竣工结算款支付申请后7天内予以核实，向承包人签发竣工结算支付证书。

3．支付竣工结算款

发包人签发竣工结算支付证书后的14天内，按照竣工结算支付证书列明的金额向承包人支付结算款。

发包人在收到承包人提交的竣工结算款支付申请后7天内不予核实，不向承包人签发竣工结算支付证书的，视为承包人的竣工结算款支付申请已被发包人认可；发包人应在收到承包人提交的竣工结算款支付申请7天后的14天内，按照承包人提交的竣工结算款支付申请列明的金额向承包人支付结算款。

发包人未按照规定的程序支付竣工结算款的，承包人可催告发包人支付，并有权获得延迟支付的利息。发包人在竣工结算支付证书签发后，或者在收到承包人提交的竣工结算款支付申请7天后的56天内仍未支付的，除法律另有规定外，承包人可与发包人协商将该工程折价，也可直接向人民法院申请将该工程依法拍卖。承包人就该工程折价或拍卖的价款优先受偿。

（三）合同解除的价款结算与支付

发承包双方协商一致解除合同的，按照达成的协议办理结算和支付合同价款。

1．不可抗力解除合同

由于不可抗力解除合同的，发包人除应向承包人支付合同解除之日前已完成工程但尚未支付的合同价款，还应支付下列金额：

（1）合同中约定应由发包人承担的费用。

（2）已实施或部分实施的措施项目应付价款。

（3）承包人为合同工程合理订购且已交付的材料和工程设备货款。发包人一经支付此项货款，该材料和工程设备即成为发包人的财产。

（4）承包人撤离现场所需的合理费用，包括员工遣送费和临时工程拆除、施工设备运离现场的费用。

（5）承包人为完成合同工程而预期开支的任何合理费用，且该项费用未包括在本款其他各项支付之内。

发承包双方办理结算合同价款时，应扣除合同解除之日前发包人应向承包人收回的价款。当发包人应扣除的金额超过了应支付的金额，则承包人应在合同解除后的56天内将其差额退还给发包人。

2．违约解除合同

（1）承包人违约。因承包人违约解除合同的，发包人应暂停向承包人支付任何价款。发包人应在合同解除后28天内核实合同解除时承包人已完成的全部合同价款以及按施工进度计划已运至现场的材料和工程设备货款，按合同约定核算承包人应支付的违约金以及造成损失的索赔金额，并将结果通知承包人。发承包双方应在28天内予以确认或提出意见，并办理结算合同价款。如果发包人应扣除的金额超过了应支付的金额，则承包人应在合同解除后的56天内将其差额退还给发包人。发承包双方不能就解除合同后的结算达成一致的，按照合同约定的争议解决方式处理。

（2）发包人违约。因发包人违约解除合同的，发包人除应按照有关不可抗力解除合同的规定向承包人支付各项价款外，还需按合同约定核算发包人应支付的违约金以及给承包人造成损失或损害的索赔金额费用。该笔费用由承包人提出，发包人核实后与承包人协商确定后的7天内向承包人签发支付证书。协商不能达成一致的，按照合同约定的争议解决方式处理。

四、最终结清

所谓最终结清，是指合同约定的缺陷责任期终止后，承包人已按合同规定完成全部剩余工作且质量合格的，发包人与承包人结清全部剩余款项的活动。

1．最终结清申请单

缺陷责任期终止后，承包人已按合同规定完成全部剩余工作且质量合格的，发包人签发缺陷责任期终止证书，承包人可按合同约定的份数和期限向发包人提交最终结清申请单，并提供相关证明材料，详细说明承包人根据合同规定已经完成的全部工程价款金额以及承包人认为根据合同规定应进一步支付给他的其他款项。发包人对最终结清申请单内容有异议的，有权要求承包人进行修正和提供补充资料，由承包人向发包人提交修正后的最终结清申请单。

2. 最终支付证书

发包人收到承包人提交的最终结清申请单后的14天内予以核实，向承包人签发最终支付证书。发包人未在约定时间内核实，又未提出具体意见的，视为承包人提交的最终结清申请单已被发包人认可。

发包人应在收到最终结清支付申请后的14天内予以核实，向承包人签发最终结清支付证书。若发包人未在约定的时间内核实，又未提出具体意见的，视为承包人提交的最终结清支付申请已被发包人认可。

3. 最终结清付款

发包人应在签发最终结清支付证书后的14天内，按照最终结清支付证书列明的金额向承包人支付最终结清款。最终结清付款后，承包人在合同中享有的索赔权利也自行终止。发包人未按期支付的，承包人可催告发包人在合理的期限内支付，并有权获得延迟支付的利息。

最终结清时，如果承包人被扣留的质量保证金不足以抵减发包人工程缺陷修复费用的，承包人应承担不足部分的补偿责任。

最终结清付款涉及政府投资资金的，按照国库集中支付等国家相关规定和专用合同条款的约定办理。

承包人对发包人支付的最终结清款有异议的，按照合同约定的争议解决方式处理。

五、合同价款纠纷的处理

建设工程合同价款纠纷，是指发承包双方在建设工程合同价款的确定、调整以及结算等过程中所发生的争议。按照争议合同的类型不同，可以把工程合同价款纠纷分为总价合同价款纠纷、单价合同价款纠纷以及成本加酬金合同价款纠纷；按照纠纷发生的阶段不同，可以把工程合同价款纠纷分为合同价款确定纠纷、合同价款调整纠纷和合同价款结算纠纷；按照纠纷的成因不同，可以把工程合同价款纠纷分为合同无效的价款纠纷、工期延误的价款纠纷、质量争议的价款纠纷以及工程索赔的价款纠纷。

（一）合同价款纠纷的解决途径

建设工程合同价款纠纷的解决途径主要有四种：和解、调解、仲裁和诉讼。建设工程合同发生纠纷后，当事人可以通过和解或者调解解决合同争议。当事人不愿和解、调解或者和解、调解不成的，可以根据仲裁协议向仲裁机构申请仲裁。当事人没有订立仲裁协议或者仲裁协议无效的，可以向人民法院起诉。当事人应当履行发生法律效力的法院判决或裁定、仲裁裁决、法院或仲裁调解书，如拒不履行的，对方当事人可以请求人民法院执行。

1. 和解

和解是指当事人在自愿互谅的基础上，就已经发生的争议进行协商并达成协议，自行解决争议的一种方式。发生合同纠纷时，当事人应首先考虑通过和解来解决争议。合同争议和解解决方式简便易行，能经济、及时地解决纠纷，同时有利于维护合同双方的友好合作关系，使合同能更好地得到履行。根据《建设工程工程量清单计价规范》GB 50500—2013的规定，双方可通过以下方式进行和解：

(1) 协商和解。合同价款争议发生后，发承包双方任何时候都可以进行协商。协商达成一致的，双方应签订书面和解协议，和解协议对发承包双方均有约束力。如果协商不能达成一致协议，发包人或承包人都可以按合同约定的其他方式解决争议。

（2）监理或造价工程师暂定解决。若发包人和承包人之间就工程质量、进度、价款支付与扣除、工期延期、索赔、价款调整等发生任何法律上、经济上或技术上的争议，首先应根据已签约合同的规定，提交合同约定职责范围内的总监理工程师或造价工程师解决，并抄送另一方。总监理工程师或造价工程师在收到此提交件后14天内应将暂定结果通知发包人和承包人。发承包双方对暂定结果认可的，应以书面形式予以确认，暂定结果成为最终决定。

发承包双方在收到总监理工程师或造价工程师的暂定结果通知之后的14天内，未对暂定结果予以确认也未提出不同意见的，视为发承包双方已认可该暂定结果。

发承包双方或一方不同意暂定结果的，应以书面形式向总监理工程师或造价工程师提出，说明自己认为正确的结果，同时抄送另一方，此时该暂定结果成为争议。在暂定结果不实质影响发承包双方当事人履约的前提下，发承包双方应实施该结果，直到其按照发承包双方认可的争议解决办法被改变为止。

2．调解

调解是指双方当事人以外的第三人应纠纷当事人的请求，依据法律规定或合同约定，对双方当事人进行疏导、劝说，促使他们互相谅解、自愿达成协议解决纠纷的一种途径。《建设工程工程量清单计价规范》GB 50500—2013规定了以下的调解方式：

（1）管理机构的解释或认定。合同价款争议发生后，发承包双方可就工程计价依据的争议以书面形式提请工程造价管理机构对争议以书面文件进行解释或认定。工程造价管理机构应在收到申请的10个工作日内就发承包双方提请的争议问题进行解释或认定。

发承包双方或一方在收到工程造价管理机构书面解释或认定后，仍可按照合同约定的争议解决方式提请仲裁或诉讼。除工程造价管理机构的上级管理部门做出了不同的解释或认定，或在仲裁裁决或法院判决中不予采信的外，工程造价管理机构做出的书面解释或认定是最终结果，对发承包双方均有约束力。

（2）双方约定争议调解人进行调解。通常按照以下程序进行：

1）约定调解人。发承包双方应在合同中约定或在合同签订后共同约定争议调解人，负责双方在合同履行过程中发生争议的调解。合同履行期间，发承包双方可以协议调换或终止任何调解人，但发包人或承包人都不能单独采取行动。除非双方另有协议，在最终结清支付证书生效后，调解人的任期即终止。

2）争议的提交。如果发承包双方发生了争议，任何一方可以将该争议以书面形式提交调解人，并将副本抄送另一方，委托调解人调解。发承包双方应按照调解人提出的要求，给调解人提供所需要的资料、现场进入权及相应设施。调解人应被视为不是在进行仲裁人的工作。

3）进行调解。调解人应在收到调解委托后28天内，或由调解人建议并经发承包双方认可的其他期限内，提出调解书，发承包双方接受调解书的，经双方签字后作为合同的补充文件，对发承包双方具有约束力，双方都应立即遵照执行。

4）异议通知。如果发承包任何一方对调解人的调解书有异议的，应在收到调解书后28天内向另一方发出异议通知，并说明争议的事项和理由。但除非并直到调解书在协商和解或仲裁裁决、诉讼判决中做出修改，或合同已经解除，承包人应继续按照合同实施工程。

如果调解人已就争议事项向发承包双方提交了调解书，而任何一方在收到调解书后28天内，均未对调解书表示异议的，则调解书对发承包双方均具有约束力。

3．仲裁或诉讼

仲裁是当事人根据在纠纷发生前或纠纷发生后达成的仲裁协议，自愿将纠纷提交仲裁机构做出裁决的一种纠纷解决方式。民事诉讼是指人民法院在当事人和其他诉讼参与人的参加下，以审理、判决、执行等方式解决民事纠纷的活动。

用何种方式解决争端，关键在于合同中是否约定了仲裁协议。

（1）仲裁方式的选择。如果发承包双方的协商和解或调解均未达成一致意见，其中的一方已就此争议事项根据合同约定的仲裁协议申请仲裁，应同时通知另一方。

仲裁可在竣工之前或之后进行，但发包人、承包人、调解人各自的义务不得因在工程实施期间进行仲裁而有所改变。如果仲裁是在仲裁机构要求停止施工的情况下进行，承包人应对合同工程采取保护措施，由此增加的费用应由败诉方承担。

若双方通过和解或调解形成的有关的暂定，或和解协议，或调解书已经有约束力的情况下，如果发承包中一方未能遵守暂定，或和解协议，或调解书，则另一方可在不损害他可能具有的任何其他权利的情况下，将未能遵守暂定，或不执行和解协议，或调解书达成的事件提交仲裁。

（2）诉讼方式的选择。发包人、承包人在履行合同时发生争议，双方不愿和解、调解或者和解、调解不成，又没有达成仲裁协议的，可依法向人民法院提起诉讼。

（二）合同价款纠纷的处理原则

建设工程合同履行过程中会产生大量的纠纷，有些纠纷并不容易直接适用于现有的法律条款予以解决。针对这些纠纷，可以通过相关司法解释的规定进行处理。2002年6月11日，最高人民法院通过了《关于建设工程价款优先受偿权问题的批复》（法释〔2002〕16号），2004年9月29日，最高人民法院通过了《关于审理建设工程施工合同纠纷案件适用法律问题的解释》（法释〔2004〕14号）。司法解释中关于施工合同价款纠纷的处理原则和方法，更是可以为发承包双方在工程合同履行过程中出现的类似纠纷的处理，提供参考性极强的借鉴。

1．施工合同无效的价款纠纷处理

建设工程施工合同无效，但建设工程经竣工验收合格，承包人请求参照合同约定支付工程价款的，应给予支持。建设工程施工合同无效，且建设工程经竣工验收不合格的，按照以下情形分别处理：

（1）修复后的建设工程经竣工验收合格，发包人请求承包人承担修复费用的，应给予支持。

（2）修复后的建设工程经竣工验收不合格，承包人请求支付工程价款的，应不予支持。因建设工程不合格造成的损失，发包人有过错的，也应承担相应的民事责任。

承包人非法转包、违法分包建设工程或者没有资质的实际施工人借用有资质的建筑施工企业名义与他人签订建设工程施工合同的行为无效。人民法院可以根据相关法律的规定，收缴当事人已经取得的非法所得。

2．垫资施工合同的价款纠纷处理

对于发包人要求承包人垫资施工的项目，对于垫资施工部分的工程价款结算，最高人民法院《关于审理建设工程施工合同纠纷案件适用法律问题的解释》提出了处理意见：

（1）当事人对垫资和垫资利息有约定，承包人请求按照约定返还垫资及其利息的，应予支持，但是约定的利息计算标准高于中国人民银行发布的同期同类贷款利率的部分除外。

（2）当事人对垫资没有约定的，按照工程欠款处理。

（3）当事人对垫资利息没有约定，承包人请求支付利息的，不予支持。

3．施工合同解除后的价款纠纷处理

（1）建设工程施工合同解除后，已经完成的建设工程质量合格的，发包人应当按照约定支付相应的工程价款。

（2）已经完成的建设工程质量不合格的：

1）修复后的建设工程经验收合格，发包人请求承包人承担修复费用的，应予支持。

2）修复后的建设工程经验收不合格，承包人请求支付工程价款的，不予支持。

4．工程设计变更的合同价款纠纷处理

当事人对建设工程的计价标准或者计价方法有约定的，按照约定结算工程价款。因设计变更导致建设工程的工程量或者质量标准发生变化，当事人对该部分工程价款不能协商一致的，可以参照签订建设工程施工合同时当地建设行政主管部门发布的计价方法或者计价标准结算工程价款。

5．工程结算价款纠纷的处理

（1）阴阳合同的结算依据。当事人就同一建设工程另行订立的建设工程施工合同与经过备案的中标合同实质性内容不一致的，应当以备案的中标合同作为结算工程价款的根据。

（2）对承包人竣工结算文件的认可。当事人约定，发包人收到竣工结算文件后，在约定期限内不予答复，视为认可竣工结算文件的，按照约定处理。承包人请求按照竣工结算文件结算工程价款的，应予支持。

（3）工程欠款的利息支付。

1）利率标准。当事人对欠付工程价款利息计付标准有约定的，按照约定处理；没有约定的，按照中国人民银行发布的同期同类贷款利率计息。

2）计息日。利息从应付工程价款之日计付。当事人对付款时间没有约定或者约定不明的，下列时间视为应付款时间：①建设工程已实际交付的，为交付之日；②建设工程没有交付的，为提交竣工结算文件之日；③建设工程未交付，工程价款也未结算的，为当事人起诉之日。

（三）工程造价鉴定

在工程合同价款纠纷案件处理中，需做工程造价司法鉴定的，应委托具有相应资质的工程造价咨询人进行。

1．工程造价咨询人所需遵守的一般性规定

（1）程序合法。工程造价咨询人接受委托，提供工程造价司法鉴定服务，除应符合本规范的规定外，应按仲裁、诉讼程序和要求进行，并符合国家关于司法鉴定的规定。

（2）人员合格。工程造价咨询人进行工程造价司法鉴定，应指派专业对口、经验丰富的注册造价工程师承担鉴定工作。

（3）按期完成。工程造价咨询人应在收到工程造价司法鉴定资料后10天内，根据自身专业能力和证据资料，判断能否胜任该项委托，如不能，应辞去该项委托。禁止工程造价咨询人在鉴定期满后以上述理由不做出鉴定结论，影响案件处理。

（4）适当回避。接受工程造价司法鉴定委托的工程造价咨询人或造价工程师如是鉴定项目一方当事人的近亲属或代理人、咨询人以及其他关系可能影响鉴定公正的，应当自行回避；未自行回避，鉴定项目委托人以该理由要求其回避的，必须回避。

（5）接受质询。工程造价咨询人应当依法出庭接受鉴定项目当事人对工程造价司法鉴定意见书的质询。如确因特殊原因无法出庭的，经审理该鉴定项目的仲裁机关或人民法院准许，可以书面答复当事人的质询。

2．工程造价鉴定的取证

（1）所需收集的鉴定材料。工程造咨询人进行工程造价鉴定工作，应自行收集以下（但不限于）鉴定资料。

1）适用于鉴定项目的法律、法规、规章、规范性文件以及规范、标准、定额。

2）鉴定项目同时期、同类型工程的技术经济指标及其各类要素价格等。

3）工程造价咨询人收集鉴定项目的鉴定依据时，应向鉴定项目委托人提出具体书面要求，其内容包括：①与鉴定项目相关的合同、协议及其附件；②相应的施工图纸等技术经济文件；③施工过程中施工组织、质量、工期和造价等工程资料；④存在争议的事实及各方当事人的理由；⑤其他有关资料。

工程造价咨询人在鉴定过程中要求鉴定项目当事人对缺陷资料进行补充的，应征得鉴定项目委托人同意，或者协调鉴定项目各方当事人共同签认。

（2）现场勘验。根据鉴定工作需要现场勘验的，工程造价咨询人应提请鉴定项目委托人组织各方当事人对被鉴定项目所涉及的实物标的进行现场勘验。

勘验现场应制作勘验记录、笔录或勘验图表，记录勘验的时间、地点、勘验人、在场人、勘验经过、结果，由勘验人、在场人签名或者盖章确认。对于绘制的现场图应注明绘制的时间、测绘人姓名、身份等内容。必要时应采取拍照或摄像取证，留下影像资料。

鉴定项目当事人未对现场勘验图表或勘验笔录等签字确认的，工程造价咨询人应提请鉴定项目委托人决定处理意见，并在鉴定意见书中做出表述。

3．鉴定结论

（1）鉴定依据的选择。工程造价咨询人在鉴定项目合同有效的情况下应根据合同约定进行鉴定，不得任意改变双方合法的合意。工程造价咨询人在鉴定项目合同无效或合同条款约定不明确的情况下应根据法律法规、相关国家标准和清单计价规范的规定，选择相应专业工程的计价依据和方法进行鉴定。

（2）鉴定意见。工程造价咨询人出具正式鉴定意见书之前，可报请鉴定项目委托人向鉴定项目各方当事人发出鉴定意见书征求意见稿，并指明应书面答复的期限及其不答复的相应法律责任。工程造价咨询人收到鉴定项目各方当事人对鉴定意见书征求意见稿的书面复函后，应对不同意见认真复核，修改完善后再出具正式鉴定意见书。

工程造价咨询人出具的工程造价鉴定书应包括以下内容：

1）鉴定项目委托人名称、委托鉴定的内容；

2）委托鉴定的证据材料；

3）鉴定的依据及使用的专业技术手段；

4）对鉴定过程的说明；

5）明确的鉴定结论；

6）其他需说明的事宜；

7）工程造价咨询人盖章及注册造价工程师签名盖执业专用章。

4．鉴定期限的延长

工程造价咨询人应在委托鉴定项目的鉴定期限内完成鉴定工作，如确因特殊原因不能在原定期限内完成鉴定工作时，应按照相应法规提前向鉴定项目委托人申请延长鉴定期限，并在此期限内完成鉴定工作。

经鉴定项目委托人同意等待鉴定项目当事人提交、补充证据，质证所用的时间不应计入鉴定期限。

第三节　工程总承包和国际工程合同价款结算

一、工程总承包合同价款的结算

依据《建设项目工程总承包合同示范文本（试行）》GF—2011—0216（以下简称《总承包合同示范文本》）订立的工程总承包合同，采用的是固定总价合同形式，除发包人确认的工程变更、价格调整和索赔款项外，合同价格不做调整。对于合同价款的结算，《总承包合同示范文本》中规定了预付款的支付、进度款的支付以及竣工结算等方面的内容。

（一）工程总承包合同价款的调整

1．变更

变更是指在不改变工程功能和规模的情况下，发包人书面通知或书面批准的，对工程所做的任何更改。

（1）变更的范围。针对工程总承包的承包范围不同，《总承包合同示范文本》分别对设计变更、采购变更、施工变更的范围进行了界定，同时对发包人要求的赶工、工程暂停造成的变更做出了规定。

1）设计变更。设计变更的范围包括：①对生产工艺流程的调整，但未扩大或缩小初步设计批准的生产路线和规模，或未扩大或缩小合同约定的生产路线和规模；②对平面布置、竖面布置、局部使用功能的调整，但未扩大初步设计批准的建筑规模，未改变初步设计批准的使用功能；或未扩大合同约定的建筑规模，未改变合同约定的使用功能；③对配套工程系统的工艺调整、使用功能调整；④对区域内基准控制点、基准标高和基准线的调整；⑤对设备、材料、部件的性能、规格和数量的调整；⑥因执行基准日期之后新颁布的法律、标准、规范引起的变更；⑦其他超出合同约定的设计事项；⑧上述变更所需的附加工作。

2）采购变更。采购变更的范围包括：①承包人已按合同约定的程序，与相关供货商签订采购合同或已开始加工制造、供货、运输等，发包人通知承包人选择另一家供货商；②因执行基准日期之后新颁布的法律、标准、规范引起的变更；③发包人要求改变检查、检验、检测、试验的地点和增加的附加试验；④发包人要求增减合同中约定的备品备件、专用工具、竣工后试验物资的采购数量；⑤上述变更所需的附加工作。

3）施工变更。施工变更的范围包括：①因设计变更，造成施工方法改变、设备、材料、部件和工程量的增减；②发包人要求增加附加试验、改变试验地点；③在发包人提供的项目基础资料和现场障碍资料之外，新增加的施工障碍处理；④发包人对竣工试验经验收或视为验收合格的项目，通知重新进行竣工试验；⑤因执行基准日期之后新颁布的法律、标准、规范引起的变更；⑥上述变更所需的附加工作。

4）发包人的赶工指令。承包人接受了发包人的书面指示，以发包人认为必要的方式加快设计、施工或其他任何部分的进度时，承包人为实施该赶工指令需对项目进度计划进行调整，并对所增加的措施和资源提出估算，经发包人批准后，作为一项变更。若发包人未能批准此项变更，承包人有权按合同约定的相关阶段的进度计划执行。因承包人的原因造成实际进度明显落后于经上述批准的项目进度计划时，承包人应自费采取措施，赶上项目进度计划；竣工日期延误时，承包人承担误期赔偿。

5）调减部分工程。因发包人原因工程暂停超过45天，承包人请求复工时仍不能复工或因不可抗力持续而无法继续施工的，双方可按合同约定以变更方式调减受暂停影响的部分工程。

（2）变更的程序。

1）变更通知。发包人要求的变更以及采纳了承包人提交的变更建议书后决定的变更，应事先以书面形式通知承包人。

2）变更通知的建议报告。承包人接到发包人的变更通知后，有义务在10日内向发包人提交书面建议报告，报告的内容要求分两种情形：

①如承包人接受此项变更时，建议报告中应包括：支持此项变更的理由、实施此项变更的工作内容、设备、材料、人力、机具、周转材料等资源消耗，以及相关管理费用和合理利润的估算。此项变更引起竣工日期延长时，应在报告中说明理由，并提交与此项变更相关的进度计划。承包人未提交增加费用的估算及竣工日期延长，视为该项变更不涉及合同价格调整和竣工日期延长，发包人不再承担此项变更的任何费用及竣工日期延长的责任。

②如承包人不接受发包人变更通知中的此项变更时，建议报告中包括不支持此项变更的理由，理由包括：此变更不符合法律、法规等有关规定；或承包人难以取得变更所需的特殊设备、材料、部件；变更将降低工程的安全性、稳定性、适用性；对生产性能保证值、使用功能保证的实现产生不利影响等。

3）发包人的审查和批准。发包人接到承包人提交的书面建议报告后10日内对此项建议给予审查，并发出批准、撤销、改变、提出进一步要求的书面通知。承包人在等待发包人回复的时间内，不能停止或延误任何工作。

①发包人接到承包人接受变更的建议报告后，对其理由、估算、和（或）竣工日期延长进行审查批准后，以书面形式下达变更指令。发包人在下达的变更指令中，未能确认承包人对此项变更提出的估算和（或）竣工日期延长并亦未提出异议的，自发包人接到此项书面建议报告后的第11日开始，视为承包人提交的变更估算、和（或）竣工日期延长，已被发包人批准。

②发包人对承包人提交的不接受此项变更的理由经发包人审查后，发出继续执行、改变、提出进一步补充资料的书面通知，承包人予以执行。

（3）变更价款的确定。《总承包合同示范文本》中规定的变更价款确定原则与《标准施工招标文件》（2007年版）以及FIDIC《施工合同条件》（1999年版）的规定相同，具体方法包括：

1）合同中已有相应人工、机具、工程量等单价（含取费）的，按合同中已有的人工、机具、工程量等单价（含取费）确定变更价款。

2）合同中无相应人工、机具、工程量等单价（含取费）的，按类似于变更工程的价格确定变更价款。

3）合同中无相应人工、机具、工程量等单价（含取费），亦无类似于变更工程的价格的，双方通过协商确定变更价款。

4）专用条款中约定的其他方法。

2．价格调整

《总承包合同示范文本》所称合同价格调整，是指依据合同约定需要增减的费用而对合同价格进行的相应调整。对于合同中未能约定的增减款项，发包人不承担调整合同价格的责任（合同适用法律另有规定的除外）。同时规定，合同价格的调整不包括合同变更。

（1）合同价格调整的情形。合同价格调整包括以下情形：

1）合同签订后，因法律、行政法规、国家政策和需遵守的行业规定，影响合同价格增减的。

2）合同在执行过程中，工程造价管理部门公布的价格调整，涉及承包人投入成本增减的。

3）一周内非承包人原因的停水、停电、停气、道路中断等，造成工程现场停工累计超过8小时的（承包人须提交报告并提供可证实的证明和估算）。

4）发包人批准的变更估算的增减。

5）本合同约定的其他增减的款项调整。

（2）合同价格调整的程序。在引起合同价格调整的情形发生后30日内，合同双方均有权将调整合同价格的原因及调整金额，以书面形式通知发包人或监理人。经发包确认的合理金额，作为合同价格的调整金额，并在支付当期工程进度款中支付或扣减调整的金额。一方收到另一方通知后15日内不予确认，也未能提出修改意见，视为已经同意该项价格的调整。

（3）合同价格调整的争议处理。经协商，双方未能对工程变更的费用、合同价格的调整或竣工日期的延长达成一致时，根据合同中有关争议和裁决条款的约定解决。

3．索赔

《总承包合同示范文本》中规定的索赔程序与《标准施工招标文件》（2007年版）以及FIDIC《施工合同条件》（1999年版）的规定基本相同，只是对具体期限的规定有所区别。

（1）发包人的索赔。发包人认为承包人未能履行合同约定的职责、责任、义务，且根据合同约定或与合同有关的文件、资料的相关情况及事项，承包人应承担损失、损害赔偿责任但未能按合同约定履行其赔偿责任时，发包人有权依据法律及合同约定向承包人提出索赔，并遵循如下程序进行：

1）发包人应在索赔事件发生后的30日内，向承包人送交索赔通知。未能在索赔事件发生后的30日内发出索赔通知，承包人不再承担任何责任，法律另有规定的除外。

2）发包人应在发出索赔通知后的30日内，以书面形式向承包人提供说明索赔事件的正当理由、条款根据、有效的可证实的证据和索赔估算等相关资料；当索赔事件持续影响，发包人应每周向承包人发出索赔事件的延续影响情况的报告，并在该索赔事件延续影响停止后30日内，向承包人送交最终索赔报告和最终索赔估算。

3）承包人在收到发包人送交的索赔资料后30日内，与发包人协商解决，或给予答复，或要求发包人进一步补充提供索赔理由和证据。

4）承包人在收到发包人送交的索赔资料后30日内未与发包人协商，或未予答复或未向发包人提出进一步要求的，视为该项索赔已被承包人认可。

（2）承包人的索赔。承包人认为发包人未能履行合同约定的职责、责任和义务，且根据合同约定或与合同有关的文件、资料的相关情况及事项，发包人应承担损失、损害赔偿责任及延长竣工日期但未能按合同约定履行其赔偿义务或延长竣工日期时，承包人有权依据法律及合同约定向发包人提出索赔，并遵循如下程序进行：

1）索赔事件发生后30日内，向发包人发出索赔通知。未在索赔事件发生后的30日内发出索赔通知，发包人不再承担任何责任，法律另有规定除外。

2）承包人应在发出索赔通知后的30日内，以书面形式向发包人提交说明索赔事件的正当理由、条款根据、有效的可证实的证据和索赔估算资料的报告；当索赔事件持续影响时，承包人应每周向发包人发出索赔事件的延续影响情况的报告，并在该索赔事件延续影响停止后30日内，向发包人送交最终索赔报告和最终索赔估算。

3）发包人应在收到承包人送交的有关索赔资料的报告后30日内与承包人协商解决，或给予答复，或要求承包人进一步补充索赔理由和证据。

4）发包人在收到承包人送交的报告或补充资料后30日内未与承包人协商，或未予答复，或未向承包人提出进一步补充要求的，视为该项索赔已被发包人认可。

（二）工程总承包合同价款的结算

合同双方约定由承包人提交履约保函的，履约保函的提交是发包人支付各项款项的前提条件。

1．预付款

（1）预付款的支付时间及额度。发包人按合同价格的一定比例支付预付款金额，具体金额由双方在合同专用条款中约定。合同约定了预付款保函的，在合同生效后，发包人收到承包人提交的预付款保函后10日内向承包人支付预付款金额；未约定预付款保函的，发包人在合同生效后10日内向承包人支付预付款金额。

（2）预付款的抵扣。预付款的抵扣方式、抵扣比例和抵扣时间安排，由合同双方在专用条款中约定。预付款抵扣完后，发包人应及时向承包人退还预付款保函。

在发包人签发工程接收证书或合同解除时，预付款尚未抵扣完时，发包人有权要求承包人支付尚未抵扣完的预付款。承包人未能支付的，发包人有权按如下程序扣回预付款的余额：

1）从应付给承包人的款项中或属于承包人的款项中一次或多次扣除。

2）应付给承包人的款项或属于承包人的款项中不足以抵扣的，发包人有权从预付款保函中扣除尚未抵扣完的预付款。

3）应付给承包人或属于承包人的款项不足以抵扣，且合同未约定承包人提交预付款保函的，承包人应与发包人签订支付尚未扣完的预付款支付时间安排协议书。

4）承包人未能按上述协议书执行，发包人有权从承包人提交的履约保函中抵扣尚未扣完的预付款。

2．工程进度款的支付

（1）进度款的支付方式。《总承包合同示范文本》规定了两种进度款的支付方式供发承包双方选择适用：

1）按月申请付款。按月申请付款，承包人应以合同协议书约定的合同价格为基础，按每月实际完成的工程量（含设计、采购、施工、竣工试验和竣工后试验等）的合同金额，向发包人或监理人提交付款申请。承包人提交付款申请报告的格式、内容、份数和时间，在专用条款中约定。

按月付款申请报告中的款项包括：①工程进度款的款项类别；②合同价格调整的增减款项；③预付款的支付及扣减的款项；④缺陷责任保修金约定的暂扣及支付的款项；⑤索赔结果所增减的款项；⑥另行签订的补充协议增减的款项。

2）按付款计划表申请付款。按付款计划表申请付款的，承包人应以合同协议书约定的合同价格为基础，按照在专用条款约定的付款期数、计划每期达到的主要形象进度和（或）完成的主要计划工程量（含设计、采购、施工、竣工试验和竣工后试验等）等目标任务，以及每期付款金额，并依据专用条款约定的格式、内容、份数和提交时间，向发包人或监理人提交当期付款申请报告。

每期付款申请报告中的款项包括：①当期计划申请付款的金额；②合同价款调整的增减款项；③预付款的支付及扣减的款项；④质量保修金额的暂扣及支付的款项；⑤索赔结果所增减的款项；⑥另行签订的补充协议增减的款项。

发包人按付款计划表付款时，承包人的实际工作和（或）实际进度比付款计划表约定的关键路径的目标任务落后30日及以上时，发包人有权与承包人商定减少当期付款金额，并有权与承包人共同调整付款计划表。承包人以后各期的付款申请及发包人的付款，以调整后的付款计划表为依据。

（2）进度款的支付程序。

1）按月工程进度申请与付款。合同约定按月工程进度申请付款和付款时，发包人在收到承包人提交的每月付款申请报告之日起的25天内审查并支付。

2）按付款计划表申请与付款。合同约定按付款计划表申请付款和付款时，发包人在收到承包人提交的每期付款申请报告之日起的25天内审查并支付。

（3）付款时间延误的处理。

1）发包人的违约责任。因发包人的原因未能按合同约定的时间向承包人支付工程进度款的，应从发包人收到付款申请报告后的第26日开始，以中国人民银行颁布的同期同类贷款利率向承包人支付延期付款的利息，作为延期付款的违约金额。

2）暂停施工。发包人延误付款15天以上，承包人有权向发包人发出要求付款的通知，发包人收到通知后仍不能付款的，承包人可暂停部分工作，视为发包人导致的暂停，并按合同中关于发包人暂停的约定执行。

3）协议延期付款。双方协商签订延期付款协议书的，发包人按延期付款协议书中约定的期数、时间、金额和利息付款；当双方未能达成延期付款协议，导致工程无法实施，承包人可停止部分或全部工程，发包人承担违约责任，导致工程关键路径延误时，竣工日期顺延。

4）合同解除。发包人的延误付款达60天以上，并影响到整个工程实施的，承包人有权根据合同的约定向发包人发出解除合同的通知，并有权就因此增加的相关费用向发包人提出索赔。

3．缺陷责任保修金

（1）缺陷责任保修金的暂时扣减。发包人可根据合同专用条款中约定的缺陷责任保修金金额以及暂扣的方式，暂时扣减缺陷责任保修金。

（2）缺陷责任保修金的支付。发包人应在办理工程竣工验收和竣工结算时，将暂时扣减的全部缺陷责任保修金金额的一半支付给承包人，专用条款另有约定的除外。此后，承包人未能按发包人通知修复缺陷责任期内出现的缺陷或委托发包人修复该缺陷的，修复缺陷的费用从剩余的缺陷责任保修金金额中扣除。发包人应在缺陷责任期届满后15日内，将暂扣的缺陷责任保修金余额支付给承包人。

（3）缺陷责任期保修金保函。在办理工程竣工验收和竣工结算时，如承包人请求提供用于替代剩余的缺陷责任保修金的保函，发包人应在接到承包人按合同约定提交的缺陷责任保修金保函后，向承包人支付缺陷责任保修金的剩余金额。此后，承包人未能自费修复缺陷责任期内出现的缺陷或委托发包人修复该缺陷的，修复缺陷的费用从该保函中扣除。发包人应在缺陷责任期届满后15日内，退还该保函。

4．索赔款项的支付

（1）发包人的索赔款项。经双方协商确定的、经调解确定的或经仲裁裁定（或法院判决）的发包人应得的索赔款项，发包人可从支付给承包人的当月工程进度款或当期付款计划表的付款中扣减该索赔款项。当支付给承包人的各期工程进度款中不足以抵扣发包人的索赔款项时，承包人应当另行支付。承包人未能支付，可协商支付协议，仍未支付时，发包人可从履约保函中抵扣。如未约定履约保函或履约保函不足以抵扣时，承包人须另行支付该索赔款项，或以双方协商一致的支付协议的期限支付。

（2）承包人的索赔款项。经双方协商确定的、经调解确定的或经仲裁裁定（或法院判决）的承包人应得的索赔款项，承包人可在当月工程进度款或当期付款计划表的付款申请中单列该索赔款项，发包人应在当期付款中支付该索赔款项。当发包人未能支付该索赔款项时，承包人有权从发包人提交的支付保函中抵扣。如未约定支付保函时，发包人须另行支付该索赔款项。

5．竣工结算

（1）竣工结算的程序。

1）提交竣工结算资料。承包人提交的竣工验收报告和完整的竣工资料被承包人认可后30日内，向发包人递交竣工结算报告和完整的竣工结算资料。承包人未能向发包人提交竣工结算报告及完整的结算资料，造成工程竣工结算不能正常进行或工程竣工结算不能按时结清，发包人要求承包人交付工程的，承包人应当交付；发包人未要求交付工程的，承包人应当承担工程的保管、维护和保养的费用和责任，但不包括已被发包人使用、接收的单项工程和工程的任何部分。

2）最终竣工结算资料。发包人应在收到承包人提交的竣工结算报告和完整的竣工结算资料后30日内，经审查并提出修改意见，双方就竣工结算报告和最终的结算资料的修改达成一致意见后，由承包人自费进行修正，并提交最终的竣工结算报告和最终的结算资料。发包人在30日内未能提出修改意见，也未予答复的，视为发包人认可该竣工结算资料作为最终竣工结算资料。

3）结清竣工结算的款项。发包人应在收到承包人提交的最终竣工结算资料后30日内，结清竣工结算的款项。竣工结算结清5日内，发包人应将承包人提交的履约保函返还给承包人；发包人如果提交了支付保函的，承包人应将发包人提交的支付保函返还给发包人。

（2）竣工结算的违约责任。

1）发包人违约。发包人未能按照合同的约定结清应付给承包人的竣工结算的款项余额的，承包人有权从发包人提交的支付保函中扣减该款项的余额。合同未约定支付保函或支付保函不足以抵偿应向承包人支付的竣工结算款项时，发包人应从承包人提交最终结算资料后的第31日起，支付拖欠的竣工结算款项的余额，并按中国人民银行同期同类的贷款利率支付相应利息。

在收到承包人提交的竣工结算报告和完整的竣工结算资料后30日内，发包人未能对竣工结算资料提出修改意见和答复，也未能向承包人支付竣工结算款项余额的，应从承包人提交该报告后的第31日起，支付拖欠的竣工结算款项的余额，并按中国人民银行周期同类的贷款利率支付相应利息。

发包人在承包人提交最终竣工结算资料的90日内仍未支付的，承包人可依据合同中有关争议和裁决条款的约定解决。

2）承包人违约。承包人未能结清应付给发包人的竣工结算中的款项余额时，发包人有权从承包人提交的履约保函中扣减该款项的余额。合同未约定履约保函或履约保函的金额不足以抵偿时，承包人应从最终竣工结算资料提交之后的31日起，支付拖欠的竣工结算款项的余额，并按中国人民银行同期同类的贷款利率支付相应利息。承包人在最终竣工结算资料提交后的90日内仍未支付的，发包人有权根据合同中有关争议和裁决条款的约定解决。

（3）竣工结算的争议。在发包人收到承包人递交的竣工结算报告及完整的结算资料后的30日内，双方对工程竣工结算的价款发生争议的，应共同委托一家具有相应资质等级的工程造价咨询单位进行竣工结算审核，按审核结果结清竣工结算的款项。审核周期由合同双方与工程造价审核单位约定。对审核结果仍有争议时，依据合同中有关争议和裁决条款的约定解决。

二、国际工程合同价款的结算

在国际工程承包中，采用标准化的合同条件已为越来越多的项目业主和承包商所接受。目前，国际工程项目中常用的标准合同文件主要有：国际咨询工程师联合会（FIDIC）编制的系列合同条件、英国土木工程师学会（ICE）编制的ICE合同及NEC合同（即《新工程合同条件》）、美国建筑师学会的AIA系列合同条件以及英国皇家建筑师学会的JCT合同条件等。其中，FIDIC合同条件是国际工程项目承包中公认的标准合同条件，在不同国家和地区都得到了广泛的应用。下文就以FIDIC《施工合同条件》（1999年版）中关于合同价款调整和结算的规定为例，介绍国际工程合同价款的结算。

（一）国际工程合同价款的调整

1. 工程变更

（1）工程变更的范围。在颁发工程接收证书前的任何时间，工程师可通过发布指示或以要求承包商提交建议书的方式，提出变更。承包商应遵守并执行每项变更，除非承包商立即通知工程师并说明承包商无法取得变更所需的货物（并附具的证明资料）。接到此类通知后，工程师应取消、确认或修改原指示。每项变更可包括：

1）合同中包括的任何工程内容的数量的改变（但此类改变不一定构成变更）。

2）任何工程内容的质量或其他特性的改变。

3）工程任何部分的标高、位置和（或）尺寸的改变。

4）任何工程的删减，但要交于其他人实施的工程除外。

5）永久工程所需的任何附加工作、生产设备、材料或服务，包括任何有关的竣工检验、钻孔和其他检验和勘探工作。

6）实施工程的顺序或时间安排的改变。

除非工程师发出指示或同意变更，承包商不得对永久工程做任何更改或修改。

（2）工程变更的程序。

1）承包商提交建议书。如果工程师在发出任何变更指示之前要求承包商提交一份建议书，则承包商应尽快做出书面回应，如果承包商由于客观原因不能遵守该变更指示，则应说明其不能遵守指示的理由；如果能够遵守该变更指示，则应提交：①对将要实施工程的说明，以及实施的进度计划；②承包商依据合同对进度计划和竣工时间做出任何必要修改的建议书；③承包商对变更估价的建议书。

2）工程师回复建议书。工程师在接到承包商的建议后，应尽快予以批准与否的回复，或者提出意见。在等待答复期间，承包商不应延误任何工作。

3）工程师发出变更指示。工程师发出的每一项实施变更的指示都应要求承包商记录实施变更所支出的费用，并且要求承包商应确认收到该指示。

4）实施变更。除非工程师另外做出指示或批准，每一项变更都应依据合同的规定进行计量和估价。

（3）变更估价。

1）变更估价的原则。承包人按照工程师的变更指令实施变更工程后，往往会涉及对变更工程的估价问题。估算变更工程应适用的费率或价格，应当遵循下列原则：①变更工程的费率或价格在合同中有规定的，则适用合同中规定的费率或价格；②变更工程的费率或价格在合同中没有规定的，可以适用合同中类似工程的费率或价格；③变更工程的费率或价格在合同中没有规定，合同中也没有类似工程的，适用新的费率或价格。新的费率或价格应当根据实施该项工程的合理成本和合理利润，并考虑其他相关事项后得出。

2）工程删减的估价。工程师发布删减工程的变更指令后承包商不再实施部分工程，合同价格中包括的直接费部分没有受到损失，但摊销在该部分的间接费、利润和税金则实际不能合理回收。因此，FIDIC施工合同条件中删减工程的估价也做出了相应规定。

因工程删减导致的变更，如果对其估价未能达成一致，承包商应就该项删减所导致的费用损失，立即向工程师发出通知，并附相应的证明资料。工程师在接到通知后，应依据合同的规定与双方协商后对此费用做出决定，并将该项费用加入合同价格。但是，承包商因该项工程删减所受的损失，应当满足下列三项条件：①如果工程未被删减时，该项费用本可以包含在中标合同价中；②该工程的删减将导致（或已经导致）该项费用不构成合同价格的一部分；③任何替代工程的估价之中都没有包含该项费用。

2．价格调整

（1）工程量变更引起的价格调整。因工程量变更可以调整合同规定费率或价格的条件包括：

1）该部分工程实际测量的工程量比工程量表或其他报表中规定的工程量的变动大于10%以上。

2）该项部分工程工程量的变更与相对应费率的乘积超过了中标金额的0. 01%。

3）由于工程量的变更直接造成该部分工程每单位工程量费用的变动超过1%。

4）该部分工程不是合同中规定的“固定费率项目”。

（2）基准日后法规变化引起的价格调整。在提交投标文件截止日期前的第28天以后，工程所在国的法律变化（包括新法的实施以及旧法的废止或修改），以及有关该法律的司法解释或官方解释的变化，导致施工所需的工程费用发生增减的，合同价格应做出相应调整。

如果承包商由于此类在基准日期后所作的法律或解释上的变化而导致了工期延误和（或）产生额外费用，承包商应通知工程师并有权提出索赔，要求延长工期和（或）补偿费用。

（3）物价波动引起的价格调整。对于工期较长的合同，为了合理分担市场价格波动对施工成本影响的风险，双方可以在合同中约定价格调整的方法。FIDIC施工合同条件中规定了价格调整的调价公式，我国的《标准施工招标文件》（2007年版）中也借鉴了该调价公式。

1）调价公式。业主应支付给承包商的款额应根据劳务、货物以及其他投入工程的费用的涨落进行调整，此调整根据调价公式（6.3.1）确定款额的增减。对于合同中没有约定可以调整的部分，其费用的任何涨落均不给予补偿，并被视为已经包含在中标金额内。同时规定，此调价公式不适用于基于实际费用或现行价格计算价值的工程。

$$P_n = a + b \times \frac{L_n}{L_0} + c \times \frac{M_n}{M_0} + d \times \frac{E_n}{E_0} + \cdots \qquad (6.3.1)$$

式中，P_n——对第n期间内所完成工程以相应货币所估算的合同价值所采用的调整倍数，这个期间通常是一个月，除非投标函附录中另有规定；

a——在投标函附录中数据调整表中规定的一个系数，代表合同支付中不调整的部分；

b、c、d——相关数据调整表中规定的一个系数，代表与实施工程有关的每项费用因素的估算比例，如劳务、设备和材料等；

L_n、E_n、M_n——第n期间时使用的现行费用指数或参照价格，以相关的支付货币表示，而且按照该期间（具体的支付证书的相关期限）最后一日之前第49天当天对于相关表中的费用因素适用的费用指数或参照价格确定；

L_0、E_0、M_0——基本费用指数或参照价格，以相应的支付货币表示，按照在基准日期时相关表中的费用因素的费用指数或参照价格确定。

2）费用指数的确定。价格调整时应使用数据调整表中规定的费用指数或参照价格。如果指数来源不明，则由工程师确定该指数或价格。为此，工程师应参照数据调整表中指定日期的指数值，尽管这些日期和指数值可能与基本费用指数不符。在获得所有现行费用指数之前，工程师应确定一个期中支付证书的临时指数。当得到现行费用指数之后，相应地重新计算并做出调整。

如果承包商未能在竣工时间内完成工程，则应选择适用下列两种指数或价格中对业主有利的指数或价格进行价格调整：①工程竣工时间期满前第49天当天适用的每项指数或价格；②现行指数或价格。

3．索赔

（1）承包商的索赔。

1)承包商发出索赔通知。如果承包商认为根据合同的规定有权获得任何竣工时间的延长和(或)任何额外付款，承包商应当在其知道或者应当知道该事件或情况之日起28天内，向工程师发出通知，说明引起索赔的事件或情况。如果承包商未能在28天内发出索赔通知，则竣工时间将不被延长，承包商无权获得额外付款，而业主将被免除有关该项索赔的一切责任。如果合同要求，承包商还应提交与引起该项索赔的事件或情况有关的其他任何通知，以及详细的证明资料。

2）同期记录的要求。承包商应在现场或工程师认可的另一地点，保持用以证明任何索赔可能需要的同期记录。工程师收到承包商发出的索赔通知后，无需事先承认业主责任，可以检查记录的保持情况，并（或）可指示承包商保持进一步的同期记录。承包商应允许工程师检查所有这些记录，如果工程师有要求，承包商还应按工程师的指示提供复印件。

3）承包商提交索赔报告。在承包商知道或者应当知道该事件或情况之日起42天（或承包商可能建议并由工程师批准的其他期限）内，承包商应当向工程师递交一份充分详细的索赔报告，包括支持索赔的证明资料、要求延长的工期和（或）额外付款的全部详细资料。

如果引起索赔的事件或者情况具有连续影响，则：①上述充分详细索赔报告应被视为中间的；②承包商应按月向业主提交进一步的中间索赔组告，说明累计索赔的工期和（或）索赔款项，以及工程师可能合理要求的进一步详细资料；③承包商应当在引起索赔的事件或者情况产生影响结束后28天（或承包商可能建议并由工程师批准的其他期限）内，提交一份最终索赔报告。

4）工程师的答复。在收到索赔报告或对以往索赔的任何进一步证明资料后42天（或工程师可能建议并经承包商认可的其他期限）内，工程师应给予批准或不批准的答复，如果不批准承包商的索赔，则应当说明具体原因。工程师可以要求承包商提交任何必需的进一步的资料，但也仍应在上述时间内就该索赔给予原则性的答复。如果承包商提供的证明资料不足以证明全部的索赔款额，承包商仅仅有权获得已经被证明的那部分索赔。

工程师对承包商的索赔做出决定时，应当与业主、承包商协商并尽力达成一致。如果未能达成一致，工程师应按照合同规定在适当考虑到所有有关情况后做出公正的决定。

（2）业主的索赔。

1）业主发出索赔通知。如果业主认为根据合同的规定有权获得某些款项和（或）要求延长缺陷通知期，业主或工程师应尽快向承包商发出通知，并附详细情况的说明。如果是要求延长缺陷通知期，则应在缺陷通知期届满前发出。索赔通知所附的详细说明中，应包括业主索赔所依据的合同条款以及索赔款额（或）缺陷通知期延期的证明资料。如果是由于业主向承包商提供水、电、燃气、材料、设备以及服务的话，则业主或工程师无须发出上述通知。

2)工程师的决定。索赔通知发出后，工程师应决定业主有权获得的由承包商支付的款额和(或)给予缺陷通知期的延长。工程师作出决定时，应当与业主、承包商协商并尽力达成一致。如果未能达成一致，工程师应按照合同规定在适当考虑到所有有关情况后做出公正的决定。

3）索赔款的扣除。业主的索赔款应在合同价格和支付证书中扣除。业主仅有权从支付证书中已经确定的数额中抵消或扣除，业主也可以根据上述规定，向承包商另外提出索赔。

（二）国际工程合同价款的结算

1．预付款

（1）预付款的支付条件及时间。预付款总额、分期预付的次数与时间以及适用的货币与比例应依照投标函附录中的相关规定，如果业主没有收到承包商提交的预付款保函或者投标函附录中没有规定预付款总额，则预付款条款不再适用。

在工程师收到承包商申请进度款支付的报表，并且业主收到了由承包商提交的履约保证和预付款保函后，工程师应为第一笔分期付款颁发一份期中支付证书。首次分期预付款额的支付时间是在中标函颁发之日起42天内，或在收到承包商提交的履约保证和预付款保函之日起21天内，二者中以较晚者为准。

（2）预付款的偿还。预付款应在支付证书中按百分比扣减的方式偿还。如果在投标函附录中没有注明预付款扣减的百分比，则按照下面的方法扣减：

1）当期中支付证书的累计总额（不包括预付款及保留金的扣减与偿还）超过中标合同价（减去暂定金额）的10%时开始扣减。

2）按照预付款的货币的种类及其比例，分期从每份支付证书中的数额（不包括预付款及保留金的扣减与偿还）中扣除25%，直至还清全部预付款。

在预付款完全偿还之前，承包商应保证预付款保函一直有效，但该预付款保函的总额应随承包商在期中支付证书中所偿还的数额逐步冲抵而减少。如果在该保函截止日期前28天预付款还未完全偿还，则承包商应该相应地延长预付款保函的期限，直到预付款完全偿还。

2．工程材料和设备款的预支

由于FIDIC合同条件是针对以包工包料方式承包的单价合同编制的，因此对于承包商采购的用于永久工程的材料和设备，合同通用条款规定，期中支付证书中应包括一笔金额，用于预支已运至现场用于永久工程的材料和设备款额，当此类材料和设备的合同价值已构成永久工程的一部分时，再将预支款项从当期进度款中扣除。

（1）预支的条件。

1）对承包商的要求。承包商已经完整保存了各种记录，包括有关设备和材料的订单、收据、价格及用途等，并且可供随时检查；承包商提交了购买材料和设备并将其运至现场的费用报表，并附相关的证明文件。

2）对材料和设备的要求。投标函附录中该类材料和设备根据其付款方式不同分别列明，分为装运后付款和运至现场后付款两类：①对于装运后付款的材料和设备，要求其已经运至工程所在国，并正在运往现场的途中；并且此类材料和设备是清洁装船提单或其他装运证明中声明的。该提单或证明，与运输费和保险费的支付证明，以及其他工程师要求提供的文件已经全部提交给了工程师。此外，承包商还应提交由业主接受的银行并按业主规定的格式开具的无条件银行保函（保函的金额应等于根据应付的预支总额）该保函的有效期应一直持续到此类材料和设备运至现场并妥善存放而且承包商采取防护措施为止。②对于运至现场后付款的材料和设备，要求此类材料和设备已经运至现场并妥善存放，而且承包商已经采取了防护措施。

（2）材料和设备款的预支。工程师确认用于永久工程的材料和设备符合预支条件后，应当根据审查承包商提交的相关文件确定此类材料和设备的实际费用（包括运至现场的费用），期中支付证书中应增加的款额为该费用的80%。

（3）预支材料和设备款的扣还。当已预付款项的材料和设备用于永久工程，并且构成永久工程合同价格的一部分后，工程师应当从承包商到期应得内扣除预支的款项，扣除金额与预支金额的数额相等。

3．进度款的支付

（1）工程计量。

1）计量程序。当工程师要求对工程的任何部分进行计量时，应向承包商的代表发出通知。承包商的代表应自行参加或派人协助工程师进行计量并提供工程师所要求的全部详细资料。如果承包商未能参加或派人参加，则工程师的计量结果应被视为准确无误，承包商应认可该计量结果。

任何永久工程由工程师进行计量并记录，如果工程师通知承包商参加计量的，承包商应当参加，在就计量结果与工程师达成一致意见后，应当在计量记录上签字。如果承包商没有按要求参加计量，则工程师的计量记录应被认为是准确的并已被承包商接受。

如果承包商参加计量后不同意计量结果，或者不签字表示同意，承包商应通知工程师并说明计量记录中被认为不准确的各个方面。在接到此类通知后，工程师应复查此类记录，或予以确认或予以修改。如果承包商在被要求对计量记录进行审查后14天内未向工程师发出通知，则认为工程师的计量记录是准确的并已被承包商接受。

2）计量方法。除非合同中另有规定，无论工程所在地惯例如何，对每部分永久工程的计量应以实际完成的净值进行，计量方法应符合工程量清单或其他适用的明细表中的规定。

（2）承包商申请期中支付证书。在每个月的月末，承包商应按工程师规定的格式向工程师提交一式6份本月支付报表，详细说明承包商认为自己应得到的款额，并附具各项证明文件，包括当月工程进度报告。支付报表的内容包括：

1）本月实际完成的永久工程以及其他项目的应付款额（包括变更及以下所列各项款额）。

2）法规变化和物价波动引起的价格调整而应增加和减扣的任何款额。

3）作为保留金减扣的任何款额。

4）预付款的支付和偿还应增加和减扣的任何款额。

5）承包商采购用于为永久工程的设备和材料应预付和减扣的款额。

6）根据合同规定应付的任何其他的增加和减扣的款额（如索赔款）。

7）对所有以前的支付证书中修正的款额的扣除。

（3）工程师签发期中支付证书。

1）期中支付证书的签发。在业主收到并批准承包商的履约保证之后，工程师不得开具任何支付证书或支付承包商任何款项。在收到承包商的支付申请报表和证明文件后28天内，工程师应向业主签发期中支付证书，列出应支付承包商的金额，并提交详细证明资料。

但是，在颁发工程的接收证书之前，若期中支付证书中的数额在扣除保留金等应扣款额之后，其净值小于投标函附录中规定的期中支付证书的最低限额，则工程师可以不开具期中支付证书，该款项转至下月支付，同时应通知承包商。

2）期中支付证书的扣发。除以下情形外，期中支付证书不得由于任何其他原因而被扣发：①如果承包商所提供的货物或已完成的工程不符合合同要求，则可扣发相应的修复或重置的费用，直至修正或重置工作完成；②如果承包商未能按照合同规定进行工作或履行义务，并且工程师已经通知承包商，则可扣留该工作或义务的价值，直至承包商履行该工作或义务。

3）期中支付证书的修正。工程师可在任何期中支付证书中对任何以前的期中支付证书给予恰当的改正或修正。签发支付证书不应被视为是工程师对相关工作的接受、批准或同意。

（4）业主支付。业主应于工程师收到承包商的报表及证明文件之日起56天内，将期中支付证书中开具的款额支付给承包商。如果承包商不能按时收到业主的付款，承包商有权就未付款额从业主应当支付之日起，按月计算复利，收取延误支付期间的融资费。

4．竣工结算

（1）提交竣工报表。在收到工程接收证书后的84天内，承包商应按工程师规定的格式提交竣工报表一式6份，并附具各项证明文件。竣工报表应当包括以下内容：

1）截止到工程接收证书中注明的日期，按照合同所完成的全部工程的价值。

2）承包商认为到期应支付给他的其他款项。

3）承包商认为根据合同应支付给他的其他估算额，该项估算额应在此竣工报表中单独列出。

（2）工程师签发期中支付证书。在收到承包商的报表和证明文件后28天内，工程师应向业主签发期中支付证书，列出他认为应支付承包商的金额，并提交详细证明资料。

5．保留金

（1）保留金的扣留。承包商在其投标书附录中按招标文件的要求确认了每次扣留保留金的百分比和保留金限额。在国际工程实践中，每次期中支付时扣留的百分比一般为 5%～10%，累计扣留的最高限额一般为中标合同价的2. 5%～5%。

工程师每次签发期中支付证书时，用当月承包商实际完成工程的应得款额加上因基准日后法规变化和物价波动的调整价款，乘以合同约定的保留金的百分比，作为本次支付时应扣留的保留金，直至累计扣至合同约定的保留金最高限额为止。

（2）保留金的返还。

1）颁发工程接收证书后的返还。当整个工程接收证书签发后，保留金的一半应由工程师开具证书，并支付给承包商。如果颁发的接收证书只是限于一个区段或部分工程，则返还金额按下式计算：

$$\text{返还金额}=\text{保留金总额}\times\frac{\text{移交工程区段或部分的合同估算价值}}{\text{整个合同的估算价值}}\times 40\% \tag{6.3.2}$$

上式中，计算合同估算价值时，不考虑因基准日之后法规变化和物价波动引起的任何调整。

2）在工程的最后一个缺陷通知期期满后，保留金的余额应立即支付给承包商。如果颁发的接收证书只限于一个区段或部分工程，则在该区段或部分工程的缺陷通知期期满后，再返还相应区段或部分工程的保留金的40%，计算方法与公式（6.3.2）相同。

但是，如果在返还保留金时，承包商尚有任何工作仍需完成，工程师有权在此类工作完成之前扣发与完成工作所需费用相应的保留金余额。

6．最终结算

（1）承包商提交最终报表。在工程的最后一个缺陷通知期结束后28日内，工程师应当签发履约证书。在颁发履约证书56日内，承包商应按照工程师规定的格式提交最终报表草案一式6份，并附各项证明文件。最终报表草案应当包括以下内容：

1）根据合同所完成的所有工作的价值。

2）承包商认为根据合同或其他规定应进一步支付给他的任何款项。

如果工程师对该最终报表草案中的某一部分有异议，承包商应根据工程师的合理要求提交进一步的补充资料，并就双方所达成的一致意见对最终报表草案进行修改。随后，承包商应按双方商定的内容编制最终报表，并向工程师提交。

如果工程师和承包商对最终报表草案存在争议，工程师应先就最终报表中无争议的部分向业主开具一份期中支付证书。存在争议的部分根据合同约定的争议解决办法进行解决，承包商随后应根据争议解决的结果，编制一份最终报表提交给业主，同时将副本抄送给工程师。

（2）承包商提交结清单。在提交最终报表时，承包商还应提交一份书面的结清单，确认最终报表的总额为根据或参照合同应支付给他的所有款项的全部和最终的结算额。该结清单可注明，只有在全部合同款余额得到支付且履约保证退还给承包商当日起，该结清单才能生效。

（3）签发最终支付证书。在收到最终报表及书面结清单后28日内，工程师应向业主发出一份最终支付证书。最终支付证书的内容应当包括：

1）最终应支付的金额。

2）在对业主以前支付的全部款额与主有权得到的全部金额加以核算后，业主还应支付给承包商，或承包商还应退回给业主的余额。

如果承包商未按期申请最终支付证书，工程师应要求承包商提出申请。如果承包商未能在28日期限内提交申请，工程师可自行合理决定最终支付金额并签发相应的最终支付证书。

第七章　建设项目竣工决算的编制和质量保证金的处理

第一节　竣 工 验 收

一、建设项目竣工验收的范围和依据

建设项目竣工验收是指由发包人、承包人和项目验收委员会，以项目批准的设计任务书和设计文件，以及国家或部门颁发的施工验收规范和质量检验标准为依据，按照一定的程序和手续，在项目建成并试生产合格后（工业生产性项目），对工程项目的总体进行检验和认证、综合评价和鉴定的活动。按照我国建设程序的规定，竣工验收是建设工程的最后阶段，是建设项目施工阶段和保修阶段的中间过程，是全面检验建设项目是否符合设计要求和工程质量检验标准的重要环节，审查投资使用是否合理的重要环节，是投资成果转入生产或使用的标志。只有经过竣工验收，建设项目才能实现由承包人管理向发包人管理的过渡，它标志着建设投资成果投入生产或使用，对促进建设项目及时投产或交付使用、发挥投资效果、总结建设经验有着重要的作用。

（一）建设项目竣工验收的条件及范围

1．竣工验收的条件

《建设工程质量管理条例》规定，建设工程竣工验收应当具备以下条件：

（1）完成建设工程设计和合同约定的各项内容，主要是指设计文件所确定的、在承包合同中载明的工作范围，也包括监理工程师签发的变更通知单中所确定的工作内容。

（2）有完整的技术档案和施工管理资料。

（3）有工程使用的主要建筑材料、建筑构配件和设备的进场试验报告。对建设工程使用的主要建筑材料、建筑构配件和设备的进场，除具有质量合格证明资料外，还应当有试验、检验报告。试验、检验报告中应当注明其规格、型号、用于工程的哪些部位、批量批次、性能等技术指标，其质量要求必须符合国家规定的标准。

（4）有勘察、设计、施工、工程监理等单位分别签署的质量合格文件。勘察、设计、施工、工程监理等有关单位依据工程设计文件及承包合同所要求的质量标准，对竣工工程进行检查和评定，符合规定的，签署合格文件。

（5）有施工单位签署的工程保修书。

2．竣工验收的范围

国家颁布的建设法规规定，凡新建、扩建、改建的基本建设项目和技术改造项目（所有列入固定资产投资计划的建设项目或单项工程），已按国家批准的设计文件所规定的内容建成，符合验收标准，即：工业投资项目经负荷试车考核，试生产期间能够正常生产出合格产品，形成生产能力的；非工业投资项目符合设计要求，能够正常使用的，不论是属于哪种建设性质，都应及时组织验收，办理固定资产移交手续。

有的工期较长、建设设备装置较多的大型工程，为了及时发挥其经济效益，对其能够独立生产的单项工程，也可以根据建成时间的先后顺序，分期分批地组织竣工验收；对能生产中间产品的一些单项工程，不能提前投料试车，可按生产要求与生产最终产品的工程同步建成竣工后，再进行全部验收。

对于某些特殊情况，工程施工虽未全部按设计要求完成，也应进行验收，这些特殊情况主要有：

（1）因少数非主要设备或某些特殊材料短期内不能解决，虽然工程内容尚未全部完成，但已可以投产或使用的工程项目。

（2）规定要求的内容已完成，但因外部条件的制约，如流动资金不足、生产所需原材料不能满足等，而使已建工程不能投入使用的项目。

（3）有些建设项目或单项工程，已形成部分生产能力，但近期内不能按原设计规模续建，应从实际情况出发，经主管部门批准后，可缩小规模对已完成的工程和设备组织竣工验收，移交固定资产。

（二）建设项目竣工验收的依据和标准

1．竣工验收的依据

建设项目竣工验收的主要依据包括：

（1）上级主管部门对该项目批准的各种文件。

（2）可行性研究报告。

（3）施工图设计文件及设计变更洽商记录。

（4）国家颁布的各种标准和现行的施工验收规范。

（5）工程承包合同文件。

（6）技术设备说明书。

（7）建筑安装工程统一规定及主管部门关于工程竣工的规定。

（8）从国外引进的新技术和成套设备的项目，以及中外合资建设项目，要按照签订的合同和进口国提供的设计文件等进行验收。

（9）利用世界银行等国际金融机构贷款的建设项目，应按世界银行规定，按时编制《项目完成报告》。

2．竣工验收的标准

（1）工业建设项目竣工验收标准。根据国家规定，工业建设项目竣工验收、交付生产使用，必须满足以下要求：

1）生产性项目和辅助性公用设施，已按设计要求完成，能满足生产使用。

2）主要工艺设备配套经联动负荷试车合格，形成生产能力，能够生产出设计文件所规定的产品。

3）有必要的生活设施，并已按设计要求建成合格。

4）生产准备工作能适应投产的需要。

5）环境保护设施，劳动、安全、卫生设施，消防设施已按设计要求与主体工程同时建成使用。

6）设计和施工质量已经通过质量监督部门检验并做出评定。

7）工程结算和竣工决算通过了有关部门审查和审计。

（2）民用建设项目竣工验收标准。

1）建设项目各单位工程和单项工程，均已符合项目竣工验收标准。

2）建设项目配套工程和附属工程，均已施工结束，达到设计规定的相应质量要求，并具备正常使用条件。

（三）建设项目竣工验收的内容

不同的建设项目竣工验收的内容可能有所不同，但一般包括工程资料验收和工程内容验收两部分。

1．工程资料验收

包括工程技术资料、工程综合资料和工程财务资料验收三个方面的内容。

2．工程内容验收

工程内容验收包括建筑工程验收和安装工程验收。

（1）建筑工程验收的内容。建筑工程验收主要是如何运用有关资料进行审查验收，主要包括：

1）建筑物的位置、标高、轴线是否符合设计要求。

2）对基础工程中的土石方工程、垫层工程、砌筑工程等资料的审查验收。

3）对结构工程中的砖木结构、砖混结构、内浇外砌结构、钢筋混凝土结构的审查验收。

4）对屋面工程的屋面瓦、保温层、防水层等的审查验收。

5）对门窗工程的审查验收。

6）对装饰工程的审查验收（抹灰、油漆等工程）。

（2）安装工程验收的内容。安装工程验收分为建筑设备安装工程、工艺设备安装工程和动力设备安装工程验收。主要包括：

1）建筑设备安装工程（指民用建筑物中的上下水管道、暖气、天然气或煤气、通风、电气照明等安装工程）。验收时应检查这些设备的规格、型号、数量、质量是否符合设计要求，检查安装时的材料、材质、材种，检查试压、闭水试验、照明。

2）工艺设备安装工程包括：生产、起重、传动、实验等设备的安装，以及附属管线敷设和油漆、保温等。验收时应检查设备的规格、型号、数量、质量、设备安装的位置、标高、机座尺寸、质量、单机试车、无负荷联动试车、有负荷联动试车是否符合设计要求，检查管道的焊接质量、洗清、吹扫、试压、试漏、油漆、保温等及各种阀门。

3）动力设备安装工程验收是指有自备电厂的项目的验收，或变配电室（所）、动力配电线路的验收。

二、建设项目竣工验收的方式与程序

（一）建设项目竣工验收的组织

1．成立竣工验收委员会或验收组

大中型和限额以上建设项目及技术改造项目，由国家发改委或国家发改委委托项目主管部门、地方政府部门组织验收；小型和限额以下建设项目及技术改造项目，由项目主管部门或地方政府部门组织验收。建设主管部门和建设单位（业主）、接管单位、施工单位、

勘察设计及工程监理等有关单位参加验收工作；根据工程规模大小和复杂程度组成验收委员会或验收组，其人员构成应由银行、物资、环保、劳动、统计、消防及其他有关部门的专业技术人员和专家组成。

2. 验收委员会或验收组的职责

（1）负责审查工程建设的各个环节，听取各有关单位的工作报告。

（2）审阅工程档案资料，实地考察建筑工程和设备安装工程情况。

（3）对工程设计、施工和设备质量、环境保护、安全卫生、消防等方面客观地做出全面的评价。

（4）处理交接验收过程中出现的有关问题，核定移交工程清单，签订交工验收证书。

（5）签署验收意见，对遗留问题应提出具体解决意见并限期落实完成。不合格工程不予验收，并提出竣工验收工作的总结报告和国家验收鉴定书。

（二）建设项目竣工验收的方式

为了保证建设项目竣工验收的顺利进行，验收必须遵循一定的程序，并按照建设项目总体计划的要求以及施工进展的实际情况分阶段进行。建设项目竣工验收，按被验收的对象划分，可分为：单位工程验收、单项工程验收及工程整体验收（称为“动用验收”），见表 7.1.1。

表 7.1.1　不同阶段的工程验收

类型	验收条件	验收组织
单位工程验收（中间验收）	1. 按照施工承包合同的约定，施工完成到某一阶段后要进行中间验收 2. 主要的工程部位施工已完成了隐蔽前的准备工作，该工程部位将置于无法查看的状态	由监理单位组织，业主和承包商派人参加，该部位的验收资料将作为最终验收的依据
单项工程验收（交工验收）	1. 建设项目中的某个合同工程已全部完成 2. 合同内约定有分部分项移交的工程已达到竣工标准，可移交给业主投入试运行	由业主组织，会同施工单位、监理单位、设计单位及使用单位等有关部门共同进行
工程整体验收（动用验收）	1. 建设项目按设计规定全部建成，达到竣工验收条件 2. 初验结果全部合格 3. 竣工验收所需资料已准备齐全	大中型和限额以上项目由国家发改委或由其委托项目主管部门或地方政府部门组织验收；小型和限额以下项目由项目主管部门组织验收；业主、监理单位、施工单位、设计单位和使用单位参加验收工作

（三）建设项目竣工验收的程序

通常所说的建设项目竣工验收，指的是“动用验收”。建设项目全部建成，经过各单项工程的验收符合设计的要求，并具备竣工图表、竣工决算、工程总结等必要的文件资料，由建设项目主管部门或发包人向负责验收的单位提出竣工验收申请报告，按程序验收，如图7.1.1所示。

1. 承包人申请交工验收

承包人在完成了合同约定的工程内容或按合同约定可分步移交工程的，可申请交工验收，交工验收一般为单项工程，但在某些特殊情况下也可以是单位工程的施工内容，诸如特殊基础处理工程、发电站单机机组完成后的移交等。承包人施工的工程达到竣工条件后，应先进行预检验，对不符合要求的部位和项目，确定修补措施和标准，修补有缺陷的工程部位；对于设安装工程，要与发包人和监理工程师共同进行无负荷的单机和联动试车。承包人在完成了上述工作和准备好竣工资料后，即可向发包人提交“工程竣工报验单”。

2. 监理工程师现场初步验收

监理工程师收到“工程竣工报验单”后，应由监理工程师组成验收组，对竣工的工程项目的竣工资料和各专业工程的质量进行初验，在初验中发现的质量问题，要及时以书面方式通知承包人，令其修理甚至返工。经整改合格后监理工程师签署“工程竣工报验单”，并向发包人提出质量评估报告，至此现场初步验收工作结束。

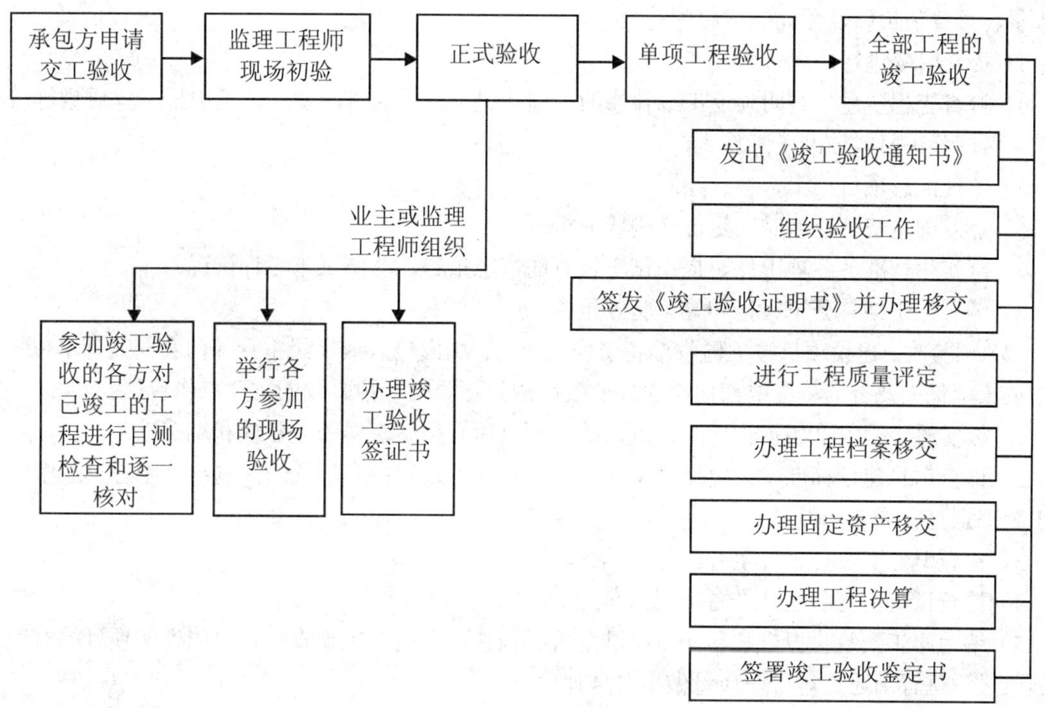

图 7.1.1　竣工验收程序

3．单项工程验收

单项工程验收又称交工验收，即验收合格后发包人方可投入使用。由发包人组织的交工验收，由监理单位、设计单位、承包人、工程质量监督站等参加，主要依据国家颁布的有关技术规范和施工承包合同，对以下几方面进行检查或检验：

（1）检查、核实竣工项目准备移交给发包人的所有技术资料的完整性、准确性。

（2）按照设计文件和合同，检查已完工程是否有漏项。

（3）检查工程质量、隐蔽工程验收资料，关键部位的施工记录等，考察施工质量是否达到合同要求。

（4）检查试车记录及试车中所发现的问题是否得到改正。

（5）在交工验收中发现需要返工、修补的工程，明确规定完成期限。

（6）其他涉及的有关问题。

验收合格后，发包人和承包人共同签署“交工验收证书”。然后由发包人将有关技术资料和试车记录、试车报告及交工验收报告一并上报主管部门，经批准后该部分工程即可投入使用。验收合格的单项工程，在全部工程验收时，原则上不再办理验收手续。

4．全部工程竣工验收

全部施工完成后，由国家主管部门组织的竣工验收，又称为动用验收。全部工程竣工验收分为验收准备、预验收和正式验收三个阶段。

（1）验收准备。发包人、承包人和其他有关单位均应进行验收准备，验收准备的主要工作内容有：

1）收集、整理各类技术资料，分类装订成册。

2）核实建筑安装工程的完成情况，列出已交工工程和未完工工程一览表，包括单位工程名称、工程量、预算估价以及预计完成时间等内容。

3）提交财务进行决算分析。

4）检查工程质量，查明须返工或补修的工程并提出具体的时间安排，预申报工程质量等级的评定，做好相关材料的准备工作。

5）整理汇总项目档案资料，绘制工程竣工图。

6）登载固定资产，编制固定资产构成分析表。

7）落实生产准备各项工作，提出试车检查的情况报告，总结试车考评情况。

8）编写竣工结算分析报告和竣工验收报告。

（2）预验收。建设项目竣工验收准备工作结束后，由发包人或上级主管部门会同监理单位、设计单位、承包人及有关单位或部门组成预验收组进行预验收。预验收的主要工作包括：

1）核实竣工验收准备工作内容，确认竣工项目所有档案资料的完整性和准确性。

2）检查项目建设标准、评定质量，对竣工验收准备过程中有争议的问题和有隐患及遗留问题提出处理意见。

3）检查财务账表是否齐全并验证数据的真实性。

4）检查试车情况和生产准备情况。

5）编写竣工预验收报告和移交生产准备情况报告，在竣工预验收报告中应说明项目的概况、对验收过程进行阐述、对工程质量做出总体评价。

（3）正式验收。建设项目的正式竣工验收是由国家、地方政府、建设项目投资商或开发商以及有关单位领导和专家参加的最终整体验收。大中型和限额以上的建设项目的正式验收，由国家投资主管部门或其委托项目主管部门或地方政府组织验收，一般由竣工验收委员会（或验收小组）主任（或组长）主持，具体工作可由总监理工程师组织实施。国家重点工程的大型建设项目，由国家有关部委邀请有关方面参加，组成工程验收委员会进行验收。小型和限额以下的建设项目由项目主管部门组织。发包人、监理单位、承包人、设计单位和使用单位共同参加验收工作。

1）发包人、勘查设计单位分别汇报工程合同履约情况以及在工程建设各环节执行法律、法规与工程建设强制性标准的情况。

2）听取承包人汇报建设项目的施工情况、自验情况和竣工情况。

3）听取监理单位汇报建设项目监理内容和监理情况及对项目竣工的意见。

4）组织竣工验收小组全体人员进行现场检查，了解项目现状、查验项目质量，及时发现存在和遗留的问题。

5）审查竣工项目移交生产使用的各种档案资料。

6）评审项目质量，对主要工程部位的施工质量进行复验、鉴定，对工程设计的先进性、合理性和经济性进行复验和鉴定，按设计要求和建筑安装工程施工的验收规范和质量标准进行质量评定验收。在确认工程符合竣工标准和合同条款规定后，签发竣工验收合格证书。

7）审查试车规程，检查投产试车情况，核定收尾工程项目，对遗留问题提出处理意见。

8）签署竣工验收鉴定书，对整个项目做出总的验收鉴定。竣工验收鉴定书是表示建设项目已经竣工，并交付使用的重要文件，是全部固定资产交付使用和建设项目正式动用的依据。

整个建设项目进行竣工验收后，发包人应及时办理固定资产交付使用手续。在进行竣工验收时，已验收过的单项工程可以不再办理验收手续，但应将单项工程交工验收证书作为最终验收的附件而加以说明。发包人在竣工验收过程中，如发现工程不符合竣工条件，应责令承包人进行返修，并重新组织竣工验收，直到通过验收。

（四）建设项目竣工验收管理与备案

1．竣工验收报告

建设项目竣工验收合格后，建设单位应当及时提出工程竣工验收报告。工程竣工验收报告主要包括工程概况，建设单位执行基本建设程序情况，对工程勘察、设计、施工、监理等方面的评价，工程竣工验收时间、程序、内容和组织形式，工程竣工验收意见等内容。

工程竣工验收报告还应附有下列文件：

（1）施工许可证。

（2）施工图设计文件审查意见。

（3）验收组人员签署的工程竣工验收意见。

（4）市政基础设施工程应附有质量检测和功能性试验资料。

（5）施工单位签署的工程质量保修书。

（6）法规、规章规定的其他有关文件。

2．竣工验收的管理

（1）国务院建设行政主管部门负责全国工程竣工验收的监督管理工作。

（2）县级以上地方人民政府建设行政主管部门负责本行政区域内工程竣工验收监督管理工作。

（3）工程竣工验收工作，由建设单位负责组织实施。

(4)县级以上地方人民政府建设行政主管部门应当委托工程质量监督机构对工程竣工验收实施监督。

（5）负责监督该工程的工程质量监督机构应当对工程竣工验收的组织形式、验收程序、执行验收标准等情况进行现场监督，发现有违反建设工程项目质量管理规定行为的，责令改正，并将对工程竣工验收的监督情况作为工程质量监督报告的重要内容。

3．竣工验收的备案

(1)国务院建设行政主管部门负责全国房屋建筑工程和市政基础设施工程的竣工验收备案管理工作。县级以上地方人民政府建设行政主管部门负责本行政区域内工程的竣工验收备案管理工作。

（2）建设单位应当自工程竣工验收合格之日起15日内，依照《房屋建筑工程和市政基础设施工程竣工验收备案管理暂行办法》的规定，向工程所在地的县级以上地方人民政府建设行政主管部门备案。

（3）建设单位办理工程竣工验收备案应当提交下列文件：

1）工程竣工验收备案表。

2）工程竣工验收报告。竣工验收报告应当包括工程报建日期，施工许可证号，施工图设计文件审查意见，勘察、设计、施工、工程监理等单位分别签署的质量合格文件及验收人员签署的竣工验收原始文件，市政基础设施的有关质量检测和功能性试验资料以及备案机关认为需要提供的有关资料。

3）法律、行政法规规定应当由规划、公安消防、环保等部门出具的认可文件或准许使用文件。

4）施工单位签署的工程质量保修书；商品住宅还应当提交《住宅质量保证书》和《住宅使用说明书》。

5）法规、规章规定必须提供的其他文件。

(4) 备案机关收到建设单位报送的竣工验收备案文件，验证文件齐全后，应当在工程竣工验收备案表上签署文件收讫。工程竣工验收备案表一式二份，一份由建设单位保存，一份留备案机关存档。

(5) 工程质量监督机构应当在工程竣工验收之日起5日内，向备案机关提交工程质量监督报告。

(6) 备案机关发现建设单位在竣工验收过程中有违反国家有关建设工程质量管理规定行为的，应当在收讫竣工验收备案文件15日内，责令停止使用，重新组织竣工验收。

第二节 竣工决算

一、建设项目竣工决算的概念及作用

(一) 建设项目竣工决算的概念

项目竣工决算是指所有项目竣工后，项目单位按照国家有关规定在项目竣工验收阶段编制的竣工决算报告。竣工决算是以实物数量和货币指标为计量单位，综合反映竣工项目从筹建开始到项目竣工交付使用为止的全部建设费用、建设成果和财务情况的总结性文件，是竣工验收报告的重要组成部分，竣工决算是正确核定新增固定资产价值，考核分析投资效果，建立健全经济责任制的依据，是反映建设项目实际造价和投资效果的文件。竣工决算是建设工程经济效益的全面反映，是项目法人核定各类新增资产价值、办理其交付使用的依据。竣工决算是工程造价管理的重要组成部分，做好竣工决算是全面完成工程造价管理目标的关键性因素之一。通过竣工决算，既能够正确地反映建设工程的实际造价和投资结果；又可以通过竣工决算与概算、预算的对比分析，考核投资控制的工作成效，为工程建设提供重要的技术经济方面的基础资料，提高未来工程建设的投资效益。

项目竣工时，应编制建设项目竣工财务决算。建设周期长、建设内容多的项目，单项工程竣工，具备交付使用条件的，可编制单项工程竣工财务决算。建设项目全部竣工后应编制竣工财务总决算。

(二) 建设项目竣工决算的作用

(1) 建设项目竣工决算是综合全面地反映竣工项目建设成果及财务情况的总结性文件，它采用货币指标、实物数量、建设工期和各种技术经济指标综合、全面地反映建设项目自开始建设到竣工为止全部建设成果和财务状况。

(2) 建设项目竣工决算是办理交付使用资产的依据，也是竣工验收报告的重要组成部分。建设单位与使用单位在办理交付资产的验收交接手续时，通过竣工决算反映了交付使用资产的全部价值，包括固定资产、流动资产、无形资产和其他资产的价值。及时编制竣工决算可以正确核定固定资产价值并及时办理交付使用，可缩短工程建设周期，节约建设项目投资，准确考核和分析投资效果。

(3) 为确定建设单位新增固定资产价值提供依据。在竣工决算中，详细地计算了建设项目所有的建安费、设备购置费、其他工程建设费等新增固定资产总额及流动资金，可作为建设主管部门向企业使用单位移交财产的依据。

(4) 建设项目竣工决算是分析和检查设计概算的执行情况，考核建设项目管理水平和投资效果的依据。竣工决算反映了竣工项目计划、实际的建设规模、建设工期以及设计和实际的生产能力，

反映了概算总投资和实际的建设成本，同时还反映了所达到的主要技术经济指标。通过对这些指标计划数、概算数与实际数进行对比分析，不仅可以全面掌握建设项目计划和概算执行情况，而且可以考核建设项目投资效果，为今后制订建设项目计划，降低建设成本，提高投资效果提供必要的参考资料。

二、竣工决算的内容和编制

（一）竣工决算的内容

建设项目竣工决算应包括从筹集到竣工投产全过程的全部实际费用，即包括建筑工程费、安装工程费、设备工器具购置费用及预备费等费用。根据财政部、国家发改委和城乡建设部的有关文件规定，竣工决算是由竣工财务决算说明书、竣工财务决算报表、工程竣工图和工程竣工造价对比分析四部分组成的。其中竣工财务决算说明书和竣工财务决算报表两部分又称建设项目竣工财务决算，是竣工决算的核心内容。

1．竣工财务决算说明书

竣工财务决算说明书主要反映竣工工程建设成果和经验，是对竣工决算报表进行分析和补充说明的文件，是全面考核分析工程投资与造价的书面总结，是竣工决算报告的重要组成部分，其内容主要包括：

（1）基本建设项目概况。一般从进度、质量、安全和造价方面进行分析说明。进度方面主要说明开工和竣工时间，对照合理工期和要求工期分析是提前还是延期；质量方面主要根据竣工验收委员会或与其相当一级的质量监督部门的验收评定等级、合格率和优良品率；安全方面主要根据劳动工资和施工部门的记录，对有无设备和人身事故进行说明；造价方面主要对照概算造价，说明节约或超支的情况，用金额和百分率进行分析说明。

（2）会计账务的处理、财产物资清理及债权债务的清偿情况。

（3）基建结余资金等分配情况。

（4）主要技术经济指标的分析、计算情况。概算执行情况分析，根据实际投资完成额与概算进行对比分析；新增生产能力的效益分析，说明交付使用财产占总投资额的比例、占支付使用财产的比例，不增加固定资产的造价占投资总额的比例，分析有机构成和成果。

（5）基本建设项目管理及决算中存在的问题、建议。

（6）决算与概算的差异和原因分析。

（7）需要说明的其他事项。

2．竣工财务决算报表

根据财政部“关于印发《基本建设财务管理规定》的通知”（财基〔2002〕394号）的规定，大、中型建设项目和小型建设项目的基本建设竣工财务决算采用不同的审批制度。在中央级项目中，大、中型建设项目（经营性项目投资额在5000万元以上、非经营性项目投资额在3000万元以上的建设项目）竣工财务决算，经主管部门审核后报财政部审批。属国家确定的重点小型建设项目，其竣工财务决算经主管部门审核后报财政部审批，或由财政部授权主管部门审批；其他小型建设项目竣工财务决算报主管部门审批。地方级基本建设项目竣工财务决算的报批，由各省、自治区、直辖市、计划单列市财政厅（局）确定。建设项目竣工决算报表包括：基本建设项目概况表；基本建设项目竣工财务决算表；基本建设项目交付使用资产总表；基本建设项目交付使用资产明细表等。

（1）基本建设项目概况表（见表7.2.1）。该表综合反映基本建设项目的基本概况，内容包括该项目总投资、建设起止时间、新增生产能力、主要材料消耗、建设成本、完成主要工程量和主要技术经济指标，为全面考核和分析投资效果提供依据，可按下列要求填写：

1）建设项目名称、建设地址、主要设计单位和主要承包人，要按全称填列。

2）表中各项目的设计、概算、计划等指标，根据标准的设计文件和概算、计划等确定的数字填列。

3）表中所列新增生产能力、完成主要工程量的实际数据，根据建设单位统计资料和承包人提供的有关成本核算资料填列。

4）表中基建支出是指建设项目从开工起至竣工为止发生的全部基本建设支出，包括形成资产价值的交付使用资产，如固定资产、流动资产、无形资产、其他资产支出，还包括不形成资产价值按照规定应核销的非经营项目的待核销基建支出和转出投资。上述支出，应根据财政部门历年批准的“基建投资表”中的有关数据填列。按照财政部“关于《基本建设财务管理若干规定》的通知”（财基字〔1998〕4号），需要注意以下几点：

①建筑安装工程投资支出、设备工器具投资支出、待摊投资支出和其他投资支出构成建设项目的建设成本。

②待核销基建支出是指非经营性项目发生的江河清障、补助群众造林、水土保持、城市绿化、取消项目可行性研究费、项目报废等不能形成资产部分的投资。对于能够形成资产部分的投资，应计入交付使用资产价值。

③非经营性项目转出投资支出是指非经营项目为项目配套的专用设施投资，包括专用道路、专用通信设施、送变电站、地下管道等，其产权不属于本单位的投资支出，对于产权归属本单位的，应计入交付使用资产价值。

5）表中“初步设计和概算批准文号”，按最后经批准的文件号填列。

6）表中收尾工程是指全部工程项目验收后尚遗留的少量收尾工程，在表中应明确填写收尾工程内容、完成时间、这部分工程的实际成本，可根据实际情况进行估算并加以说明，完工后不再编制竣工决算。

（2）基本建设项目竣工财务决算表（见表7.2.2）。竣工财务决算表是竣工财务决算报表的一种，大中型建设项目竣工财务决算表是用来反映建设项目的全部资金来源和资金占用情况，考核和分析投资效果的依据。该表反映竣工的大中型建设项目从开工到竣工为止全部资金来源和资金运用的情况。它是考核和分析投资效果，落实结余资金，并作为报告上级核销基本建设支出和基本建设拨款的依据。在编制该表前，应先编制出项目竣工年度财务决算，根据编制出的竣工年度财务决算和历年财务决算编制项目的竣工财务决算。此表采用平衡表形式，即资金来源合计等于资金支出合计。

基本建设项目竣工财务决算表具体编制方法如下：

1）资金来源包括基建拨款、项目资本金、项目资本公积金、基建借款、上级拨入投资借款、企业债券资金、待冲基建支出、应付款和未交款以及上级拨入资金和企业留成收入等。其中：

①项目资本金是指经营性项目投资者按国家有关项目资本金的规定，筹集并投入项目的非负债资金，在项目竣工后，相应转为生产经营企业的国家资本金、法人资本金、个人资本金和外商资本金。

②项目资本公积金是指经营性项目对投资者实际缴付的出资额超过其资金的差额（包括发行股票的溢价净收入）、资产评估确认价值或者合同协议约定价值与原账面净值的差额、接收捐赠的财产、资本汇率折算差额，在项目建设期间作为资本公积金、项目建成交付使用并办理竣工决算后，转为生产经营企业的资本公积金。

表 7.2.1　基本建设项目概况表

<table>
<tr><td>建设项目（单项工程）名称</td><td colspan="2"></td><td>建设地址</td><td colspan="2"></td><td rowspan="9">基建支出</td><td>项目</td><td>概算（元）</td><td>实际（元）</td><td>备注</td></tr>
<tr><td rowspan="2">主要设计单位</td><td colspan="2" rowspan="2"></td><td rowspan="2">主要施工企业</td><td colspan="2" rowspan="2"></td><td>建筑安装工程</td><td></td><td></td><td></td></tr>
<tr><td>设备、工具、器具</td><td></td><td></td><td></td></tr>
<tr><td rowspan="2">占地面积</td><td>设计</td><td>实际</td><td rowspan="2">总投资（万元）</td><td>设计</td><td>实际</td><td>待摊投资</td><td></td><td></td><td></td></tr>
<tr><td></td><td></td><td></td><td></td><td>其中：建设单位管理费</td><td></td><td></td><td></td></tr>
<tr><td rowspan="2">新增生产能力</td><td colspan="3">能力（效益）名称</td><td>设计</td><td>实际</td><td>其他投资</td><td></td><td></td><td></td></tr>
<tr><td colspan="3"></td><td></td><td></td><td>待核销基建支出</td><td></td><td></td><td></td></tr>
<tr><td rowspan="2">建设起止时间</td><td>设计</td><td colspan="4">从　年　月开工至　年　月竣工</td><td>非经营项目转出投资</td><td></td><td></td><td></td></tr>
<tr><td>实际</td><td colspan="4">从　年　月开工至　年　月竣工</td><td>合计</td><td></td><td></td><td></td></tr>
<tr><td>设计概算批准文号</td><td colspan="10"></td></tr>
<tr><td rowspan="3">完成主要工程量</td><td colspan="5">建设规模</td><td colspan="5">设备（台、套、吨）</td></tr>
<tr><td colspan="3">设计</td><td colspan="2">实际</td><td colspan="2">设计</td><td colspan="3">实际</td></tr>
<tr><td colspan="3"></td><td colspan="2"></td><td colspan="2"></td><td colspan="3"></td></tr>
<tr><td rowspan="2">收尾工程</td><td colspan="3">工程项目、内容</td><td colspan="2">已完成投资额</td><td colspan="2">尚需投资额</td><td colspan="3">完成时间</td></tr>
<tr><td colspan="3"></td><td colspan="2"></td><td colspan="2"></td><td colspan="3"></td></tr>
</table>

③基建收入是基建过程中形成的各项工程建设副产品变价净收入、负荷试车的试运行收入以及其他收入，在表中基建收入以实际销售收入扣除销售过程中所发生的费用和税后的实际纯收入填写。

2）表中“交付使用资产”、“预算拨款”、“自筹资金拨款”、“其他拨款”、“项目资本”、“基建投资借款”、“其他借款”等项目，是指自开工建设至竣工的累计数，上述有关指标应根据历年批复的年度基本建设财务决算和竣工年度的基本建设财务决算中资金平衡表相应项目的数字进行汇总填写。

3）表中其余项目费用办理竣工验收时的结余数，根据竣工年度财务决算中资金平衡表的有关项目期末数填写。

4）资金支出反映建设项目从开工准备到竣工全过程资金支出的情况，内容包括基建支出、应收生产单位投资借款、库存器材、货币资金、有价证券和预付及应收款以及拨付所属投资借款和库存固定资产等，资金支出总额应等于资金来源总额。

表 7.2.2　基本建设项目竣工财务决算表　　单位：元

资金来源	金额	资金占用	金额
一、基建拨款		一、基本建设支出	
1. 预算拨款		1. 交付使用资产	
2. 基建基金拨款		2. 在建工程	
其中：国债专项资金拨款		3. 待核销基建支出	

（续表）

资金来源	金额	资金占用	金额
3．专项建设基金拨款		4．非经营性项目转出投资	
4．进口设备转账拨款		二、应收生产单位投资借款	
5．器材转账拨款		三、拨付所属投资借款	
6．煤代油专用基金拨款		四、器材	
7．自筹资金拨款		其中：待处理器材损失	
8．其他拨款		五、货币资金	
二、项目资本金		六、预付及应收款	
1．国家资本		七、有价证券	
2．法人资本		八、固定资产	
3．个人资本		固定资产原值	
4．外商资本		减：累计折旧	
三、项目资本公积		固定资产净值	
四、基建借款		固定资产清理	
其中：国债转贷		待处理固定资产损失	
五、上级拨入投资借款			
六、企业债券资金			
七、待冲基建支出			
八、应付款			
九、未交款			
1．未交税金			
2．其他未交款			
十、上级拨入资金			
十一、留成收入			
合　计		合　计	

（3）基本建设项目交付使用资产总表（见表7.2.3）。该表反映建设项目建成后新增固定资产、流动资产、无形资产和其他资产价值的情况和价值，作为财产交接、检查投资计划完成情况和分析投资效果的依据。

表 7.2.3　基本建设项目交付使用资产总表　　**单位：元**

序号	单项工程项目名称	总计	固定资产				流动资产	无形资产	其他资产
			合计	建安工程	设备	其他			

交付单位：　　　负责人：　　　接受单位：　　　负责人：
盖　章　　　　　年　月　日　　盖　章　　　　　年　月　日

基本建设项目交付使用资产总表具体编制方法如下。

1）表7.2.3中各栏目数据根据“交付使用明细表”的固定资产、流动资产、无形资产、其他资产的各相应项目的汇总数分别填写，表中总计栏的总计数应与竣工财务决算表中的交付使用资产的金额一致。

2）表7.2.3中第3、4栏、第8、9、10栏的合计数，应分别与竣工财务决算表交付使用的固定资产、流动资产、无形资产、其他资产的数据相符。

（4）基本建设项目交付使用资产明细表（见表7.2.4）。该表反映了交付使用的固定资产、流动资产、无形资产和其他资产及其价值的明细情况，是办理资产交接和接收单位登记资产账目的依据，是使用单位建立资产明细账和登记新增资产价值的依据。编制时要做到齐全完整，数字准确，各栏目价值应与会计账目中相应科目的数据保持一致。

表 7.2.4　建设项目交付使用资产明细表

单项工程名称	建筑工程			设备、工具、器具、家具						流动资产		无形资产		其他资产	
	结构	面积（m^2）	价值（元）	名称	规格型号	单位	数量	价值（元）	设备安装费（元）	名称	价值（元）	名称	价值（元）	名称	价值（元）

基本建设项目交付使用资产明细表具体编制方法如下。

1）表中“建筑工程”项目应按单项工程名称填列其结构、面积和价值。其中“结构”是指项目按钢结构、钢筋混凝土结构、混合结构等结构形式填写；面积则按各项目实际完成面积填列；价值按交付使用资产的实际价值填写。

2）表中“固定资产”部分要在逐项盘点后，根据盘点实际情况填写，工具、器具和家具等低值易耗品可分类填写。

3）表中“流动资产”、“无形资产”、“其他资产”项目应根据建设单位实际交付的名称和价值分别填列。

3．建设工程竣工图

建设工程竣工图是真实地记录各种地上、地下建筑物、构筑物等情况的技术文件，是工程进行交工验收、维护、改建和扩建的依据，是国家的重要技术档案。全国各建设、设计、施工单位和各主管部门都要认真做好竣工图的编制工作。国家规定：各项新建、扩建、改建的基本建设工程，特别是基础、地下建筑、管线、结构、井巷、桥梁、隧道、港口、水坝以及设备安装等隐蔽部位，都要编制竣工图。为确保竣工图质量，必须在施工过程中（不能在竣工后）及时做好隐蔽工程检查记录，整理好设计变更文件。编制竣工图的形式和深度，应根据不同情况区别对待，其具体要求包括：

（1）凡按图竣工没有变动的，由承包人（包括总包和分包承包人，下同）在原施工图上加盖“竣工图”标志后，即作为竣工图。

（2）凡在施工过程中，虽有一般性设计变更，但能将原施工图加以修改补充作为竣工图的，可不重新绘制，由承包人负责在原施工图（必须是新蓝图）上注明修改的部分，并附以设计变更通知单和施工说明，加盖“竣工图”标志后，作为竣工图。

（3）凡结构形式改变、施工工艺改变、平面布置改变、项目改变以及有其他重大改变，不宜再在原施工图上修改、补充时，应重新绘制改变后的竣工图。因原设计原因造成的，由设计单位负责重新绘制；因施工原因造成的，由承包人负责重新绘图；因其他原因造成的，由建设单位自行绘制或委托设计单位绘制。承包人负责在新图上加盖“竣工图”标志，并附以有关记录和说明，作为竣工图。

（4）为了满足竣工验收和竣工决算需要，还应绘制反映竣工工程全部内容的工程设计平面示意图。

（5）重大的改建、扩建工程项目涉及原有的工程项目变更时，应将相关项目的竣工图资料统一整理归档，并在原图案卷内增补必要的说明一起归档。

4．工程造价对比分析

对控制工程造价所采取的措施、效果及其动态的变化需要进行认真的比较对比，总结经验教训。批准的概算是考核建设工程造价的依据。在分析时，可先对比整个项目的总概算，然后将建筑安装工程费、设备工器具费和其他工程费用逐一与竣工决算表中所提供的实际数据和相关资料及批准的概算、预算指标、实际的工程造价进行对比分析，以确定竣工项目总造价是节约还是超支，并在对比的基础上，总结先进经验，找出节约和超支的内容和原因，提出改进措施。在实际工作中，应主要分析以下内容：

（1）考核主要实物工程量。对于实物工程量出入比较大的情况，必须查明原因。

（2）考核主要材料消耗量，考核主要材料消耗量，要按照竣工决算表中所列明的三大材料实际超概算的消耗量，查明是在工程的哪个环节超出量最大，再进一步查明超耗的原因。

（3）考核建设单位管理费、措施费和间接费的取费标准。建设单位管理费、措施费和间接费的取费标准要按照国家和各地的有关规定，根据竣工决算报表中所列的建设单位管理费与概预算所列的建设单位管理费数额进行比较，依据规定查明是否多列或少列的费用项目，确定其节约超支的数额，并查明原因。

（二）竣工决算的编制

为进一步加强基本建设项目竣工财务决算管理，根据财政部《关于进一步加强中央基本建设项目竣工财务决算工作的通知》（财办建〔2008〕91号）的规定，项目建设单位应在项目竣工后3个月内完成竣工决算的编制工作，并报主管部门审核。主管部门收到竣工财务决算报告后，对于按规定由主管部门审批的项目，应及时审核批复，并报财政部备案；对于按规定报财政部审批的项目，一般应在收到竣工决算报告后一个月内完成审核工作，并将经过审核后的决算报告报财政部（经济建设司）审批。

财政部按规定对中央级大中型项目、国家确定的重点小型项目竣工财务决算的审批实行“先审核、后审批”的办法，即对需先审核后审批的项目，先委托财政投资评审机构或经财政部认可的有资质的中介机构对项目单位编制的竣工财务决算进行审核，再按规定批复项目竣工财务决算。对审核中审减的概算内投资，经财政部审核确认后，按投资来源比例归还投资方。

主管部门应对项目建设单位报送的项目竣工财务决算认真审核，严格把关。审核的重点内容：项目是否按规定程序和权限进行立项、可研和初步设计报批工作；项目建设超标准、超规模、超概算投资等问题审核；项目竣工财务决算金额的正确性审核；项目竣工财务决算资料的完整性审核；项目建设过程中存在主要问题的整改情况审核等。

1．竣工决算的编制依据竣工决算的编制依据主要有：

（1）经批准的可行性研究报告、投资估算书，初步设计或扩大初步设计，修正总概算及其批复文件。

（2）经批准的施工图设计及其施工图预算书。

（3）设计交底或图纸会审会议纪要。

（4）设计变更记录、施工记录或施工签证单及其他施工发生的费用记录。

（5）招标控制价，承包合同、工程结算等有关资料。

（6）竣工图及各种竣工验收资料。

（7）历年基建计划、历年财务决算及批复文件。

（8）设备、材料调价文件和调价记录。

（9）有关财务核算制度、办法和其他有关资料。

2．竣工决算的编制要求

为了严格执行建设项目竣工验收制度，正确核定新增固定资产价值，考核分析投资效果，建立健全经济责任制，所有新建、扩建和改建等建设项目竣工后，都应及时、完整、正确的编制好竣工决算。建设单位要做好以下工作：

（1）按照规定组织竣工验收，保证竣工决算的及时性。对建设工程的全面考核，所有的建设项目（或单项工程）按照批准的设计文件所规定的内容建成后，具备了投产和使用条件的，都要及时组织验收。对于竣工验收中发现的问题，应及时查明原因，采取措施加以解决，以保证建设项目按时交付使用和及时编制竣工决算。

（2）积累、整理竣工项目资料，保证竣工决算的完整性。积累、整理竣工项目资料是编制竣工决算的基础工作，它关系到竣工决算的完整性和质量的好坏。因此，在建设过程中，建设单位必须随时收集项目建设的各种资料，并在竣工验收前，对各种资料进行系统整理，分类立卷，为编制竣工决算提供完整的数据资料，为投产后加强固定资产管理提供依据。在工程竣工时，建设单位应将各种基础资料与竣工决算一起移交给生产单位或使用单位。

（3）清理、核对各项账目，保证竣工决算的正确性。工程竣工后，建设单位要认真核实各项交付使用资产的建设成本；做好各项账务、物资以及债权的清理结余工作，应偿还的及时偿还，该收回的应及时收回，对各种结余的材料、设备、施工机械工具等，要逐项清点核实，妥善保管，按照国家有关规定进行处理，不得任意侵占；对竣工后的结余资金，要按规定上交财政部门或上级主管部门。在完成上述工作，核实了各项数字的基础上，正确编制从年初起到竣工月份止的竣工年度财务决算，以便根据历年的财务决算和竣工年度财务决算进行整理汇总，编制建设项目决算。

按照规定竣工决算应在竣工项目办理验收交付手续后一个月内编好，并上报主管部门，有关财务成本部分，还应送经办行审查签证。主管部门和财政部门对报送的竣工决算审批后，建设单位即可办理决算调整和结束有关工作。

3．竣工决算的编制步骤

（1）收集、整理和分析有关依据资料。在编制竣工决算文件之前，应系统地整理所有的技术资料、工料结算的经济文件、施工图纸和各种变更与签证资料，并分析它们的准确性。完整、齐全的资料，是准确而迅速编制竣工决算的必要条件。

（2）清理各项财务、债务和结余物资。在收集、整理和分析有关资料中，要特别注意建设工程从筹建到竣工投产或使用的全部费用的各项账务，债权和债务的清理，做到工程完毕账目清晰，即要核对账目，又要查点库存实物的数量，做到账与物相等，账与账相符，对结余的各种材料、工器具和设备，要逐项清点核实，妥善管理，并按规定及时处理，收回资金。对各种往来款项要及时进行全面清理，为编制竣工决算提供准确的数据和结果。

（3）核实工程变动情况。重新核实各单位工程、单项工程造价，将竣工资料与原设计图纸进行查对、核实，必要时可实地测量，确认实际变更情况；根据经审定的承包人竣工结算等原始资料，按照有关规定对原概、预算进行增减调整，重新核定工程造价。

（4）编制建设工程竣工决算说明。按照建设工程竣工决算说明的内容要求，根据编制依据材料填写在报表中的结果，编写文字说明。

（5）填写竣工决算报表。按照建设工程决算表格中的内容，根据编制依据中的有关资料进行统计或计算各个项目和数量，并将其结果填到相应表格的栏目内，完成所有报表的填写。

（6）做好工程造价对比分析。

（7）清理、装订好竣工图。

（8）上报主管部门审查存档。

将上述编写的文字说明和填写的表格经核对无误，装订成册，即为建设工程竣工决算文件。将其上报主管部门审查，并把其中财务成本部分送交开户银行签证。竣工决算在上报主管部门的同时，抄送有关设计单位。大中型建设项目的竣工决算还应抄送财政部、建设银行总行和省、市、自治区的财政局和建设银行分行各一份。建设工程竣工决算的文件，由建设单位负责组织人员编写，在竣工建设项目办理验收使用一个月之内完成。

4．竣工决算的编制实例

【例7.2.1】某大中型建设项目2010年开工建设，2012年年底有关财务核算资料如下：

（1）已经完成部分单项工程，经验收合格后，已经交付使用的资产包括：

1）固定资产价值95 560万元。

2）为生产准备的使用期限在一年以内的备品备件、工具、器具等流动资产价值50 000万元，期限在一年以上，单位价值在1500元以上的工具100万元。

3）建造期间购置的专利权、专有技术等无形资产2000万元，摊销期5年。

（2）基本建设支出的未完成项目包括：

1）建筑安装工程支出16 000万元。

2）设备工器具投资48 000万元。

3）建设单位管理费、勘察设计费等待摊投资2500万元。

4）通过出让方式购置的土地使用权形成的其他投资120万元。

（3）非经营项目发生待核销基建支出60万元。

（4）应收生产单位投资借款1500万元。

（5）购置需要安装的器材60万元，其中待处理器材20万元。

（6）货币资金500万元。

（7）预付工程款及应收有偿调出器材款22万元。

（8）建设单位自用的固定资产原值60 550万元，累计折旧10 022万元。

（9）反映在“资金平衡表”上的各类资金来源的期末余额是：

1）预算拨款70 000万元。

2）自筹资金拨款72 000万元。

3）其他拨款500万元。

4）建设单位向商业银行借入的借款121 000万元。

5）建设单位当年完成交付生产单位使用的资产价值中，500万元属于利用投资借款形成的待冲基建支出。

6）应付器材销售商80万元贷款和尚未支付的应付工程款2820万元。

7）未交税金50万元。

根据上述有关资料编制该项目竣工财务决算表，如表7.2.5所示。

表 7.2.5　大、中型建设项目竣工财务决算表

建设项目名称：××建设项目　　　　单位：万元

资金来源	金额	资金占用	金额
一、基建拨款	142 500	、基本建设支出	214 340
1．预算拨款	7000	1．交付使用资产	147 660
2．基建基金拨款		2．在建工程	66 620
其中：国债专项资金拨款		3．待核销基建支出	60
3．专项建设基金拨款		4．非经营性项目转出投资	
4．进口设备转账拨款		二、应收生产单位投资借款	1500
5．器材转账拨款		三、拨付所属投资借款	
6．煤代油专用基金拨款		四、器材	60
7．自筹资金拨款	72 000	其中：待处理器材损失	20
8．其他拨款	500	五、货币资金	500
二、项目资本金		六、预付及应收款	22
1．国家资本		七、有价证券	
2．法人资本		八、固定资产	50 528
3．个人资本		固定资产原值	60 550
4．外商资本			
三、项目资本公积		减：累计折旧	10 022
四、基建借款		固定资产净值	50 528
其中：国债转贷	121 000	固定资产清理	
五、上级拨入投资借款		待处理固定资产损失	
六、企业债券资金			
七、待冲基建支出	500		

（续表）

资金来源	金额	资金占用	金额
八、应付款	2900		
九、未交款	50		
1．未交税金	50		
2．其他未交款			
十、上级拨入资金			
十一、留成收入			
合　计	266 950	合　计	266 950

三、新增资产价值的确定

（一）新增资产价值的分类

建设项目竣工投入运营后，所花费的总投资形成相应的资产。按照新的财务制度和企业会计准则，新增资产按资产性质可分为固定资产、流动资产、无形资产和其他资产四大类。

（二）新增资产价值的确定方法

1．新增固定资产价值的确定

新增固定资产价值是建设项目竣工投产后所增加的固定资产的价值，它是以价值形态表示的固定资产投资最终成果的综合性指标。新增固定资产价值是投资项目竣工投产后所增加的固定资产价值，即交付使用的固定资产价值，是以价值形态表示建设项目的固定资产最终成果的指标。新增固定资产价值的计算是以独立发挥生产能力的单项工程为对象的。单项工程建成经有关部门验收鉴定合格，正式移交生产或使用，即应计算新增固定资产价值。一次交付生产或使用的工程一次计算新增固定资产价值，分期分批交付生产或使用的工程，应分期分批计算新增固定资产价值。新增固定资产价值的内容包括：已投A生产或交付使用的建筑、安装工程造价；达到固定资产标准的设备、工器具的购置费用；增加固定资产价值的其他费用。

在计算时应注意以下几种情况：

（1）对于为了提高产品质量、改善劳动条件、节约材料消耗、保护环境而建设的附属辅助工程，只要全部建成，正式验收交付使用后就要计入新增固定资产价值。

（2）对于单项工程中不构成生产系统，但能独立发挥效益的非生产性项目，如住宅、食堂、医务所、托儿所、生活服务网点等，在建成并交付使用后，也要计算新增固定资产价值。

（3）凡购置达到固定资产标准不需安装的设备、工器具，应在交付使用后计入新增固定资产价值。

（4）属于新增固定资产价值的其他投资，应随同受益工程交付使用的同时一并计入。

（5）交付使用财产的成本，应按下列内容计算：

1）房屋、建筑物、管道、线路等固定资产的成本包括，建筑工程成果和待分摊的待摊投资。

2）动力设备和生产设备等固定资产的成本包括，需要安装设备的采购成本，安装工程成本，设备基础、支柱等建筑工程成本或砌筑锅炉及各种特殊锅炉的建筑工程成本，应分摊的待摊投资。

3）运输设备及其他不需要安装的设备、工具、器具、家具等固定资产一般仅计算采购成本，不计分摊的“待摊投资”。

（6）共同费用的分摊方法。新增固定资产的其他费用，如果是属于整个建设项目或两个以上单项工程的，在计算新增固定资产价值时，应在各单项工程中按比例分摊。一般情况下，建设单位管理费以建筑工程、安装工程、需安装设备价值总额等按比例分摊，而土地征用费、地质勘察和建筑工程设计费等费用则按建筑工程造价比例分摊，生产工艺流程系统设计费按安装工程造价比例分摊。

【例7.2.2】某工业建设项目及其总装车间的建筑工程费、安装工程费，需安装设备费以及应摊入费用如表7.2.6所示，计算总装车间新增固定资产价值。

表 7.2.6　分摊费用计算表

项目名称	建筑工程	安装工程	需安装设备	建设单位管理费	土地征用费	建筑设计费	工艺设计费
建设单位竣工决算	5000	1000	1200	105	120	60	40
总装车间竣工决算	1000	500	600				

解：计算如下：

应分摊的建设单位管理费=$\frac{1000+500+600}{5000+1000+1200}\times 105=30.625$(万元)

应分摊的土地征用费=$\frac{1000}{5000}\times 120=24$(万元)

应分摊的建筑设计费=$\frac{1000}{5000}\times 60=12$(万元)

应分摊的工艺设计费=$\frac{500}{1000}\times 40=20$(万元)

总装车间新增固定资产价值=(1000+500+600)+(30.625+24+12+20)
$=2100+86.625=2186.625$(万元)

2．新增流动资产价值的确定

流动资产是指可以在一年内或者超过一年的一个营业周期内变现或者运用的资产，包括现金及各种存款以及其他货币资金、短期投资、存货、应收及预付款项以及其他流动资产等。

（1）货币性资金。货币性资金是指现金、各种银行存款及其他货币资金，其中现金是指企业的库存现金，包括企业内部各部门用于周转使用的备用金；各种存款是指企业的各种不同类型的银行存款；其他货币资金是指除现金和银行存款以外的其他货币资金，根据实际入账价值核定。

（2）应收及预付款项。应收账款是指企业因销售商品、提供劳务等应向购货单位或受益单位收取的款项；预付款项是指企业按照购货合同预付给供货单位的购货定金或部分货款。应收及预付款项包括应收票据、应收款项、其他应收款、预付货款和待摊费用。一般情况下，应收及预付项按企业销售商品、产品或提供劳务时的实际成交金额入账核算。

（3）短期投资包括股票、债券、基金。股票和债券根据是否可以上市流通分别采用市场法和收益法确定其价值。

（4）存货。存货是指企业的库存材料、在产品、产成品等。各种存货应当按照取得时的实际成本计价。存货的形成，主要有外购和自制两个途径。外购的存货，按照买价加运输费、装卸费、保险费、途中合理损耗、入库前加工整理及挑选费用，以及缴纳的税金等计价；自制的存货，按照制造过程中的各项实际支出计价。

3．新增无形资产价值的确定

在财政部和国家知识产权局的指导下，中国资产评估协会2008年制定了《资产评估准则——无形资产》，自2009年7月1日起施行。根据上述准则规定，无形资产是指特定主体所拥有或者控制的，不具有实物形态，能持续发挥作用且能带来经济利益的资源。我国作为评估对象的无形资产通常包括专利权、专有技术、商标权、著作权、销售；网络、客户关系、供应关系、人力资源、商业特许权、合同权益、土地使用权、矿业权、水域使用权、森林权益、商誉等。

（1）无形资产的计价原则。

1）投资者按无形资产作为资本金或者合作条件投入时，按评估确认或合同协议约定的金额计价。

2）购入的无形资产，按照实际支付的价款计价。

3）企业自创并依法申请取得的，按开发过程中的实际支出计价。

4）企业接受捐赠的无形资产，按照发票账单所载金额或者同类无形资产市场价作价。

5）无形资产计价入账后，应在其有效使用期内分期摊销，即企业为无形资产支出的费用应在无形资产的有效期内得到及时补偿。

（2）无形资产的计价方法。

1）专利权的计价。专利权分为自创和外购两类。自创专利权的价值为开发过程中的实际支出，主要包括专利的研制成本和交易成本。研制成本包括直接成本和间接成本：直接成本是指研制过程中直接投入发生的费用（主要包括材料费用、工资费用、专用设备费、资料费、咨询鉴定费、协作费、培训费和差旅费等）；间接成本是指与研制开发有关的费用（主要包括管理费、非专用设备折旧费、应分摊的公共费用及能源费用）。交易成本是指在交易过程中的费用支出（主要包括技术服务费、交易过程中的差旅费及管理费、手续费、税金）。由于专利权是具有独占性并能带来超额利润的生产要素，因此，专利权转让价格不按成本估价，而是按照其所能带来的超额收益计价。

2）专有技术（又称非专利技术）的计价。专有技术具有使用价值和价值，使用价值是专有技术本身应具有的，专有技术的价值在于专有技术的使用所能产生的超额获利能力，应在研究分析其直接和间接的获利能力的基础上，准确计算出其价值。如果专有技术是自创的，一般不作为无形资产入账，自创过程中发生的费用，按当期费用处理。对于外购专有技术，应由法定评估机构确认后再进行估价，其方法往往通过能产生的收益采用收益法进行估价。

3）商标权的计价。如果商标权是自创的，一概不作为无形资产入账，而将商标设计、制作、注册、广告宣传等发生的费用直接作为销售费用计入当期损益。只有当企业购入或转让商标时，才需要对商标权计价。商标权的计价一般根据被许可方新增的收益确定。

4）土地使用权的计价。根据取得土地使用权的方式不同，土地使用权可有以下几种计价方式：当建设单位向土地管理部门申请土地使用权并为之支付一笔出让金时，土地使用权作为无形资产核算；当建设单位获得土地使用权是通过行政划拨的，这时土地使用权就不能作为无形资产核算；在将土地使用权有偿转让、出租、抵押、作价入股和投资，按规定补交土地出让价款时，才能作为无形资产核算。

4．其他资产价值的确定

其他资产是指不能全部计入当年损益，应当在以后年度分期摊销的各种费用，包括开办费、租入固定资产改良支出等。

（1）开办费的计价。开办费筹建期间建设单位管理费中未计入固定资产的其他各项费用，如建设单位经费，包括筹建期间工作人员工资、办公费、差旅费、印刷费、生产职工培训费、样品样机购置费、农业开荒费、注册登记费等以及不计入固定资产和无形资产购建成本的汇兑损益、利息支出。按照新财务制度规定，除了筹建期间不计入资产价值的汇兑净损失外，开办费从企业开始生产经营月份的次月起，按照不短于5年的期限平均摊入管理费用中。

(2) 租入固定资产改良支出的计价。租入固定资产改良支出是企业从其他单位或个人租入的固定资产，所有权属于出租人，但企业依合同享有使用权。通常双方在协议中规定，租入企业应按照规定的用途使用，并承担对租入固定资产进行修理和改良的责任，即发生的修理和改良支出全部由承租方负担。对租入固定资产的大修理支出，不构成固定资产价值，其会计处理与自有固定资产的大修理支出无区别。对租入固定资产实施改良，因有助于提高固定资产的效用和功能，应当另外确认为一项资产。由于租入固定资产的所有权不属于租入企业，不宜增加租入固定资产的价值而作为其他资产处理。租入固定资产改良及大修理支出应当在租赁期内分期平均摊销。

第三节　质量保证金的处理

一、缺陷责任期的概念和期限

1. 缺陷责任期与保修期的概念区别

(1) 缺陷责任期。缺陷责任期是指承包人对已交付使用的合同工程承担合同约定的缺陷修复责任的期限，其实质上就是指预留质保金（即保证金）的一个期限，具体可由发承包双方在合同中约定。

(2) 保修期。保修期是发承包双方在工程质量保修书中约定的期限。保修期自实际竣工日期起计算。保修的期限应当按照保证建筑物合理寿命期内正常使用，维护使用者合法权益的原则确定。按照《建设工程质量管理条例》的规定，保修期限如下：

1）地基基础工程和主体结构工程，为设计文件规定的该工程的合理使用年限。

2）屋面防水工程、有防水要求的卫生间、房间和外墙面的防渗漏为5年。

3）供热与供冷系统为2个采暖期和供热期。

4）电气管线、给排水管道、设备安装和装修工程为2年。

2. 缺陷责任期的期限

缺陷责任期一般为 6 个月、12 个月或 24 个月，具体可由发承包双方在合同中约定。

缺陷责任期从工程通过竣（交）工验收之日起计。由于承包人原因导致工程无法按规定期限进行竣（交）工验收的，缺陷责任期从实际通过竣（交）工验收之日起计。由于发包人原因导致工程无法按规定期限进行竣（交）工验收的，在承包人提交竣（交）工验收报告90天后，工程自动进入缺陷责任期。

3. 缺陷责任期内的维修及费用承担

(1) 保修责任。缺陷责任期内，属于保修范围、内容的项目，承包人应当在接到保修通知之日起7天内派人保修。发生紧急抢修事故的，承包人在接到事故通知后，应当立即到达事故现场抢修。对于涉及结构安全的质量问题，应当按照《房屋建筑工程质量保修办法》的规定，立即向当地建设行政主管部门报告，采取安全防范措施；由原设计单位或者有相应资质等级的设计单位提出保修方案，承包人实施保修。质量保修完成后，由发包人组织验收。

（2）费用承担。由他人及不可抗力原因造成的缺陷，发包人负责维修，承包人不承担费用，且发包人不得从保证金中扣除费用。如发包人委托承包人维修的，发包人应该支付相应的维修费用。

发承包双方就缺陷责任有争议时，可以请有资质的单位进行鉴定，责任方承担鉴定费用并承担维修费用。

缺陷责任期内，由承包人原因造成的缺陷，承包人应负责维修，并承担鉴定及维修费用。如承包人不维修也不承担费用，发包人可按合同约定扣除保留金，并由承包人承担违约责任。承包人维修并承担相应费用后，不免除对工程的一般损失赔偿责任。

缺陷责任期的起算日期必须以工程的实际竣工日期为准，与之相对应的工程照管义务期的计算时间是以业主签发的工程接收证书起。对于有一个以上交工日期的工程，缺陷责任期应分别从各自不同的交工日期算起。

由于承包人原因造成某项缺陷或损坏使某项工程或工程设备不能按原定目标使用而需要再次检查、检验和修复的，发包人有权要求承包人相应延长缺陷责任期，但缺陷责任期最长不超过2年。

二、质量保证金的使用及返还

1．质量保证金的含义

建设工程质量保证金（以下简称保证金）是指发包人与承包人在建设工程承包合同中约定，从应付的工程款中预留，用以保证承包人在缺陷责任期（即质量保修期）内对建设工程出现的缺陷进行维修的资金。缺陷是指建设工程质量不符合工程建设强制标准、设计文件，以及承包合同的约定。

2．质量保证金预留及管理

（1）质量保证金的预留。发包人应按照合同约定的质量保证金比例从结算款中扣留质量保证金。全部或者部分使用政府投资的建设项目，按工程价款结算总额5%左右的比例预留保证金，社会投资项目采用预留保证金方式的，预留保证金的比例可以参照执行。发包人与承包人应该在合同中约定保证金的预留方式及预留比例，建设工程竣工结算后，发包人应按照合同约定及时向承包人支付工程结算价款并预留保证金。

（2）质量保证金的管理。在缺陷责任期内，实行国库集中支付的政府投资项目，保证金的管理应按国库集中支付的有关规定执行。其他政府投资项目，保证金可以预留在财政部门或发包方。缺陷责任期内，如发包方被撤销，保证金随交付使用资产一并移交使用单位，由使用单位代行发包人职责。

社会投资项目采用预留保证金方式的，发承包双方可以约定将保证金交由金融机构托管；采用工程质量保证担保、工程质量保险等其他方式的，发包人不得再预留保证金，并按照有关规定执行。

（3）质量保证金的使用。承包人未按照合同约定履行属于自身责任的工程缺陷修复义务的，发包人有权从质量保证金中扣留用于缺陷修复的各项支出。若经查验，工程缺陷属于发包人原因造成的，应由发包人承担查验和缺陷修复的费用。

（4）质量保证金的返还。在合同约定的缺陷责任期终止后的14天内，发包人应将剩余的质量保证金返还给承包人。剩余质量保证金的返还，并不能免除承包人按照合同约定应承担的质量保修责任和应履行的质量保修义务。

参 考 资 料

[1] 全国造价工程师执业资格考试培训教材编审委员会. 工程造价计价与控制. 北京：中国计划出版社，2009.

[2] 建设部标准定额司. 中国工程建设标准定额大事记. 北京：中国建筑工业出版社，2007.

[3] 李建峰. 工程定额原理.北京：人民交通出版社，2008.

[4] 中华人民共和国住房和城乡建设部，中华人民共和国国家质量监督检验检疫总局联合发布. 建设工程工程量清单计价规范 GB 50500—2013. 北京：中国计划出版社，2013.

[5] 国家发展改革委，建设部联合发布.建设项目经济评价方法与参数（第三版）. 北京：中国计划出版社，2006.

[6] 马楠. 建设工程造价管理（第二版）. 北京：清华大学出版社，2012.

[7] 中国建设工程造价管理协会.建设项目设计概算编审规程. 北京：中国计划出版社，2007.

[8] 马楠. 建筑工程预算与报价（第四版）. 北京：科学出版社，2011.

[9] 中国建设工程造价管理协会.建设项目工程结算编审规程. 北京：中国计划出版社，2007.

[10] 陈建国，高显义. 工程计量与造价管理. 上海：同济大学出版社，2007.

[11] 严玲，尹贻林. 工程计价实务. 北京：科学出版社，2010.

[12] 中国建筑业协会，清华大学，中国建筑工程总公司. 工程项目管理与总承包. 北京：中国建筑工业出版社，2005.

[13] 李启明. 土木工程合同管理. 南京：东南大学出版社，2008.

[14] 周述发. 建设工程造价管理. 武汉：武汉理工大学出版社，2010.

[15] 中国建设工程造价管理协会. 建设工程招标控制价编审规. 北京：中国计划出版社，2011.

[16] 郭婧娟. 工程造价管理. 北京：清华大学出版社，北京交通大学出版社，2005.

[17] 王伍仁. EPC 工程总承包管理. 北京：中国建筑工业出版社，2010.

[18] 王有志. 现代工程项目管理. 北京：中国水利水电出版社，2009.

[19] 张友全，陈起俊. 工程造价管理. 北京：中国电力出版社，2012.

[20] 马楠，张国兴. 工程造价管理. 北京：机械工业出版社，2009.

[21] 丰艳萍，邹坦. 工程造价管理. 北京：机械工业出版社，2011.

[22] 余明，柯洪. 建设单位会计. 北京：机械工业出版社，2005.